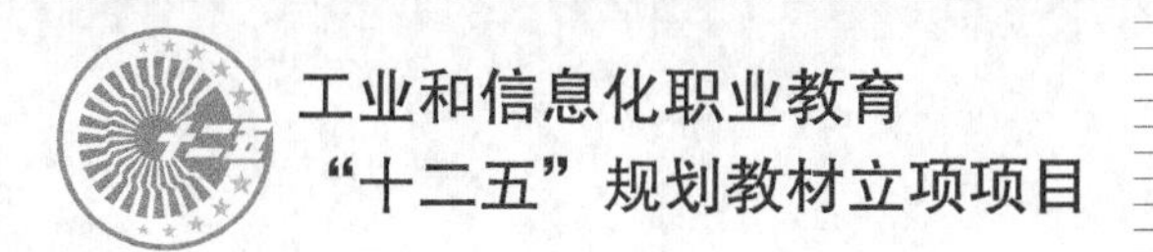


中等职业教育

改革发展示范学校创新教材

# 机械识图与 CAD 实用技术

Mechanical Drawing & CAD

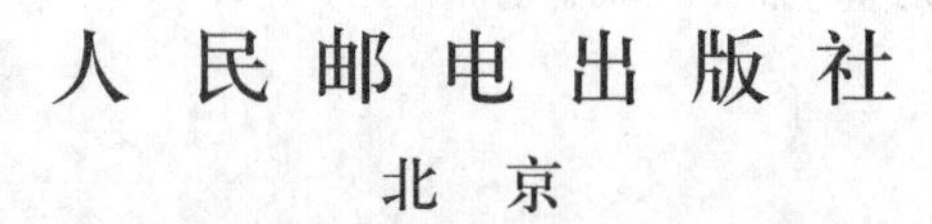

**图书在版编目（CIP）数据**

机械识图与CAD实用技术 / 张忆雯主编. -- 北京 :
人民邮电出版社, 2014.10(2023.1重印)
中等职业教育改革发展示范学校创新教材
ISBN 978-7-115-36778-5

Ⅰ. ①机… Ⅱ. ①张… Ⅲ. ①机械图－识别－中等专
业学校－教材②AutoCAD软件－中等专业学校－教材
Ⅳ. ①TH126.1②TP391.72

中国版本图书馆CIP数据核字(2014)第213972号

## 内 容 提 要

本书根据教育部2009年5月颁布的《中等职业学校机械制图教学大纲》并参照最新的《技术制图》和《机械制图》国家标准编写而成。全书共分为四篇，分别是平面图样篇、视图绘制篇、形体表达篇和零件装配篇。全书精心设计了32个项目，打破了传统学科教学体系，实现课程整体项目化，以机械图样的绘制和识读为主线，深入浅出地介绍了制图和识图的基本知识和方法，并将机械制图和CAD有机衔接、融合一体。

本书既可作为中等职业学校机械类及工程技术类各专业“机械制图”课程的教材，也可作为工程技术人员自学或岗位培训用书。

◆ 主　　编　张忆雯
责任编辑　刘盛平
责任印制　焦志炜

◆ 人民邮电出版社出版发行　　北京市丰台区成寿寺路11号
邮编　100164　　电子邮件　315@ptpress.com.cn
网址　http://www.ptpress.com.cn
固安县铭成印刷有限公司印刷

◆ 开本：787×1092　1/16
印张：17.75　　2014年10月第1版
字数：462千字　　2023年1月河北第11次印刷

定价：36.00元

**读者服务热线：(010)81055256　印装质量热线：(010)81055316**
**反盗版热线：(010)81055315**

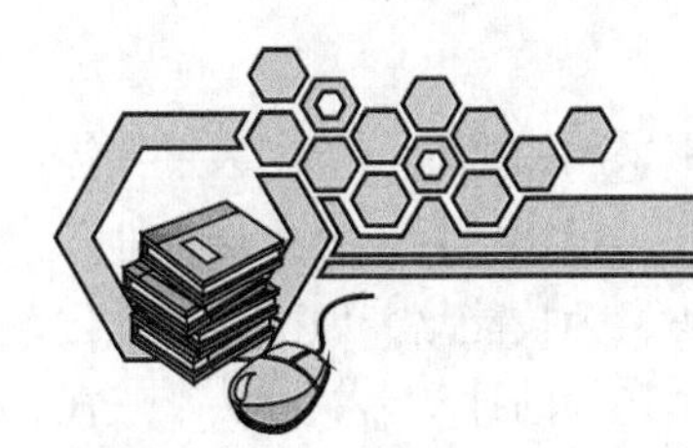

# 前 言

“机械制图”是中等职业学校机械类及工程技术类各专业的一门专业核心课程，通过该课程的学习，可以使学生掌握阅读和绘制机械图样的基本知识、基本方法和技能，培养学生空间想象能力和形象思维能力，培养学生爱岗敬业、团结协作的职业精神。本书通过了工业和信息化职业教育“十二五”规划立项，是一本适合中等职业学校机械类或近机类各专业使用的教材。本书与传统《机械制图》教材相比，有以下特点。

1. 实现课程整体项目化

全书分成四篇，分别是平面图样篇、视图绘制篇、形体表达篇和零件装配篇；精心设计了 32 个项目，每一个项目均由“学习目标”“项目描述”“项目分析”“项目驱动”“项目评价”“项目归纳”“巩固拓展”七个模块的教学设计，分任务逐步实施，将知识在任务完成过程中内化，将理论在实践操作中化解，打破传统“先理论后实践”的结构体系，突出实践性、技术性、应用性，着力培养学生绘图、读图技能，达到“以做促学”、“以画促看”的培养目标。

2. 课程内容优化整合

“机械制图”和“AutoCAD 实用技术”课程整合，早已成为图学工作者尤其是中职学校制图教师课程改革的主攻方向，也是着力解决的课程难题。本书将 AutoCAD 2013 分三个层次融入“机械制图”中。通过项目 5 至项目 8，使读者掌握 CAD 的基本理论和基本技能，掌握 CAD 的常用绘图和编辑命令，能绘制平面图形；学习剖视图内容后，将 CAD 中关于剖面线、样条曲线、文本与尺寸等知识，融入不同的项目中，不仅巩固了剖视图、断面图等知识，而且使 CAD 与机械制图自然衔接，提高学习兴趣。这一做法，实际上是将尺规作图与计算机作图两种绘图方法同时呈现在课程之中。

3. 任务驱动分步实施

四篇内容相互衔接，既体现“机械制图”课程知识建构的整体性，又摒弃原教学内容的零散性，为项目设计明确了方向，有利于课程资源整合优化。每一个项目均细分为 2 ~ 4 个任务。通过任务驱动，打破原教材以理论开局、简单实践的模式，使学生在任务引领下学习知识，掌握技能；所设任务由低到高、由浅入深，符合中职生认知规律；在任务实施中体验，在实践运用中掌握，达到“做中学、做中教”的效果。

4. 实体图形全程体现

本课程中的平面与实体各类图形，均采用 AutoCAD、CAXA、 Inventor 等现代流行软件绘制，使项目中的平面图形，均配置相应实体，为学生创建积累实体形状的过程与机会，弥补原平面图形与三维实体分离的局限性。并将企业资源融入课程开发，激发学生对专业的热爱，达到不求全面、但求实用的课程设计目标。

5. 课程难点巧妙突破

组合体、零件装配体是“机械制图”课程的重点也是难点，本书采用的做法是：用大量实体展示，让学生“自主构建空间形体”，让教师“认体识图开路教学”；精选项目，将标准将件和常用件融合在“零件装配”模块中，使学生在项目驱动中学理论知识，为技能培养做准备；优化项目，例如，截教交线和相贯线，没有单独设立项目，而是在绘制“切片圆柱”和“接头”三视图两项目实施过程中，从分解任务到化解难点，使学生能由浅入深、由低到高掌握知识，有效培养空间想象力，使学生充分体验理论和实践相结合的学习乐趣。

6. 项目拓展巧安排

项目课程的特点，凡是与该项目任务相关的知识，会在该项目实施中渗透和展开，并使知识与技能同步。但任务实施中有时无法将知识面面俱到，通过精心设计“巩固拓展”内容，可将“遗漏”知识进行“补救”，从而使课程更具深度和广度。

本书由江苏省常熟高新园中等专业学校张忆雯任主编，黄妹、李风华任副主编，陈婷婷、沈敏娇、李俊、徐丽娟、王海玲参加编写，扬州大学王业明教授审阅了本书。

限于我们的水平，书中难免存在缺点和错误，恳请广大读者提出宝贵意见和建议，便于我们及时修正与补充。

编　者

2014 年 6 月

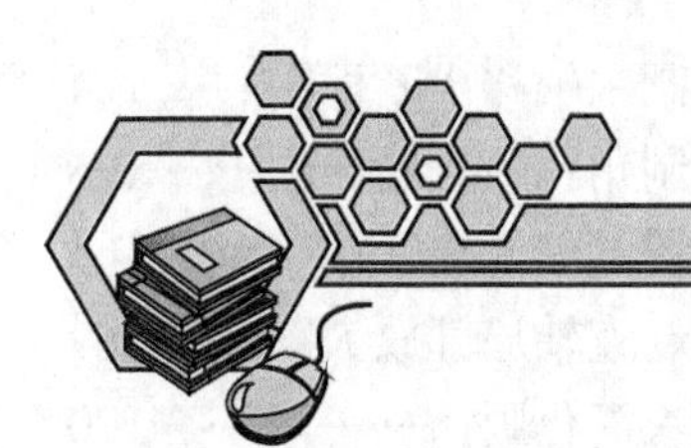

# 目 录

## 第三篇　形体表达



## 第四篇　零件装配

# 第一篇

# 平面图样

我们见到各种各样的机械产品，是根据“机械图样”在专门设备上加工制造出来的。机械图样是设计和制造产品的重要资料，是工程技术语言。

本篇主要介绍国家标准《机械制图》和《技术制图》中图幅、比例、字体、图线、尺寸注法等规定，树立国家标准是技术法规的观念和标准化意识。学会正确使用绘图工具，掌握平面图形的基本作图方法和步骤。

CAD 作为计算机辅助设计工具，为工程界广泛运用。本篇介绍了 AutoCAD 2013 基础知识，通过绘制 L 字母图、椭圆板、槽口板等项目，学会对绘图环境的设置，掌握常见“直线、圆、椭圆、矩形、正多边形、多段线”等绘图命令，以及“删除、移动、打断、修剪、复制、偏移、镜像、阵列”等编辑命令，能用 CAD 软件绘制一般难度的平面图形。

# 项目一

# 学习制图基本知识

本项目主要介绍了国家标准《机械制图》、《技术制图》中的图纸图幅、比例、字体等内容，初步建立国家标准规范化的意识。

为了便于生产和进行技术交流，图样的格式、内容和表达方法必须有统一的规定，为此，国家质量技术监督局发布实施了《机械制图》、《技术制图》的一系列国家标准，下面首先说明标准代号及其含义。

例如，代号“GB/T 14689—2008”，是指国家标准制图中有关图纸幅面及格式方面的各项规定，后续出现的各标准代号，都是制图相关内容的技术标准规定和要求。

“GB/T 14689—2008”含义如下：

GB：表示强制性国家标准代号；

GB/T：表示推荐性国家标准代号；

14689：表示该标准的批准顺序号；

2008：表示该标准发布的年号。

**※学习目标※**

（1）了解国家标准《机械制图》和《技术制图》中图纸图幅、比例、字体的相关规定，树立标准化意识。

（2）掌握国家标准关于图框及标题栏格式的规定要求。

（3）能正确运用比例。

（4）学会规范书写汉字、数字和字母。

**※项目描述※**

图 1-1 所示为手柄零件图，通过认识该图，完成以下任务:

（1）理解国家标准中关于图框和标题栏要求，掌握看图方向。

（2）明确比例的含义，学会正确运用比例。

（3）按国家标准要求书写汉字、数字和字母等。

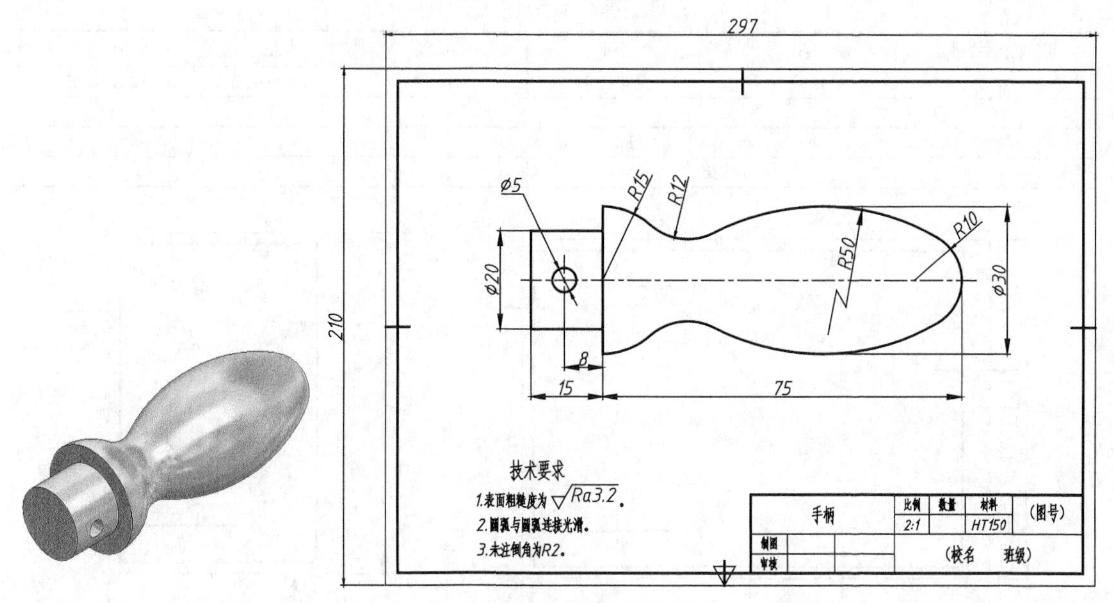


图 1-1　手柄

**※项目分析※**

零件图是生产、加工、装配、检验零件的技术文件，涉及图幅、比例、字体等制图基本知识。关于图幅、标题栏、比例、字体等内容，国家标准《机械制图》、《技术制图》相关规定，读者应熟悉并逐步掌握，为后续内容学习，奠定扎实基础。

**※项目驱动※**

由图 1-1 可知，手柄零件图采用“长为 297、宽为 210”图纸绘制，右下角的表格称为“标题栏”，周围用粗实线绘制的矩形，称为“图框”，我们首先认识图纸大小和格式。

## 任务一　认识图纸幅面和格式（GB/T 14689—2008）

### 1. 图纸幅面

图纸幅面是指图纸宽度与长度组成的图面，即图纸的大小。由“A”和相应的幅面号组成，常用的基本幅面有 5 种，即 A0～A4，尺寸关系如图 1-2 所示。

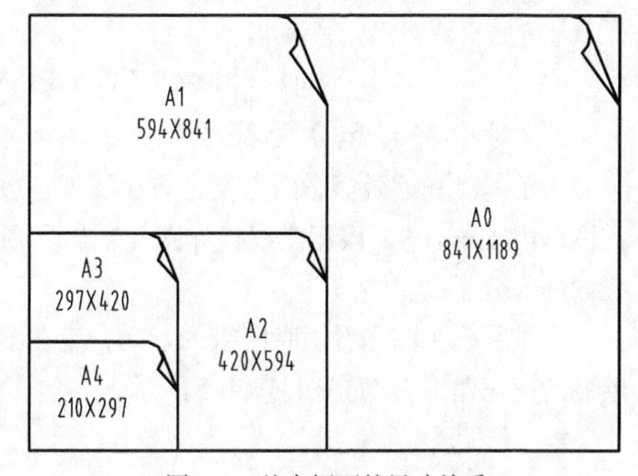


图 1-2　基本幅面的尺寸关系

为了便于图样的保管和使用，绘制技术图样时应优先采用表 1-1 所规定的基本幅面，其中 $a$、$c$、$e$ 尺寸如图 1-3 和图 1-4 所示。

### 2. 图框格式

图框格式是指图纸上限定绘图区域的线框。图框在图纸上必须用粗实线画出，图样绘制在图框内部。其格式分为留装订边和不留装订边两种，如图 1-3 和图 1-4 所示。同一产品的图样只能采用一种图框格式。

表 1-1　　图纸的基本幅面及图框尺寸

| 幅面代号 | A0 | A1 | A2 | A3 | A4 |
|---|---|---|---|---|---|
| $B \times L$ | 841×1189 | 594×841 | 420×594 | 297×420 | 210×297 |
| $a$ | 25 | | | | |
| $c$ | 10 | | | 5 | |
| $e$ | 20 | | 10 | | |

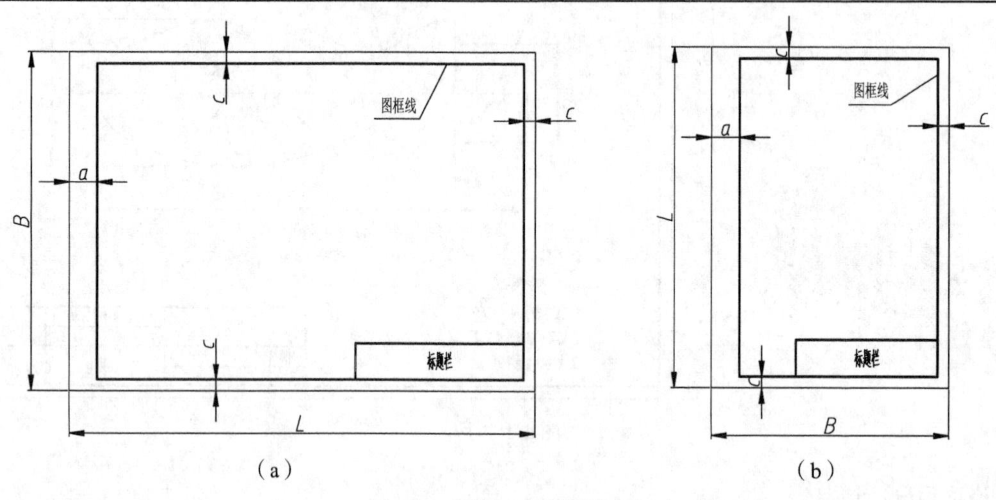


图 1-3　留装订边的图框格式

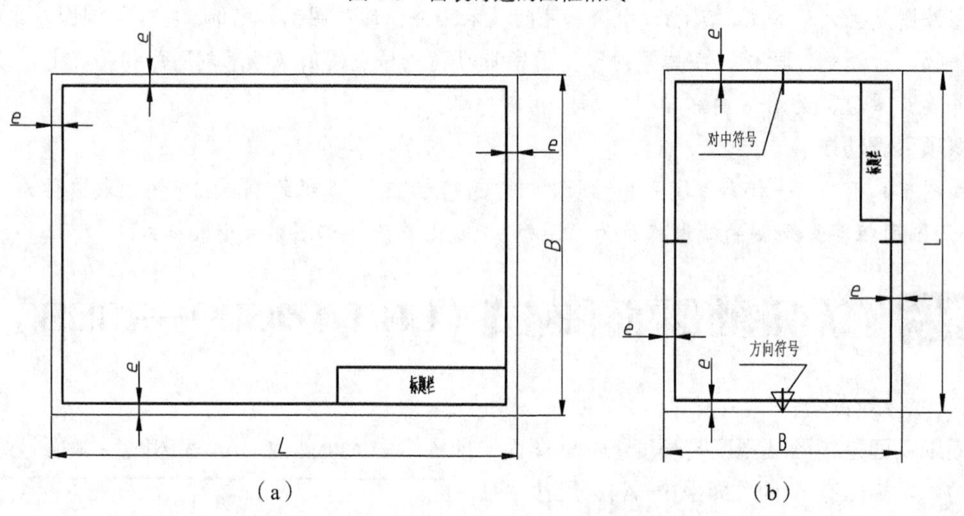


图 1-4　不留装订边的图框格式及对中符号、方向符号

3. 对中符号和方向符号

为了复制和缩微摄影的方便，应在图纸各边长的中点处绘制对中符号。对中符号是从周边画入图框内 5mm 的一段粗实线，如图 1-4（b）所示。当对中符号在标题栏范围内时，则伸入标题栏内的部分予以省略。

为了明确绘图和看图时图纸的方向，应在图纸的下边对中符号处画出一个方向符号（细实线绘制的正三角形），如图 1-4（b）所示。

4. 标题栏

在图 1-1 所示的手柄零件图中，右下方的表格称为标题栏。国家标准对标题栏（GB/T 14689—2008）的内容、格式及尺寸作了统一规定，如图 1-5（a）、（b）所示，教学中建议采用简化的标

题栏，如图 1-5（b）所示。

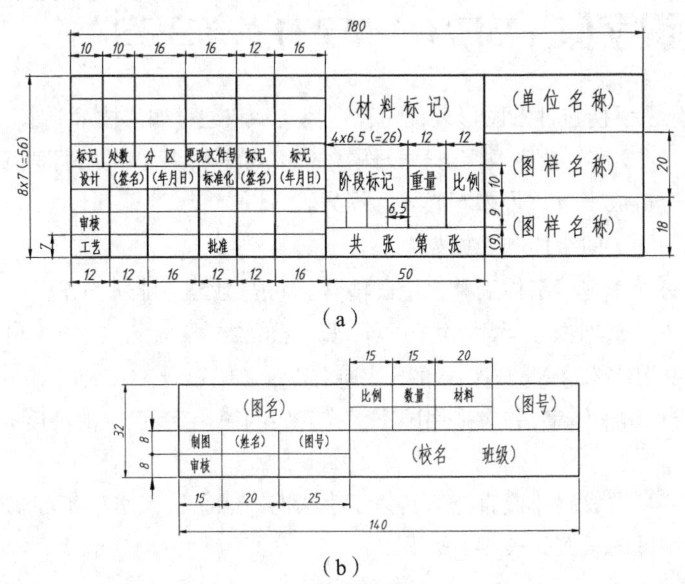


（a）

15
15
20
比例
数量
材料
(图名)
(图号)
32
8
制图
(姓名)
(图号)
(校名　　班级)
8
审核
15
20
25
140

（b）

图 1-5　标题栏格式

## 任务二　认识比例（GB/T 14690—1993）

比例是指图样中图形与其实物相应要素的线性尺寸之比。图 1-1 所示的手柄零件图采用的比例是 2:1，显然采取了放大的比例。

当需要按比例绘制图样时，可从表 1-2 常用的比例中选取。为了从图样上直接反映出实物的大小，绘图时应尽量采用原值比例。比例一般应在标题栏中的“比例”一栏内填写说明。

表 1-2　常用的比例

| 种　类 | 比　例 |
|---|---|
| 原值比例 | 1:1 |
| 放大比例 | 2:1　2.5:1　4:1　5:1　10:1 |
| 缩小比例 | 1:1.5　1:2　1:2.5　1:3　1:4　1:5 |

① 线性尺寸是指能用直线表达的尺寸，例如，直线长度、圆的直径等，角度大小为非线性尺寸。

② 图样中所标注的尺寸数值必须是实物的实际大小，与绘制图形时所采用的比例无关。图 1-6 所示为同一物体不同比例绘制的图形。

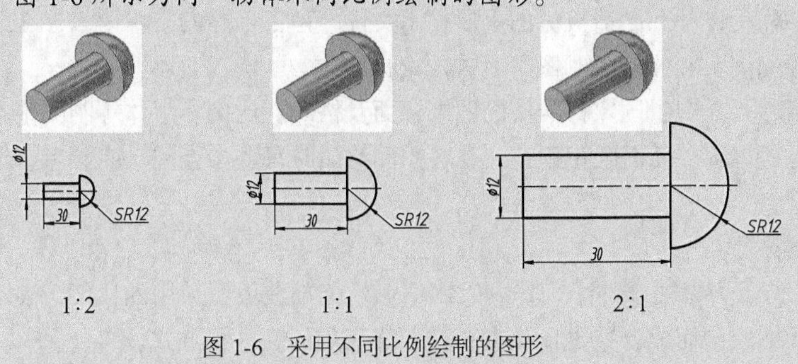


图 1-6　采用不同比例绘制的图形

# 任务三 认识字体（GB/T 14691—1993）

在图1-1中，除了手柄零件的图形外，还有一些文字叙述，如“技术要求”；或在尺寸上有数字和字母，如“*R10*”。文字、数字及字母也是图样的组成部分，字体的好坏直接影响图样的美观，书写不规范，甚至会造成事故，带来不必要的损失。

国标中规定了图样上的字体和规格如下。

（1）书写字体必须做到：字体工整、笔画清楚、间隔均匀、排列整齐。

（2）字体高度（$h$）代表字体的号数，共有八种，即：1.8、2.5、3.5、5、7、10、14、20（单位为mm）。如需要书写更大的字，其字体的高度应按$\sqrt{2}$的比率递增。

（3）汉字应写成长仿宋体字，并应采用国家正式公布的简化字。汉字的高度$h$应不小于3.5mm，其字宽一般为$h/\sqrt{2}$。

（4）字母和数字可写成斜体或直体。斜体字字头向右倾斜，与水平基准线成75°。

汉字、数字和字母的示例如表1-3所示。

表1-3 字体示例

| 字体 | | 示例 |
|---|---|---|
| 长仿宋体汉字 | 5号 | 学好机械制图，培养和发展空间想象能力 |
| | 3.5号 | 计算机绘图是工程技术人员必须具备的绘图技能 |
| 拉丁字母 | 大写 | ABCDEFGHIJKLMNOPQRSTUVWXYZ *ABCDEFGHIJKLMNOPQRSTUVWXYZ* |
| | 小写 | abcdefghijklmnopqrstuvwxyz *abcdefghijklmnopqrstuvwxyz* |
| 阿拉伯数字 | 正体 | 0123456789 |
| | 斜体 | *0123456789* |
| 罗马数字 | 正体 | Ⅰ Ⅱ Ⅲ Ⅳ Ⅴ Ⅵ Ⅶ Ⅷ Ⅸ Ⅹ |
| | 斜体 | *Ⅰ Ⅱ Ⅲ Ⅳ Ⅴ Ⅵ Ⅶ Ⅷ Ⅸ Ⅹ* |
| 字体应用示例 | | 10JS5(±0.003) M24-6h R8 $10^3$ $S^{-1}$ 5% $D_1$ $T_d$ 380kPa m/kg<br>$\phi20^{+0.010}_{-0.023}$ $\phi25\frac{H6}{f5}$ $\frac{Ⅱ}{1:2}$ $\frac{3}{5}$ $\frac{A}{5:1}$ $\sqrt{Ra\ 6.3}$ 460r/min 220V l/mm |

**※项目归纳※**

（1）机械图样是设计和制造机械的重要技术文件，是工程界的技术语言，在绘图过程中必须严格遵守《技术制图》和《机械制图》有关国家标准。

（2）本项目主要介绍了国家标准中的图纸幅面及格式、比例、字体等制图基本知识。在学习过程中，对于这些内容，无需死记硬背，在看图和绘图时只要多查阅、多参考，经过一定的实践后便可掌握。

**※巩固拓展※**

（1）图1-7所示为短轴零件图。其中“2:1”表示局部放大图采用的比例，表示该部分结构用原图形两倍的比例绘制而成，这是比例在机械图样运用的又一种方式。

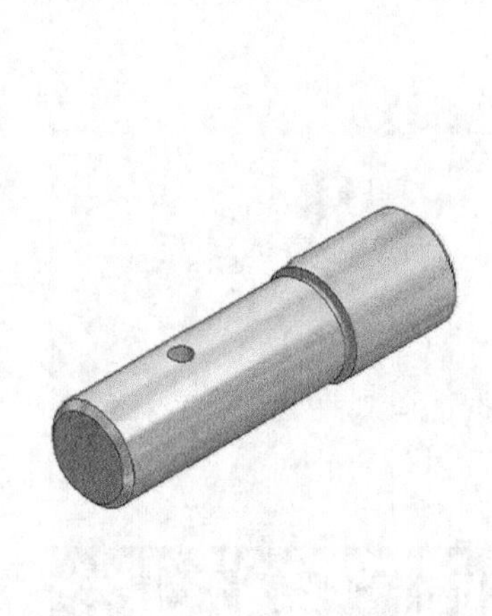

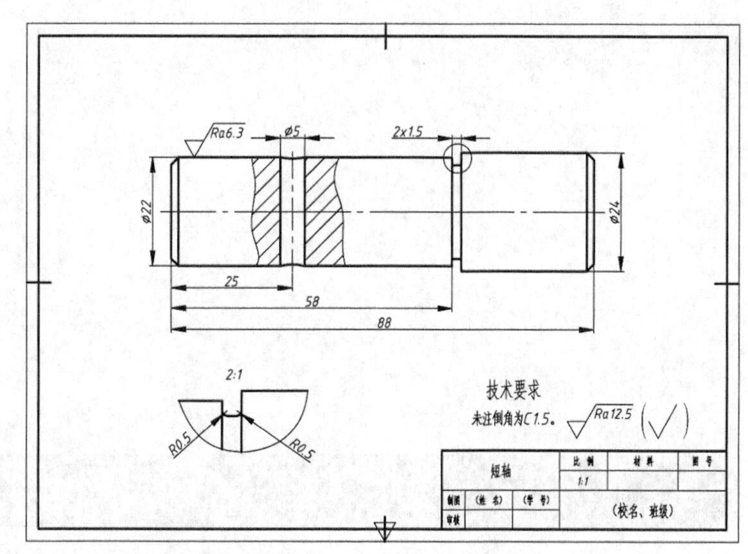


图 1-7　短轴零件图

（2）关于比例的标注方法，国家标准提出以下基本规则。

① 比例符号应以“:”表示。比例的表示方法如 1:1、1:2、4:1 等。

② 比例一般应标注在标题栏中的比例栏内。必要时，可在视图名称的下方标注比例，例如：

$$\frac{I}{2:1} \qquad \frac{A}{1:100} \qquad \frac{B-B}{5:1}$$

# 项目二

# 绘制正多边形

“工欲善其事，必先利其器”。正确、熟练使用绘图工具，绘制图线规范正确，是加快绘图速度，提高绘图质量的前提。

本项目从正确使用绘图工具和仪器着手，介绍了国家标准《机械制图》图线的种类型式和画法。通过绘制正多边形，巩固绘图工具的正确使用，了解各种图线在机械图样中的应用示例。

**※学习目标※**

（1）学习图线的类型、画法和应用场合，能按标准绘制各种图线。

（2）能正确使用工具和仪器绘图。

（3）掌握等分圆周的方法，能独立绘制正多边形。

**※项目目标※**

表达机件的各种图形，都是由线段（直线或曲线）按一定的几何关系连接而成。绘图工具和仪器，是完成机械图样的物质条件。

图 2-1（a）所示为六角螺母毛坯，它是正六棱柱（基本体）。正六棱柱的外轮廓是正六边形，如图 2-1（b）所示。正确使用绘图工具，绘制该圆的内接正六边形。

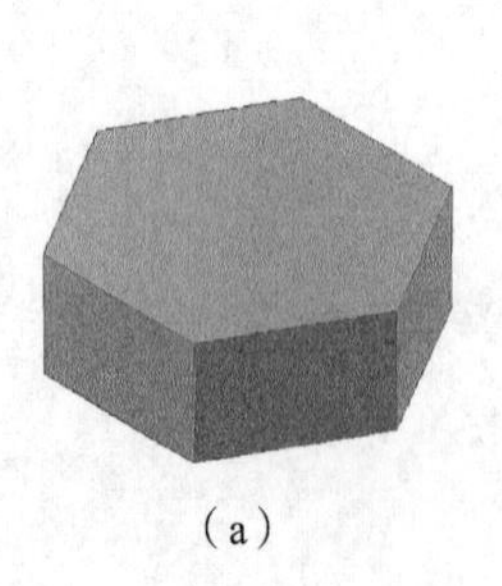

（a）

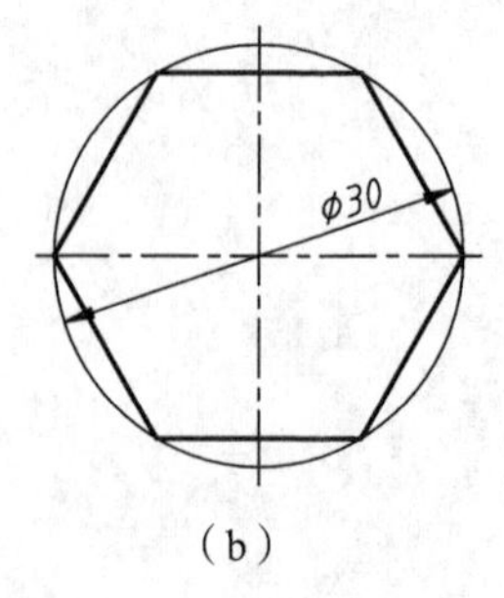


（b）

图 2-1　六角螺母毛坯

**※项目分析※**

由图 2-1（b）所示可见，该正六边形内接于$\phi$30 的圆（$\phi$表示圆直径），那么它的边长等于该外接圆的半径。依据这个原理，采用绘图工具，就能作出该正六边形。完成本

项目，既要学会正确使用绘图工具，还要按国家标准要求进行规范作图。

**※项目驱动※**

# 任务一　学会正确使用绘图工具

常用的绘图工具主要有图板、丁字尺、三角板、圆规、分规、铅笔等。

## 1. 图板、丁字尺和三角板

图板是供铺放、固定图纸用的矩形木板，一般用胶合板制作，四周镶硬质木条。丁字尺由尺头和尺身构成，使用时必须随时注意尺头工作边（内侧边）与图板工作边靠近，如图 2-2（a）所示。画水平线时，要用尺身工作边（上边缘），如图 2-2（b）所示。丁字尺使用完毕应悬挂放置，以免尺身弯曲变形。

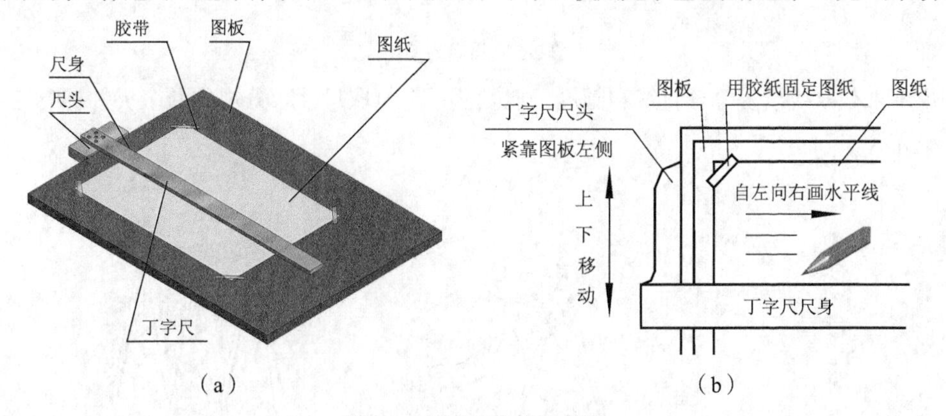


图 2-2　丁字尺的使用方法

三角板一般是由 45° 和 30°（60°）两块直角三角板组成。三角板直角边与丁字尺配合可绘制垂直线，如图 2-3（a）所示。用丁字尺可直接绘制水平线，如图 2-2（b）所示。两块三角板分别与水平方向成 30°、45°、60° 及 15° 倍数角的各种倾斜线，如图 2-3（b）所示。

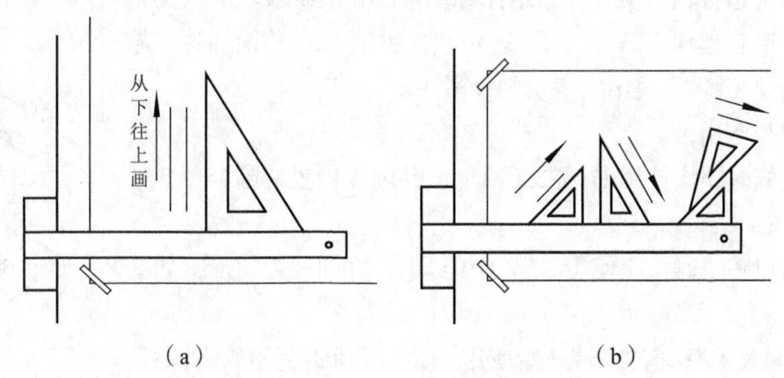


图 2-3　丁字尺和三角板的使用方法

两块三角板配合使用，可画出任意方向已知直线的平行线或垂直线，如图 2-4 所示。

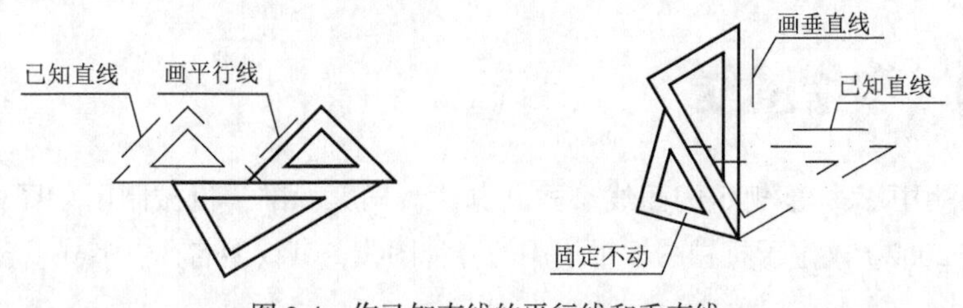


图 2-4　作已知直线的平行线和垂直线

2. 圆规和分规

圆规用来画圆和圆弧。画圆时，圆规的钢针应使用有台阶的一端，以避免图纸上的针孔不断扩大，并使笔尖与纸面垂直。圆规的使用方法如图 2-5 所示。

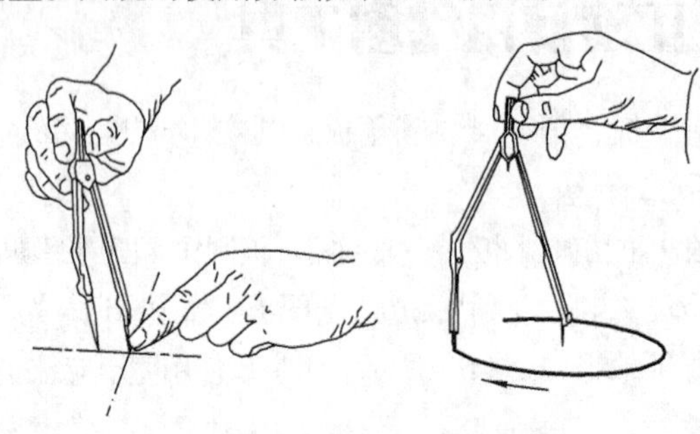

图 2-5 圆规的使用

分规用来截取线段、等分直线和圆周，以及从尺上量取尺寸。分规的两个尖并拢时应对齐，如图 2-6 所示。

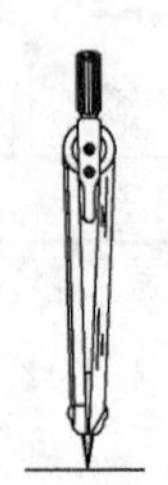

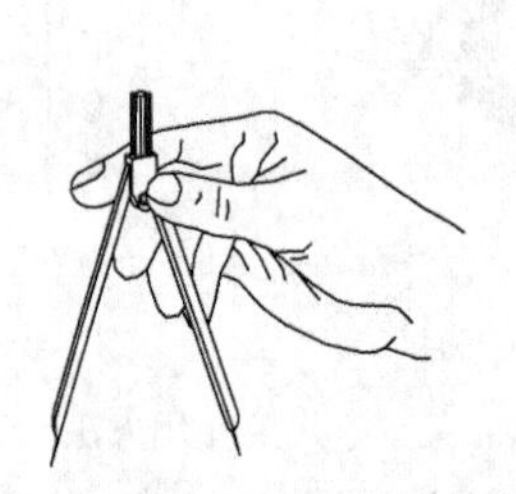

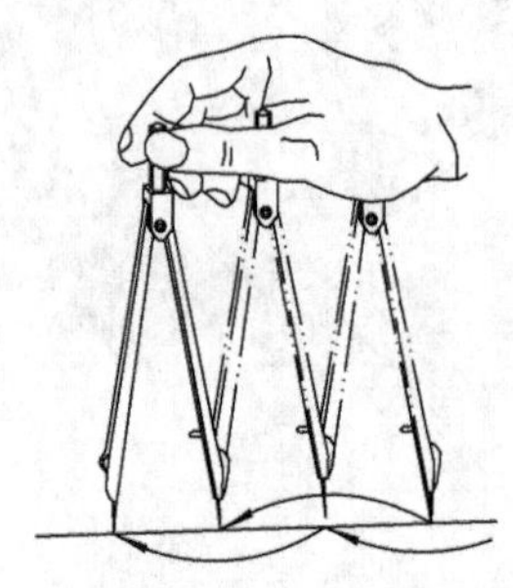

图 2-6 分规的使用

3. 铅笔

绘图铅笔的铅芯有软、硬之分，用代号 H、B 和 HB 来表示。“B”表示软性铅笔，B 前面的数字越大，表示铅芯越软（黑）；“H”表示硬性铅笔，H 前面的数字越大，表示铅芯越硬（淡）；“HB”表示软硬适中。

铅笔的选择与使用：

（1）绘制底稿时，应使用 H 或 2H 铅笔，并削成尖锐的圆锥形，如图 2-7（a）所示；

（2）加深加粗图线时，应使用 B 或 HB 铅笔，并削成扁铲形，如图 2-7（b）所示；

（3）铅笔应从没有标号的一端开始使用，以便保留铅笔的软硬标号。

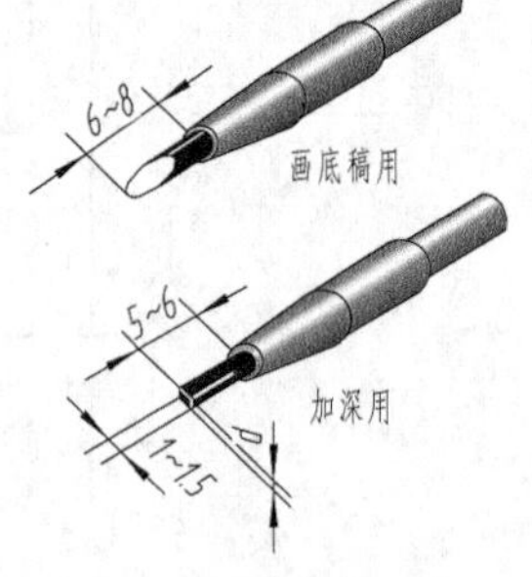


图 2-7 铅笔的削法

除以上常用工具外，绘图时还要备有削铅笔的小刀、固定图纸的胶带以及橡皮等工具和用品。

## 任务二 学绘图线

绘图时应采用国家标准规定的图线型式和画法。国家标准《机械制图 图样画法 图线》（GB/T 4457.4—2002）规定了机械图样中使用的九种图线，其线型名称、型式、宽度、应用及图例，如表 2-1 所示。

表 2-1　　　　　　　　　常用的图线（根据 GB/T 4457.4-2002）

| 图线名称 | 图线型式、图线宽度 | 一般应用 | 应用举例 |
| --- | --- | --- | --- |
| 粗实线 | 宽度：*d* 优先选用 0.5、0.7mm | 可见轮廓线、可见过渡线 | 可见轮廓线 |
| 细虚线 | 宽度：*d* 约为粗线宽度的 1/2 | 不可见轮廓线、不可见过渡线 | 不可见轮廓线 |
| 细实线 | 宽度：*d* 约为粗线宽度的 1/2 | 尺寸线、尺寸界限、剖面线、重合断面的轮廓线、辅助线、引出线、螺纹牙底线及齿轮的齿根线 | 剖面线<br>尺寸界线<br>尺寸线<br>重合断面的轮廓线 |
| 细点画线 | 宽度：*d* 约为粗线宽度的 1/2 | 轴线、对称中心线、轨迹线、节圆及节线 | 轴线<br>对称中心线 |
| 细双点画线 | 宽度：*d* 约为粗线宽度的 1/2 | 极限位置的轮廓线、相邻辅助零件的轮廓线、假想投影轮廓线、中断线 | 运动机件在极限位置的轮廓线<br>相邻辅助零件的轮廓线 |
| 细波浪线 | 宽度：*d* 约为粗线宽度的 1/2 | 机件断裂处的边界线、视图与局部剖视的分界线 | 断裂处的边界线<br>视图与局部剖视图的分界线 |
| 细双折线 | 宽度：*d* 约为粗线宽度的 1/2 | 断裂处的边界线 | |
| 粗点画线 | 宽度：*d* 优先选用 0.5、0.7mm | 有特殊要求的线或表面的表示线 | 镀铬 |
| 粗虚线 | 宽度：*d* 优先选用 0.5、0.7mm | 允许表面处理的表示线 | Fe/Ep Cr60hd/MP<br>粗虚线 |

图 2-8 所示为制动器，请读者仔细分析该图中的各种图线画法及用途。

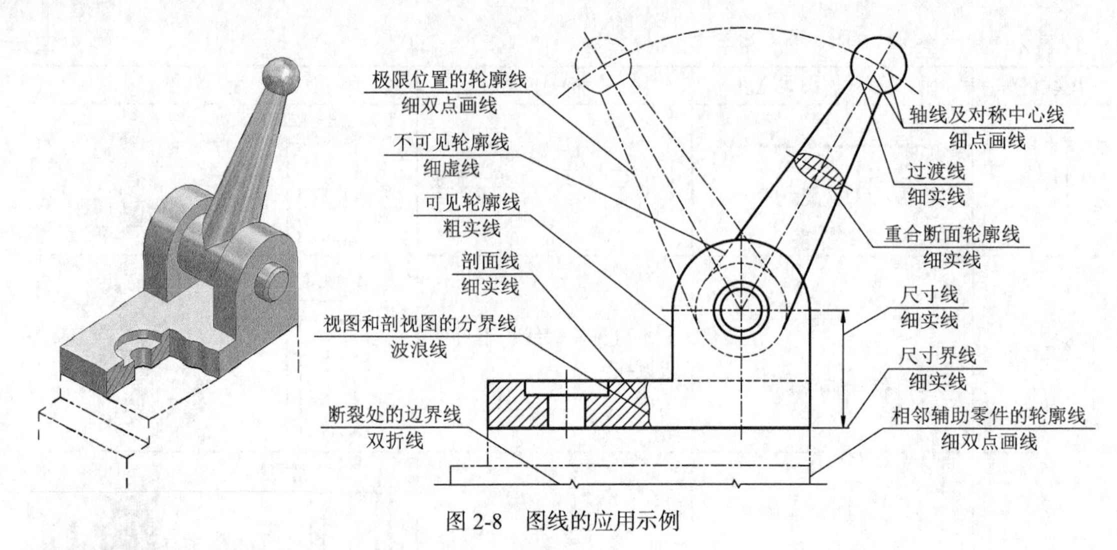


图 2-8　图线的应用示例

## 任务三　绘制圆的内接正六边形

绘制正六边形的方法不止一种，下面我们学习最常见的两种画法。

1. 利用丁字尺、三角板作圆的内接正六边形

由于正六边形的对角距离就是它外接圆的直径。利用这一性质，借助丁字尺和三角板，可作出该圆的内接正六边形。

作图步骤：

（1）用两块三角板配合，绘制两条互相垂直相交、适当长度的细点画线，用圆规作直径为 23 的圆，如图 2-9（a）所示；

（2）过点 *A*，用 60° 三角板画斜边 *AB*；过点 *D*，画斜边 *DE*，如图 2-9（b）所示；

（3）翻转三角板，过点 *D* 画斜边 *CD*；过点 *A* 画斜边 *AF*，如图 2-9（c）所示；

（4）用丁字尺连接两水平边 *BC*、*FE*，即得圆的内接正六边形，如图 2-9（d）所示。

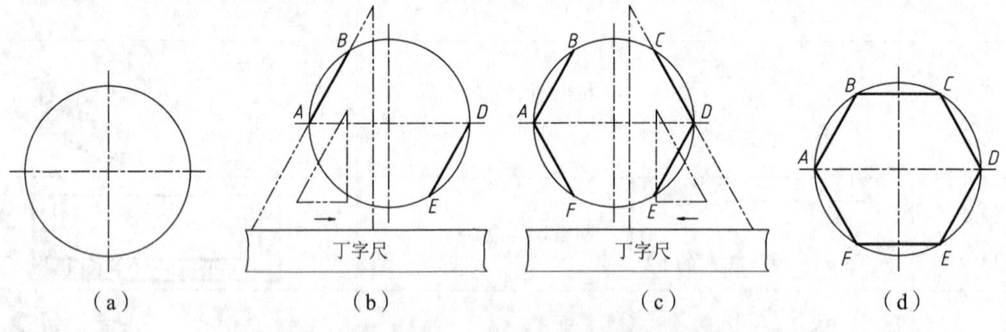


图 2-9　利用丁字尺、三角板作圆的内接正六边形

提示

圆的细点画线两端，应是画线而不应是点，且一般超出轮廓线 2～5mm。在较小圆（或圆弧）上绘制点画线有困难时，可用细实线代替，如图 2-10 所示。

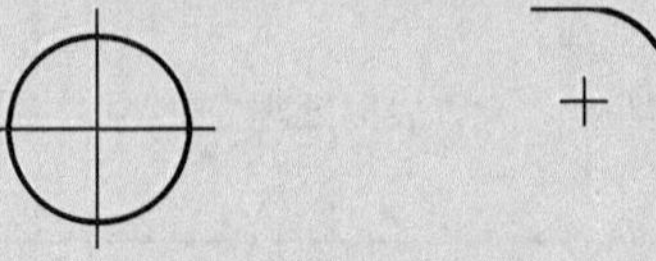

图 2-10　小圆、小圆弧细点画线画法

2. 用圆规作圆的内接正六边形

（1）在直径为24的圆上，以点$B$为圆心，$R$为半径作弧，交圆周得$E$、$F$两点，如图2-11（a）所示。

（2）同理，以$D$为圆心，$R$为半径作圆弧，交圆周得点$G$、$H$，如图2-11（b）所示。

（3）依次连接$D$、$H$、$E$、$B$、$F$、$G$各点，即得到圆的内接正六边形，如图2-11（c）所示。

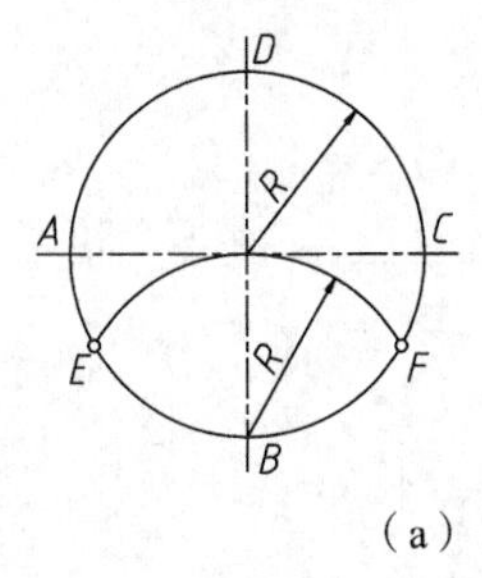

（a）

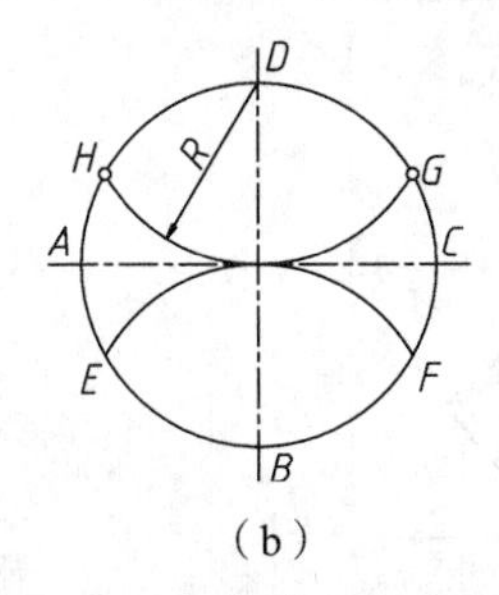

（b）

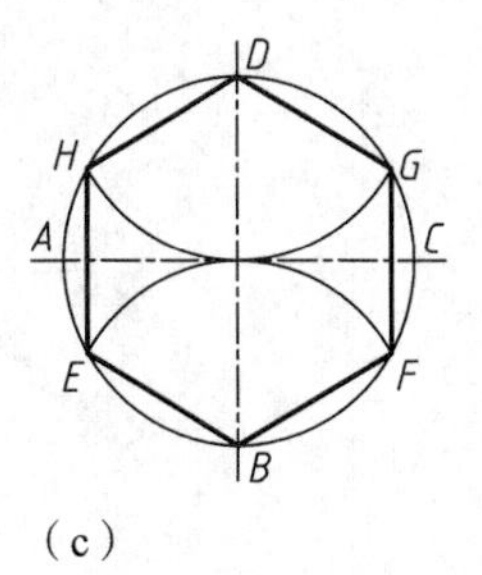

（c）

图2-11　用圆规作圆的内接正六边形

绘制图线时，还须注意以下几点。

1. 关于间隙的画法

除非另有规定，两条平行线之间的最小间隙不得小于0.7mm。

2. 关于相交的画法

虚线以及各种点画线相交时应恰当地交于画，而不应相交于点或间隔，如图2-12所示。

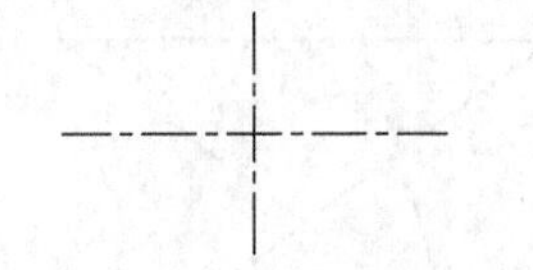

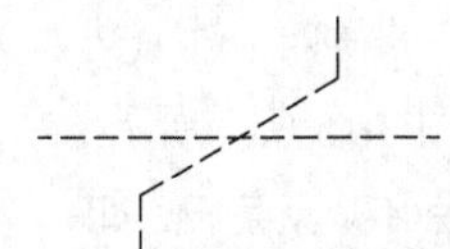

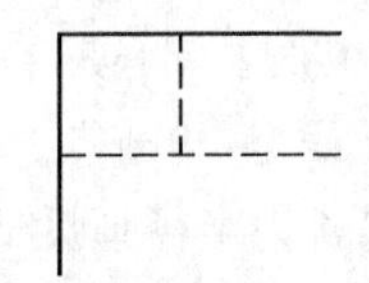

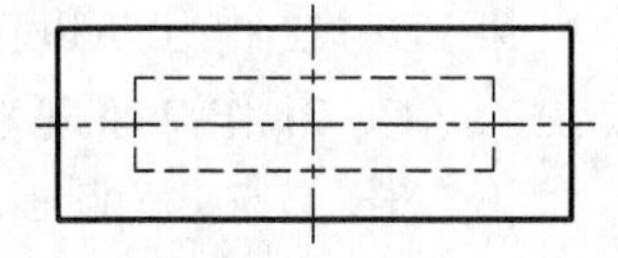

图2-12　图线相交的画法

3. 图线接头处的画法

这里主要介绍虚线与粗实线、虚线与虚线、虚线与点画线相接处的画法，如图2-13所示。

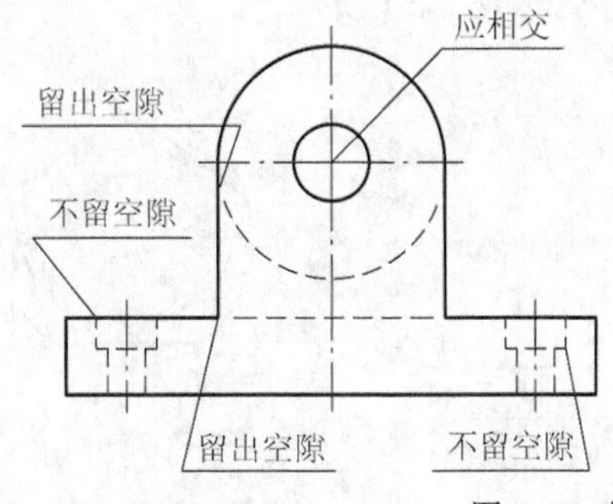


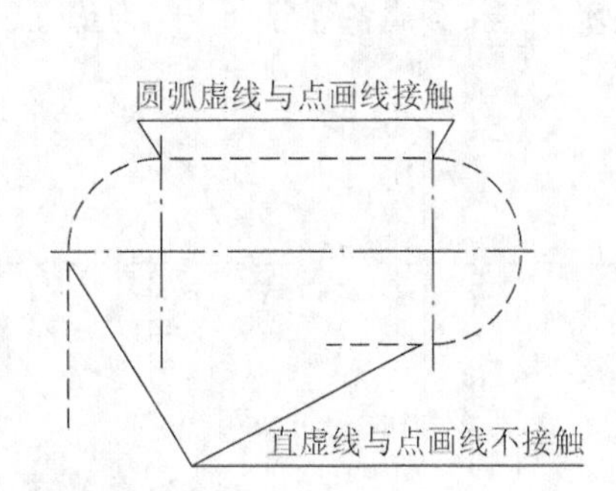


图2-13　图线接头处的画法

4. 图线重叠时的画法

当两种或两种以上图线重叠时，应按以下顺序优先画出所需的图线。

可见轮廓线→不可见轮廓线→轴线和对称中心线→双点画线。

**※项目归纳※**

（1）机械图样中最常用的图线有粗实线、细虚线、细实线、细点画线、波浪线等。绘图时常用“H”型铅笔绘制细型线，“B”型铅笔加深粗实线，以增强图样质量。

（2）绘制正多边形，一般应先绘制它的外接圆，再借助绘图工具即可快速完成。

**※巩固拓展※**

（1）图2-14所示为奔驰汽车标志，在右侧指定位置用1:2比例抄画该图形。

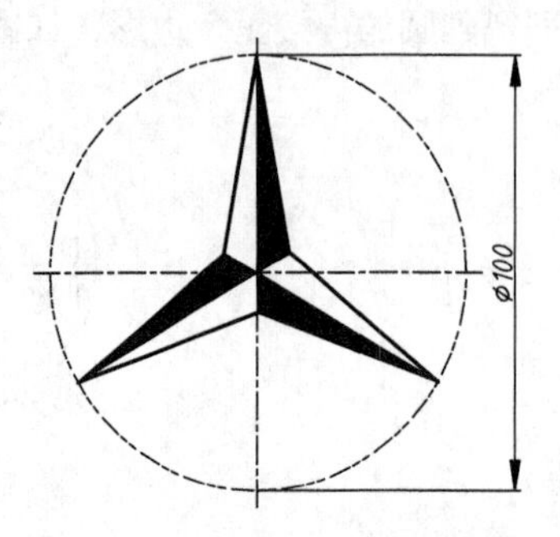

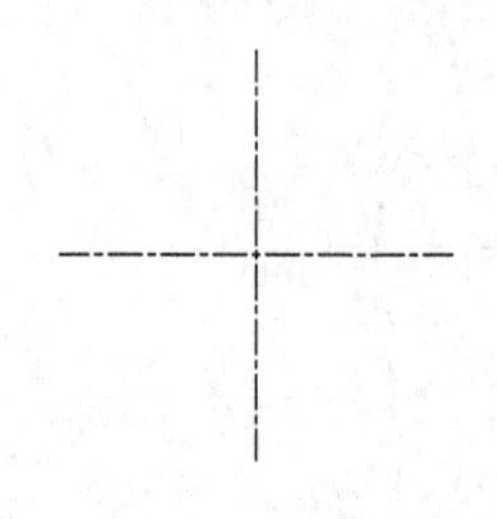

图2-14　奔驰汽车标志

**提示** 这是三等分圆的一个实例，其画法可参照正六边形的绘制。1:2是缩小比例，画图时要将直径ϕ100缩小为ϕ50后才可以绘图。

（2）绘制图2-15所示的五角星。绘制该五角星图，可以先绘制正五边形。下面仅介绍正五边形的画法，其余部分作图由读者自行完成。

图2-15　正五边形

第一步，绘制该正五边形的外接圆，圆心为 *O* 点，获得四个轴上交点*A*、*B*、*C*、*D*；作*OB*的垂直平分线交*OB*于点*P*，如图2-16（a）所示。

第二步，以点*P*为圆心，*PC*长为半径画弧交直径*AB*于点*H*，如图2-16（b）所示。

第三步，*CH*即为五边形的边长，等分圆周得五等分点*C*、*E*、*G*、*K*、*F*，如图2-16（c）所示。

第四步，连接圆周各等分点，即为正五边形，如图2-16（d）所示。

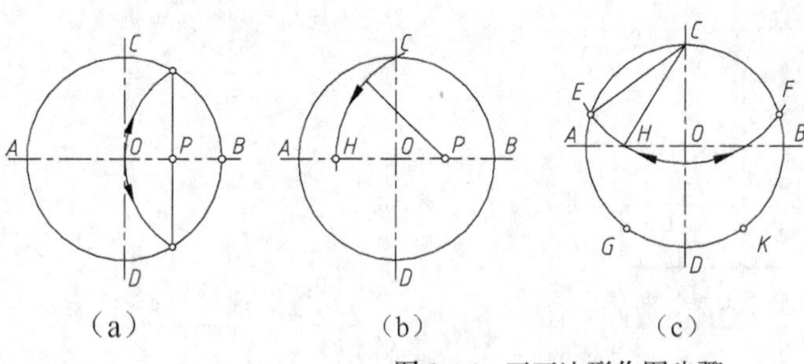

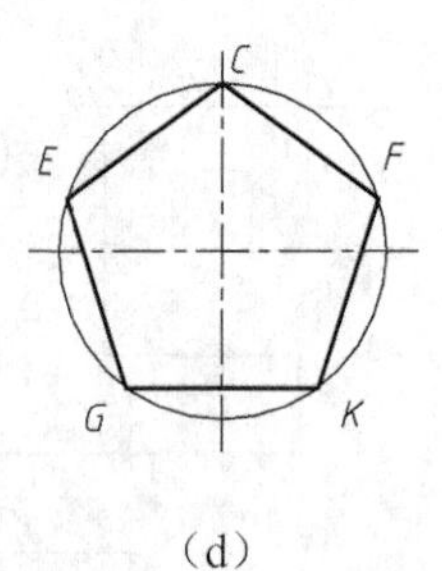


图2-16　正五边形作图步骤

# 项目三

# 绘制钩头楔键

机械零件上常有斜面和锥面，在图样上分别用斜度和锥度表示。本项目首先介绍国家标准《机械制图》尺寸注法，为正确、规范标注图样尺寸奠定基础；然后学习斜度的画法与标注，完成钩头楔键绘制任务；最后绘制回转顶尖，作为对本项目知识和技能的巩固与拓展，从而学会锥度的画法与标注。

**※学习目标※**

（1）掌握国家标准《机械制图》尺寸注法。

（2）掌握斜度与锥度的画法和标注。

（3）能绘制钩头楔键，学会对平面图形尺寸标注。

**※项目描述※**

钩头楔键用于连接轴和轴上的传动件（如齿轮、皮带轮等），使轴和传动件不发生相对转动，达到传递扭矩或旋转运动的目的，如图 3-1 所示。

图 3-2 所示为钩头楔键，使用绘图工具绘制该图形，并标注尺寸。

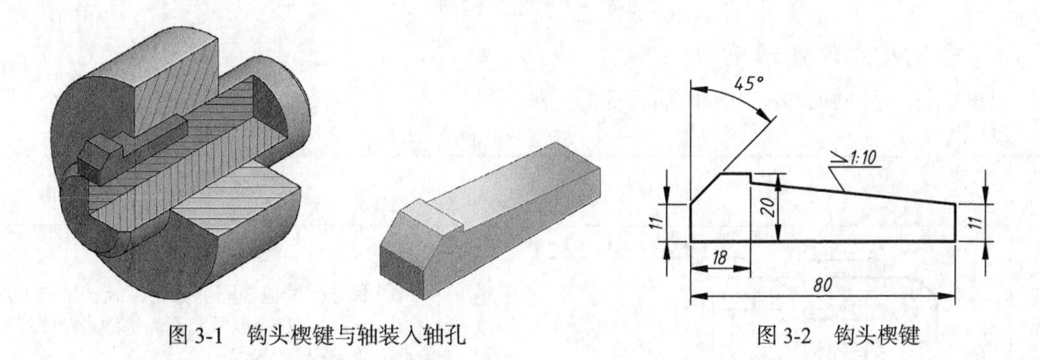


图 3-1　钩头楔键与轴装入轴孔　　　　图 3-2　钩头楔键

**※项目分析※**

物体的大小及各部分之间相对位置关系，要用尺寸来确定。要完成本项目任务，就要掌握国家标准《机械制图》尺寸注法。

钩头楔键和回转顶尖是机械中常见零件，钩头楔键有斜面，回转顶尖有圆锥面，在图样中需用斜度和锥度表达，因此学习斜度和锥度的画法和标注，十分必要。

**※项目驱动※**

# 任务一 学习尺寸注法（GB/T 4458.4-2003、GB/T 16675.2-1996、GB/T 4656-2008）

1. 尺寸标注的基本原则

（1）机件的真实大小应以图样上所注的尺寸数值为依据，与图形的比例及绘图的准确度无关。

（2）图样中的尺寸以 mm 为单位时，不必标注计量单位的符号（或名称）。如果采用其他单位，则必须注明相应的单位符号。本书中没有注明单位符号的尺寸，均以 mm 为单位。

（3）图样中所注的尺寸为该图样所示机件的最后完工尺寸，否则应另加说明。

（4）机件的每一尺寸一般只注一次，并应标注在表示该结构最清晰的图形上。

2. 尺寸标注的要素

一个完整的尺寸一般由尺寸界线、尺寸线和尺寸数字三个要素组成，如图 3-3 所示。

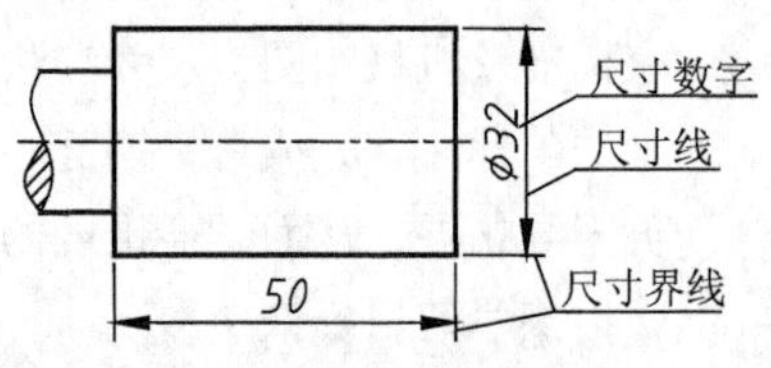

图 3-3　标注尺寸的要素

尺寸界限和尺寸线画成细实线，尺寸线的终端有箭头和斜线两种，分别如图 3-4（a）和图 3-4（b）所示。通常，机械图样的尺寸线终端画箭头，土建图的尺寸线终端画斜线。当没有足够的空间画箭头时，可用小圆点代替，如图 3-4（c）所示。尺寸数字一般注写在尺寸线的上方。

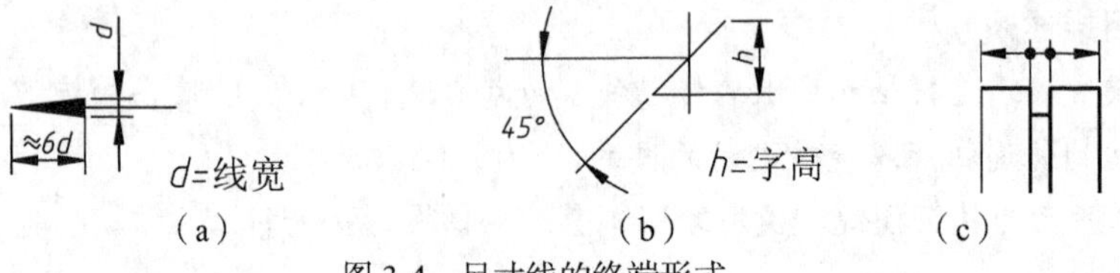

图 3-4　尺寸线的终端形式

3. 常见尺寸注法示例

机械图样中常见尺寸注法示例如表 3-1 所示。

表 3-1　尺寸注法示例

| 项目 | 图　例 | 说　明 |
|---|---|---|
| 尺寸界线 | 轮廓线作尺寸界线；中心线作尺寸界线；超过箭头2～3mm为宜 | ① 尺寸界线应由图形的轮廓线、轴线或对称中心线处引出，也可利用轮廓线、轴线或对称中心线作尺寸界线<br>② 尺寸界线一般应与尺寸线垂直并超过尺寸线 2～3mm |

续表

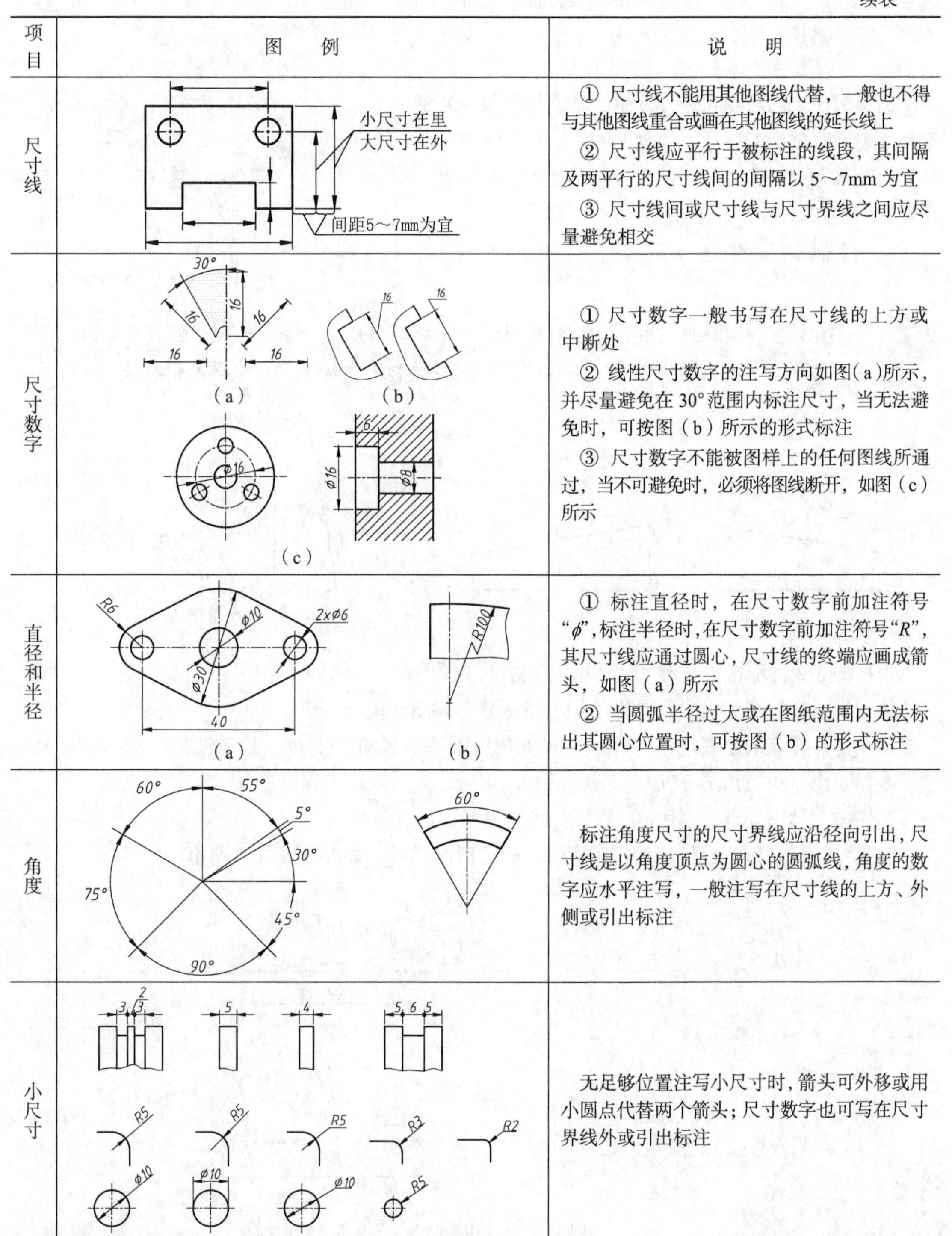

| 项目 | 图　例 | 说　明 |
|---|---|---|
| 尺寸线 | 小尺寸在里<br>大尺寸在外<br>间距5～7mm为宜 | ① 尺寸线不能用其他图线代替，一般也不得与其他图线重合或画在其他图线的延长线上<br>② 尺寸线应平行于被标注的线段，其间隔及两平行的尺寸线间的间隔以 5～7mm 为宜<br>③ 尺寸线间或尺寸线与尺寸界线之间应尽量避免相交 |
| 尺寸数字 | （a）（b）（c） | ① 尺寸数字一般书写在尺寸线的上方或中断处<br>② 线性尺寸数字的注写方向如图（a）所示，并尽量避免在 30°范围内标注尺寸，当无法避免时，可按图（b）所示的形式标注<br>③ 尺寸数字不能被图样上的任何图线所通过，当不可避免时，必须将图线断开，如图（c）所示 |
| 直径和半径 | （a）（b） | ① 标注直径时，在尺寸数字前加注符号"$\phi$"，标注半径时，在尺寸数字前加注符号"$R$"，其尺寸线应通过圆心，尺寸线的终端应画成箭头，如图（a）所示<br>② 当圆弧半径过大或在图纸范围内无法标出其圆心位置时，可按图（b）的形式标注 |
| 角度 | | 标注角度尺寸的尺寸界线应沿径向引出，尺寸线是以角度顶点为圆心的圆弧线，角度的数字应水平注写，一般注写在尺寸线的上方、外侧或引出标注 |
| 小尺寸 | | 无足够位置注写小尺寸时，箭头可外移或用小圆点代替两个箭头；尺寸数字也可写在尺寸界线外或引出标注 |

## 任务二　绘制钩头楔键

### 1．学习斜度

棱体高之差与平行于棱并垂直一个棱面的两个截面之间的距离之比，称为斜度（见图 3-5），

代号为“S”。如最大棱体高 $H$ 与最小棱体高 $h$ 之差，对棱体长度 $L$ 之比，用关系式表示为

$$S=\tan\beta=(H-h)/L$$

通常把比例的前项化为 1，而以简单分数和 1:$n$ 的形式来表示。斜度的标注方法如图 3-6 所示，注意：符号要与倾斜方向一致。斜度的符号画法如图 3-7 所示，其中 $h$ 为字高。

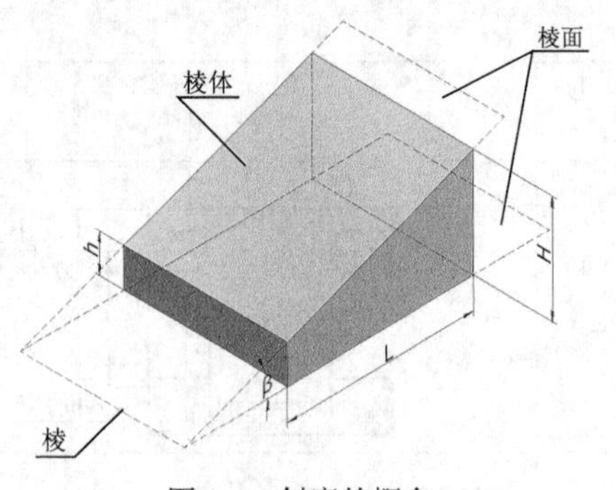

图 3-5 斜度的概念

2. 绘制钩头楔键

提示

钩头楔键斜度一般是∠1:100，由于1:100的斜度在绘制时比较烦琐。为了简化画图过程，在本项目中，暂时以斜度∠1:10来绘制钩头楔键，其原理是相同的。

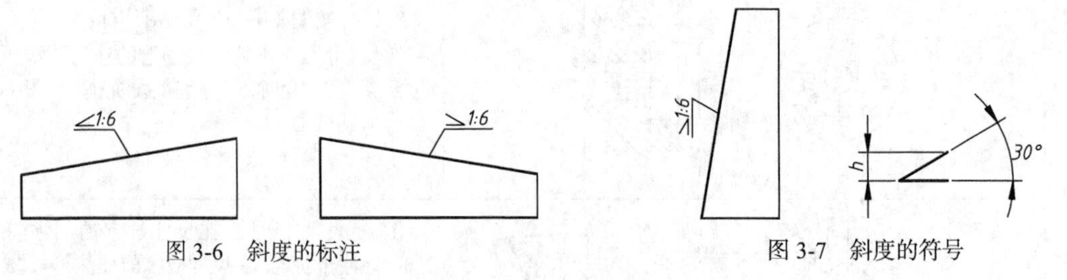

图 3-6 斜度的标注

图 3-7 斜度的符号

根据图 3-2 所示钩头楔键尺寸，可以按如下步骤绘制。

第一步，根据图中尺寸，画出已知直线部分，如图 3-8（a）所示。

第二步，任意确定直角三角形的一条直角边 $BC$ 为 1 个单位长度，另一直角边 $AB$ 为 10 个单位长度，画出直角三角形 $ABC$，如图 3-8（b）所示。

第三步，过已知点 $D$，作 $AC$ 的平行线，如图 3-8（c）所示。

第四步，核对检查后描深加粗轮廓线，标注斜度代号，如图 3-8（d）所示。

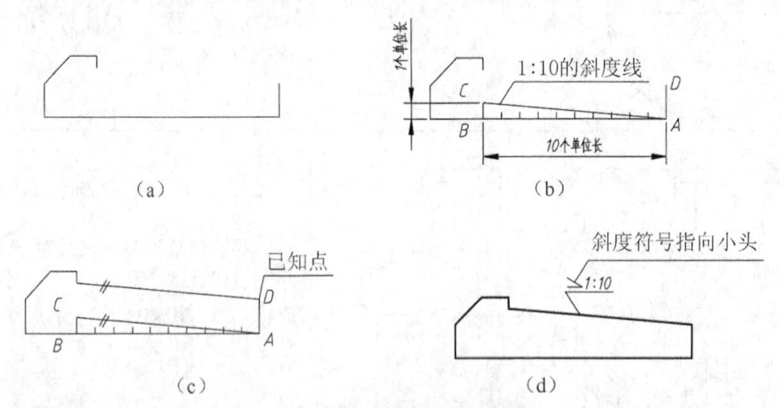

图 3-8 钩头楔键绘图步骤

第五步，按尺寸注法标注其余尺寸，完成项目任务。

**※项目归纳※**

（1）尺寸注法是对图形进行尺寸标注的技术依据，必须严格执行，尤其对常见的尺寸注法示例，要扎实掌握。

（2）斜度的画法比较简单，较易掌握，标注时要符合国家标准要求。

**※巩固拓展※**

绘制图 3-9 所示的扇形回转顶尖。

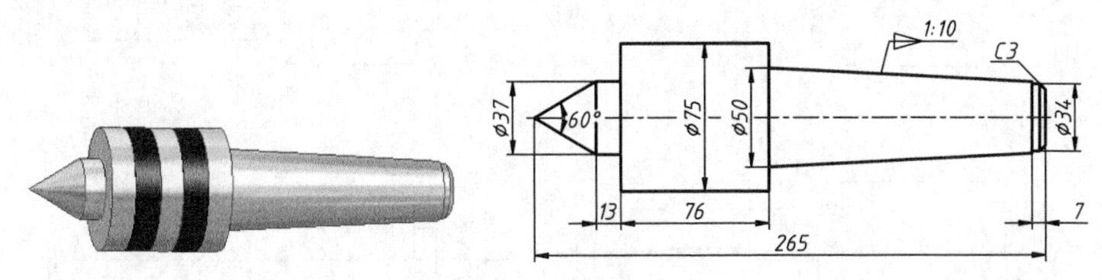


图 3-9　回转顶尖

顶尖主要用于车床上加工轴类零件，借助中心孔定位，使被加工零件得到很高的尺寸精度。由图 3-9 可知，该图均由直线组成，图形较简单，尺寸齐全，其中“⊲1:10”为锥度符号，因此，先学习锥度相关知识。

在图 3-9 中，$D$ 和 $d$ 分别表示圆锥上下两端直径，高度为 $L$。我们把上下底圆直径之差与其高度的比值，称之为锥度，代号为“$C$”。由图 3-10 可知，α 为圆锥角，则有：

$$C=\frac{D-d}{L}=2\tan\left(\frac{\alpha}{2}\right)$$

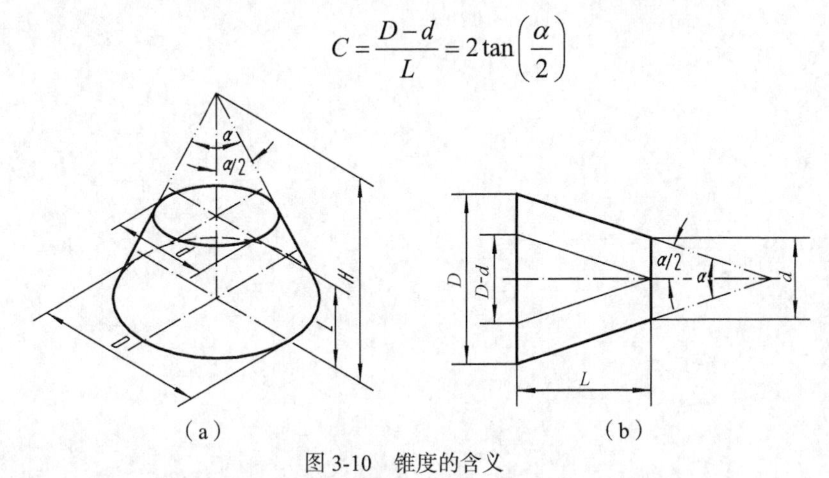


（a）　　　　（b）

图 3-10　锥度的含义

与斜度的表示方法一样，通常也把锥度的比例前项化为 1，写成 1:$n$ 的形式。锥度的标注方法如图 3-11 所示，锥度符号要与斜度方向一致。锥度的符号画法如图 3-12 所示。

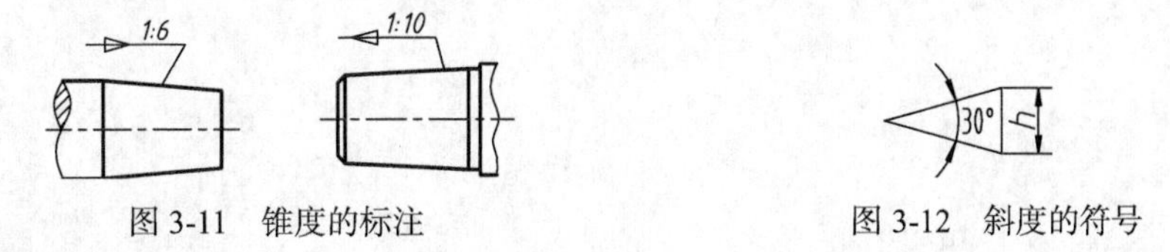


图 3-11　锥度的标注　　　　图 3-12　斜度的符号

回转顶尖画法的步骤如下。

第一步，根据图 3-9 给定的尺寸，画出已知直线部分，如图 3-13（a）所示。

第二步，确定等腰三角形的底边 $DE$ 为 1 个单位长度，高为 10 个单位长度，画出等腰三角形 $CDE$，如图 3-13（b）所示。

第三步，分别过已知点 $D$、$E$，作 $DC$ 和 $EC$ 的平行线，形成封闭图形，如图 3-13（c）所示。

第四步，核对检查后，描深加粗轮廓线，标注锥度代号，如图 3-13（d）所示。

第五步，按尺寸注法逐一标注其余尺寸，完成该项目。

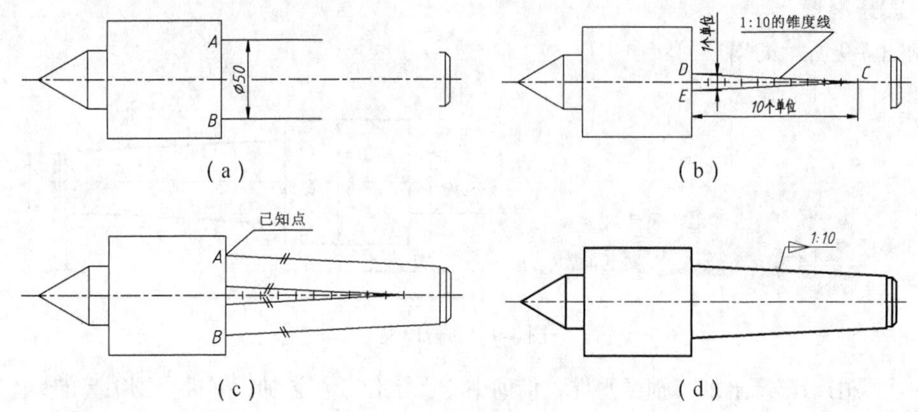


图 3-13　回转顶尖画法步骤

# 项目四

## 绘制手柄

表达机件的图样由平面图形组成，熟练掌握平面图形画法，是绘制机械图样的重要基础。本项目通过绘制手柄图形，学会对平面图形的线段分析、尺寸基准分析和尺寸分析，掌握平面图形绘制的方法与步骤。

**※学习目标※**

（1）掌握圆弧连接的作图方法。

（2）能正确判断图形中的已知、中间和连接线段，学会对尺寸基准和尺寸的分析。

（3）能正确完成手柄图样的绘制。

**※项目描述※**

绘制图 4-1 所示的手柄平面图形。

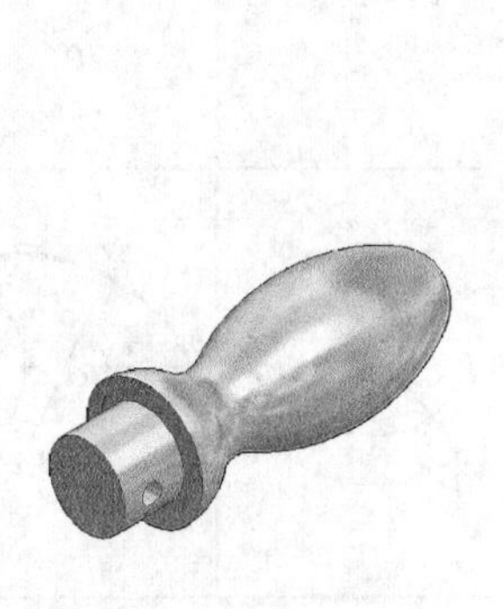

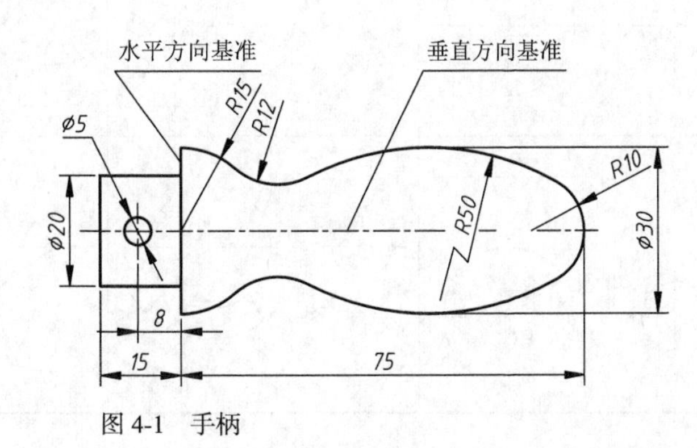


图 4-1　手柄

**※项目分析※**

由图 4-1 所示可知，手柄上下对称，除了左端是三段直线外，其余图线均为圆弧，且各圆弧之间光滑连接，半径分别是 $R15$，$R12$，$R50$ 和 $R10$。其中，$R15$ 和 $R10$ 圆弧的圆心位置已经确定，$R50$ 圆弧的圆心仅已知一个坐标，$R12$ 圆弧的圆心位置完全未知。绘制手柄平面图形，主要归结为各圆弧作法。

**※项目驱动※**

## 任务一　学习圆弧连接

用一段圆弧光滑地连接相邻两已知线段（直线或圆弧）的作图方法称为圆弧连接。要保证圆弧连接光滑，作图时必须先求作连接圆弧的圆心以及连接圆弧与已知线段的切点，以保证线段与线段在连接处相切。圆弧连接的作图如表 4-1 所示。

表 4-1　圆弧连接作图

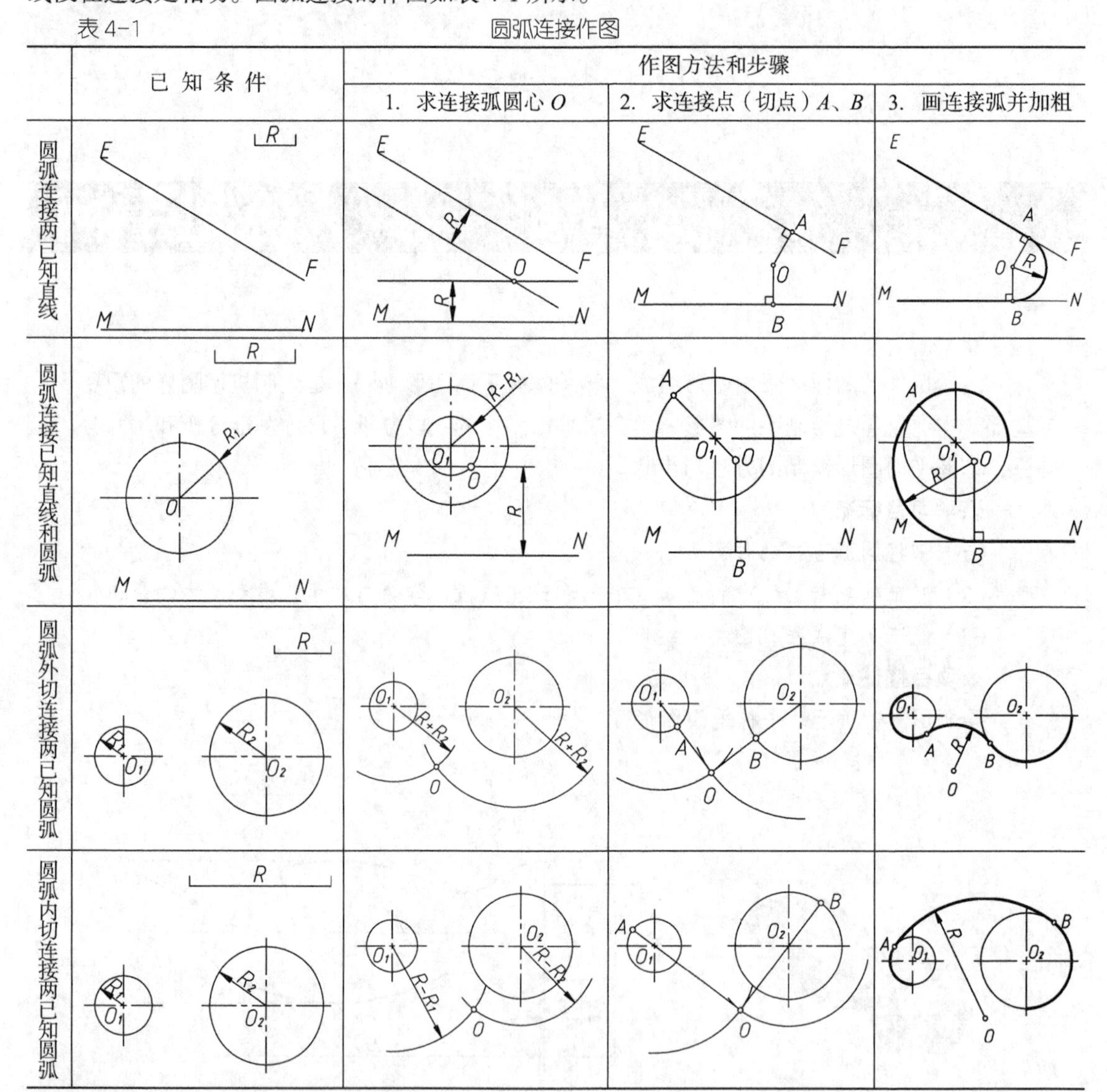

| | 已知条件 | 作图方法和步骤 | | |
|---|---|---|---|---|
| | | 1. 求连接弧圆心 $O$ | 2. 求连接点（切点）$A$、$B$ | 3. 画连接弧并加粗 |
| 圆弧连接两已知直线 | | | | |
| 圆弧连接已知直线和圆弧 | | | | |
| 圆弧外切连接两已知圆弧 | | | | |
| 圆弧内切连接两已知圆弧 | | | | |

## 任务二　学会尺寸分析

1. 分析尺寸基准

分析尺寸，首先要了解标注尺寸的起点即尺寸基准。平面图形有水平和垂直两个方向的尺寸基准，常常将图形的对称线，主要轮廓线作为尺寸基准。图 4-1 所示端面为手柄水平方向的尺寸

基准，水平中心线为垂直方向的尺寸基准。

2. 分析定形尺寸

在图 4-1 中，$\phi5$，$\phi20$，$R10$，$R15$，$R12$，$R50$，分别反映圆或圆弧的直径或半径，它确定平面图形上各线段的大小，称为定形尺寸。一般而言，定形尺寸为直线段长度，圆或圆弧的直径和半径、角度等。

3. 分析定位尺寸

在图 4-1 中，尺寸 75 确定 $R10$ 圆弧的圆心位置，尺寸$\phi30$ 确定了 $R50$ 圆心的垂直方向位置，尺寸 8 确定孔$\phi5$ 的圆心位置。确定平面图形中各线段间相对位置的尺寸，称为定位尺寸。一般来说，孔心距，中心距等均为定位尺寸。

需说明的是，有时某个尺寸即是定形尺寸，又是定位尺寸，例如，图 4-1 所示的尺寸 15，既是圆弧$\phi20$ 的长度，也可看成是左端面到水平方向基准之间的距离。

## 任务三　学会线段分析

一般来说，确定一个圆（或圆弧），应有圆心的两个方向（水平和垂直）坐标以及直径（或半径），满足了这三个条件，才能直接画出该圆（或圆弧）。因此，平面图形中的线段（圆弧），根据其定位尺寸是否齐全，分为已知线段、中间线段和连接线段。

下面以图 4-1 所示手柄为例，分析其中各圆弧的性质。

（1）图中$\phi5$、$\phi20$、$R15$、$R10$ 具有完整的定形尺寸和定位尺寸，称为已知圆弧。绘图时，可根据尺寸直接画出。

（2）图中 $R50$，已知其水平坐标 45，垂直坐标未知，这种圆弧称为中间圆弧，必须依靠与 $R10$ 相切关系才能画出。

（3）图中 $R12$，其圆心无任何坐标值，这种圆弧称之为连接圆弧，它需根据两个相邻线段（$R15$ 和 $R50$）间的连接关系，通过几何关系才能画出。

## 任务四　绘制手柄

学会了圆弧连接知识后，通过对手柄尺寸和线段的分析，得出手柄平面图形绘制步骤如下。

第一步，作手柄底稿图。根据已知尺寸，绘制中心线和最外端的定位线，如图 4-2（a）所示。

第二步，绘制所有已知线段，如图 4-2（b）所示。

第三步，确定中间线段 $R50$ 的圆心位置，如图 4-2（c）所示。

（1）圆心的上下位置可根据已知尺寸$\phi30$ 推算出。

（2）圆心的左右定位可根据 $R50$ 与$\phi10$ 的内切关系求得。

第四步，确定两段 $R50$ 与$\phi10$ 的切点，画两段 R50 圆弧，如图 4-2（d）所示。

第五步，求作连接圆弧 $R12$，如图 4-2（e）所示。

（1）由于 $R12$ 分别与 $R50$ 和 $R15$ 外切，可用外切圆弧的连接方法求圆心。

（2）作出 $R12$ 的切点。

（3）绘制 $R12$ 圆弧。

第六步，校对图形，清理图线，加深加粗图线，如图 4-2（f）所示。

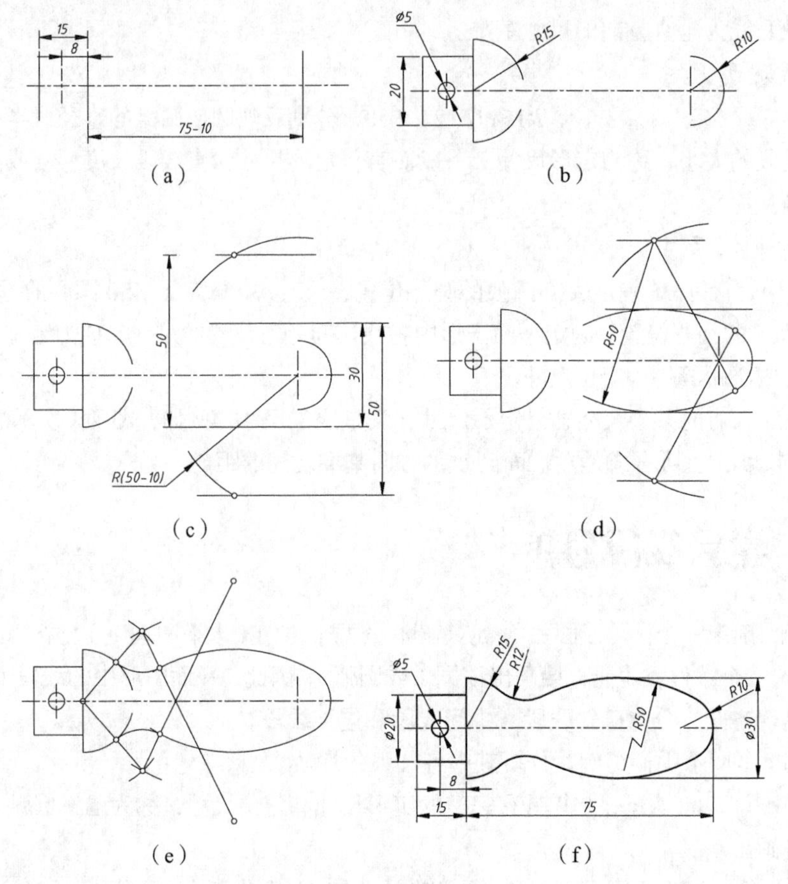


图 4-2　手柄作图步骤

**※项目归纳※**

（1）圆弧连接的作图“三步曲”：

① 求连接圆弧的圆心，即“找圆心”；

② 找到圆弧与圆弧相切点，即“求切点”；

③ 在两切点间作出圆弧，即“画圆弧”。

（2）绘制平面图形的画法和步骤：

① 画出主要基准线（轴线、中心线或主要轮廓线）；

② 按照先已知线段、再中间线段和连接线段的顺序，依次绘图，直至完成图形；

③ 仔细核对图形，改正图上错误，轻擦多余图线；

④ 加深加粗图线，标注全部尺寸。

**※巩固拓展※**

绘制图 4-3 所示模板平面图形。

由图可知，模板平面图形左右对称，其外轮廓为椭圆，中间圆直径$\phi$52，左右两侧圆直径为$\phi$32。要完成该项目，应学习并掌握椭圆画法，其余部分读者可以自行完成。

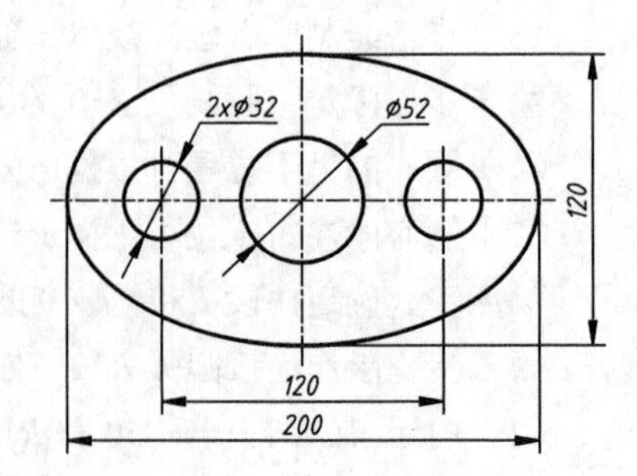


图 4-3　模板平面图形

下面介绍四心圆法绘制椭圆的基本步骤。

（1）作出长轴 *AB*（长 200）和短轴 *CD*（高 120），如图 4-4（a）所示。

（2）取 $CE=CF$，作出点 $E$，如图 4-4（b）所示。

（3）作 $AE$ 中垂线与两轴交于点 $O_3$、$O_1$，并作出对称点 $O_4$、$O_2$，如图 4-4（c）所示。

（4）分别以 $O_1$、$O_2$、$O_3$、$O_4$ 为圆心作四段圆弧（切点 $K$ 在相应的连心线上），合起来即是椭圆，如图 4-4（d）所示。

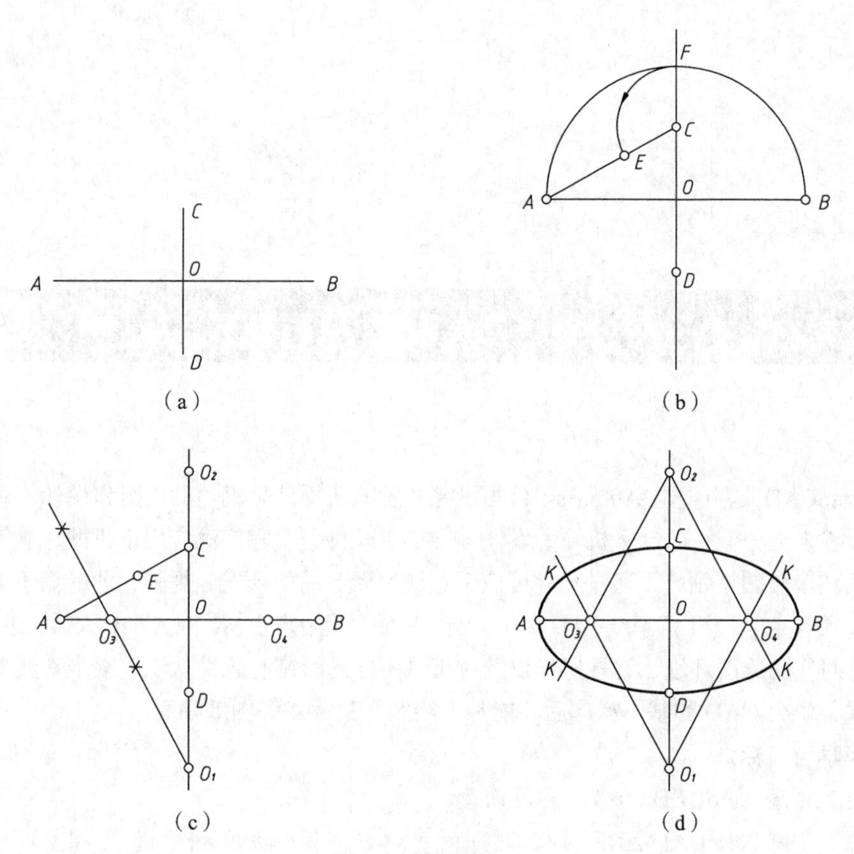


图 4-4　椭圆画法

# 项目五

# 认识 AutoCAD 2013

AutoCAD 是由美国 Autodesk 公司研究开发的通用计算机辅助绘图和设计软件，是目前世界上十分流行的计算机辅助设计（CAD）软件包，它广泛应用于机械、电气、建筑、服装、船舶等领域，通过它，可使企业加速新产品的开发，增强企业的竞争力。

本项目主要介绍了 AutoCAD 2013 工作界面，让用户在初次使用 AutoCAD 2013 绘图时，对它的绘图环境、常规操作以及对机械图样的绘制有感性认识。逐步掌握人机交互方式，学会 CAD 的基本操作后，能独立绘制 A3、A4 等图纸幅面。

**※学习目标※**

（1）熟悉 AutoCAD 2013 工作界面。

（2）了解 AutoCAD 2013 的人机交互方式，并能正确运用。

（3）掌握 AutoCAD 2013 的基本操作，能独立绘制 A3、A4 等图纸幅面。

**※项目描述※**

在 AutoCAD 2013 中，绘制 A3 图幅（图线暂时不要求有粗细之分），如图 5-1 所示。

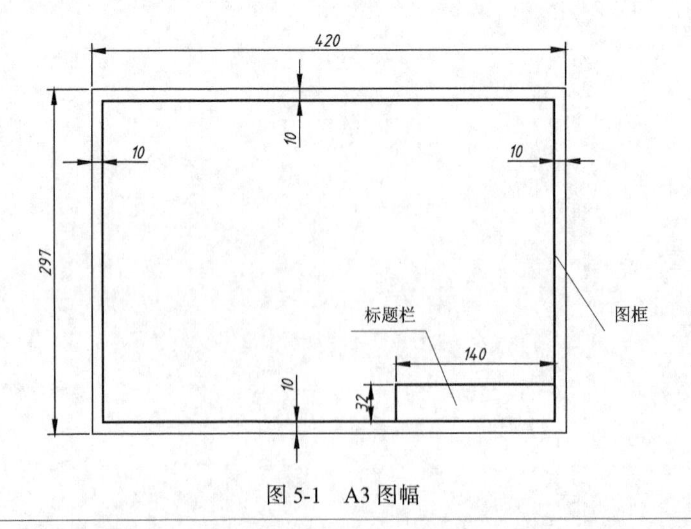


图 5-1　A3 图幅

**※项目分析※**

要完成本项目，首先要熟悉 AutoCAD 2013 软件的工作界面，了解它人机交互方式，学会打开与保存软件，利用最基本的“直线”命令，就能完成 A3 图幅绘制。

**※项目驱动※**

## 任务一　熟悉 AutoCAD 2013 工作界面

### 1. 打开 AutoCAD 2013

方法一：双击桌面快捷图标，即可启动 AutoCAD 2013 软件。

方法二：打开开始菜单，选择“开始”→“所有程序”→“Autodesk”→“AutoCAD 2013-Simplified Chinese”→“AutoCAD 2013”选项，即可启动 AutoCAD 2013 软件。

方法三：双击已有的 AutoCAD 2013 文件，也可启动 AutoCAD 2013。

### 2. 切换 AutoCAD 2013 工作空间

AutoCAD 2013 的工作空间又称为工作界面，根据绘图要求不同，系统提供了“AutoCAD 经典”、“三维建模”、“三维基础”和“草图与注释”几种空间形式。

AutoCAD 2013 工作空间的切换方法为：单击绘图界面右下角状态栏上的“切换工作空间”图标按钮，弹出菜单，如图 5-2 所示；或执行菜单命令“工具｜工作空间”，如图 5-3 所示，选择后进入了“AutoCAD 经典”工作空间。

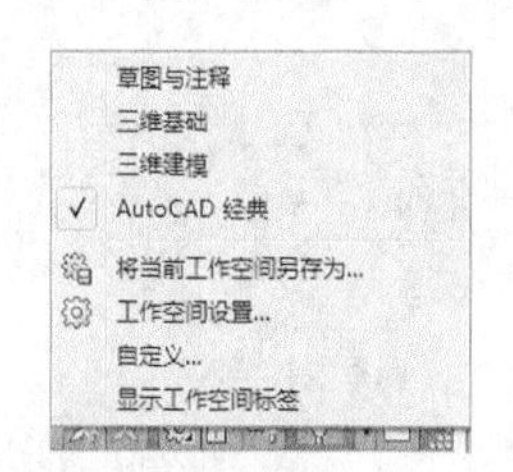


图 5-2　切换工作空间（一）

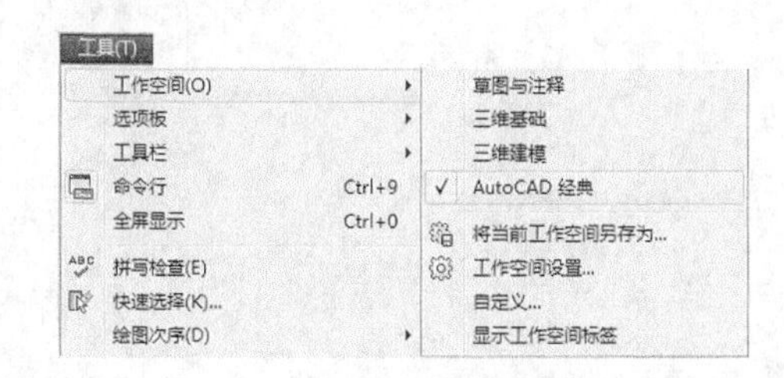


图 5-3　切换工作空间（二）

### 3. AutoCAD 2013 经典空间用户界面

进入“AutoCAD 经典”空间后，即打开如图 5-4 所示的工作界面，它是一个可视化空间，也是人机交互场所，具体由“菜单浏览器”按钮、快速访问以及多个工具栏、标题栏、菜单栏、绘图区、命令行窗口、布局标签、状态栏、光标、坐标系图标、滚动条等组成。

（1）标题栏。标题栏位于工作界面的最上方，用于显示 AutoCAD 2013 的程序图标以及当前所操作图形文件的名称。位于标题栏右侧的按钮，分别用于实现 AutoCAD 2013 窗口的最小化、还原或最大化、关闭 AutoCAD 等功能。

（2）菜单栏。菜单栏是 AutoCAD 2013 的主菜单。利用其提供的菜单，可执行 AutoCAD 所有工具栏中的命令。单击菜单栏中的某一选项，会打开相应的下拉菜单，如图 5-5 所示为“绘图”下拉菜单（部分）；图 5-6 所示为“修改”下拉菜单（部分）。

AutoCAD 2013 的下拉菜单有以下几个特点。

① 下拉菜单中，若右面有小三角按钮的菜单项，则表示它有子菜单，如图 5-6 所示“对象”子菜单。

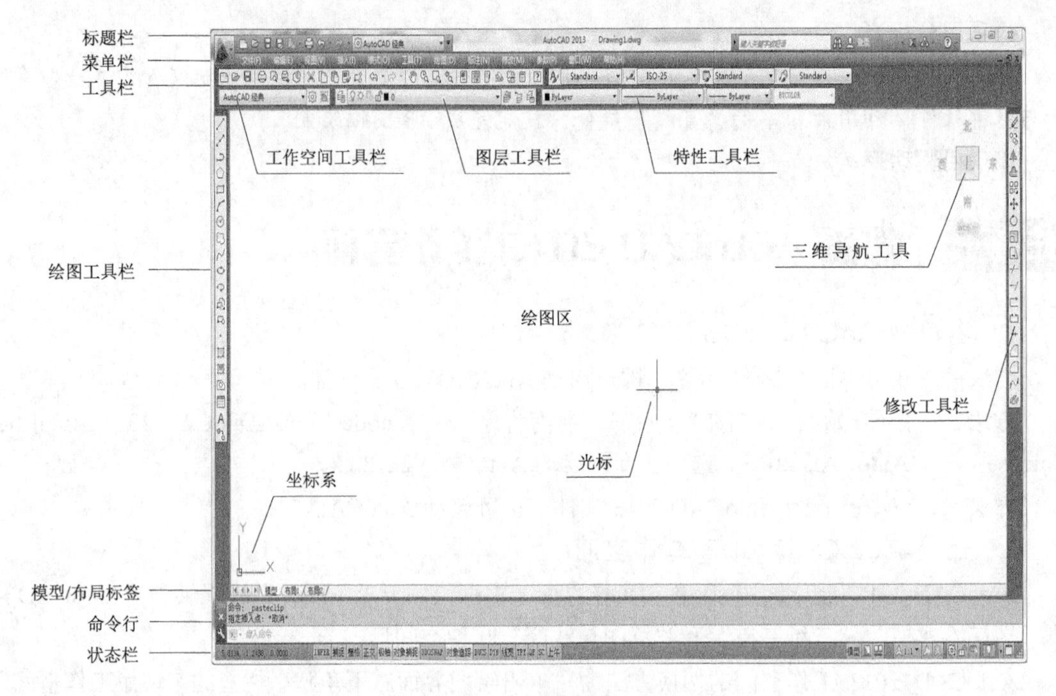


图 5-4　AutoCAD 2013 经典空间

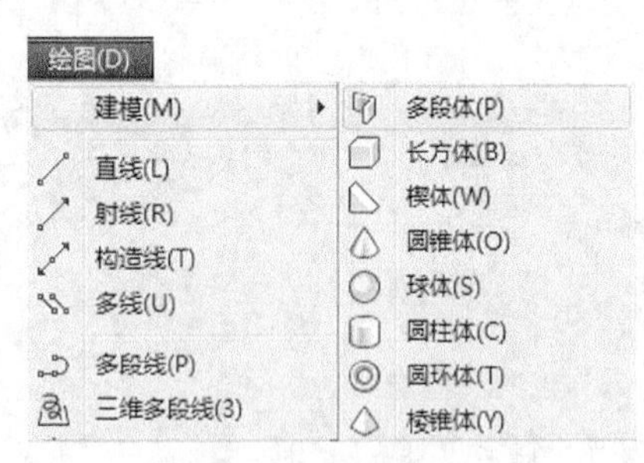


图 5-5　绘图菜单

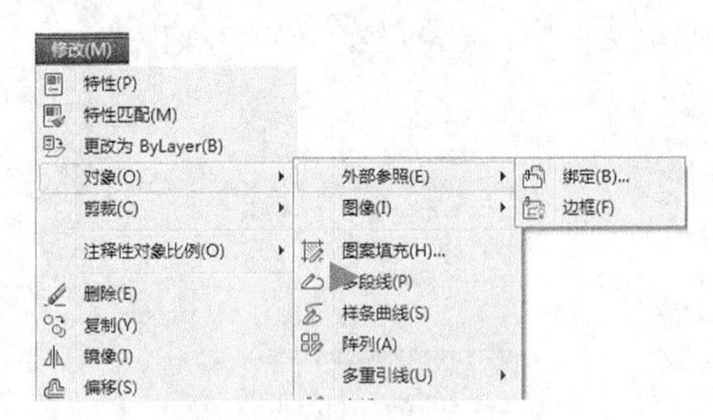


图 5-6　修改菜单

② 下拉菜单中，若右面有省略号标记的菜单项，则表示单击该菜单项后会打开一个对话框。

③ 右边没有内容的菜单项，单击后，即执行对应的 AutoCAD 命令。

提示

AutoCAD 2013 还提供快捷菜单，右击鼠标即可打开快捷菜单。当前操作不同或光标所处的位置不同，打开的快捷菜单也不同。

（3）工具栏。AutoCAD 2013 提供了许多工具栏。利用这些工具栏中按钮，可以方便地启动相应的 AutoCAD 命令。默认设置下，AutoCAD 2013 在工作界面上显示“标准”、“样式”、“工作空间”、“快速访问”、“图层”、“特性”、“绘图”和“修改”等工具栏（见图 5-4）。如果将 AutoCAD 2013 的全部工具栏都打开，会占用较大的绘图空间。通常，当需要频繁使用某一工具栏时，可右击任意工具栏，将打开工具条（部分），凡是工具栏名称前打“√”，说明该工具栏已打开，如图 5-7 所示。当不使用它们时，即可将其关闭（工具栏名称前没有“√”）。

AutoCAD 的工具栏可以是浮动的，用户可以将各工具栏拖放到工作界面的任意位置。

（4）绘图窗口。绘图窗口类似于手工绘图时的图纸，是用户用 AutoCAD 2013 绘图并显示所

绘图形的区域，也是人机交互结果所体现的地方。

（5）光标。当光标位于绘图窗口时为十字形状，十字线的交点为光标的当前位置。AutoCAD 的光标用于绘图、选择对象等操作。

（6）坐标系图标。坐标系图标通常位于绘图窗口的左下角，表示当前绘图使用的坐标系的形式以及坐标方向等。AutoCAD 提供了世界坐标系（World Coordinate System，WCS）和用户坐标系（User Coordinate System，UCS）。世界坐标系为默认坐标系，且默认时水平向右为 $X$ 轴的正方向，垂直向上为 $Y$ 轴的正方向。

（7）命令窗口。命令窗口是 AutoCAD 显示用户从键盘输入的命令和提示信息的位置，如图 5-8 所示。默认时，AutoCAD 在命令窗口保留最后 3 行所执行的命令或提示信息。用户可以通过拖动窗口边框的方式改变命令窗口的大小，一般使其显示 3 行的信息。

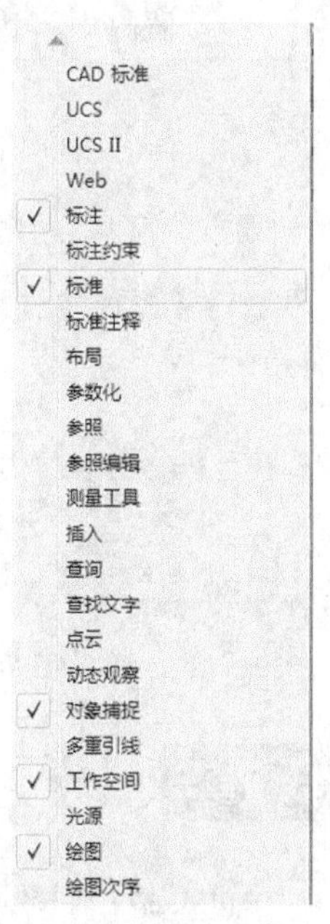


图 5-7　工具条（部分）

图 5-8　命令窗口

用功能键 F2 可以在文本窗口中切换，从而对已输入命令有全面的了解。

（8）状态栏。状态栏用于显示或设置当前的绘图状态。状态栏上位于左面的一组数字反映当前光标的坐标，其余按钮从左到右分别表示当前是否启用了捕捉、栅格、正交、极轴追踪、对象捕捉、对象捕捉追踪、允许/禁止动态 UCS、动态输入等功能以及是否按设置的线宽显示图形等。

单击某一按钮实现启用或关闭对应功能的切换，按钮为蓝颜色（亮色状），则启用对应的功能，灰颜色时则关闭该功能。

当光标停留在状态栏中打开的按钮上，右击可打开快捷菜单，若选择“使用图标”选项，结果如图 5-9 所示；反之就显示文字的状态栏，如图 5-10 所示。

图 5-9　使用图标

INFER 捕捉 栅格 正交 极轴 对象捕捉 3DOSNAP 对象追踪 DUCS DYN 线宽 TPY QP SC 上午

图 5-10　不使用图标

（9）模型/布局选项卡。模型/布局选项卡用于实现模型空间与图纸空间之间的切换。

（10）滚动条。利用水平和垂直滚动条，可以使图纸沿水平或垂直方向移动，即平移绘图窗口中所显示的内容。

（11）菜单浏览器。AutoCAD 2013 提供菜单浏览器，如图 5-11 所示。单击此菜单浏览器，AutoCAD 会将浏览器展开，利用其可以执行 AutoCAD 的相应命令。例如，单击“输出”，则列出下拉菜单，出现“输出、输出为其他格式、按 F1 键获得更多帮助”三项子菜单。

（12）快速访问工具栏。默认状态下，快速访问工具栏同时显示的有六个快捷按钮，如图 5-12 所示。

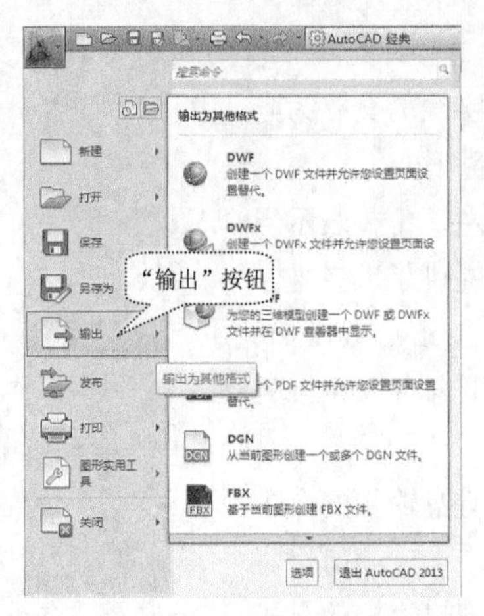


图 5-11　菜单浏览器

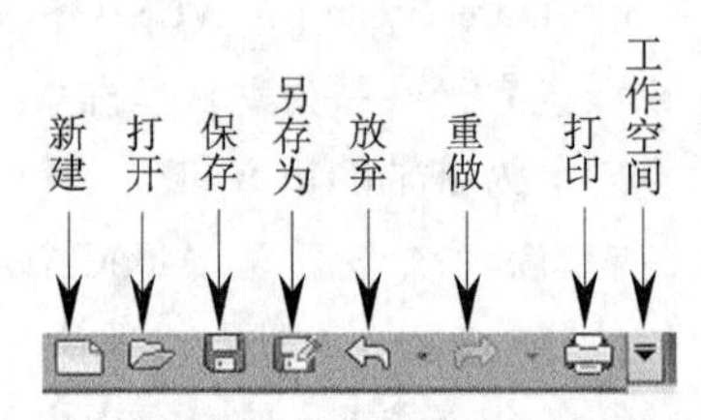


图 5-12　快速访问工具栏

## 任务二　学习 AutoCAD 2013 基本操作

AutoCAD 2013 是利用人机交互方式来执行命令的，即是如何调用命令。AutoCAD 最具代表性的调用命令的方法主要有命令按钮法，下拉菜单法和键盘输入法三种。

方法一：利用命令按钮法调用命令比较快捷，但是大量的工具栏会占用很多的绘图空间，影响正常的绘图操作。

方法二：利用下拉菜单法调用命令，如图 5-13 所示。由于不需要记忆太多的命令单词，而且下拉菜单在不用时会自动收回在菜单栏内，只占用极少的屏幕空间，但是调用菜单命令需要翻译菜单，大大降低了工作效率。

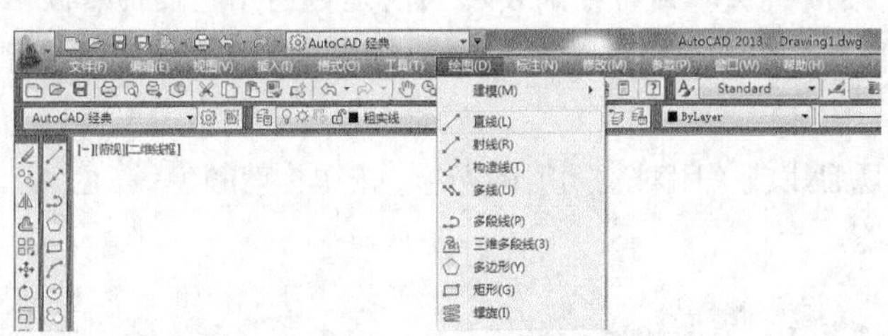


图 5-13　菜单调用命令

方法三：利用键盘输入法调用命令，例如，在命令提示符“:”后，可以输入命令简化符号，例如输入“L”，用回车键（或空格键）回车确认，也可执行“直线”命令，如图 5-14 所示。虽然需要记忆大量的命令单词，但是有很多命令设置了简化形式，在输入时非常方便，其效率远远高于其他两种方法。

图 5-14　键盘输入调用命令

针对鼠标键的功能，作如下说明。

左键：左键主要用于调用命令、点的指定、图形的选择与编辑等，图形的选择可以直接点取图形的对象，也可从左向右或从右向左拖动光标框选对象。

右键：主要用于弹出快捷菜单。

滚轮：滚动滚轮向前、向后推动，就可以缩放图形；按住滚轮，绘图区十字光标变成手形，

拖动鼠标可以平移图形。

1. 打开文件

方法一：直接打开文件。根据保存路径，找到“A3 图幅.dwg”文件，双击打开即可。

方法二：先打开 AutoCAD 2013 软件，然后进行不同的操作也可打开文件，具体可以是：

①菜单栏选择“文件”→“打开”菜单项；

②单击“打开”图标按钮；

③命令行键入“OPEN”后回车；

④按“Ctrl+O”组合键。

例如，执行“打开”命令后，将弹出“选择文件”对话框，如图 5-15 所示。

图 5-15　打开文件

2. 保存文件

方法一：菜单栏选择“文件｜保存”菜单项；

方法二：单击“保存”图标；

方法三：命令行键入“SAVE”后回车；

方法四：按“Ctrl+S”组合键

如将图形文件修改，则可以另存文件，方法是执行菜单命令“文件｜另存为…”，将弹出“图形另存为”对话框，在文件名下拉列表中输入新文件名，如图 5-16 所示。

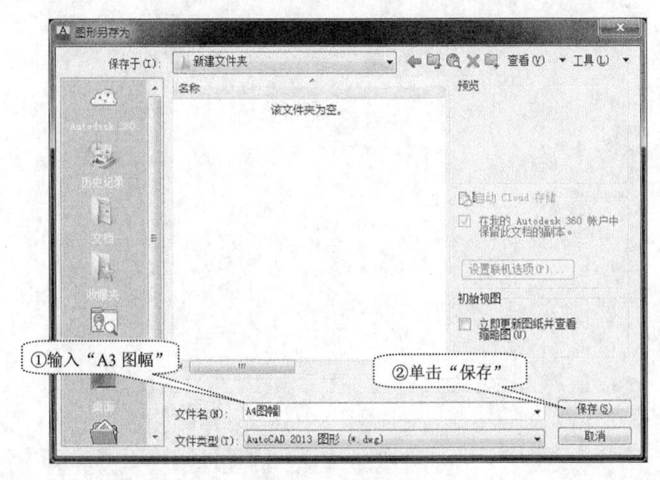


图 5-16　另存文件

## 任务三　绘制 A3 图幅

1. 启动 AutoCAD 2013，进入“AutoCAD 经典”空间状态

2. 绘制图形

（1）单击“直线”命令图标，命令行执行如下：

```
命令：_line                                    //执行命令
指定第一点：0，0↙                              //将坐标原点作为起始点
指定下一点或【放弃（u）】：420，0↙             //输入坐标
指定下一点或【放弃（u）】：420，297↙           //输入坐标
指定下一点或【放弃（u）】：0，297↙             //输入坐标
指定下一点或【放弃（u）】：C↙                  //首尾闭合，结束命令，完成图形
```

（2）回车，重复执行“直线”命令

```
命令：_line
指定第一点：10，10↙
指定下一点或【放弃（u）】：410，10↙            //输入相对坐标
指定下一点或【放弃（u）】：410，287↙           //输入相对坐标
指定下一点或【放弃（u）】：10，287↙            //输入相对坐标
指定下一点或【放弃（u）】：C↙                  //首尾闭合，结束命令，完成图形
```

（3）回车，重复执行“直线”命令

```
命令：_line
指定第一点：270，10↙                           //输入点A坐标
指定下一点或【放弃（u）】：270，42↙            //输入点B坐标
指定下一点或【放弃（u）】：410，42↙            //输入点C坐标
```

至此，完成了A3图幅绘制，如图5-17所示。

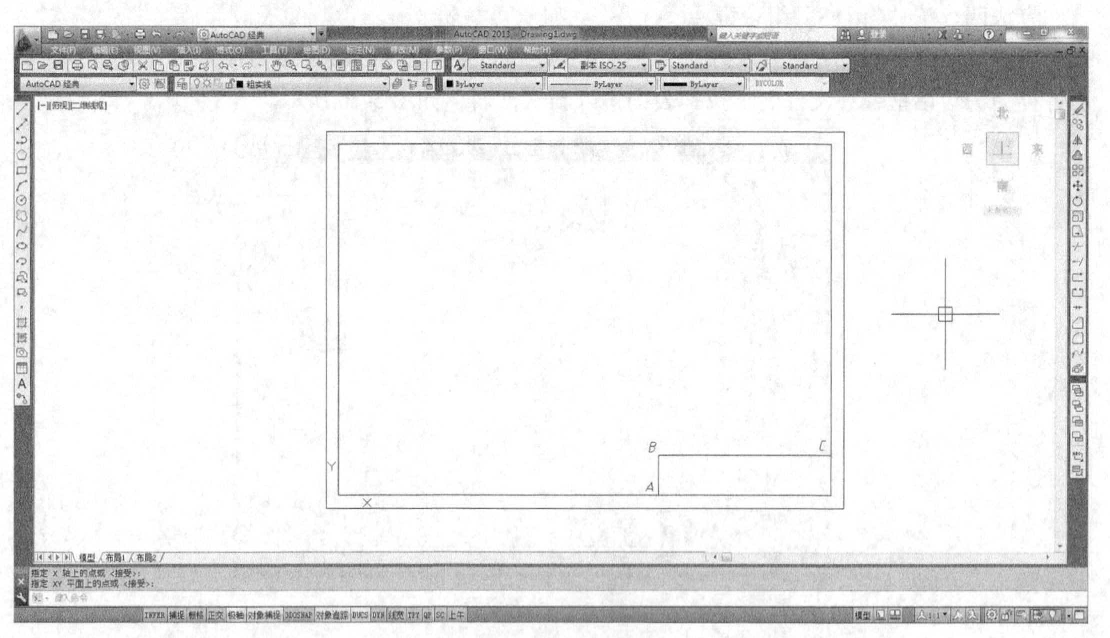


图5-17　绘制A3图幅

3. 保存文件

单击“保存”按钮，则弹出“图形另存为”对话框，在上端“保存于”下拉列表框中选择路径，在“文件名”文本框中输入“A3图框”后保存，如图5-18所示。

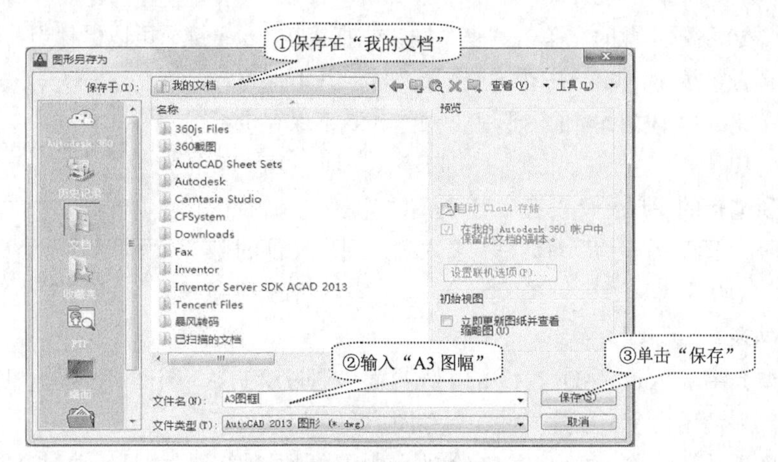


图 5-18 保存 A3 图幅

## 4. 调整位置

如果需要拖动鼠标平行移动图形，可以单击“视图”菜单命令或“标准工具栏”中的命令按钮，实现动态平移，也可按住鼠标滚轮直接进行平移。

如果要把绘制的图形全部显示在屏幕绘图区内，可以单击“视图”菜单命令或“标准工具栏”工具条中的命令按钮。

## 5. 学习帮助内容

在绘制 A3 图幅的过程中，执行菜单命令“帮助 | 帮助”或直接按“F1”键，打开“帮助”对话框，如图 5-19 所示，系统将显示“A3 图框”命令的帮助信息，用户可以对照学习。

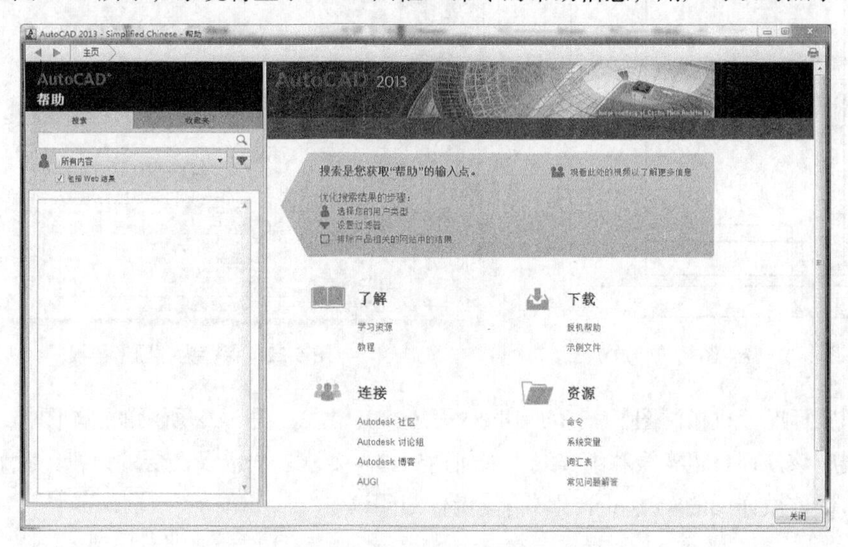


图 5-19 “帮助”对话框

## 6. 退出软件

退出 AutoCAD 2013 软件的方法主要有以下 3 种：

方法一：在主菜单栏选择“文件 | 退出”；

方法二：单击标题栏最右侧的按钮；

方法三：命令行：输入 CLOSE 并回车。

执行“关闭”命令后，如果当前图形没有保存，系统将弹出 AutoCAD 警告对话框，询问是

否保存，如图 5-20 所示。此时，单击“是”按钮或直接按 Enter 键，可以保存当前图形文件并将其关闭；单击“否”按钮，可以关闭当前图形文件但并不保存；单击“取消”按钮，取消关闭当前图形文件操作，既不保存也不关闭。

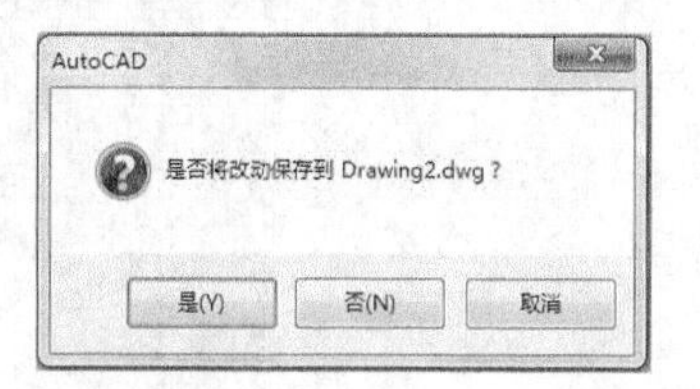


图 5-20　关闭对话框

如果当前所编辑的图形文件没有命名，单击“是”按钮后，AutoCAD 会打开“图形另存为”对话框，要求确定图形文件的存放位置和名称。

**※项目归纳※**

本项目主要介绍了 AutoCAD 2013 的工作界面。通过绘制 A3 图框，了解人机交互方式和软件的基本操作，如调用命令、创建文件、保存图形和退出软件等。

本项目是熟悉并掌握 AutoCAD 2013 绘制机械图样最基础知识，为日后学习提供坚实的基础。

**※巩固拓展※**

绘制如图 5-21 所示竖放 A4 图幅（竖放），并保存为样板图格式（dwt）存在 E 盘。

AutoCAD 2013 中自带有不同模式的样板图，有多种标准，例如，GB 为中国标准，ISO 为国际标准，ANSI 为美国标准等。但在使用过程中，还要根据实际情况，绘制“为我所用”的样板图。另外，在保存图样时，也有不同格式，如图 5-22 所示，读者在绘图时可以灵活运用，可保存为不同的类型或版本。

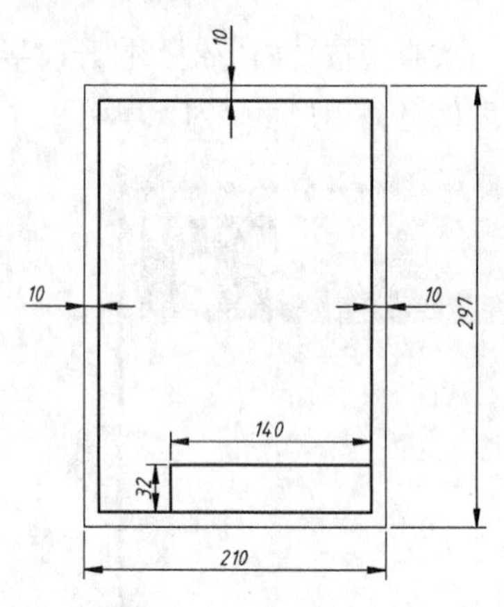


图 5-21　A4 图幅（竖放）

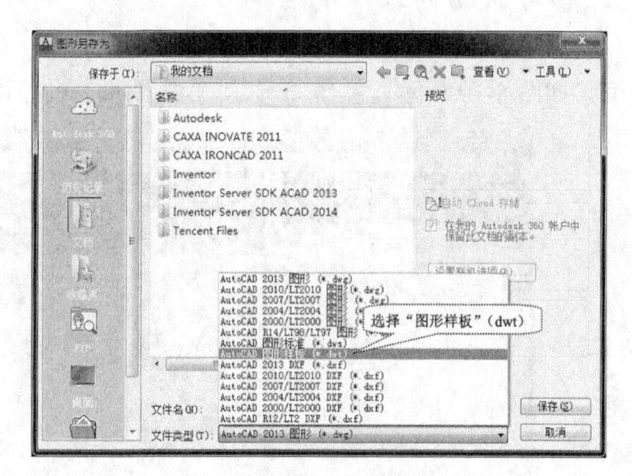


图 5-22　保存为“图形样板”

根据国家标准《机械制图》（GB/T　14689—2008）要求，图 5-22 所示的 A4 图幅，其图框和图纸边界线应该分别是粗实线和细实线。如何达到这一要求？将涉及图层的设置，我们将在下面的几个项目中，做详细的阐述和介绍，请读者仔细阅读。

# 项目六

# 绘制 L 字母图

绘制 L 字母图，首先需要设置绘图环境，即要根据图形大小、比例、复杂程度等来设置绘图的单位格式、图幅、图层、颜色、线型及线宽等。本项目主要采用了 CAD 中“直线”绘图命令、“移动”编辑命令，学会“保存”命令来保存文件，以掌握采用 CAD 软件绘制平面图形的基本方法和步骤。

**※学习目标※**

（1）学会设置绘图环境。

（2）能用输入相对坐标和直接输入距离两种方法绘制 L 字母图。

（3）掌握绘制平面图形的方法和步骤，学会保存图形文件。

**※项目描述※**

图 6-1 所示为一个由直线段组成的 L 字母图形，在 AutoCAD 2013 中绘制该图，并学会保存图形文件。

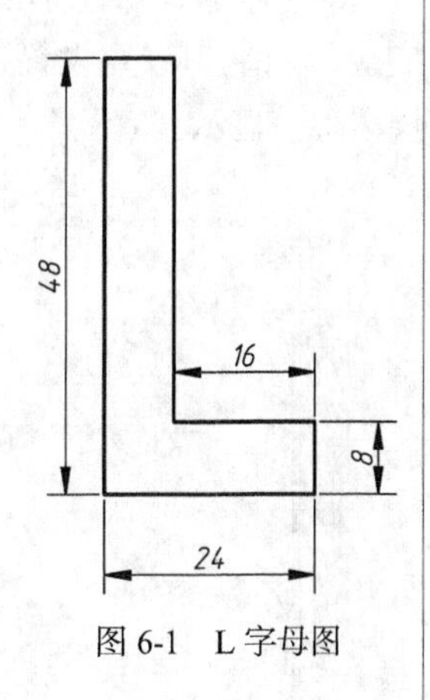

图 6-1　L 字母图

**※项目分析※**

由图 6-1 可知，L 字母图共有六段不同的直线组成，尺寸齐全，通过执行“直线”、“移动”、“保存”等命令，就可以完成该项目。

**※项目驱动※**

## 任务一　设置绘图环境

（1）启动 AutoCAD 2013，进入“AutoCAD 经典”空间状态。

（2）设置单位。执行菜单命令“格式｜单位…”，打开“图形单位”对话框，修改数据，如图 6-2 所示。

（3）设置图形界限为“297，210”。执行菜单命令“格式｜图形界限”，命令行执行如下：

```
命令：LIMITS   重新设置模型空间界限：                    //执行命令
指定左下角点或 [开(ON)/关(OFF)] <0, 0>: ↙               //直接回车，接受默认值
指定右上角点<420, 297>: 297, 210↙                       //输入新值，图形界限长为297、高210
```

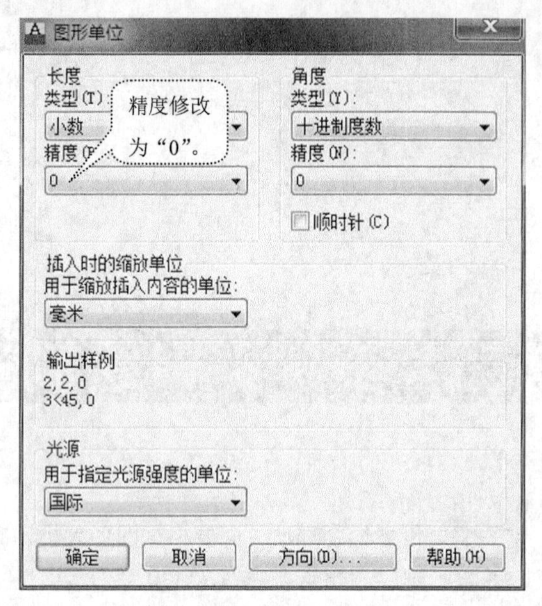


图6-2 修改精度

（4）设置图层。单击“图层”图标，打开“图层特性管理器”。新建一个图层，名称“粗实线”，并将其线宽设置为0.5，其他取默认值，如图6-3所示，将“粗实线”设置为当前图层（图层名称前显示“√”）。

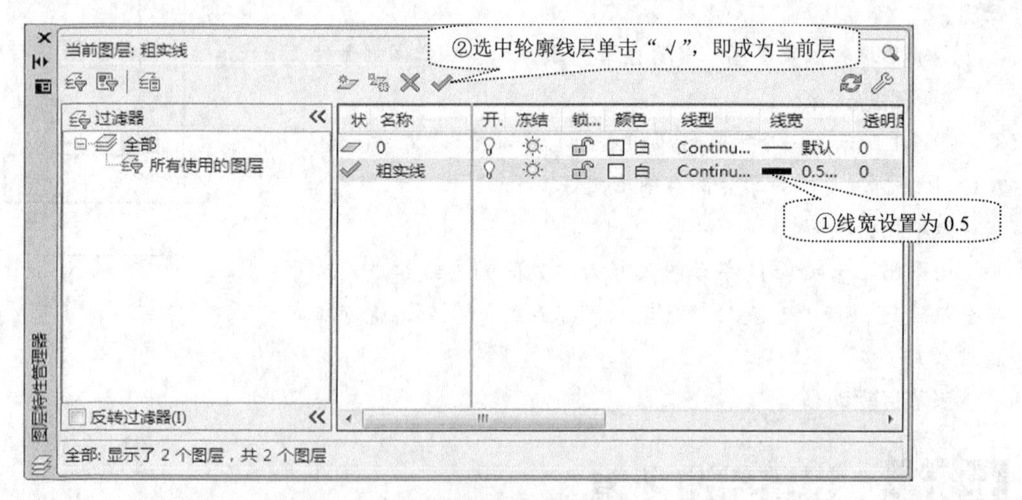


图6-3 设置图层

设置线宽的方法：在“图层设置管理器”对话框中，单击“粗实线”图层的“线宽”位置，打开“线宽”对话框，选择0.50线宽，如图6-4所示。

（5）执行菜单命令“视图｜缩放｜全部”，如图6-5所示，将图形界限满屏显示。

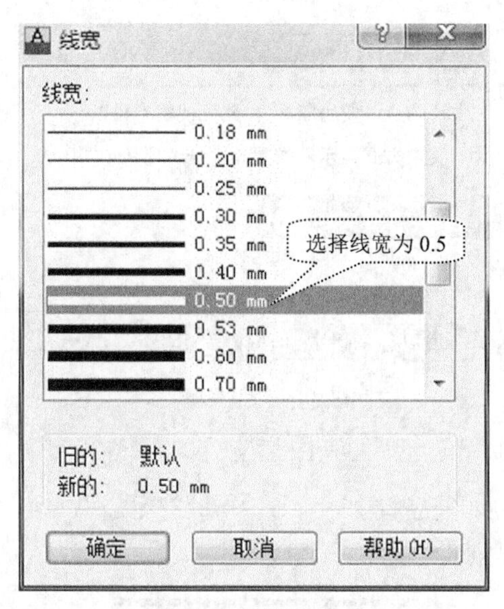


图 6-4　设置线宽

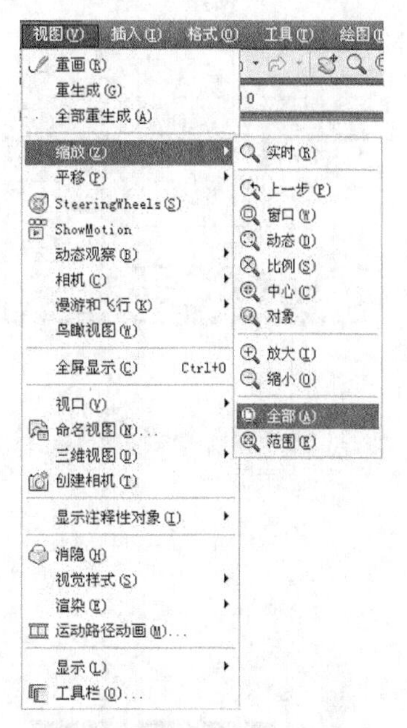


图 6-5　图形界限满屏显示

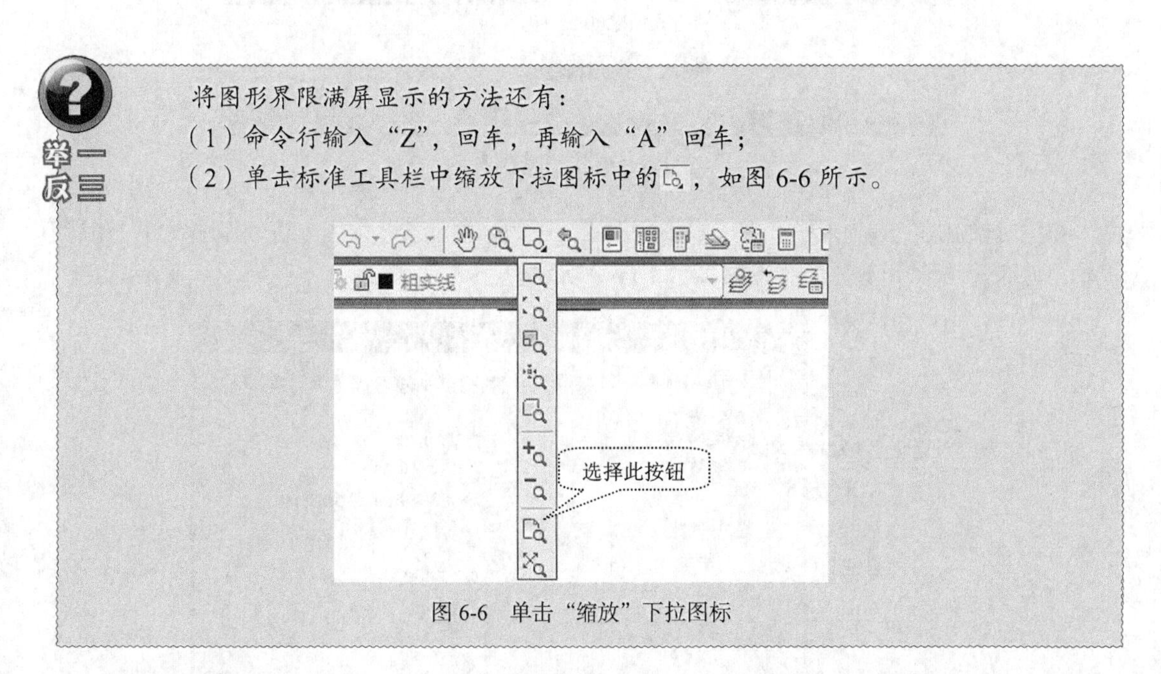


将图形界限满屏显示的方法还有：

（1）命令行输入“Z”，回车，再输入“A”回车；

（2）单击标准工具栏中缩放下拉图标中的，如图 6-6 所示。

图 6-6　单击“缩放”下拉图标

（6）更改状态栏显示。右键单击状态栏中任意位置，弹出快捷菜单，如图 6-7（a）所示。在快捷菜单中不勾选“使用图标”，各标签多以文字方式显示，如图 6-7（b）所示。

状态栏显示一旦更改，即使重新启动软件，将延续前一次设置后的显示方式，直至再次更改为止。

（7）启用“极轴”、“对象捕捉”、“对象追踪”模式，使这三个标签处于“蓝色”亮显状态（即为“打开”，其他均处于“关闭”状态），如图 6-7（b）所示；在“对象捕捉”标签处

右键单击，选中“设置…”，如图 6-8 所示；打开“草图设置”对话框，可在相关选项卡中进行“个性化”设置。

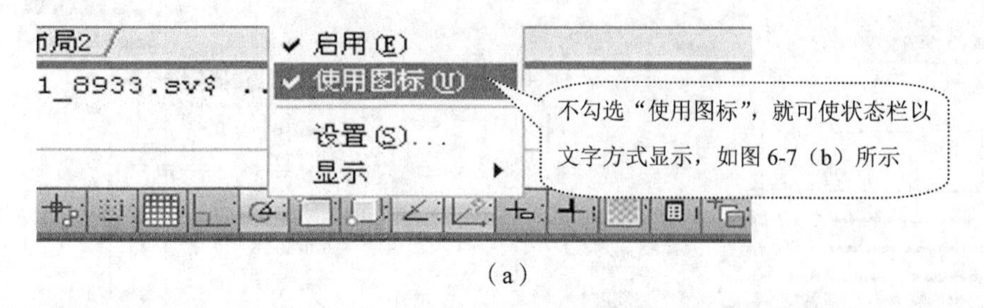


（a）

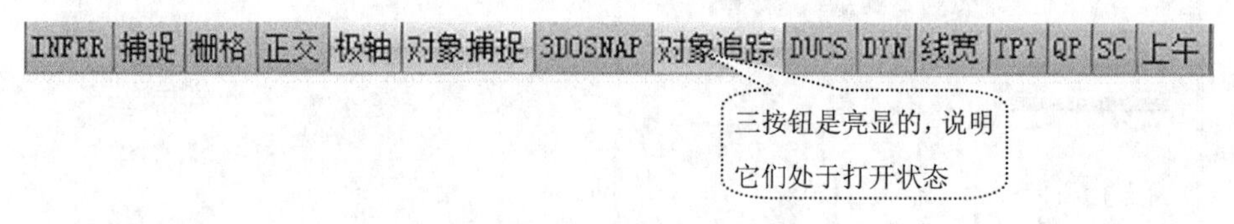


（b）

图 6-7 更改状态栏显示

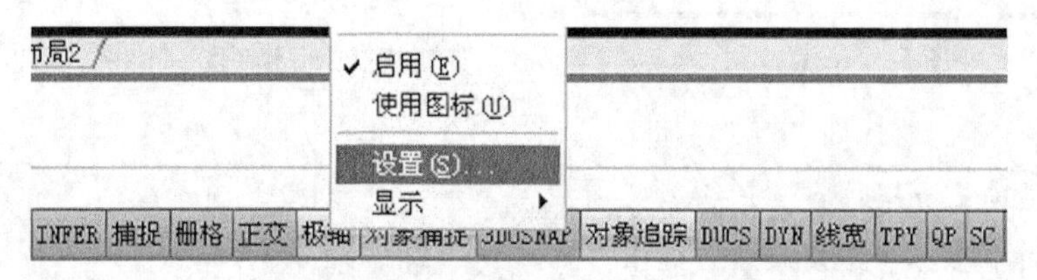


图 6-8 单击“设置…”

在“对象追踪”选项卡中，在“极轴角设置”中的“增量角”设为 15°，追踪设置“用所有极轴角追踪”，极轴角测量为“绝对”，如图 6-9 所示。

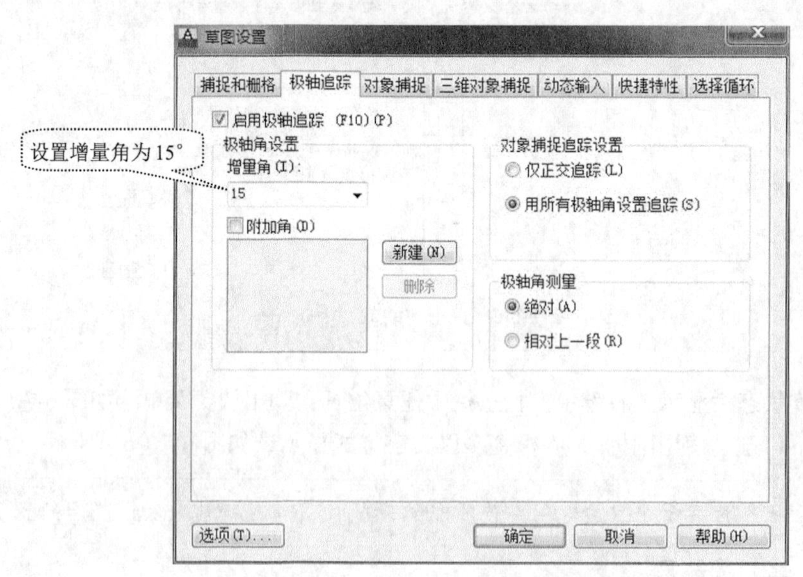


图 6-9 在“对象追踪”选项卡中设置

继续在“对象捕捉”选项卡中，勾选“端点”、“交点”两种捕捉模式，如图 6-10 所示。

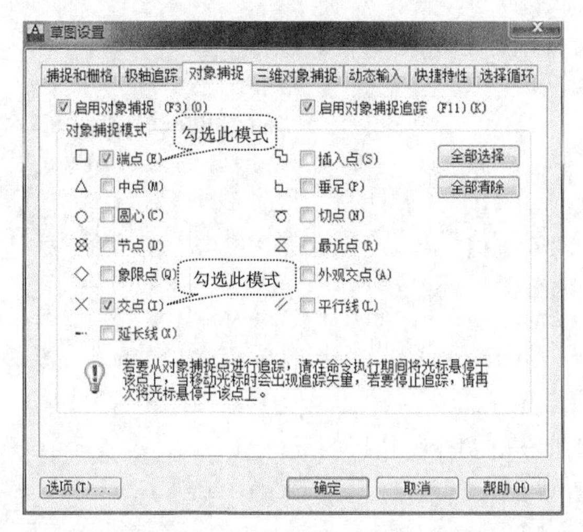


图 6-10　在“对象捕捉”选项卡中设置

# 任务二　绘制图形

## 1. 输入相对坐标绘制图形

提示

（1）“直线”命令。直线命令用于绘制二维和三维直线段，既可绘制单条直线，也可绘制一系列的连续直线，并且每条线段都是独立的对象。

（2）绝对坐标和相对坐标。在命令提示输入点时，可以按照直角坐标或极坐标输入二维坐标。

当使用直角坐标指定点时，可以输入以逗号分隔的 *X* 值和 *Y* 值，如某点 B(*X*, *Y*)，*X* 值是沿水平轴以单位表示的正的或负的距离，*Y* 值是沿垂直轴以单位表示的正的或负的距离。

① 绝对坐标是基于原点（0，0）的坐标。绝对坐标有直角坐标和极坐标两种。绝对直角坐标表示如（30，40）；绝对极坐标表示如“30<60”，但实际使用绝对坐标的情况不多。

② 相对坐标是基于前一输入点的坐标。如果已知某点与前一点的位置关系，可使用相对直角坐标，前面应有符号@。例如，“@30，40”是指此点相对于上一点沿 *X* 轴正方向有 30 个单位，沿 *Y* 轴正方向有 40 个单位，如图 6-11（a）所示；还可以使用相对极坐标，例如，点 *N* 的极坐标为@55<30，其中“55”表示该点 *N* 到前一点 *M* 的距离，“30”表示 *NM* 的连线与 *X* 轴正方向的夹角，如图 6-11（b）所示。

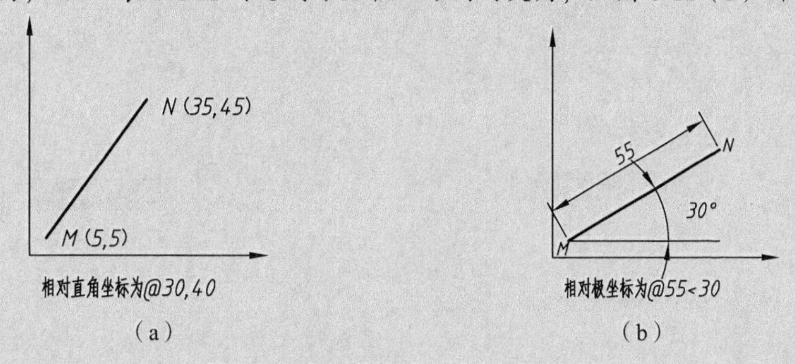


图 6-11　相对直角坐标和相对极坐标

（1）单击“直线”命令图标，命令行执行如下：

```
命令：_line                                        //执行命令
指定第一点：                                        //在绘图区恰当位置单击，取名为点A
指定下一点或［放弃（U）］：@ 0，48↙                   //输入相对坐标，得到点B
指定下一点或［放弃（U）］：@8，0↙                     //输入相对坐标，得到点C
指定下一点或［闭合（C）/放弃（U）］：@0，-40            //输入相对坐标，得到点D
指定下一点或［闭合（C）/放弃（U）］：@16，0↙            //输入相对坐标，得到点E
指定下一点或［闭合（C）/放弃（U）］：@0，-8↙            //输入相对坐标，得到点F
指定下一点或［闭合（C）/放弃（U）］：C↙                 //首尾闭合，结束命令，结果如图6-12所示
```

（2）将图形调整到最佳位置。

单击“移动”命令图标，命令行执行如下：

```
命令：_move                                        //执行命令
选择对象：指定对角点：找到8个
选择对象：↙                                         //结束选对象
指定基点或［位移（D）］<位移>：                        //选择点A为基点
指定第二个点或<使用第一个点作为位移>：                  //在适当位置单击
```

（3）单击“保存”命令图标，打开“图形另存为”对话框，在文件名中输入“L字母图”，单击“保存”即可。

2. 直接输入距离绘制图形

由于L字母图只有水平线和垂直线组成，在“正交”模式下，可直接输入距离绘制图形。

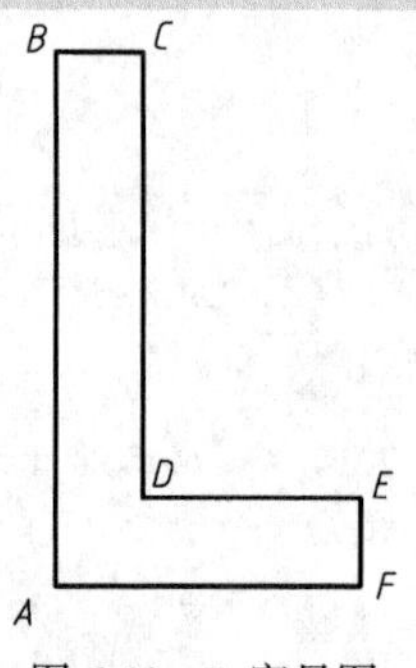


图6-12　L字母图

（1）正交功能可以保证绘制的直线完全呈水平或垂直状态，从而更加方便、快捷地绘制水平或垂直线。控制“正交”功能的方法如下：

① 用F8功能键切换开、关状态。

② 单击状态栏“正交”按钮，处于亮显状态即可。

由于“正交”功能限制了直线的方向，所以绘制水平或垂直直线时，指定方向后直接输入长度就行，不必再输入完整的坐标值。开启正交后光标状态如图6-13（a）所示，关闭正交、打开极轴后光标状态如图6-13（b）所示。

（2）当直接输入距离时，先移动光标指定方向，然后输入距离即可。

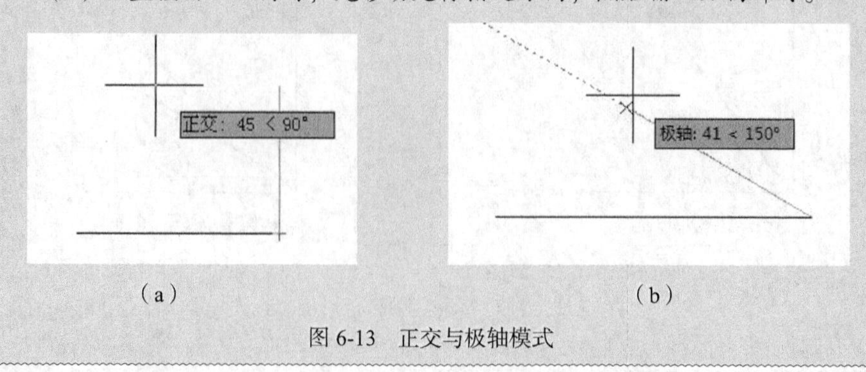


图6-13　正交与极轴模式

在此模式下，L 字母图绘制如下：

（1）在状态栏中打开“正交”按钮，使它处于开启状态。

（2）单击“直线”命令图标，命令行执行如下：

```
命令：_line 指定第一点：                              //在绘图区恰当位置单击一点
指定下一点或 [放弃（U）]：24↙                         //光标向右，输入水平方向距离
指定下一点或 [放弃（U）]：8↙                          //光标向上，输入垂直方向距离
指定下一点或 [闭合（C）/放弃（U）]：16↙               //光标向左，输入水平方向距离
指定下一点或 [闭合（C）/放弃（U）]：40↙               //光标向上，输入垂直方向距离
指定下一点或 [闭合（C）/放弃（U）]：8↙                //光标向左，输入水平方向距离
指定下一点或 [闭合（C）/放弃（U）]：C↙                //首尾闭合，结束命令，完成图形
```

（3）执行“移动”命令，将图形调整到最佳位置处，保存方法同上，完成项目任务。

两种方法绘制 L 字母图，你觉得哪种绘制更简单一些呢？探究一下，是否还有其他方法来绘制？

**※项目归纳※**

（1）绘图前，应先设置绘图环境，做好作图准备。再利用 CAD 相关命令，通过人机交互方式，完成图形的绘制。

（2）针对只有水平和垂直“直线”组成的平面图形，建议在“正交”模式下完成，较为简单。

**※巩固拓展※**

图 6-14 所示为斜块平面图，用 CAD 软件绘制并保存该图形。

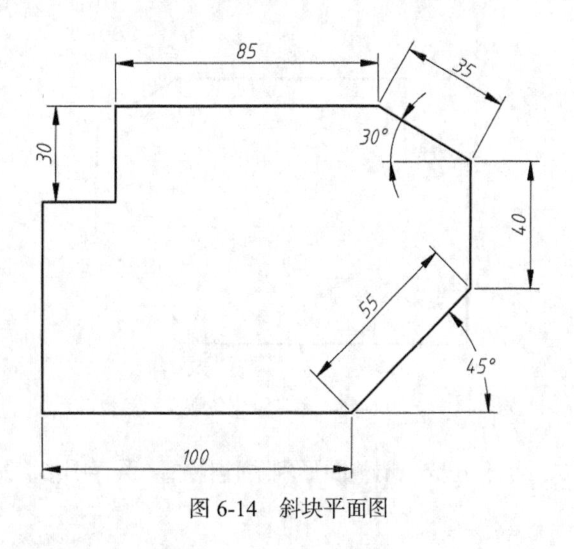

图 6-14　斜块平面图

斜块平面图均由直线构成，其中有两段倾斜直线。根据已知尺寸，可采用输入相对坐标来绘制两斜线，水平线和垂直线可以直接输入距离绘制。结合相关知识，“斜块”平面图主要绘制步骤如下。

第一步，启动 AutoCAD 2013，进入“AutoCAD 经典”空间状态。设置图形界限为“297, 210”；执行菜单命令“视图｜缩放｜全部”，将图形界限满屏显示。

第二步，打开“图层设置管理器”，新建一个图层，名称为“粗实线”，设置该图层线宽为 0.5，其他默认设置，如图 6-15 所示。

第三步，启用“极轴”、“对象捕捉”、“对象追踪”模式，其他设置如前述。

第四步，单击“直线”命令图标，按照图 6-16 中点 $A \sim H$ 的顺序，绘制图形。

具体为：在绘图区恰当位置单击，命名为点 $A$。光标向右，输入 $AB$ 长度 100，回车得 $B$ 点；输入相对极坐标@55<45，回车得点 $C$；光标向上，输入距离 40，回车得点 $D$；输入相对极坐标@35<150，回车得点 $E$；光标向右，输入距离 80，回车得点 $F$；光标向下，输入距离 30，回车得到点 $G$；让光标移到点 $A$，当出现捕捉标记后向上移动，直到动态显示“端点：<90°，极轴：<180°”

时单击，如图6-17所示，由此得点$H$；输入“C”，使图形首尾闭合，结束命令，完成图形。

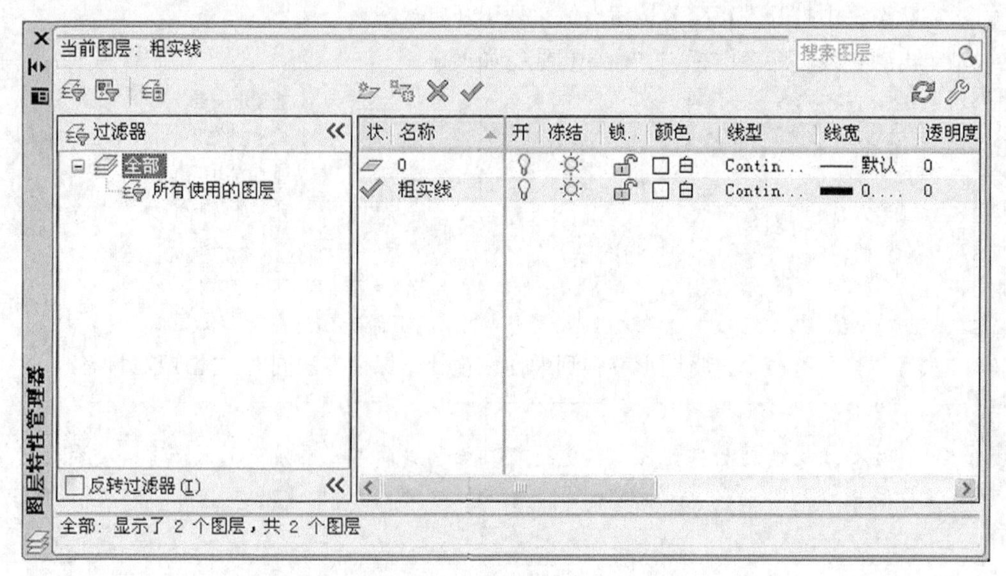


图6-15 设置图层

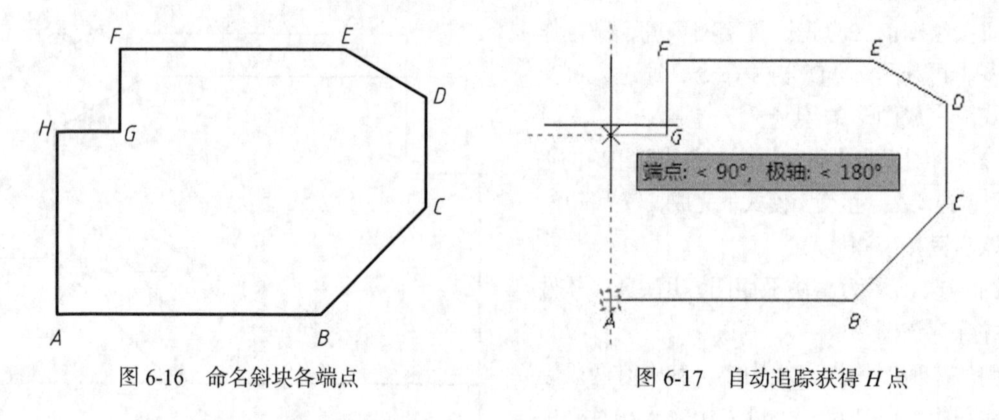


图6-16 命名斜块各端点

图6-17 自动追踪获得$H$点

第五步，调整图形到最佳位置，保存图形，完成项目任务。

# 项目七

# 绘制椭圆板

本项目在 AutoCAD 2013 环境下，利用“圆”、“椭圆”、“圆角”、“直线”等绘图命令，“偏移”、“打断”、“修剪”、“删除”、“移动”等编辑命令，完成椭圆板的绘制任务，达到熟练掌握 CAD 软件绘制平面图形的目的。

**※学习目标※**

（1）掌握“圆”、“椭圆”、“圆角”绘图命令和“偏移”、“打断”、“修剪”、“删除”等编辑命令的实施与操作。

（2）利用 CAD 软件能熟练绘制椭圆板等平面图形。

**※项目描述※**

绘制如图 7-1 所示的椭圆板平面图形。

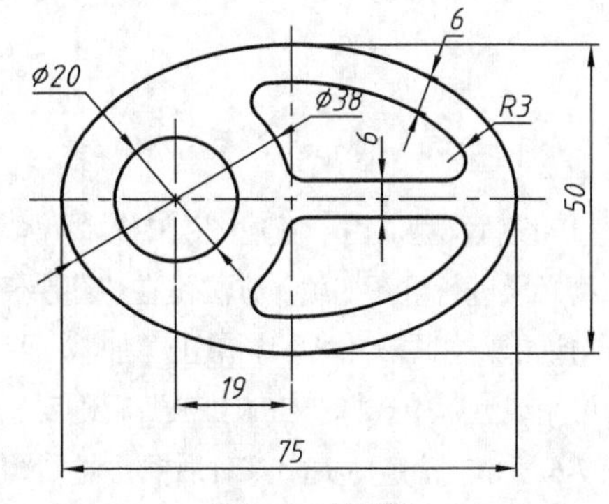


图 7-1 椭圆板

**※项目分析※**

椭圆板平面图由椭圆、圆、圆弧、直线组成，尽管较为复杂，但可利用“椭圆”、“圆”等绘图命令，以及“偏移”、“打断”、“修剪”、“删除”等编辑命令完成该项目。

**※项目驱动※**

## 任务一 设置绘图环境

（1）启动 AutoCAD 2013，进入“AutoCAD 经典”空间状态。

（2）设置图形界限为“297，210”；执行菜单命令“视图｜缩放｜全部”，将图形界限满屏显示。

（3）打开“图层设置管理器”，新建两个图层，名称分别为“粗实线”、“中心线”，对各图层设置颜色、线型和线宽，如图 7-2 所示。

① 设置颜色。在“图层设置管理器”对话框中，单击“中心线”图层“颜色”位置，

打开“选择颜色”对话框，如图7-3所示，选择索引颜色1（红色）。

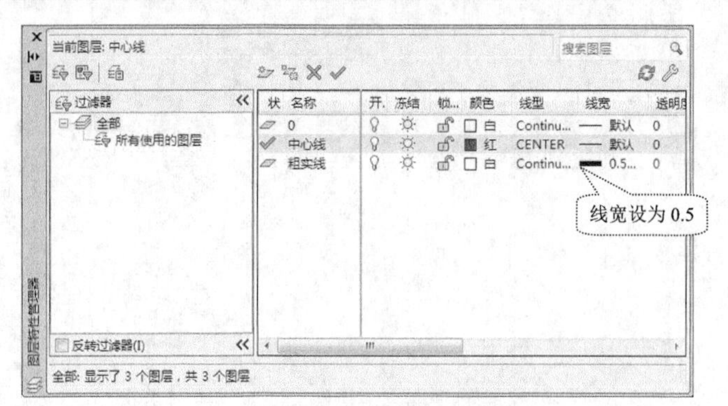


图7-2　设置图层

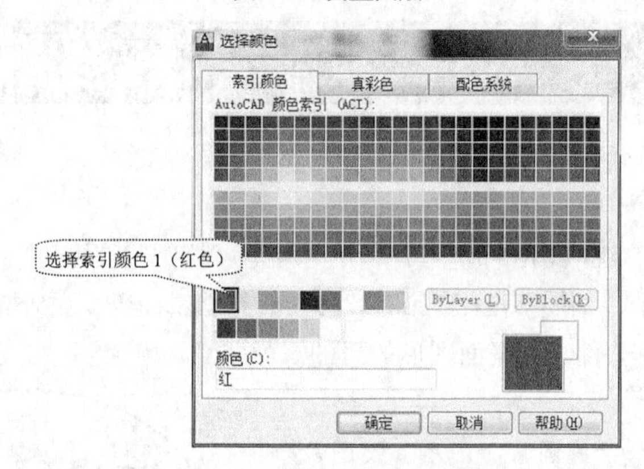


图7-3　选择颜色

② 设置线型。由于新建图层中的线型默认值为“Continuous”（连续线），因此“中心线”图层中的线型必须进行重新加载。方法是在“图层特性管理器”中心线图层“线型”位置单击，打开“选择线型”对话框，如图7-4所示。单击“加载…”按钮后弹出“加载或重载线型”对话框，如图7-5所示，在“可用线型”中选择“CENTER”后确定，返回“选择线型”对话框后选中该线型（变成蓝色状态），如图7-6所示，确定后关闭该对话框，则“图层特性管理器”的“中心线”层，线型即变为“CENTER”。

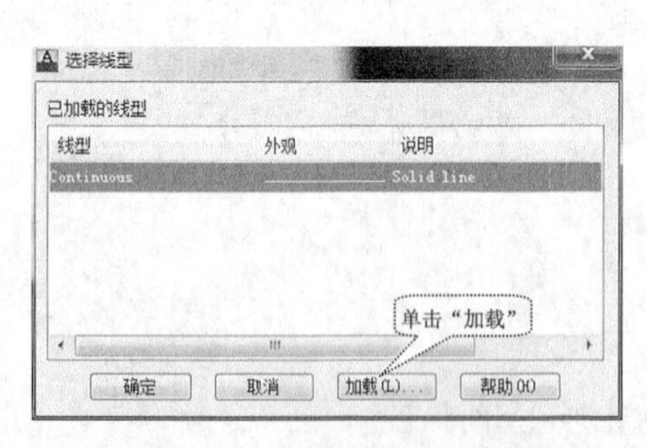


图7-4　“选择线型”对话框

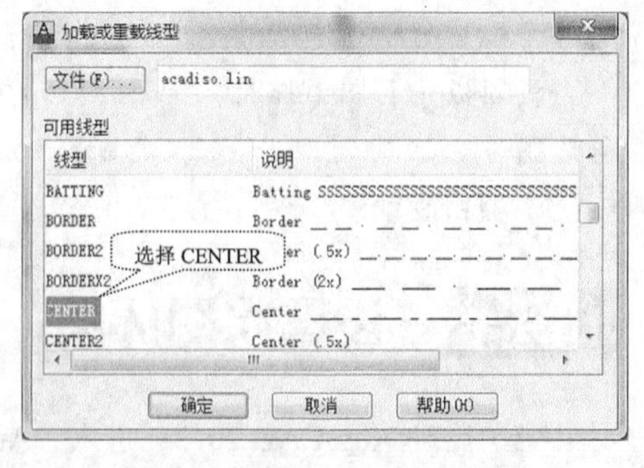


图7-5　加载“CENTER”线型

③ 设置线宽。除了“粗实线”图层线宽取0.5外，其他均为默认值。

（4）打开“极轴”、“对象捕捉”、“对象追踪”状态按钮。选择“端点”、“圆心”、“交点”、“延长线”4种捕捉模式，如图7-7所示（选中后前面显示“√”）。

（5）修改全局线型比例因子（本项目LTS数值取0.3）。使用LTSCALE命令，可以更改用于

图形中所对象的线型比例因子。下面为全局线型比例因子分别为 1、0.3、015 不同的显示情况，读者可根据实际情况合理设置。

ltscale=1

ltscale=0.3

ltscale=0.15

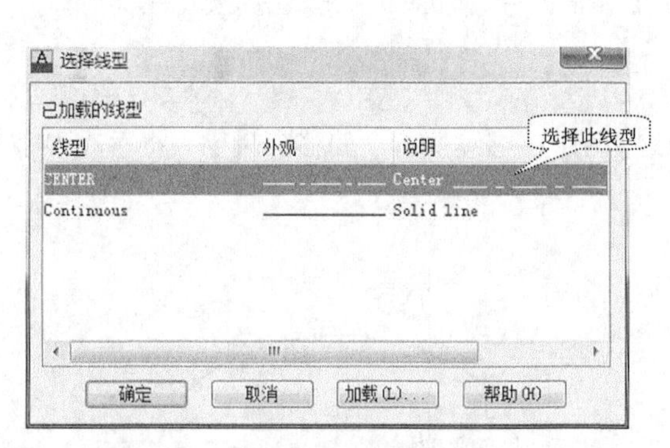


图 7-6　选择“CENTER”线型

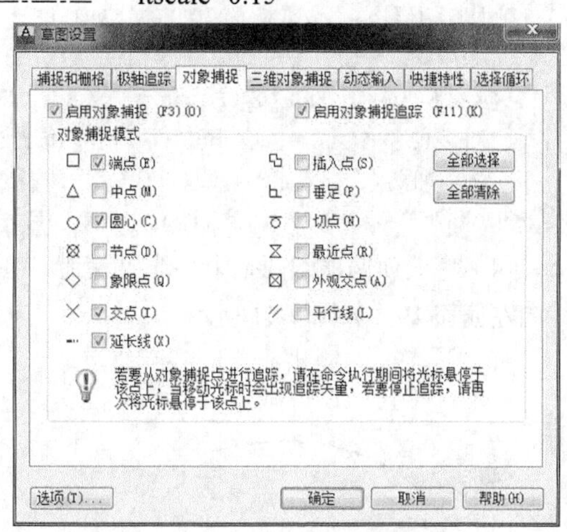


图 7-7　设置对象捕捉模式

## 任务二　绘制图形

（1）将“中心线”设置为当前图层。执行“直线”命令，在绘图区恰当位置，绘制两条互相垂直相交的中心线，如图 7-8 所示。

（2）将“粗实线”设置为当前图层，单击“椭圆”命令图标，命令行执行如下。

**提示**　执行“椭圆”命令，能创建椭圆或椭圆弧，可采用指定“轴端点”或“中心点”两种方式来绘图。

```
命令: _ellipse                                   //执行命令
指定椭圆的轴端点或 [圆弧(A)/中心点(C)]: c↙        //采用中心点方式
指定椭圆的中心点: 单击点 A                        //捕捉交点
指定轴的端点: 37.5↙                               //半轴长度
指定另一条半轴长度或 [旋转(R)]: 25↙               //另一半轴长度，结果如图 7-9 所示
```

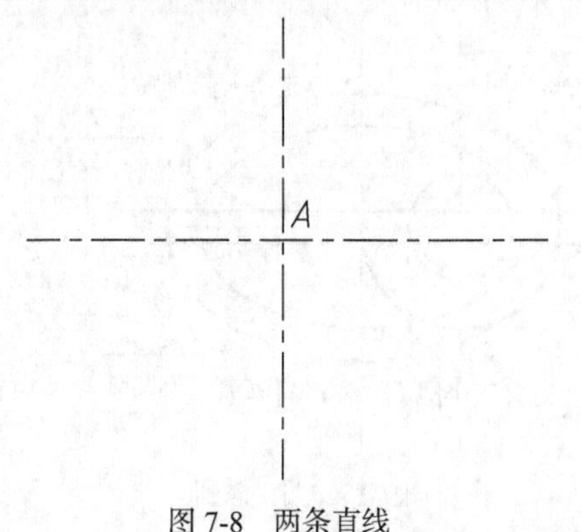


图 7-8　两条直线

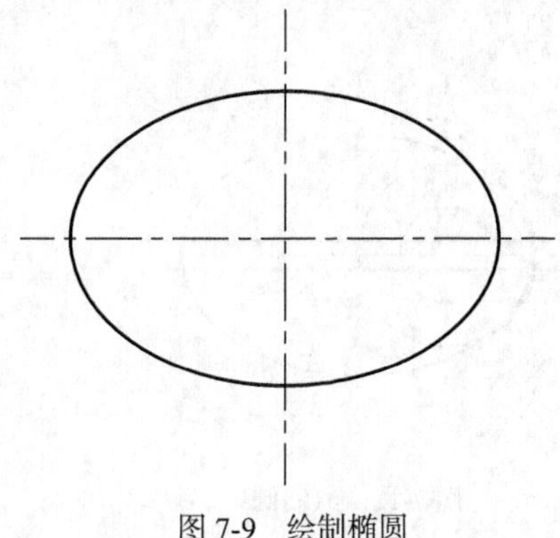

图 7-9　绘制椭圆

（3）单击“偏移”命令图标，命令行执行如下。

执行“偏移”命令，能创建平行线、平行曲线或同心圆。可以采用指定偏移距离或直接通过某点来绘图。

```
命令：_offset                                                    //执行命令
当前设置：删除源=否  图层=源  OFFSETGAPTYPE=0                      //系统说明
指定偏移距离或 [通过(T)/删除(E)/图层(L)] <通过>：3↙                //偏移距离 3
选择要偏移的对象，或 [退出(E)/放弃(U)] <退出>：                     //选择水平中心线
指定要偏移的那一侧上的点，或 [退出(E)/多个(M)/放弃(U)] <退出>：      //在该中心线上方任意位置单击
选择要偏移的对象，或 [退出(E)/放弃(U)] <退出>：                     //再次选择水平中心线
指定要偏移的那一侧上的点，或 [退出(E)/多个(M)/放弃(U)] <退出>：//在该中心线下方任意位置单击，结果如图 7-10 所示
```

（4）将上面偏移的两条中心线放置到“粗实线”图层；继续执行“偏移”命令，将垂直中心线向左偏移19，如图7-11所示。

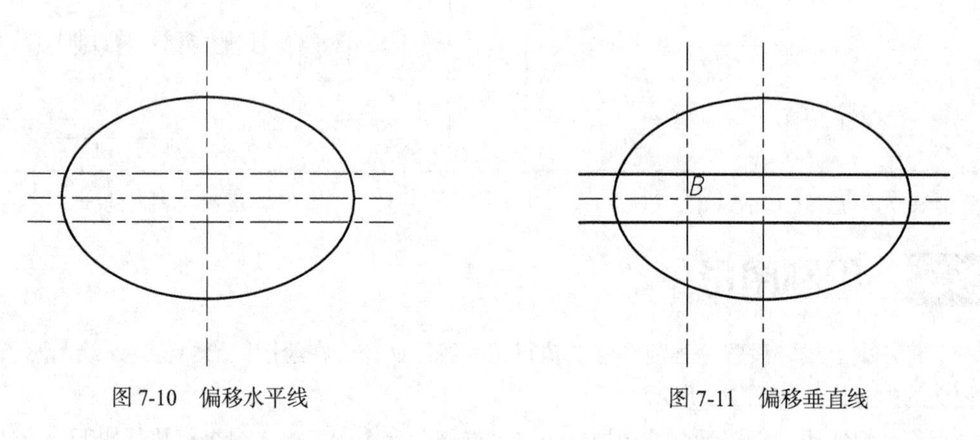


图7-10　偏移水平线

图7-11　偏移垂直线

（5）单击“圆”命令图标，命令行提示如下：

```
命令：_circle                                                          //执行命令
指定圆的圆心或 [三点(3P)/两点(2P)/切点、切点、半径(T)]：单击点 B       //捕捉点 B
指定圆的半径或 [直径(D)]：10↙                                          //输入半径
命令：↙                                                                //重复执行命令
指定圆的圆心或 [三点(3P)/两点(2P)/切点、切点、半径(T)]：单击点 B       //捕捉点 B
指定圆的半径或 [直径(D)]：19↙                                          //输入半径，结果如图 7-12 所示
```

（6）执行偏移命令，将椭圆向内偏移6，如图7-13所示。

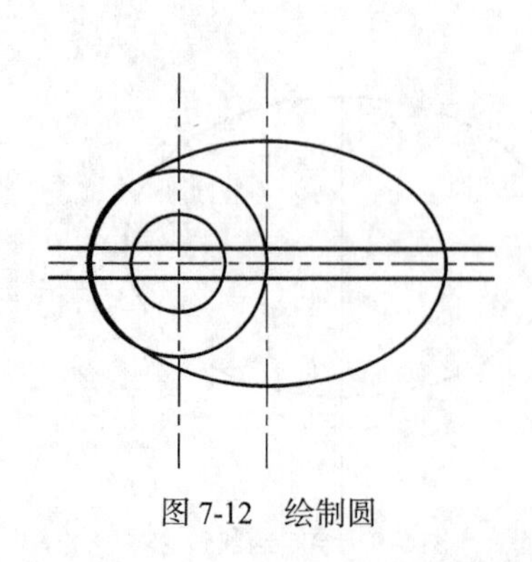

图7-12　绘制圆

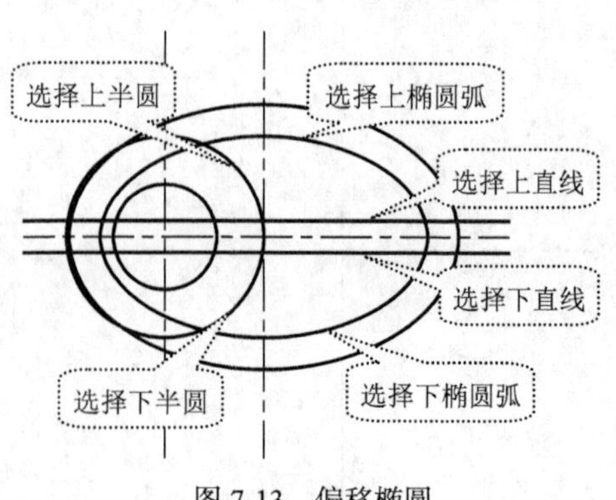


图7-13　偏移椭圆

（7）单击“圆角”命令图标，命令行提示如下。

执行“圆角”命令，能用一段指定半径的圆弧，光滑地连接两个对象。可以在“修剪”或“不修剪”模式下灵活使用，以提高绘图效率。

```
命令：_fillet                                                    //执行命令
当前设置：模式 = 修剪，半径 = 0.0000                              //系统说明
选择第一个对象或 [放弃(U)/多段线(P)/半径(R)/修剪(T)/多个(M)]：R↙  //选择半径模式
指定圆角半径 <0.0000>：3↙                                         //输入半径
选择第一个对象或 [放弃(U)/多段线(P)/半径(R)/修剪(T)/多个(M)]：M↙  //选择多个模式
选择第一个对象或 [放弃(U)/多段线(P)/半径(R)/修剪(T)/多个(M)]：    //选择上椭圆弧
选择第二个对象，或按住 Shift 键选择要应用角点的对象：             //选择上半圆
选择第一个对象或 [放弃(U)/多段线(P)/半径(R)/修剪(T)/多个(M)]：    //选择下椭圆弧
选择第二个对象，或按住 Shift 键选择要应用角点的对象：             //选择下半圆
选择第一个对象或 [放弃(U)/多段线(P)/半径(R)/修剪(T)/多个(M)]：    //选择上椭圆弧
选择第二个对象，或按住 Shift 键选择要应用角点的对象：             //选择上直线
选择第一个对象或 [放弃(U)/多段线(P)/半径(R)/修剪(T)/多个(M)]：    //选择下椭圆弧
选择第二个对象，或按住 Shift 键选择要应用角点的对象：             //选择下直线，结果如图 7-14 所示
```

（8）单击打断命令图标，命令行提示如下。

执行“打断”命令，能将对象从某一点断开或删除对象的一部分，可以直接指定需打断点的位置来绘图。

```
命令：_break                                      //执行命令
选择对象：                                        //单击右边垂直中心线 C 点
指定第二个打断点 或 [第一点(F)]：                 //单击该垂直中心线末端
命令：↙                                           //重复命令
BREAK 选择对象：                                  //单击左边垂直中心线 D 点
指定第二个打断点或 [第一点(F)]：                  //单击该垂直中心线末端
```

重复执行“打断”命令，使水平中心线的两侧变短，结果如图 7-15 所示。

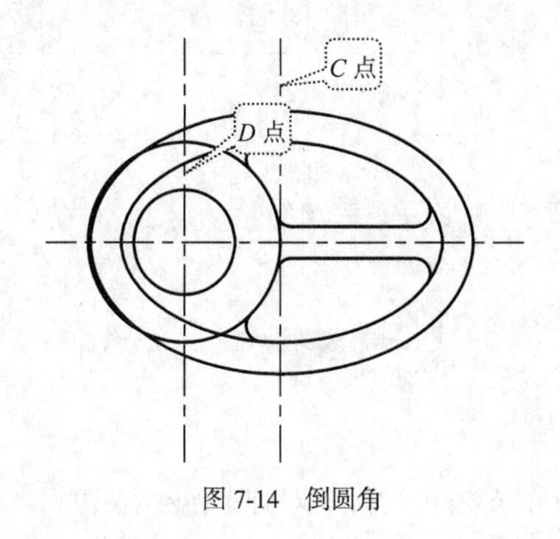


图 7-14　倒圆角

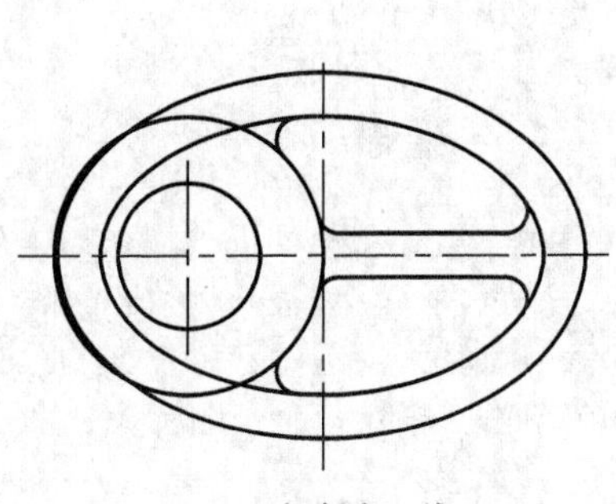

7-15　打断中心线

“打断”命令，能将直线变短。有时还可以通过“夹点”方式，迅速调整图线的长短，如图7-16所示。其中“蓝色”的点为关键点，也称“夹点”；“红色”为“热点”，即正在移动着的点。

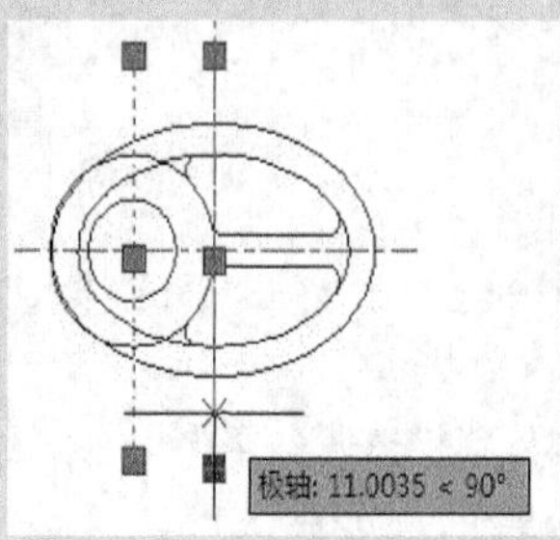


图7-16 “夹点”编辑图线

（9）单击“修剪”命令图标，命令行执行如下：

执行“修剪”命令，能利用指定边界修剪掉多余的图线。在执行命令时，系统有时会提醒“选择对象”。CAD选择对象的方式有多种，常常采用“单选”或“框选”的方法。

（1）单选法：可选择单个或一次性选择多个对象，如图7-17所示。

（2）框选法：①从右下角到左上角选，则可选定所有与窗口接触的对象，如图7-18（a）所示；②从左上角到右下角选，可选定所有在窗口内的单一对象，但若单一对象有一部分未在窗口内，则该对象无法被选中，如图7-18（b）所示。

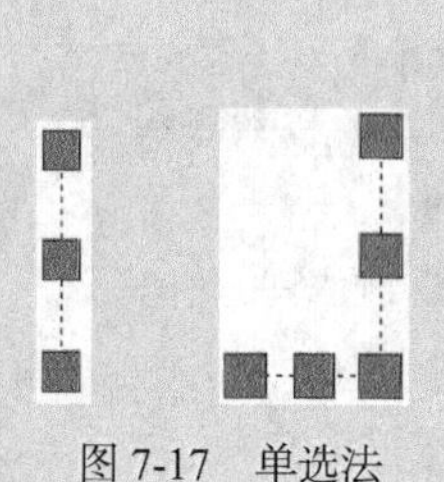

图7-17 单选法

（a）

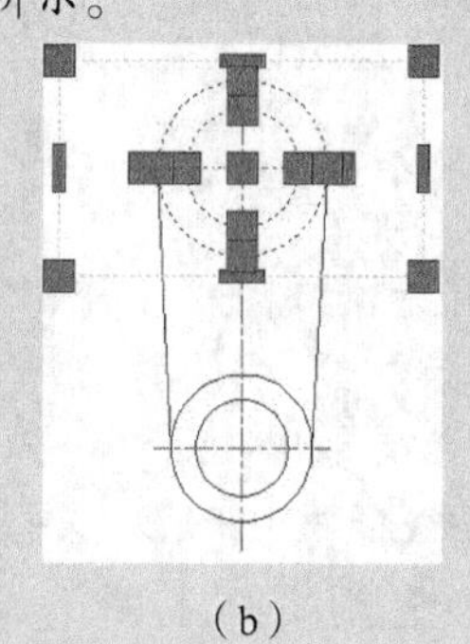

（b）

图7-18 框选法

```
命令：_trim                                            //执行命令
当前设置：投影=UCS，边=无                               //系统提示
选择剪切边...                                          //选择全部图形
选择对象或 <全部选择>：指定对角点：找到15个               //15个被选对象
选择对象：↙                                            //结束选择
选择要修剪的对象，或按住Shift键选择要延伸的对象，或
[栏选（F）/窗交（C）/投影（P）/边（E）/删除（R）/放弃（U）]：  //选择需修剪的各个对象，直至全部修剪完毕，结果
                                                        如图7-19所示
```

（10）单击“删除”命令图标，命令行执行如下。

执行“删除”命令，能将图形中不需要的图线删去。选择对象的方式，可以根据实际情况确定。

```
命令：_erase                              //执行命令
选择对象：找到 1 个                       //单击对象 1
选择对象：找到 1 个，总计 2 个            //单击对象 2
选择对象：↙                               //结束选择，结果如图 7-20 所示
```

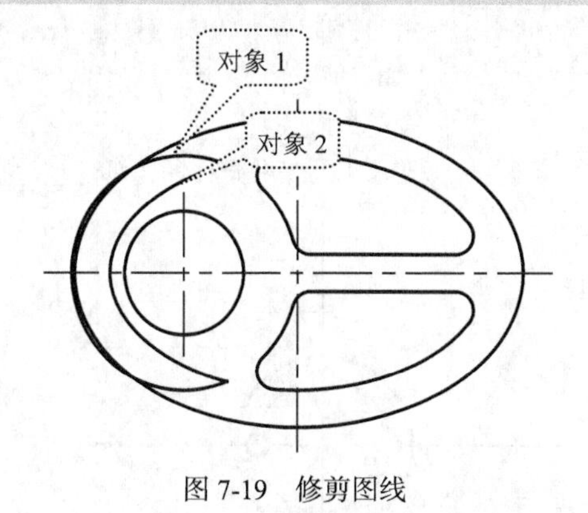


图 7-19　修剪图线

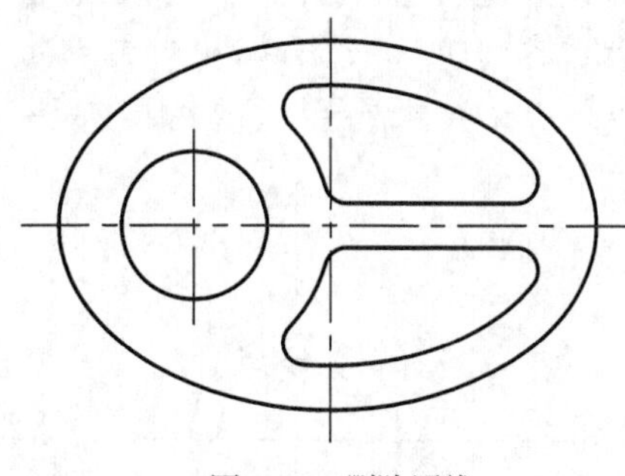

图 7-20　删除图线

（11）单击“保存”命令图标，在“另存为”对话框中输入“椭圆板”文件名，确定即可。

至此，完成椭圆板的绘制任务。

**※项目归纳※**

（1）本项目采用了“直线”、“椭圆”、“圆”、“圆角”等基本绘图命令，“偏移”、“修剪”、“打断”、“删除”等编辑命令，灵活运用了对象捕捉方式。

（2）绘制带有圆（或圆弧）、椭圆的平面图形，一般应先确定基准线（大都为中心线），然后绘制已知线段，接着是中间线段，最后是连接线段。

**※巩固拓展※**

用CAD软件绘制图7-21所示的连接片平面图。

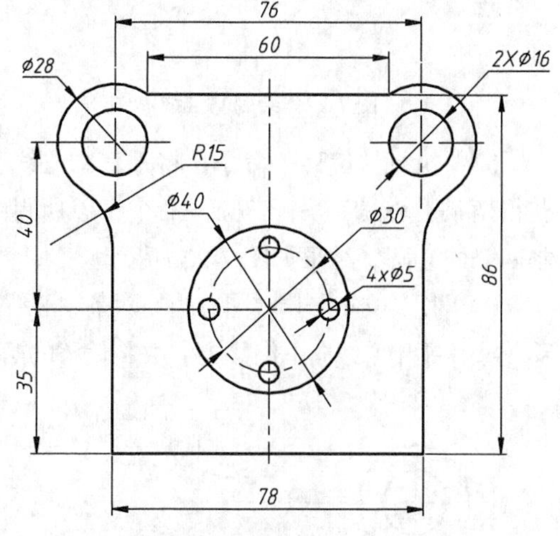


图 7-21　连接片

连接片平面图主要由圆、直线和圆弧组成。先绘制基准线和定位线，确定圆心位置。由于连接片左右对称，可采用“镜像”命令；中间四个均布孔，采用“复制”命令；再利用“偏移”、“修剪”、“打断”、“删除”等命令，完成整个图形的绘制。

绘制连接片图形的主要步骤如下。

第一步，做好绘图前准备。主要包括设置单位、图形界限和图层；启用极轴、对象捕捉、对象追踪模式，选择“端点”、“圆心”、“交点”、“延长线”4 种捕捉模式。

第二步，绘制图形。

（1）将“中心线”设为当前图层。执行“直线”命令，绘制互相垂直相交的两条中心线；执行“圆”命令，以该中心线的交点为圆心，绘制直径为 30 的圆；将“粗实线”设为当前图层，继续执行“圆”命令，在正确位置分别绘制直径为 40 和 5 的圆，如图 7-22 所示。

（2）单击“复制”命令图标，命令行执行如下。

提示

执行“复制”命令，能复制一个或多个对象到指定位置。可以采用指定“基点”或“位移”两种方式来绘图。

```
命令：_copy                                                                //执行命令
选择对象：找到 1 个                                                        //选择直径 5 的圆
选择对象：                                                                 //结束选择对象
当前设置：复制模式 = 多个                                                  //采用多个复制
指定基点或 [位移(D)/模式(O)] <位移>：指定第二个点或 <使用第一个点作为位移>：  //单击圆 5 的圆心
指定第二个点或 [退出(E)/放弃(U)] <退出>：                                   //单击点 B
指定第二个点或 [退出(E)/放弃(U)] <退出>：                                   //单击点 C
指定第二个点或 [退出(E)/放弃(U)] <退出>：                                   //单击点 D，结束命令，结果如图 7-23 所示
```

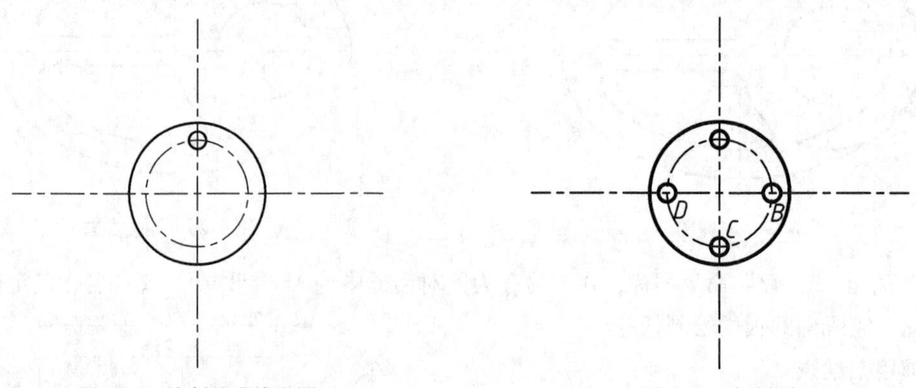


图 7-22　绘制基准线和圆　　　　图 7-23　复制圆

（3）执行“偏移”命令，将垂直中心线和水平中心线，分别向左、向上分别偏移 38 和 40，获得两条中心线；执行“圆”命令，以所得的两条中心线交点为圆心，直径分别为 16 和 28，绘制两个同心圆，结果如图 7-24 所示。

（4）用“夹点”调整同心圆的两条中心线到合适长度；执行“偏移”命令，将垂直中心线向左偏移 39、水平中心线向下偏移 35，并将偏移的两条中心线放置到“粗实线”图层，结果如图 7-25 所示。

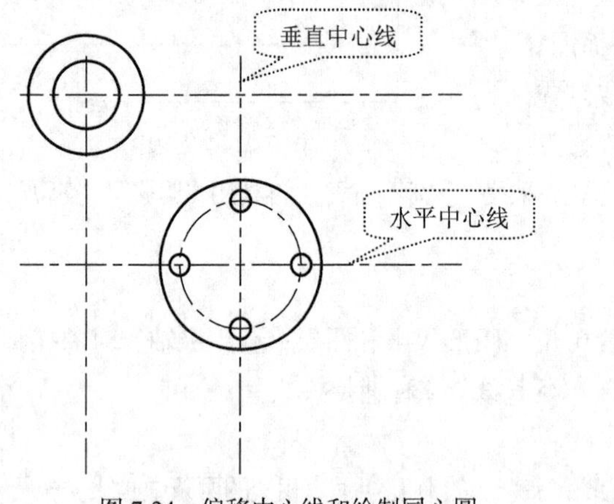


图 7-24　偏移中心线和绘制同心圆

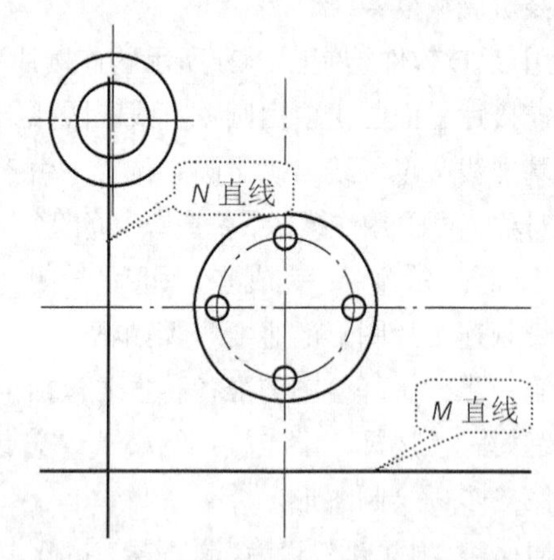


图 7-25　偏移中心线并转换为粗实线

（5）执行“修剪”命令，将图 7-23 中的 $M$、$N$ 直线进行修剪；执行“圆角”命令，采用“修剪”模式，绘制出 $R15$ 的圆弧，如图 7-26 所示。

（6）执行“偏移”命令，将正中央的垂直中心线向左偏移 30，与直径 28 的圆相交；执行“直线”命令，单击此交点，光标向右，绘制长 30 的一水平直线，结果如图 7-27 所示。

（7）执行“删除”命令，将偏移 30 的垂直中心线删去；执行“打断”命令，将中央的水平中

心线和垂直中心线调整到合适长度；执行“修剪”命令，将多余的图线除去，结果如图 7-28 所示。

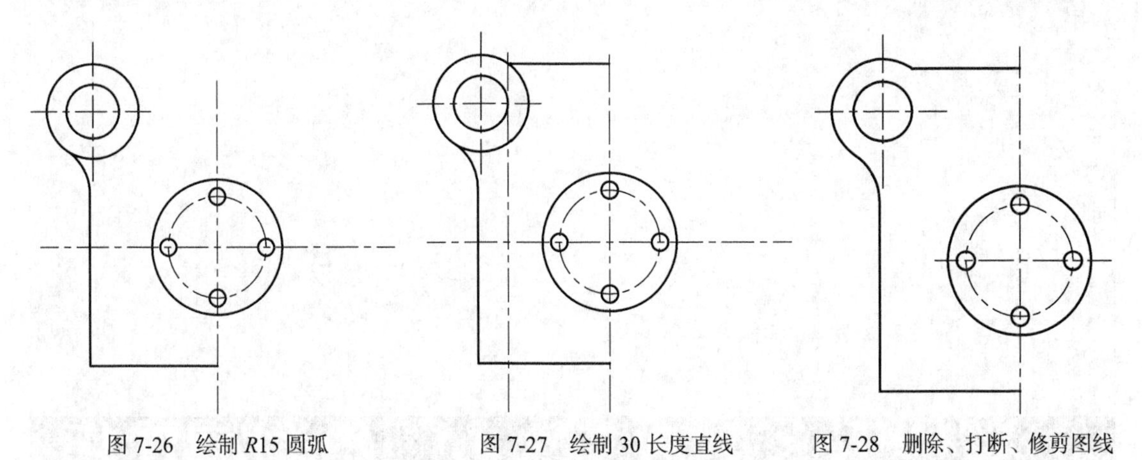

图 7-26　绘制 *R*15 圆弧　　图 7-27　绘制 30 长度直线　　图 7-28　删除、打断、修剪图线

（8）单击“镜像”命令图标，命令行执行如下：

提示

执行“镜像”命令，能产生一个与已知对象相同的镜像副本，常常适用于对称图形。可以删除源对象，也可以保留源对象。

```
命令: _mirror                                    //执行命令
选择对象: 指定对角点: 找到 1 个, 总计 9 个        //选择被镜像对象, 如图 7-29 中的虚线
选择对象:                                        //结束选择
指定镜像线的第一点: 指定镜像线的第二点:            //分别单击两端点 P 和 Q
要删除源对象吗? [是(Y)/否(N)] <N>: ↙            //不删除源对象(即保留虚线部分图形), 结果如图 7-30 所示
```

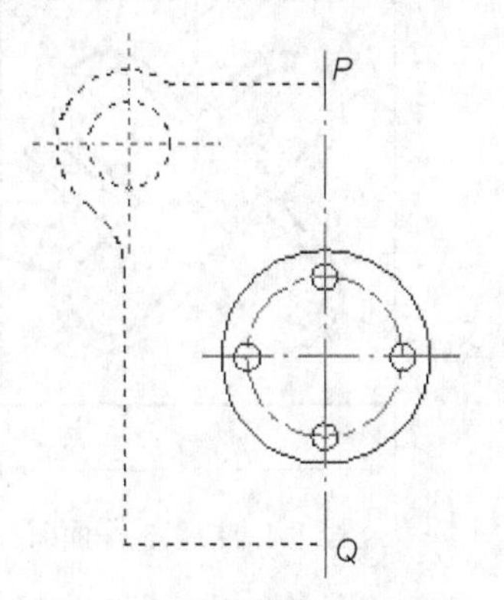



图 7-29　被镜像对象变虚线

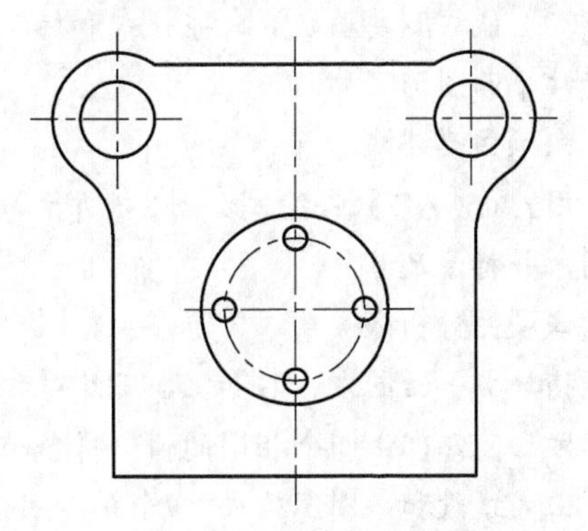

图 7-30　连接片平面图

由此，完成了连接片平面图形的绘制。

# 项目八

## 绘制槽口板

本项目利用 AutoCAD 2013 中“直线”“正多边形”“多段线”等绘图命令，以及“阵列”“旋转”“合并”“偏移”“修剪”“删除”“打断”等编辑命令来完成槽口板的绘制；学习设置文字样式和标注样式，能选择恰当的标注命令对平面图形进行尺寸标注。

**※学习目标※**

（1）掌握“正多边形”“多段线”“旋转”“合并”等命令的实施与操作。

（2）能按照要求设置文字样式和标注样式，正确标注平面图形尺寸。

**※项目描述※**

用 AutoCAD 软件绘制如图 8-1 所示的槽口板平面图，并标注尺寸。

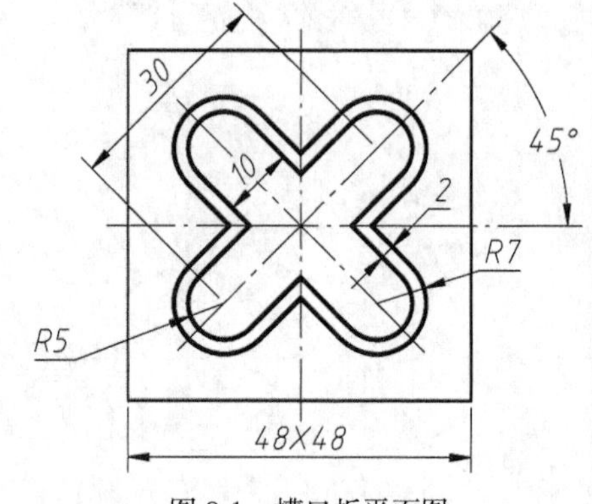


图 8-1　槽口板平面图

**※项目分析※**

槽口板平面图左、右和上、下均对称，外轮廓是正方形，内部由四个相同的槽口拼合而成；每个槽口由直线段和半圆弧构成，四个槽口闭合成一体，因此可采用“正多边形”命令绘制正方形；利用“多段线”“合并”“镜像”“旋转”“偏移”等命令，完成四个槽口的绘制。尺寸标注前，必须先设置“文字样式”和“标注样式”，选择恰当的标注命令，依次标注各个尺寸。

**※项目驱动※**

### 任务一　设置绘图环境

（1）启动 AutoCAD 2013，进入“AutoCAD 经典”空间状态。

（2）设置图形界限为“297，210”，并将绘图界面满屏显示。

（3）打开“图层设置管理器”，新建四个图层，名称分别为“粗实线”“中心线”“多段线”“尺寸标注”，对各图层设置颜色、线型和线宽，如图 8-2 所示。

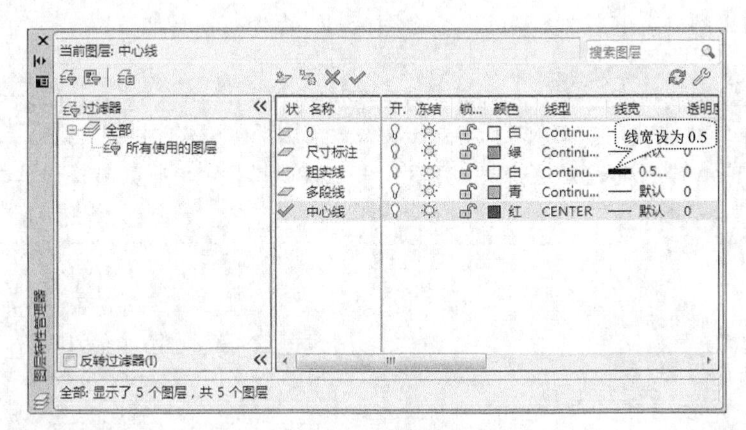


图 8-2　设置图层

（4）修改全局线型比例因子，本项目 LTS 设置为 0.3。

（5）设置对象捕捉模式。打开“极轴”“对象捕捉”“对象追踪”状态按钮；选择“端点”“圆心”“交点”“延长线”四种捕捉模式。

## 任务二　绘制图形

（1）将“中心线”设置为当前图层。单击“直线”命令图标，在适当位置绘制两条互相垂直的中心线，交点为 *A*，如图 8-3 所示。

（2）将“粗实线”设置为当前图层。单击“正多边形”命令图标，命令行执行如下。

提示

执行“正多边形”命令，能创建等边且闭合的多段线，可以通过多边形内接于圆、外切于圆或指定边长等多种方式，来绘制正多边形。

```
命令：_polygon                                      //执行命令
输入侧面数 <4>：↙                                   //边数为 4
指定正多边形的中心点或 [边（E）]：                  //捕捉图 8-3 中的点 A
输入选项 [内接于圆（I）/外切于圆（C）] <I>：c↙      //选择外切于圆方式
指定圆的半径：24↙                                   //输入半径，完成正四边形，如图 8-4 所示
```

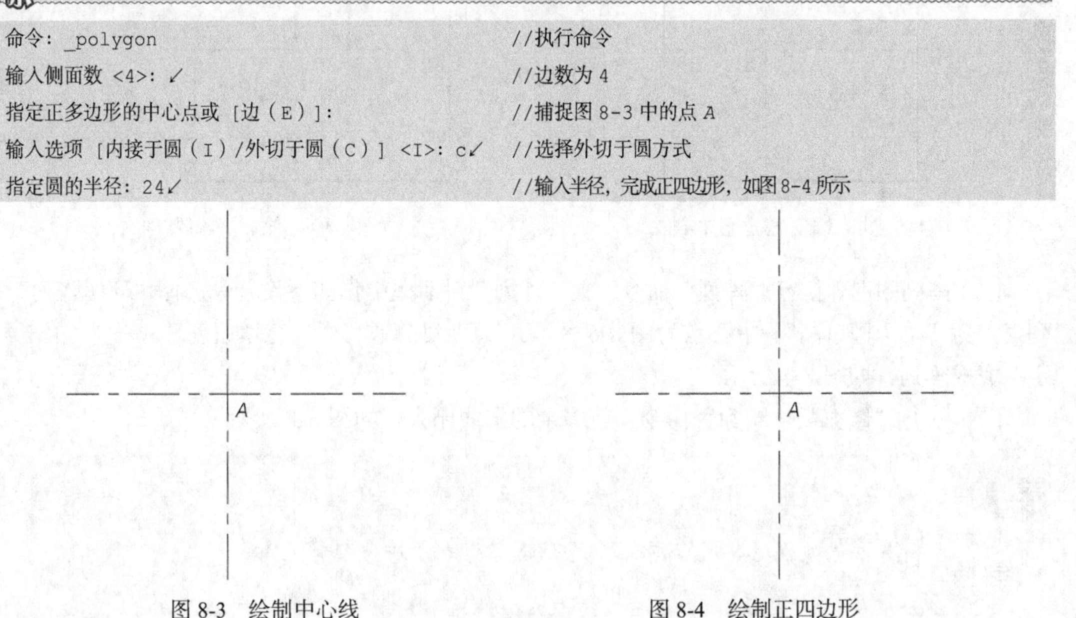


图 8-3　绘制中心线　　　　图 8-4　绘制正四边形

（3）利用夹点调整两条中心线的长度。执行“偏移”命令，输入偏移距离 5，选择垂直中心线，向右偏移出一条中心线，得交点 *B*，如图 8-5 所示。

（4）绘制单个槽口。单击“多段线”命令图标，命令行执行如下：

执行“多段线”命令，能创建相互连接的序列直线段，或者创建直线段、圆弧段或两者的组合线段，还可以调整多段线的宽度和曲率。绘制多段线后，可以执行“PEDIT”命令对其进行编辑，也可以使用 EXPLODE 命令将其转换为独立的直线段和圆弧段后，进行编辑。

```
命令：_pline                                                    //执行命令
指定起点：                                                      //单击图 8-5 中的点 B
当前线宽为 0.50                                                 //命令行提示语
指定下一个点或 [圆弧(A)/半宽(H)/长度(L)/放弃(U)/宽度(W)]: w↙      //选择线宽方式
指定起点宽度 <0.50>:  0.5↙                              /       /起点线宽为 0.5
指定端点宽度 <0.50>: ↙                                          //接受默认值
指定下一个点或 [圆弧(A)/半宽(H)/长度(L)/放弃(U)/宽度(W)]: 15↙     //光标向上输入15
指定下一点或 [圆弧(A)/闭合(C)/半宽(H)/长度(L)/放弃(U)/宽度(W)]: A↙//选择圆弧绘制方式
指定圆弧的端点或 [角度(A)/圆心(CE)/闭合(CL)/方向(D)/半宽(H)/直线(L)/半径(R)/第二个点(S)/
放弃(U)/宽度(W)]: 10↙                                           //光标向右输入 10
指定圆弧的端点或 [角度(A)/圆心(CE)/闭合(CL)/方向(D)/半宽(H)   /直线(L)/半径(R)/第二个点(S)
/放弃(U)/宽度(W)]: L↙                                           //选择直线绘制方式
指定下一点或 [圆弧(A)/闭合(C)/半宽(H)/长度(L)/放弃(U)/宽度(W)]: 15↙
                                                                //光标向下输入 15
指定下一点或 [圆弧(A)/闭合(C)/半宽(H)/长度(L)/放弃(U)/宽度(W)]: //结束命令
```

（5）执行“删除”命令，删除偏移出的垂直中心线，单个槽口绘制完成，如图 8-6 所示。

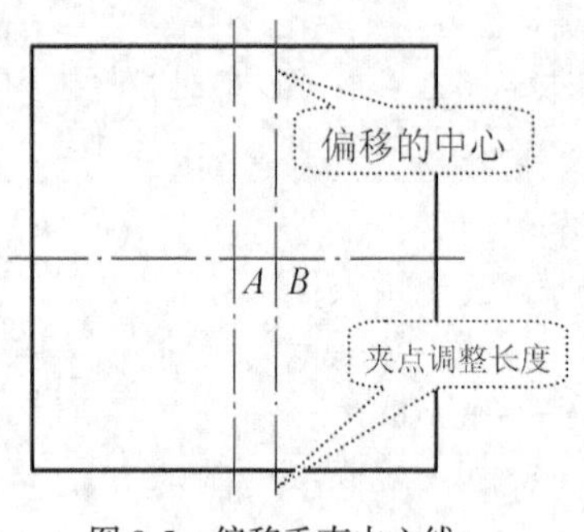


图 8-5　偏移垂直中心线

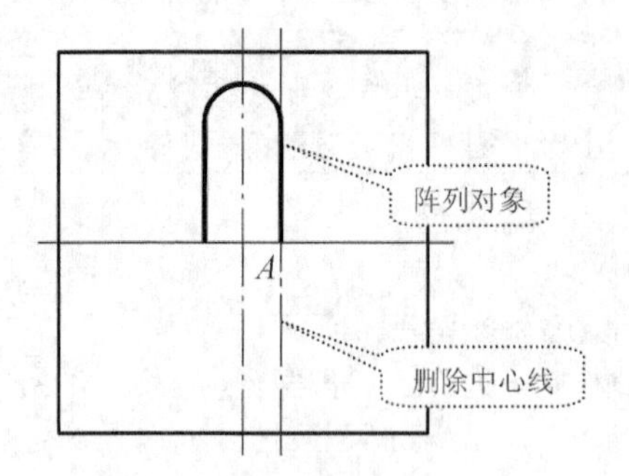


图 8-6　绘制多段线

（6）阵列图形。执行“阵列”命令，在“阵列”对话框中作如下设置：选择“环形阵列”，阵列对象为“单个槽口图”，中心点为图 8-6 中“*A*”，项目总数“4”，充填角度“360°”，单击“确定”完成阵列，如图 8-7 所示。

（7）执行“修剪”、“删除”命令，将多余的图线删去，如图 8-8 所示。

如要绘制图 8-8 所示图样，是否还有其他方法来绘制呢？

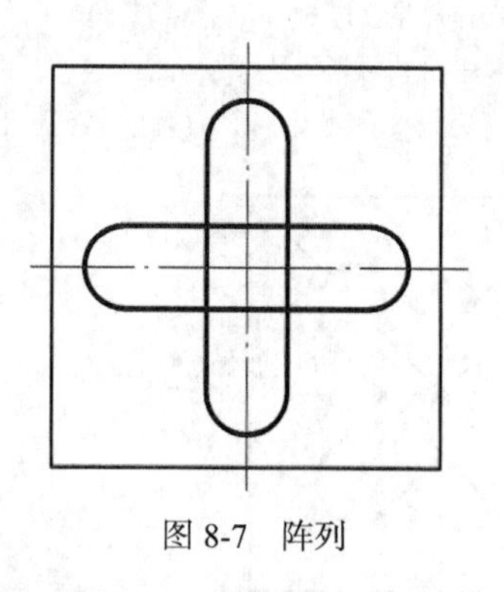

图 8-7　阵列

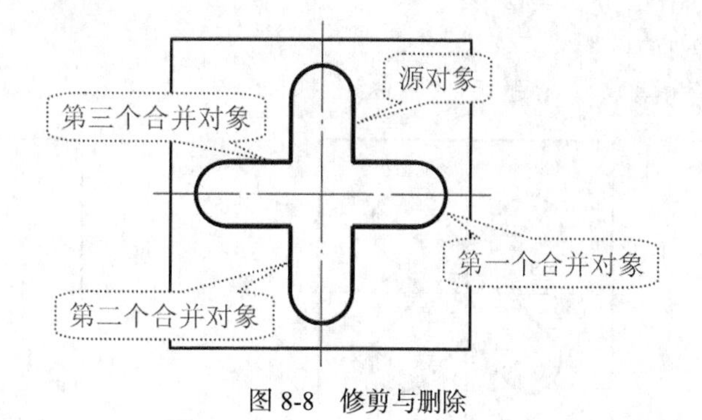


图 8-8　修剪与删除

（8）单击“合并”命令图标，命令行提示如下：

```
命令：_join                                    //执行命令
选择源对象：                                   //单击图 8-8 所示的源对象
选择要合并到源的对象：找到 1 个                //单击第一个合并的对象
选择要合并到源的对象：找到 1 个，总计 2 个     //单击第二个合并的对象
选择要合并到源的对象：找到 1 个，总计 3 个     //单击第三个合并的对象
选择要合并到源的对象：↙                        //结束命令，如图 8-9 所示
多段线已增加 9 条线段                          //命令行提示语
```

图 8-10 所示为执行“合并”命令前后的细节比较，读者不妨实践尝试一番。

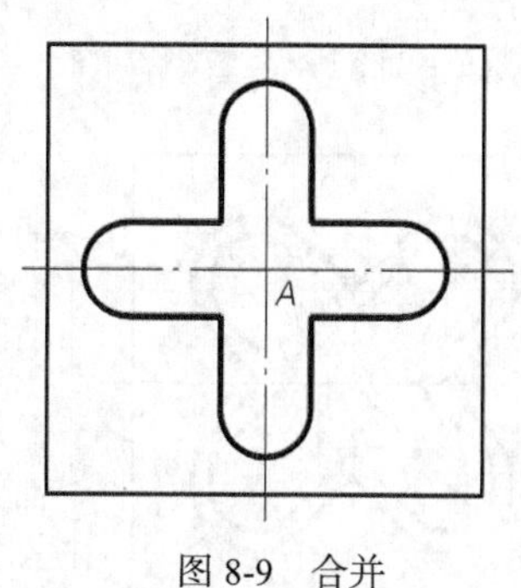


图 8-9　合并

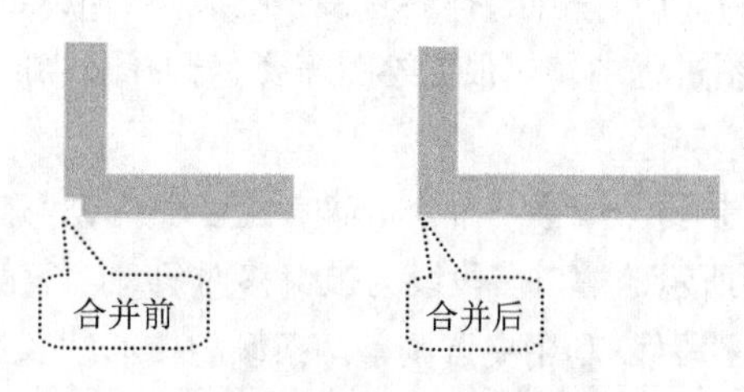


图 8-10　合并前后的比较

执行“合并”命令，能将相似的对象合并成为一个对象。有效的合并对象包括圆弧、椭圆弧、直线、多段线等，要将相似的对象与之合并的对象称为源对象。

（9）单击“旋转”命令图标，命令行提示如下：

执行“旋转”命令，能绕指定基点旋转图形中的一个或一组对象，改变图形对象当前的位置。旋转对象先需要选准基点，然后输入旋转角度。例如，在选取基点后，根据命令行提示输入字母“C”，再输入旋转角度，即可在旋转该对象时同时复制该对象。

```
命令：_rotate                                  //执行命令
UCS 当前的正角方向：  ANGDIR=逆时针  ANGBASE=0d  //命令行提示语
```

```
选择对象:                                                  //选择合并后的图形
指定基点:                                                  //单击图 8-9 所示的中心点 A
指定旋转角度，或 [复制(C)/参照(R)] <315d>: 45↙            //输入角度，得到的图形如图 8-11 所示
```

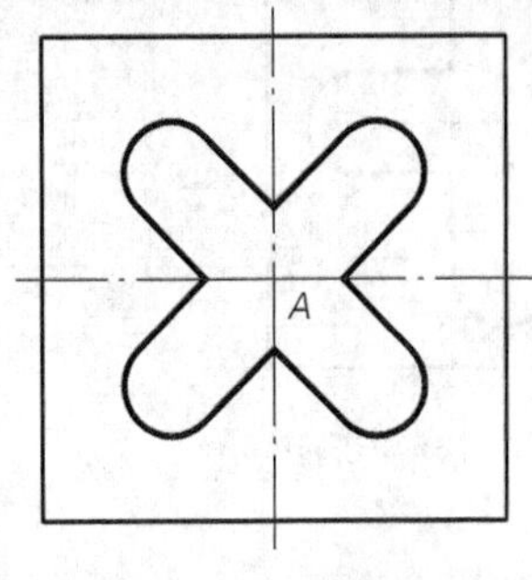


图 8-11　旋转槽口

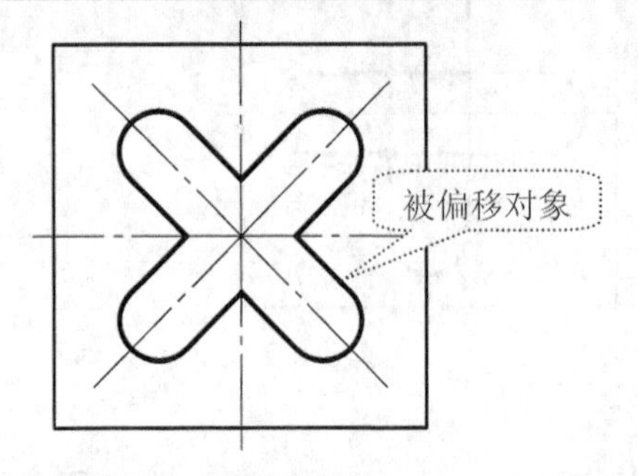


图 8-12　旋转中心线

（10）重复执行“旋转”命令，命令行执行如下：

```
命令: _rotate                                           //操作与注释
UCS 当前的正角方向: ANGDIR=逆时针  ANGBASE=0d             //命令行提示语
选择对象: 找到 1 个                                      //选择图水平和垂直中心线
选择对象: 找到 1 个，总计 2 个
选择对象: ↙                                             //结束选择对象
指定基点:                                                //单击图 8-11 所示的点 A
指定旋转角度，或 [复制(C)/参照(R)] <45d>: c↙             //选择复制方式
旋转一组选定对象                                          //命令行提示语
指定旋转角度，或 [复制(C)/参照(R)] <45d>: ↙              //接受默认值，如图 8-12 所示
```

旋转对象时，基点选择会直接影响旋转后的效果。用户在绘图过程中，应根据绘图需要，选择适当的基点旋转图形对象。

（11）执行“偏移”命令，输入偏移距离 2，选择图 8-12 中所示的槽口多段线为被偏移对象，向外偏移出另一条多段线；利用夹点调整两条倾斜中心线长度，结果如图 8-13 所示。

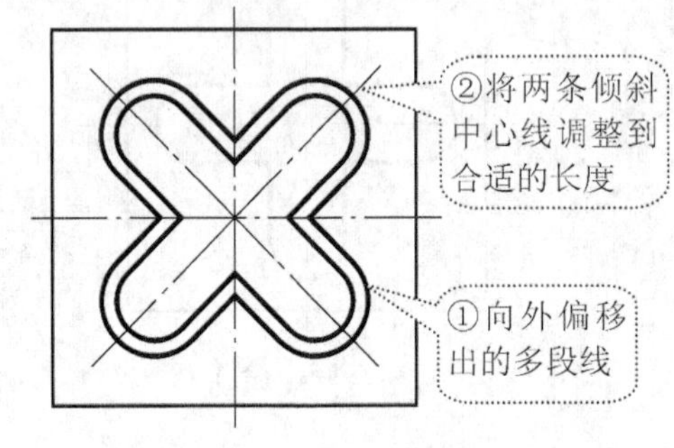


图 8-13　偏移与调整

## 任务三　标注尺寸

### 1. 设置文字样式

单击“文字样式”图标，打开“文字样式”对话框，单击“新建…”按钮，打开“新建文字样式”对话框，样式名输入“机械字”，如图 8-14 所示，单击确定后在“文字样式”对话框中新建了样式“机械字”。

再在“字体名”中选择“gbeitc.shx”后，勾选“使用大写字体”，再在“大字体”中选择“gbcbig.shx”，如图 8-15 所示。单击“应用”按钮，关闭对话框。

### 2. 设置标注样式

单击“标注样式”图标，打开“标注样式管理器”对话框，如图 8-16 所示。系统默认的标注样式为“ISO-25”，单击“修改”按钮，将对各选项卡参数进行修改，具体操作步骤如下。

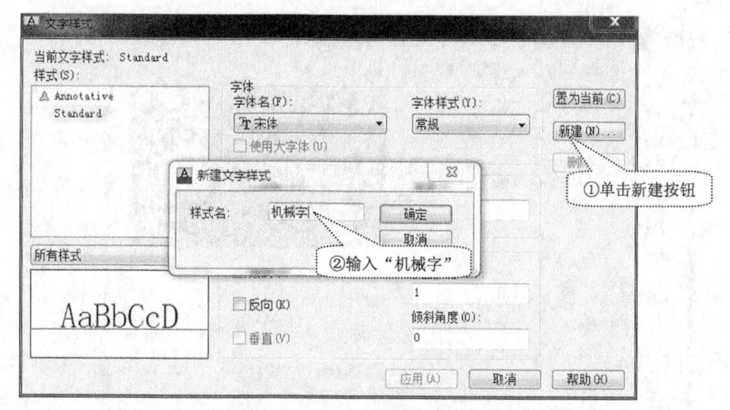


图 8-14　新建和设置文字样式

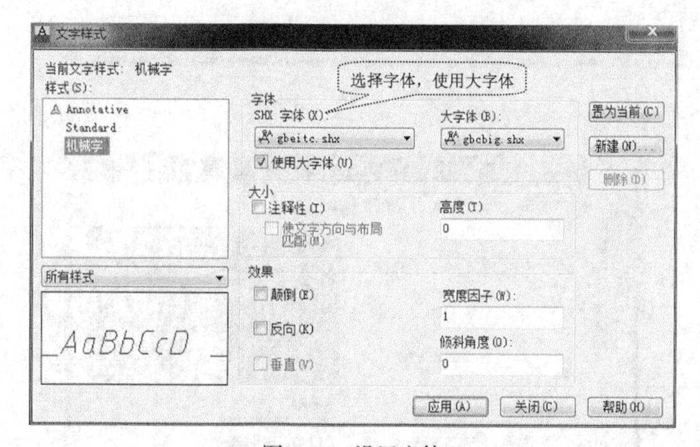


图 8-15　设置字体

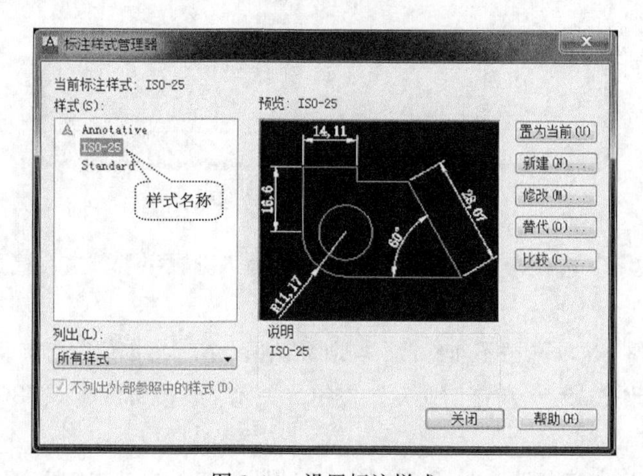


图 8-16　设置标注样式

第一步，单击“修改”按钮，打开“修改标注样式：ISO-25”对话框，修改相关参数值。在“线”选项卡中，修改“基线间距”和“超出尺寸线”，分别设置为 7 和 2，如图 8-17 所示。

第二步，在“符号和箭头”选项卡中，“箭头大小”设置为“3.5”，如图 8-18 所示。

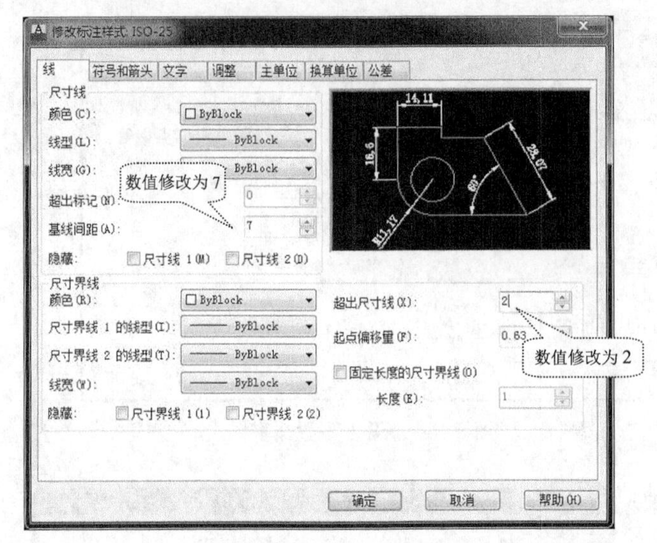


图 8-17 “线”选项卡

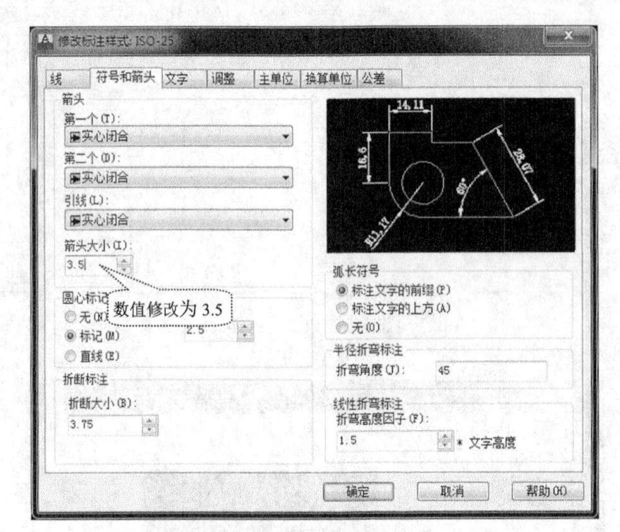


图 8-18 “符号和箭头”选项卡

第三步，在“文字”选项卡中，“文字样式”选为“机械字”，“文字高度”修改为 3.5，如图 8-19 所示。

第四步，对“调整”选项卡中不作修改，均取默认值；在“主单位”选项卡中，“精度”取“0”，如图 8-20 所示。修改完成后，单击“确定”按钮，关闭“修改标注样式 ISO-25”对话框，返回“标注样式管理器”对话框。

再次单击“标注样式管理器”对话框中的“新建”按钮，打开“创建新标注样式”对话框，如图 8-21 所示。此时，“新样式名”为“副本 ISO-25”，单击“继续”，打开“新建标注样式：副本 ISO-25”对话框，如图 8-22 所示。

在“新建标注样式：副本 ISO-25”对话框中，仅对“文字”选项卡中“文字对齐”中由原来的“与尺寸线对齐”，修改为“水平”，其他均不变。单击“确定”按钮，关闭“新建标注样式：副本 ISO-25”对话框，完成标注样式的设置。

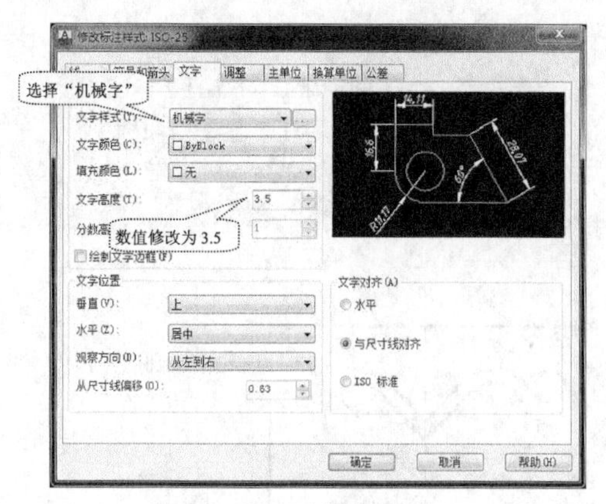


图 8-19　“文字”选项卡

图 8-20　“主单位”选项卡

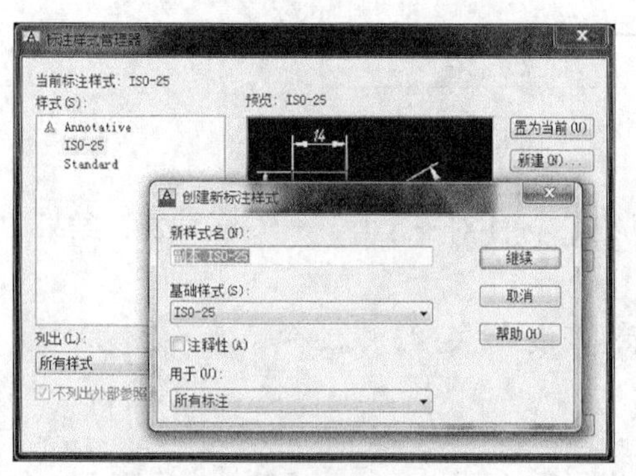

图 8-21　创建副本 ISO-25

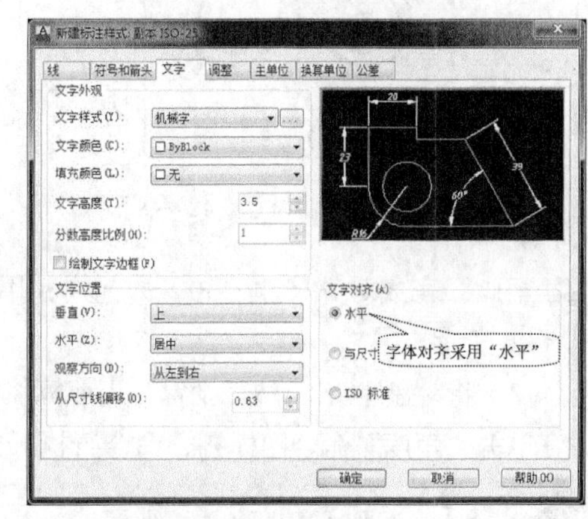


图 8-22　新建标注样式副本 ISO-25

## 3. 将“尺寸标注”图层设置为当前层，进行尺寸标注

（1）将“ISO-25”设置为当前标注样式。单击“线性”标注命令图标，标注线性尺寸“48×48”。

分别单击图 8-24 所示的点 *C* 和点 *D*（两条延伸线原点），命令行提示“指定尺寸线位置或 [多行文字（M）/文字（T）/角度（A）/水平（H）/垂直（V）/旋转（R）]：”，输入“M”，回车，打开“文字格式”编辑器，如图 8-23 所示，光标移至 48 后，再输入“×48”，单击“确定”按钮关闭对话框。命令行提示“指定尺寸线位置或 [多行文字（M）/文字（T）/角度（A）/水平（H）/垂直（V）/旋转（R）]：”，在适当位置单击，确定尺寸位置，完成尺寸“48×48”的标注，如图 8-24 所示。

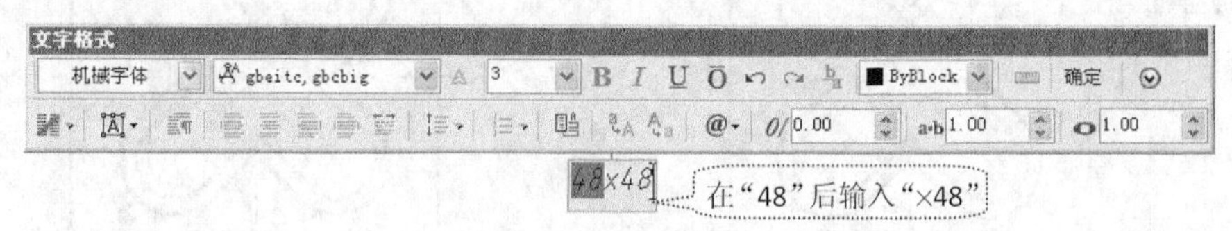


图 8-23　修改尺寸数字

（2）单击“对齐”标注命令图标，命令行提示如下：

“对齐”线性标注可以创建与指定位置或对象平行的标注。在对齐标注中，尺寸线平行于尺寸延伸线原点连成的直线。

```
命令: _dimaligned                                           //操作与注释
指定第一个延伸线原点或 <选择对象>:                             //单击图 8-25 中的点 E(半圆弧圆心)
指定第二条延伸线原点:                                        //单击图 8-25 中的点 F(半圆弧圆心)
指定尺寸线位置或 [多行文字(M)/文字(T)/角度(A)]:                //在适当位置单击, 确定尺寸位置
标注文字 = 30                                               //命令行提示
```

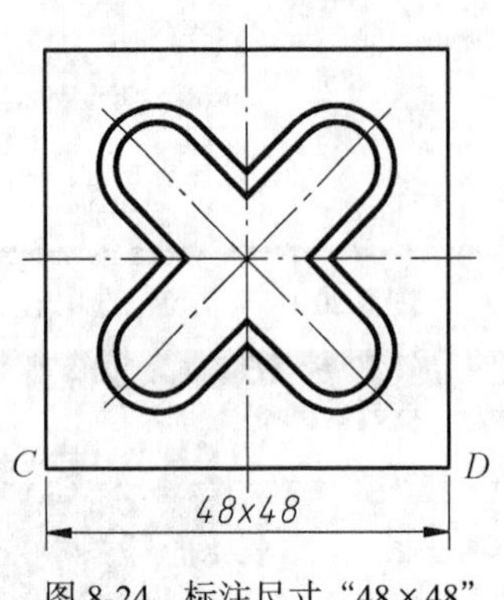


图 8-24　标注尺寸“48×48”

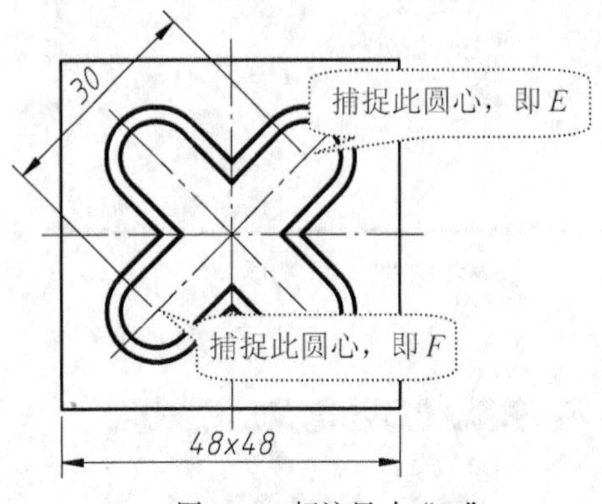


图 8-25　标注尺寸“30”

至此，完成对齐尺寸“30”的标注；用同样的方法，标注对齐尺寸“10”和“2”，结果如图 8-26 所示。

（3）将“副本 ISO-25”设置为当前标注样式，标注角度尺寸“45°”。

单击“角度”命令图标，命令行执行如下：

提示

角度标注能测量两条直线或三个点之间的角度。使用以下方式可以创建角度标注：
①要标注圆，请在角的第一端点选择圆，然后指定角的第二端点。
②要标注其他对象，请选择第一条直线，然后选择第二条直线。

```
命令: _dimangular                                            //操作与注释
选择圆弧、圆、直线或 <指定顶点>:                                //选择水平中心线
选择第二条直线:                                               //选择 45°倾斜中心线
指定标注弧线位置或 [多行文字(M)/文字(T)/角度(A)/象限点(Q)]: //在适当位置单击, 确定尺寸位置
标注文字 = 45                                                //命令行提示, 如图 8-27 所示
```

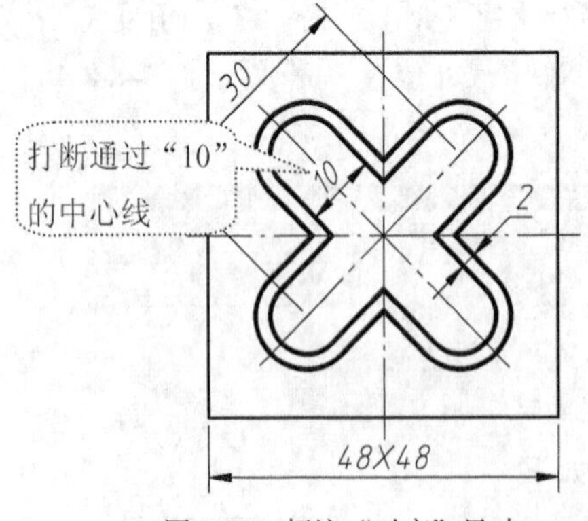


图 8-26　标注“对齐”尺寸

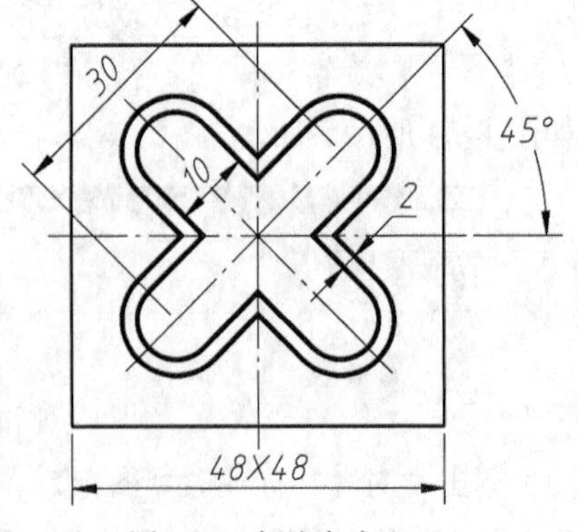


图 8-27　标注角度

（4）单击“半径”命令图标，命令行执行如下：

执行“半径”命令后，单击该圆弧上的某点，当出现半径值时，在恰当位置标注即可。

| | |
|---|---|
| 命令：_dimradius | //操作与注释 |
| 选择圆弧或圆： | //单击内圆弧 |
| 标注文字 = 5 | //半径为 5 |
| 指定尺寸线位置或［多行文字（M）/文字（T）/角度（A）］： | //在适当位置单击，确定尺寸位置，如图 8-28 所示 |

用同样方法标注半径“*R*7”，结果如图 8-29 所示。

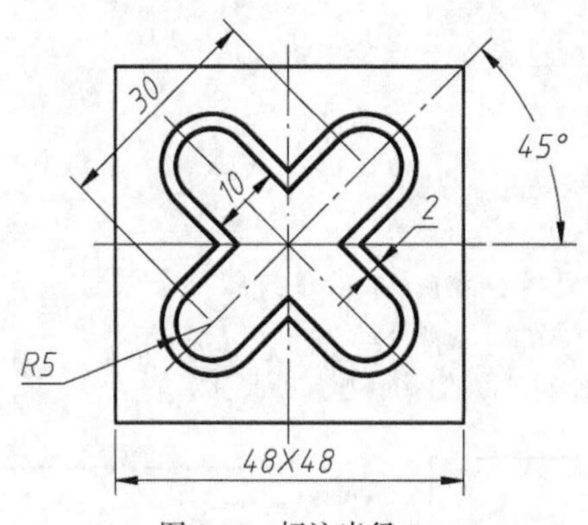


图 8-28　标注半径 *R*5

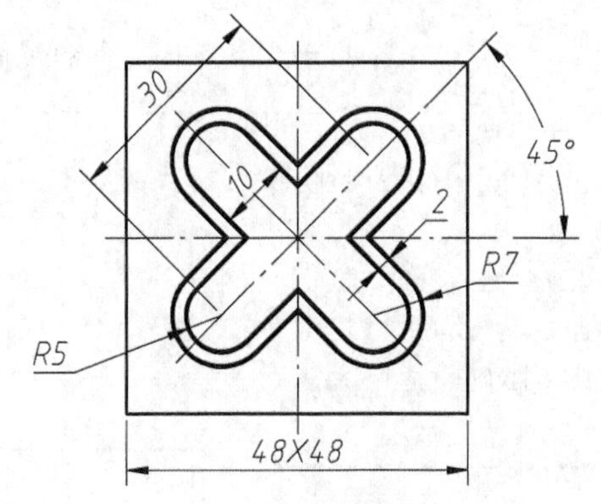


图 8-29　标注半径 *R*7

至此，完成槽口板平面图的绘制和尺寸标注。

**※项目归纳※**

（1）本项目主要采用了直线、正多边形、多段线、旋转、合并、删除等命令绘制，其中新命令包括“正多边形、多段线、旋转、合并”。

（2）“标注样式”具有个性化特征，用户可根据实际需要进行设置后再标注。

**※巩固拓展※**

绘制如图 8-30 所示“冲压片”平面图形，并标注尺寸。

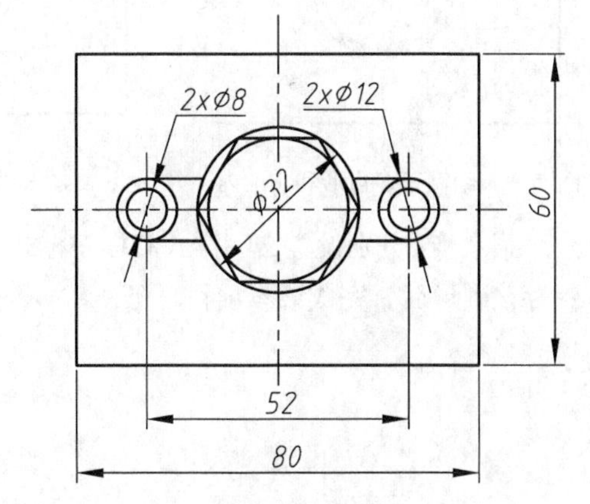


图 8-30　冲压片

“冲压片”平面图左右对称，可以先绘制其中一半，采用“镜像”命令完成全图。它的外轮廓是矩形，用“矩形”命令完成；正中央的正六边形有内、外切圆将其“包围”；有两个同心圆分布在左右两侧。

绘制“冲压片”主要步骤如下：

第一步，参照槽口图绘制，进行绘图环境的设置（建议“对象捕捉模式”开启“中点”，便于绘制两条对称中心线）。

第二步，绘制“80×60”的矩形。单击“矩形”命令图标□，命令行执行如下：

矩形命令可以绘制直角矩形、倒角矩形、圆角矩形。

```
命令：_rectang                                                        //操作与注释
指定第一个角点或［倒角（C）/标高（E）/圆角（F）/厚度（T）/宽度（W）］：    //在绘图区恰当位置单击
指定另一个角点或［面积（A）/尺寸（D）/旋转（R）］：@80，60↙             //输入相对坐标，完成矩形
```

第三步，分别执行“正多边形”、“圆”命令，绘制处于正中央的正六边形和它的内、外圆，如图8-31所示。

第四步，分别执行“偏移”、“圆”、“直线”等命令，绘制右侧图形，如图8-32所示。

第五步，用“夹点”将右边垂直中心线调整到符合要求；单击“镜像”命令图标，命令行执行如下：

**提示**　镜像命令用于生成所选对象的镜像副本，适合于对称图形。

```
选择对象：指定对角点：找到5个                  //选择被镜像对象
选择对象：↙                                  //结束选择对象
指定镜像线的第一点：                          //单击图8-32所示垂直中心线上端点P
指定镜像线的第二点：                          //单击图8-32所示垂直中心线下端点Q
要删除源对象吗？［是（Y）/否（N）］ <N>：↙      //保留右侧图形，结果如图8-33所示
```

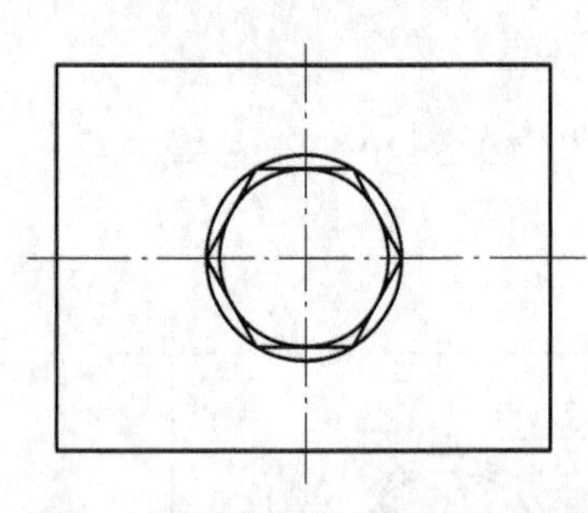

图8-31　绘制正多边形和它的内、外圆

图8-32　绘制右侧图形

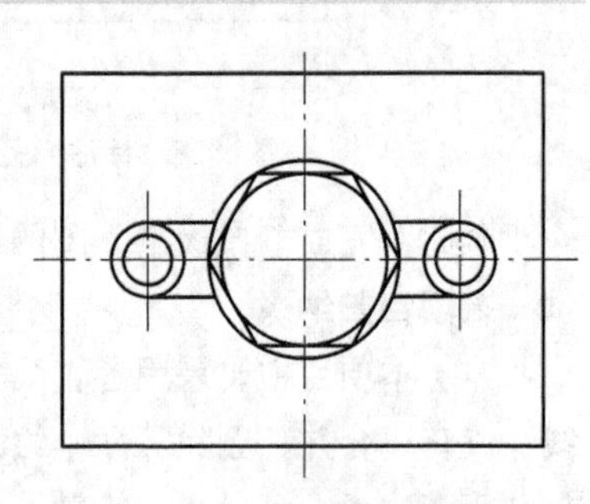

图8-33　完成图形绘制

第六步，分别设置文字样式和标注样式，将图层切换到“尺寸标注”，由内向外逐一标注尺寸。保存该图形后，完成该本项目任务。

# 第二篇

# 视图绘制

本篇在学习三视图形成与投影规律的基础上，介绍点、线、面投影，平面立体与曲面立体三视图画法，这是绘制圆柱截交线和相贯线的前提和基础。绘制组合体三视图前，必须弄清楚相邻表面之间的连接关系，学会运用形体分析法和线面分析法对组合体进行全面剖析，才能正确而快捷地绘制组合体三视图。组合体尺寸标注是本篇的一个难点，要在深刻理解形体分析法基础上，抓住尺寸基准的选择、定形尺寸和定位尺寸的确立，才能正确标注组合体尺寸。掌握识读组合体视图，可为进一步学习零件图绘制与识读打下基础，培养空间思维和想象能力。最后设置的项目——绘制轴测草图，除了介绍正等轴测图和斜二轴测图基本画法，主要学习徒手目测比例绘制组合体的方法，为零部件测绘做好充分准备。

# 项目九

# 认识正投影

正投影法能准确表达物体的形状，度量性好，作图方便，在工程上得到广泛应用。机械图样中表达物体形状的图形是按正投影法绘制的，所以掌握正投影法理论是提高读图和绘图能力的关键。

本项目首先探究投影法，了解投影基本原理，尤其对正投影的基本性质作了详细分析，这是三视图形成的前提。

**※学习目标※**

（1）了解投影法和投影原理。

（2）掌握正投影的基本性质。

**※项目描述※**

V 形块是夹持和支持工件的一种最常见的夹具，将它的前面与直立的平面平行，如图 9-1 所示。现用一束光线垂直照射 V 形块，探究它的投影情况。

**※项目分析※**

图 9-2 所示为一个看似生活中的实例，其实隐含着投影法理论——当光线照射物体，则在预设的投影面上产生影子，即形成“投影”。由此可见，投影的三要素是光源、物体和投影面，依此方法来探究 V 形块，可以准确而全面地了解它的投影情况。

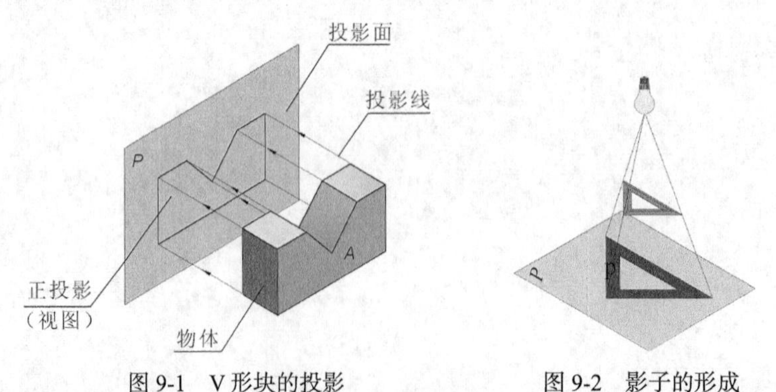


图 9-1　V 形块的投影

图 9-2　影子的形成

※项目驱动※

## 任务一　探究投影法

由上述分析可知，当物体被灯光或日光照射后，在地面或墙面上就会留下影子。

在图 9-2 中，平面 *P* 是得到影子的面，称为投影面；灯泡当作投影中心，能“释放”光线，称为投影线。由此可见，投影法就是投影线通过物体，向选定的面投射，并在该面上得到图形的方法。投影法三要素为光源（投影中心）、物体和投影面。

根据投射线的类型（平行或交会）进行分类，投影法的分类如下：

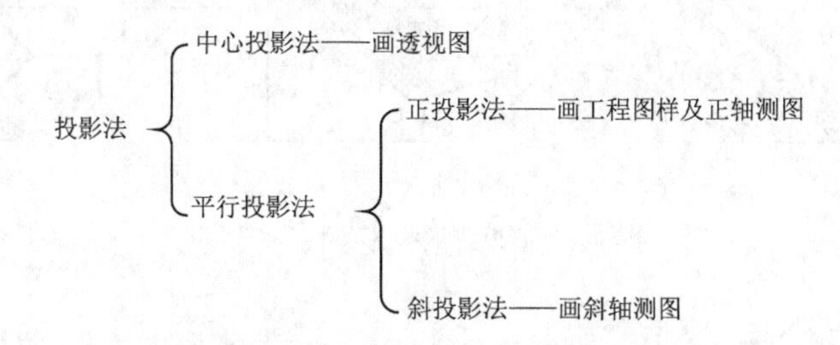


图 9-2 所示为中心投影法的例子。投影光线都是从灯泡（点光源）发出的，各个投影线互不平行，投影的大小会随着物体的位置不同而改变。这种投影线互不平行且交会于一点的投影法称为中心投影法，它适用于绘制建筑物的透视图，因为立体感强。

假设该投射中心位于无限远处，这时投影线将相互平行，结果会怎样呢？

在图 9-1 中，有直立投影面 *P*，在该平面的前方放置 V 形块，且使其前面 *A* 与 *P* 平行。用一束相互平行光线向 *P* 面垂直照射，则在 *P* 面上得到 V 形块的影子，即 V 形块在 *P* 面上的正投影。我们把产生正投影的方法叫作正投影法。

由于正投影得到的投影能够表达物体真实形状和大小，具有较好的度量性，绘制比较简单，故在工程上得到了普遍应用。

如果用平行光线倾斜照射 V 形块，结果将会怎样？

投影线与投影面相倾斜成某一角度时，称为斜投影法，如图 9-3 所示。正投影法和斜投影法构成平行投影法。在以后内容中，如果无特殊说明，投影就是指正投影。

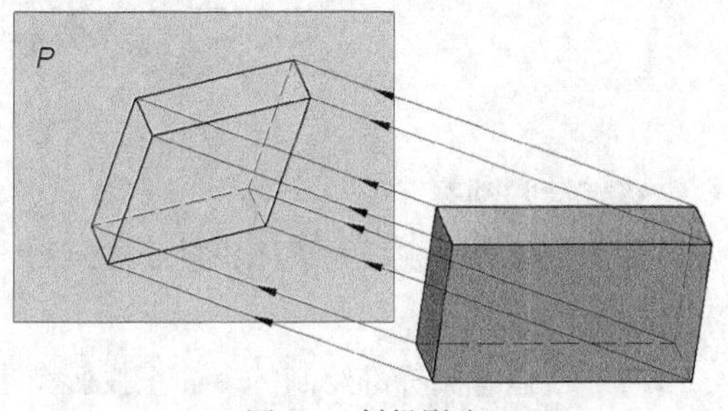


图 9-3　斜投影法

## 任务二　剖析正投影特性

正投影是绘制机械图样的基础，下面我们探究它的投影特性。

（1）在图 9-4（a）中，物体上有一个平行于投影面的平面 *P*，显而易见，它在投影面上的投

影 $p$ 反映实形；直线 $AB$ 平行于投影面，其投影 $ab$ 反映实长，这种性质称为显实性。

（2）在图 9-4（b）中，物体上有垂直于投影面的平面 $Q$，它在投影面上的投影 $q$ 将积聚成一条直线；物体上直线 $CD$ 垂直于投影面，投影积聚成一点，这种性质叫做积聚性。

（3）在图 9-4（c）中，物体上在倾斜于投影面的平面 $R$，它在投影面上的投影 $r$ 是原图形的类似形；倾斜于投影面的直线 $EF$，在投影面的投影 $ef$ 将缩短，这种性质称为类似性。

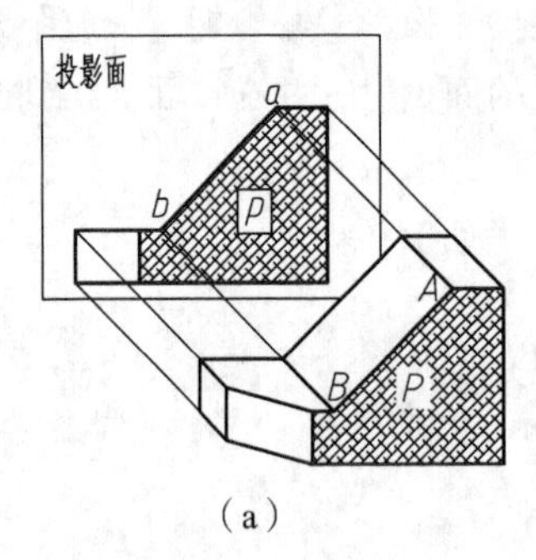


（a）

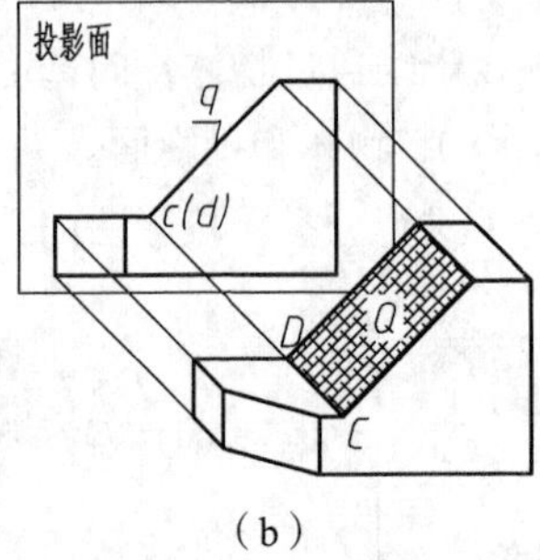


（b）

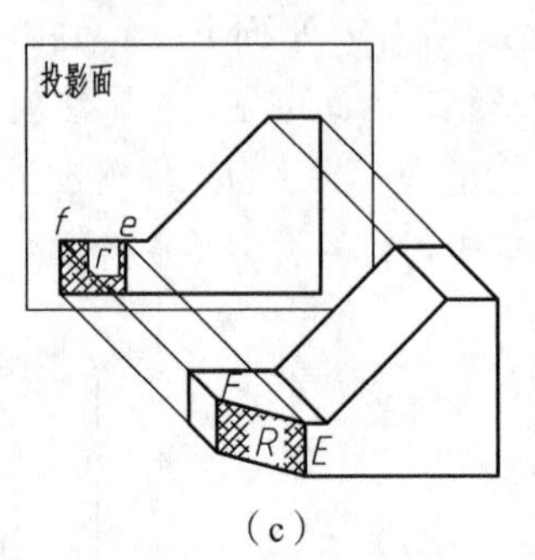


（c）

图 9-4　正投影的投影特性

## 任务三　了解视图

由于物体有长、宽、高三个方向尺寸，所以必须从三个不同方向观察，才能完整了解物体。用正投影法在一个投影面上得到的一个投影，只能反映物体一个方向的形状，不能完整反映物体形状。如图 9-5 所示，两个不同的物体，其投影却相同。

因此，要表示物体完整的形状，就必须从几个方向进行投影，我们把不同方向投影且依据有关标准画出的图形，称为“视图”，通常物体用三个视图表示，图 9-6 所示为 V 形块三视图。

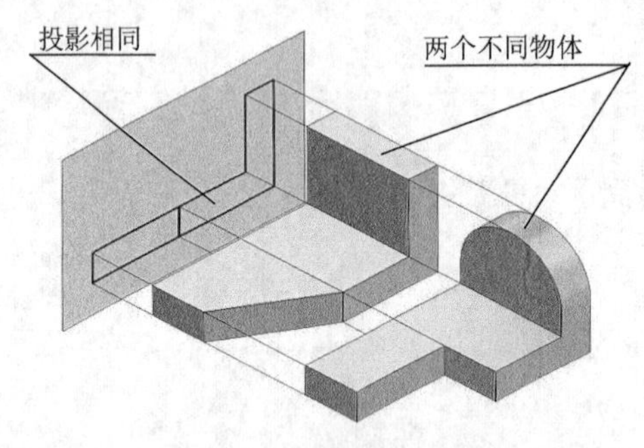


图 9-5　不同物体相同投影

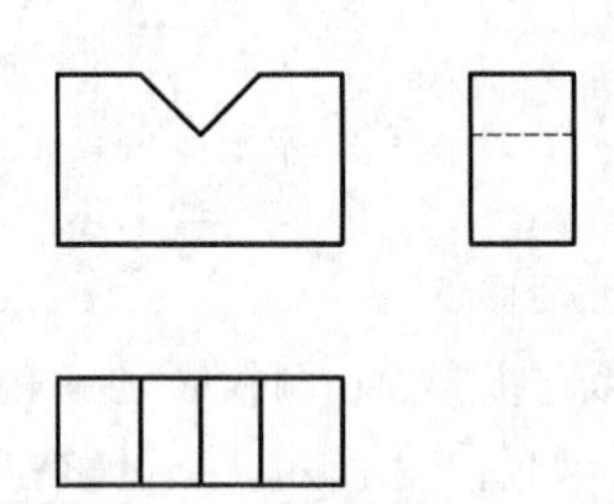

图 9-6　V 形块的三视图

**※项目归纳※**

（1）机械图样主要是采用正投影法绘制，正投影法的三个投影特性分别是指显实性、积聚性和类似性。

（2）根据有关标准绘制的多面正投影图也称为视图。

**※巩固拓展※**

V 形块放在两个相互垂直相交的两个不同的投影面中，如图 9-7 所示。判断平面 $M$ 在投影面 1、2 的投影，各具有什么性质。

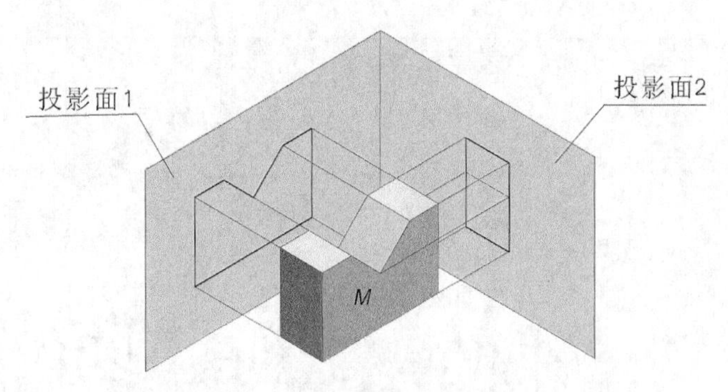

图 9-7　物体在不同面上的投影

由于 $M$ 面与投影面 1 相互平行，所以其投影体现显实性；$M$ 面与投影面 2 相垂直，所以其投影体现积聚性。

请读者进一步分析其他各面与两个投影面之间的关系，以深刻理解正投影的投影特性。

# 项目十 学习三视图

用正投影法在一个投影面上得到的视图，只能反映物体一个方向的形状，并不能完整反映物体长、宽、高各个方向的形状。因此，通常采用三个视图来表示物体的形状。

本项目从构建三投影面体系着手，介绍了三视图的形成过程，探究了三视图的位置关系、尺寸关系和方位关系，归纳出三视图投影规律。以V形块为例，学习物体三视图的画法与步骤。

**※学习目标※**

（1）掌握三视图的形成和投影规律，弄清楚三视图之间的关系。

（2）能利用投影规律绘制简单物体的三视图。

**※项目描述※**

绘制如图10-1所示V形块的三视图。

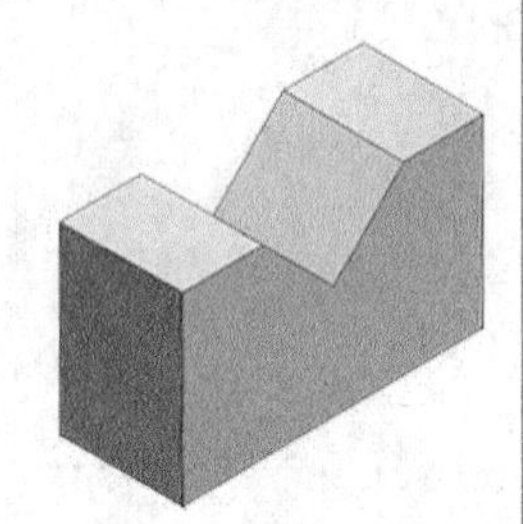

图10-1　V形块

**※项目分析※**

要绘制V形块三视图，首先要建立三个投影面，分别从三个方向进行投影，才能得到三个视图；然后将三个投影面展开后摊平，就可获得V形块的三视图。

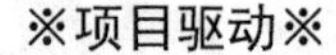

**※项目驱动※**

## 任务一　建立三投影面体系

三个两两相互垂直相交的投影面即构成三投影面体系，如图10-2所示。其中，正立着的投影面简称正平面，用$V$表示；水平摊着的投影面简称为水平面，用$H$表示；右边侧立的投影面简称为侧平面，用$W$表示。

在图10-2中，这三个相互垂直的投影面就好像房间的一个角，构成了三投影面体系。因此，三投影面体系可归纳为“三面三轴一原点”，其中“三面”是指正平面、水平面、侧平面；交线分别为$OX$、$OY$、$OZ$，称为投影轴，即为“三轴”，三投影轴交于一点$O$，称为原点。

# 任务二　学习三视图形成

将 V 形块置于三投影面体系，如图 10-3 所示，分别从三个方向进行投影，则三个投影面上得到不同的视图，分别是：

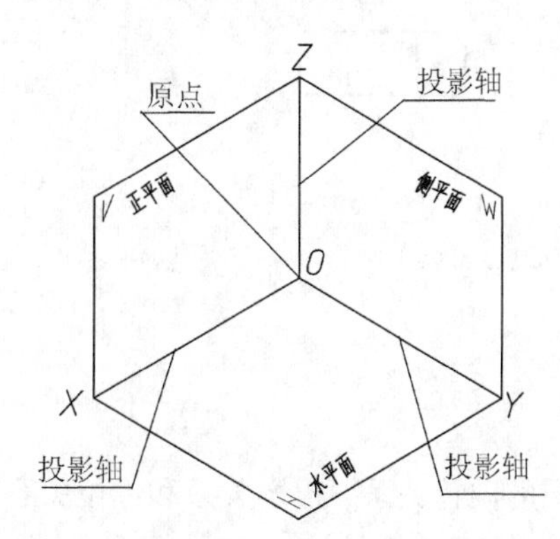


图 10-2　三投影面体系

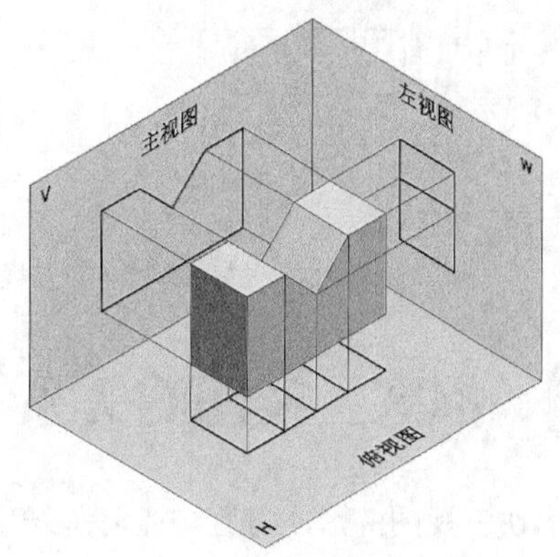


图 10-3　V 形块在三面体系中

主视图：由前向后投射，在正平面所得的视图。

俯视图：由上向下投射，在水平面所得的视图。

左视图：由左向右投射，在侧平面所得的视图。

为了将空间的三个视图画在一个平面上，就必须把三个投影面展开后再摊平，其过程按照如下步骤进行。

第一步，将物体移开，准备展开三投影面，如图 10-4（a）所示。

第二步，假设 *V* 面（主视图）保持不动，沿 *OY* 轴展开，使 *H* 面（俯视图）绕 *OX* 轴向下旋转 90°，*W* 面（左视图）绕 *OZ* 轴向右旋转 90°，如图 10-4（b）所示。

第三步，投影面展开后，俯视图旋转后在主视图下方，左视图在主视图右方，如图 10-4（c）所示。

提示

随 *H* 面旋转的 *OY* 轴，用 $OY_H$ 表示；随 *W* 面旋转的 *OY* 轴，用 $OY_W$ 表示。

第四步，为了简化作图，一般省去投影面边框和投影轴，结果如图 10-4（d）所示。由此获得 V 形块的三视图。

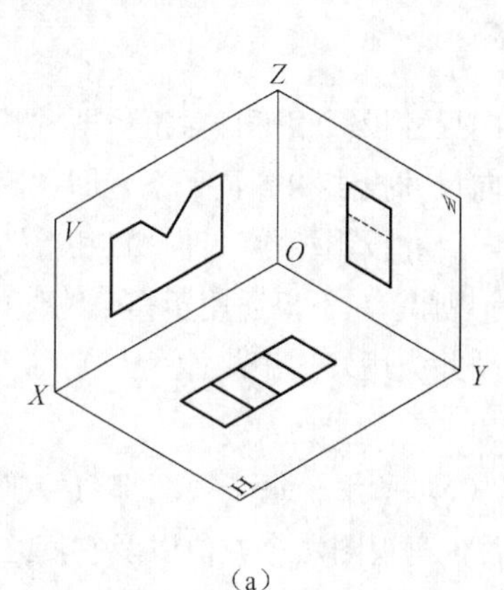


（a）

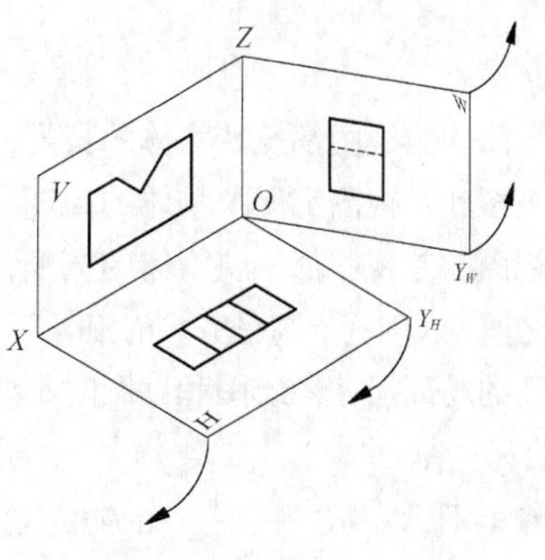


（b）

图 10-4　三视图的形成过程

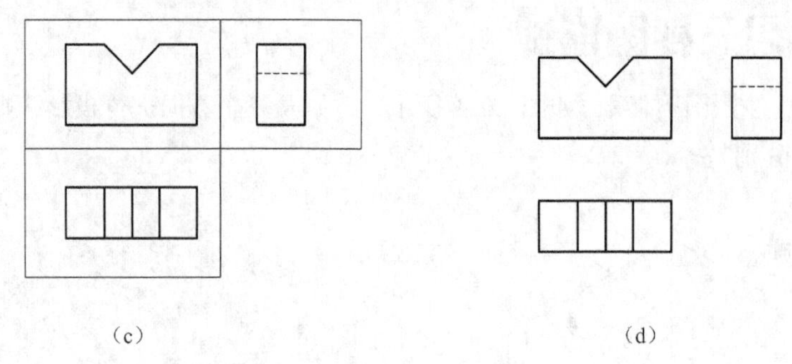

(c)　　(d)

图 10-4　三视图的形成过程（续）

## 任务三　探究三视图的关系

从V形块三视图的形成过程中，可总结出三视图的位置关系、投影关系和方位关系，由此获得投影规律。

### 1. 位置关系

由图 10-4（d）可知，三个视图的位置有如下关系：以主视图为准，俯视图在其正下方，左视图在其正右方。绘制任何物体三视图时，应按这种规定配置，视图之间要互相对齐、对正，不能随意摆放，不能错开，更不能倒置。

### 2. 投影关系

物体都有长、宽、高三个方向的尺寸，如图 10-5（a）所示。每个视图只能反映物体两个方向的尺寸，如图 10-5（b）所示，具体是：

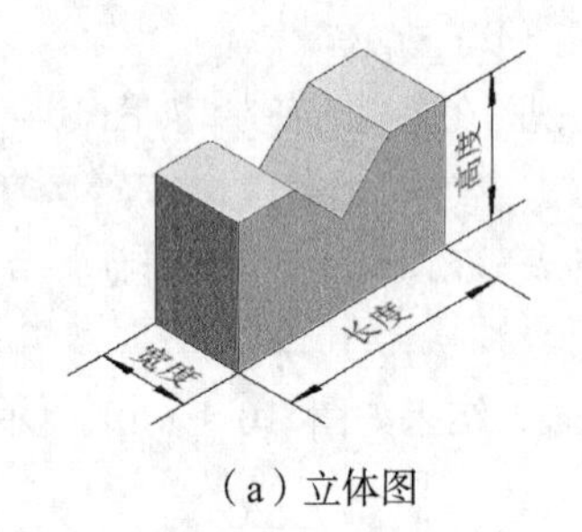


（a）立体图

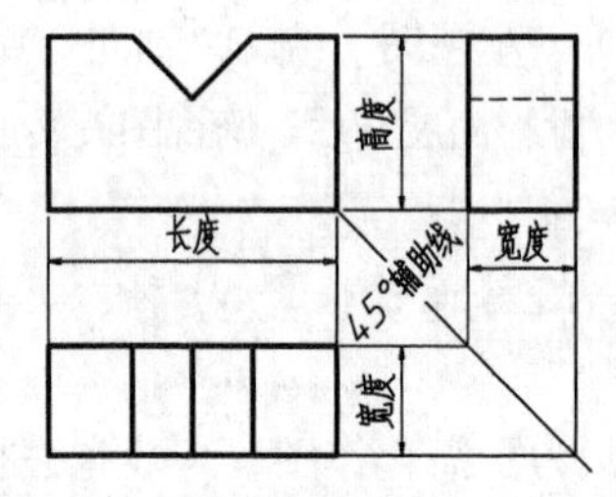


（b）三视图三等关系

图 10-5　投影关系

（1）主视图和俯视图都反映物体的长度，长度方向尺寸投影相等且对正，即“长对正”；

（2）主视图和左视图都反映物体的高度，高度方向尺寸投影相等且平齐，即“高平齐”；

（3）俯视图和左视图都反映物体的宽度，宽度方向尺寸投影相等，即“宽相等”。

三视图之间“长对正、高平齐、宽相等”，即是投影规律。它不仅适用于整个物体的尺寸关系，也适用于物体的局部尺寸，绘图和读图时都要严格遵循并应用好这个规律。

### 3. 方位关系

物体具有上下、左右、前后六个方位，如图 10-6（a）所示；每个视图都只能确定其中四个方位，如图 10-6（b）所示。当物体的投射位置确定后，三视图六个方位以及它们之间的相互关系也就随之确定。

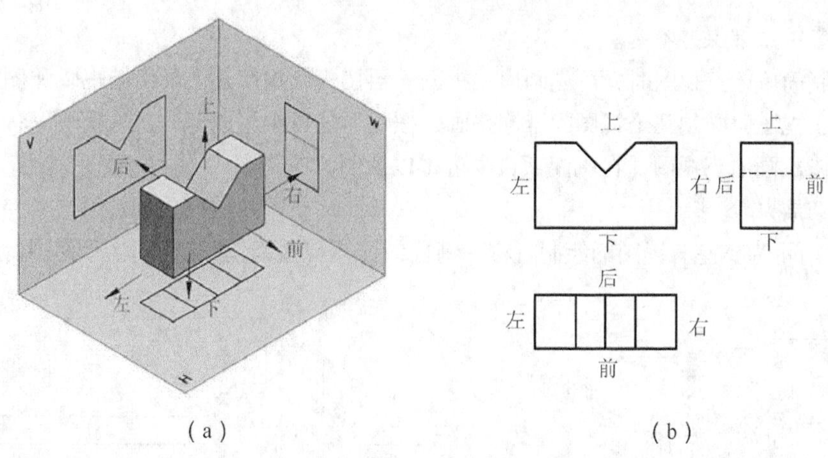


图 10-6　方位关系

## 任务四　绘制 V 形块三视图

（1）摆正物体，选择 V 形块特征面作为主视图的投影方向，即 V 形面与正平面相平行，如图 10-7（a）所示。

（2）根据物体形状的大小，画出确定三视图的位置的基准线，如图 10-7（b）所示。

（3）根据 V 形块总长、总宽、总高，绘制长方体的三视图，如图 10-7（c）所示，需保证“长对正、高平齐、宽相等”的投影规律。

（4）绘制 V 形的三个投影时，要将不可见图线要用虚线表示；检查校对，擦去多余图线，完成 V 形块三视图，如图 10-7（d）所示。

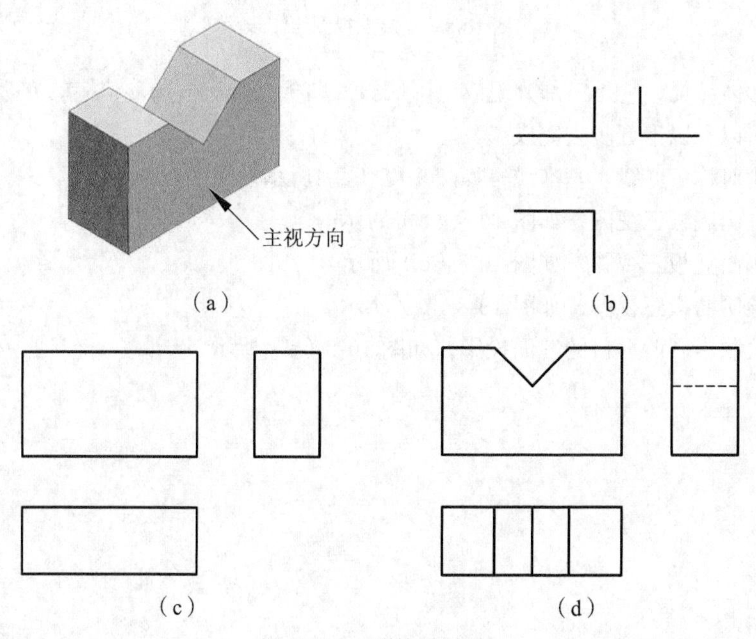


图 10-7　V 形块三视图

**※项目归纳※**

（1）三视图投影规律是“长对正、高平齐、宽相等”。对于任何一个物体，不论是整体还是局

部，这个投影关系都保持不变。

（2）绘制简单体三视图时，可先画出主视图，再按投影规律逐个画出俯视图和侧视图。但绘制复杂形体三视图，必须几个视图配合起来画，按物体的各个组成部分，从反映形状特征明显的视图入手，依次画出三视图，在巩固项目中可得以说明。

**※巩固拓展※**

图10-8所示为支座三视图的绘制过程，请仔细分析与探究，归纳各个绘图步骤。

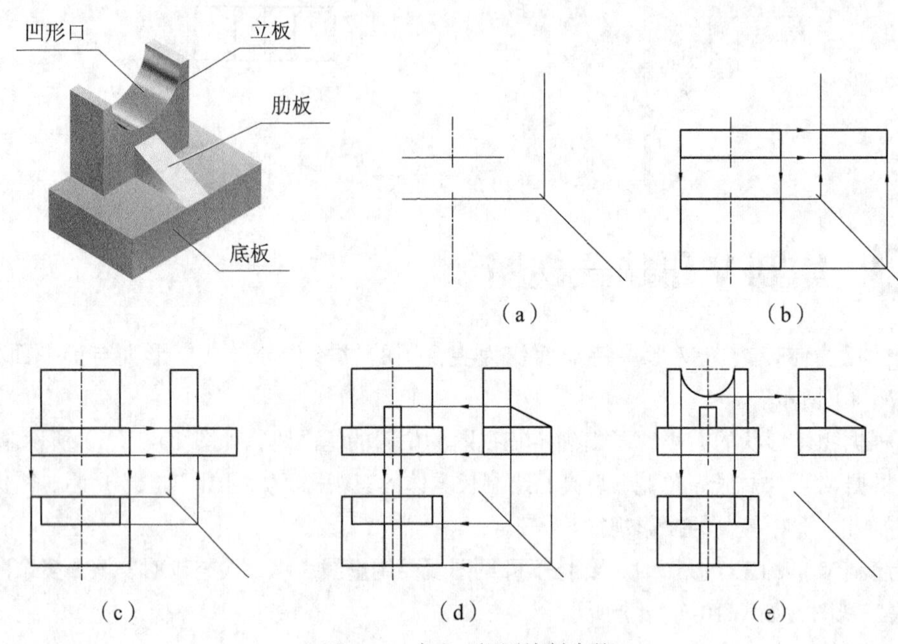


图10-8　支座三视图绘制步骤

根据支座形体特征，它是三部分组成，即底板、肋板、开有“凹形口”的立板。因此，绘制它的三视图，可以分以下五步去完成。

第一步，画对称中心线、基准线，如图10-8（a）所示。

第二步，画出底板三视图，如图10-8（b）所示。

第三步，画出立板三视图，如图10-8（c）所示。

第四步，绘制肋板三视图，如图10-8（d）所示。

第五步，绘制半圆凹形口的三面投影，如图10-8（e）所示。

# 项目十一

## 学习点、线、面投影

点、直线、平面是构成物体形状的基本几何要素。为了迅速、正确地绘制和阅读形体视图，必须从这些几何要素着手，深入研究它们的投影特性和作图方法，掌握投影特性与投影规律，这对今后画图和读图也都具有十分重要的意义。

**※学习目标※**

（1）掌握点、直线、平面投影特性，能作出它们的三面投影图。

（2）根据点、直线、平面投影，判断其空间位置。

（3）能正确分析正三棱锥的平面和直线投影特性。

**※项目描述※**

分析图 11-1 所示正三棱锥的各点、直线和平面。

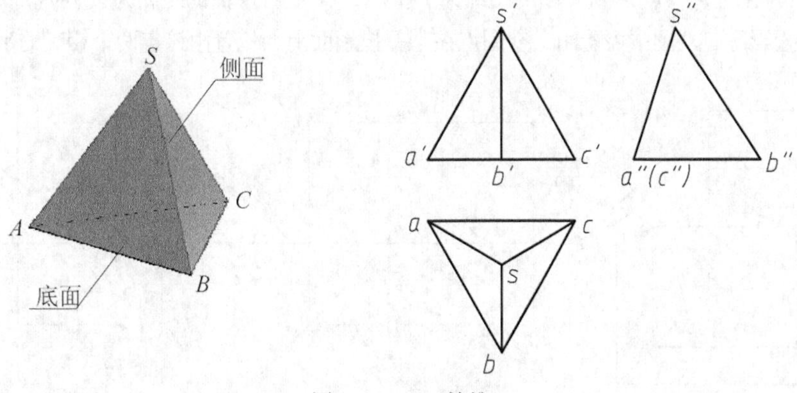


图 11-1　正三棱锥

**※项目分析※**

由图 11-1 可知，正三棱锥由底面和三个侧面、六条直线和四个点构成。分析正三棱锥的投影特性，就要熟悉点、直线、平面几何要素的投影特性和作图方法。

※项目驱动※

# 任务一 学习点、直线、平面投影

## 1. 分析点的投影

点是最基本的几何元素，下面以正三棱锥顶点 $S$ 为例，分析点投影及规律。

（1）点的投影规律。图 11-2（a）所示为正三棱锥顶点 $S$ 在三投影面体系中的投影。将点 $S$ 分别向三个投影面进行投射，得到的投影分别为 $s$（水平投影）、$s'$ ((正面投影)、$s''$（侧面投影）。投影面展开后得到图 11-2（b）所示的投影图。由投影图可看出点 $S$ 的投影有以下规律：

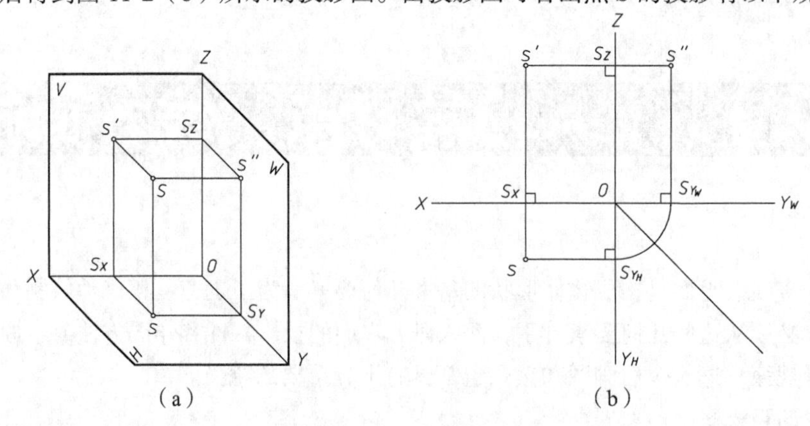


图 11-2　点的投影规律

① 点 $S$ 的 $V$ 面投影和 $H$ 面投影的连线垂直于 $OX$ 轴，即 $s's \perp OX$。

② 点 $S$ 的 $V$ 面投影和 $W$ 面投影的连线垂直于 $OZ$ 轴，即 $s's'' \perp OZ$。

③ 点 $S$ 的 $H$ 面投影到 $OX$ 轴的距离等于其 $W$ 面投影至 $OZ$ 轴的距离，即 $ss_x=s''s_z$。

（2）求作点的投影。点在空间的位置由点到三个投影面的距离来确定。如图 11-3（a）所示，点 $A$ 到 $W$ 面的距离为 $X$ 坐标，点 $A$ 到 $V$ 面的距离为 $Y$ 坐标，点 $A$ 到 $H$ 面的距离为 $Z$ 坐标。图 11-3（b）所示为点的三面投影图，从图中可看出，空间点在某一投影面上的位置由该点两个相应的坐标值所确定。

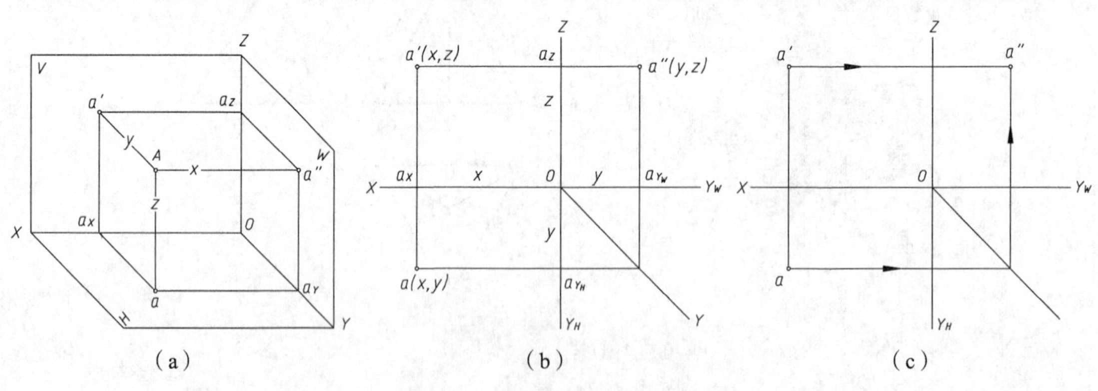


图 11-3　点的投影与空间坐标

由此可见，空间点的任意两个投影，就包含了该点空间位置的三个坐标，即确定了点的空间位置。因此，若已知某点的任何两个投影，都可以根据投影对应关系求出该点的第三投影。如图 11-3（c）所示，已知点 $A$ 的投影 $a$ 和 $a'$，可按图中箭头所示作出 $a''$。

（3）判断重影点。空间两点在某一投影面上的投影重合称为重影，如图 11-4（a）所示，点 *B* 和点 *A* 在 *H* 面上的投影 *b*（*a*）重影，称为重影点。两点重影时，远离投影面的一点为可见，另一点为不可见，并规定在不可见点的投影符号外加括号表示，如图 11-4（b）所示。重影点的可见性可通过该点的另两个投影来判别，例如，在图 11-4（b）中，从 *V* 面（或 *W* 面）投影可知，点 *B* 在点 *A* 之上，可判断在 *H* 面投影中 *B* 为可见，*A* 为不可见。

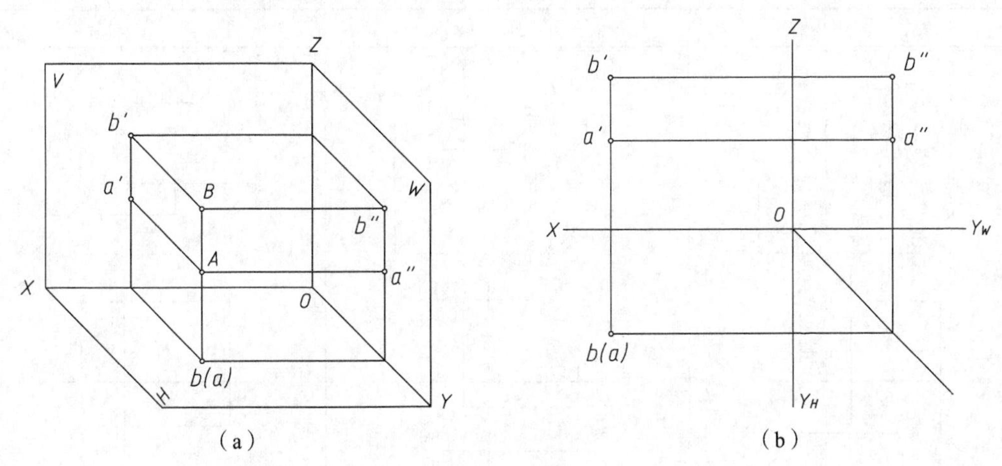


（a）　　　　　　　　　　　　　　（b）

图 11-4　判断重影点

## 2. 分析直线投影

空间直线与投影面的相对位置有三种：投影面平行线、投影面垂直线和一般位置直线。

（1）投影面平行线。投影面平行线是指平行于一个投影面，而与另外两个投影面倾斜。所以在投影面体系中，投影面平行线就有三种位置：

水平线——平行于水平面的直线；正平线——平行于正平面的直线；侧平线——平行于侧平面的直线，投影面平行线的投影特性如表 11-1 所示。

表 11-1　　　　投影面平行线的投影特性

| 水　平　线 | 正　平　线 | 侧　平　线 |
| --- | --- | --- |

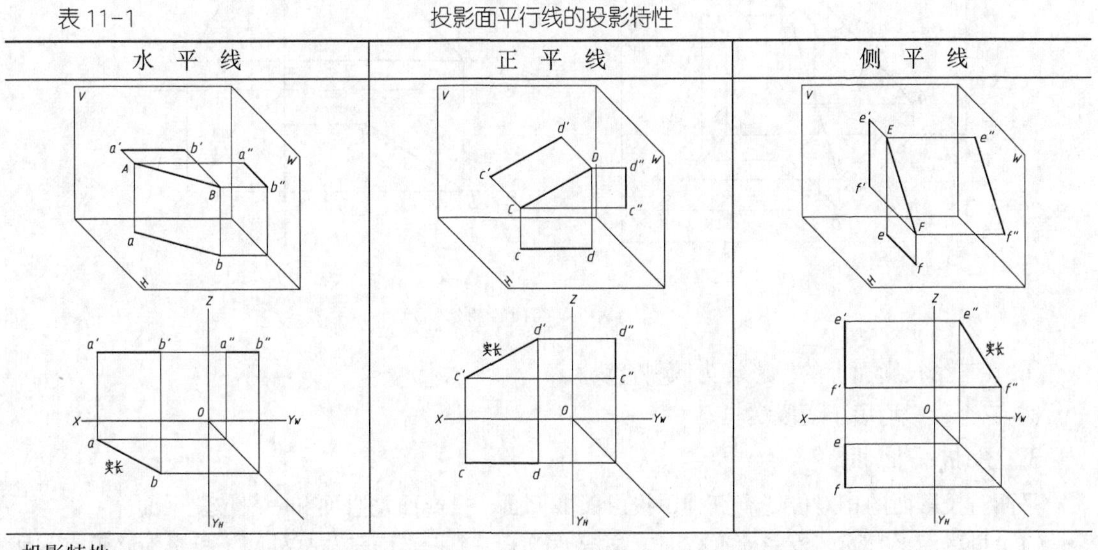


投影特性：

（1）投影面平行线的三个投影都是直线，其中在与直线平行的投影面上的投影反映线段实长。

（2）另外两个投影都短于线段实长，且分别平行于相应的投影轴。

（2）投影面垂直线。投影面垂直线，是指垂直于一个投影面，而与另外两个投影面必平行。所以在投影面体系中，投影面垂直线也有三种位置：

铅垂线——垂直于水平面的直线；正垂线——垂直于正平面的直线；侧垂线——垂直于侧平面的直线。投影面垂直线的投影特性如表11-2所示。

表11-2　投影面垂直线的投影特性

| 铅　垂　线 | 正　垂　线 | 侧　垂　线 |
|---|---|---|

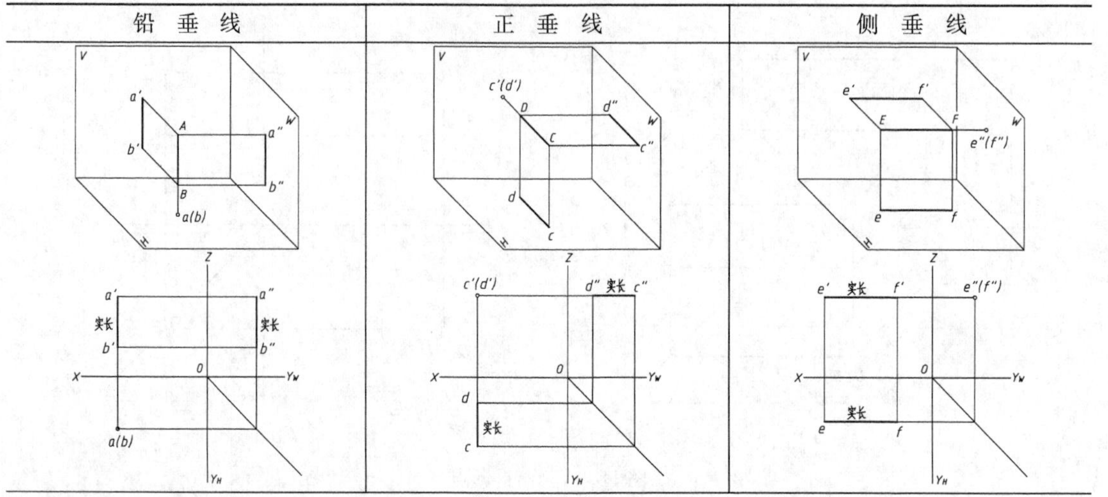


投影特性：
（1）投影面垂直线在所垂直的投影面上的投影必积聚成一个点。
（2）另外两个投影都反映线段实长，且垂直于相应的投影轴。

（3）一般位置直线。一般位置直线，是指既不平行也不垂直任何一个投影面，即与三个投影面都倾斜的直线。如图11-5所示直线*AB*。一般位置直线的投影特性如下：

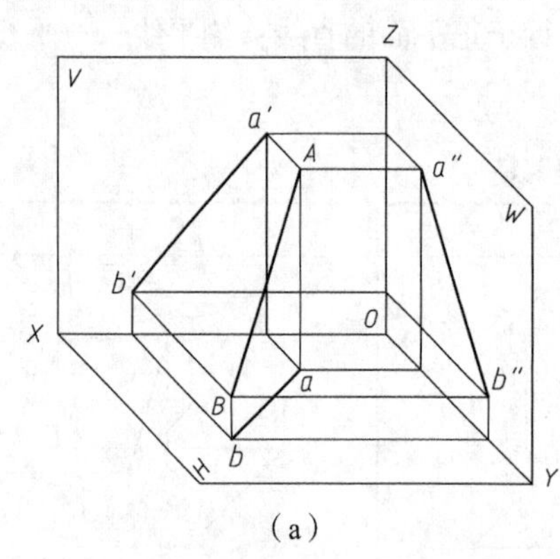


（a）

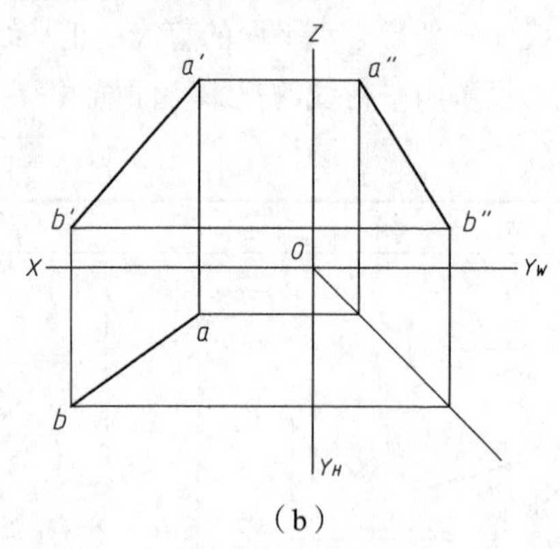


（b）

图11-5　一般位置直线

① 在三个投影面上的投影均为倾斜直线。

② 三个投影均短于线段实长。

3. 分析平面投影

平面对投影面的相对位置有三种：投影面平行面、投影面垂直面和一般位置平面。

（1）投影面平行面。投影面平行面，是指平行于一个投影面，与另外两个投影面必垂直。所以在投影面体系中，投影面平行面就有三种位置：

水平面——平行于水平面的平面，正平面——平行于正平面的平面，侧平面——平行于侧平

面的平面。投影面平行面的投影特性如表 11-3 所示。

表 11-3　　　　　　　　　　投影面平行面的投影特性

| 正　平　面 | 水　平　面 | 侧　平　面 |
| --- | --- | --- |

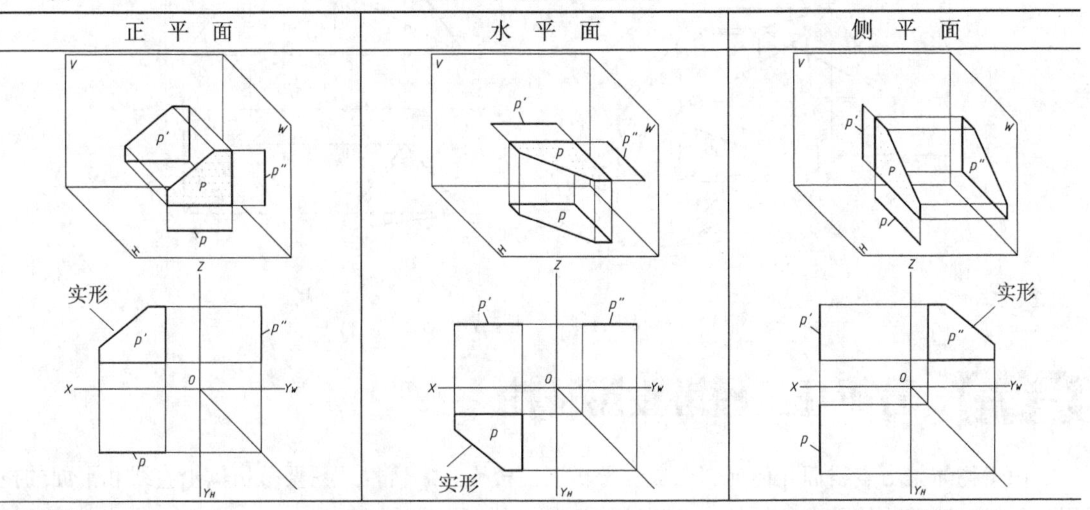


投影特性：

（1）在与平面平行的投影面上，该平面的投影反映实形。

（2）其余两个投影为水平线段或铅垂线段，都具有积聚性。

（2）投影面垂直面。投影面垂直面，是指垂直于一个投影面，而与另外两个投影面倾斜。所以在投影面体系中，投影面平行面就有三种位置：

铅垂面——垂直于水平面的平面，正垂面——垂直于正平面的平面，侧垂面——垂直于侧平面的平面。投影面垂直面的投影特性如表 11-4 所示。

表 11-4　　　　　　　　　　投影面垂直面的投影特性

| 正　垂　面 | 铅　垂　面 | 侧　垂　面 |
| --- | --- | --- |

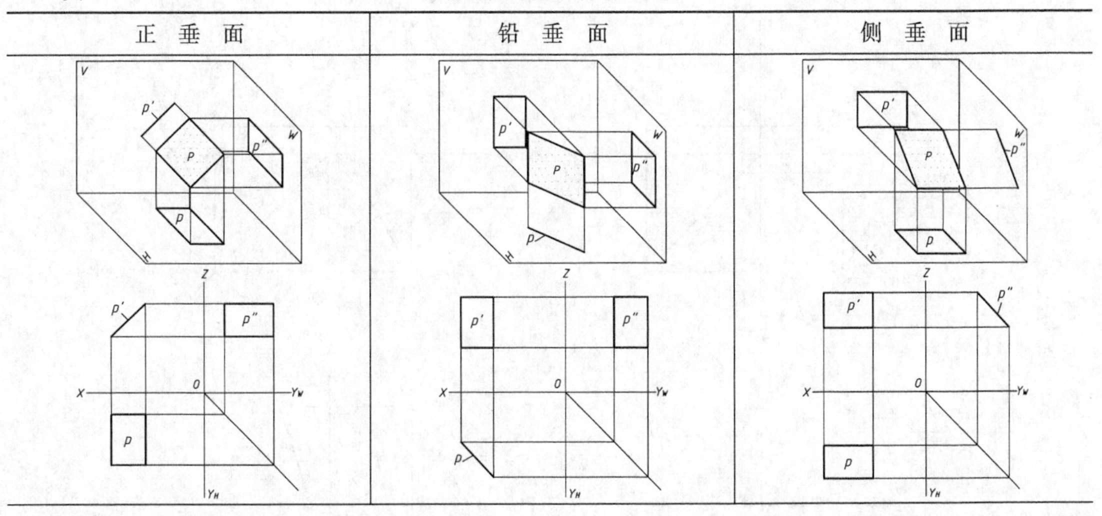


投影特性：

（1）在与平面垂直的投影面上，该平面的投影为一倾斜线段，有积聚性，且反映与另两投影面的倾角。

（2）其余两个投影都是缩小的类似形。

（3）一般位置平面。一般位置平面，是指既不平行也不垂直任何一个投影面，即与三个投影面都倾斜的平面。如图 11-6 所示，△*ABC* 与 *V*、*H*、*W* 面都倾斜，所以在三个投影面上的投影△*a'b'c'*、△*abc*、△*a"b"c"*均为原图形缩小了的类似形，不反映真实形状。

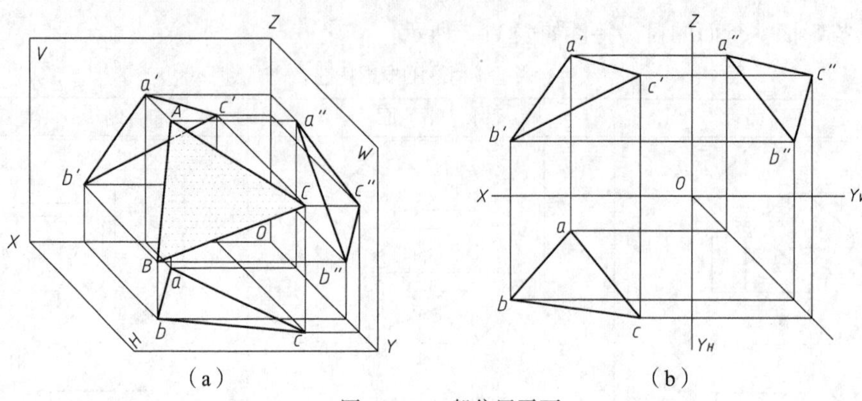

（a）（b）

图 11-6　一般位置平面

## 任务二　分析正三棱锥投影特性

由于物体是由点线面几何元素组成，分析正三棱锥投影特性，只要分析其上直线和平面的投影，就能弄清楚物体的形状结构，这样才能快速绘制三视图。

### 1. 分析直线

（1）分析直线 *AB*。根据图 11-1 所示，作出直线 *AB* 的三面投影，如图 11-7（a）所示。根据直线投影特性，可以判断 *AB* 为水平线。

（2）分析其余直线。分别作出直线 *BC*、*AC*、*SA*、*SB*、*SC* 的三面投影图，如图 11-7（b）～图 11-7（f）所示。根据各投影图，可判断出 *BC* 也是水平线，*AC* 为侧垂线，*SA* 与 *SC* 均为一般位置直线，*SB* 为侧平线。

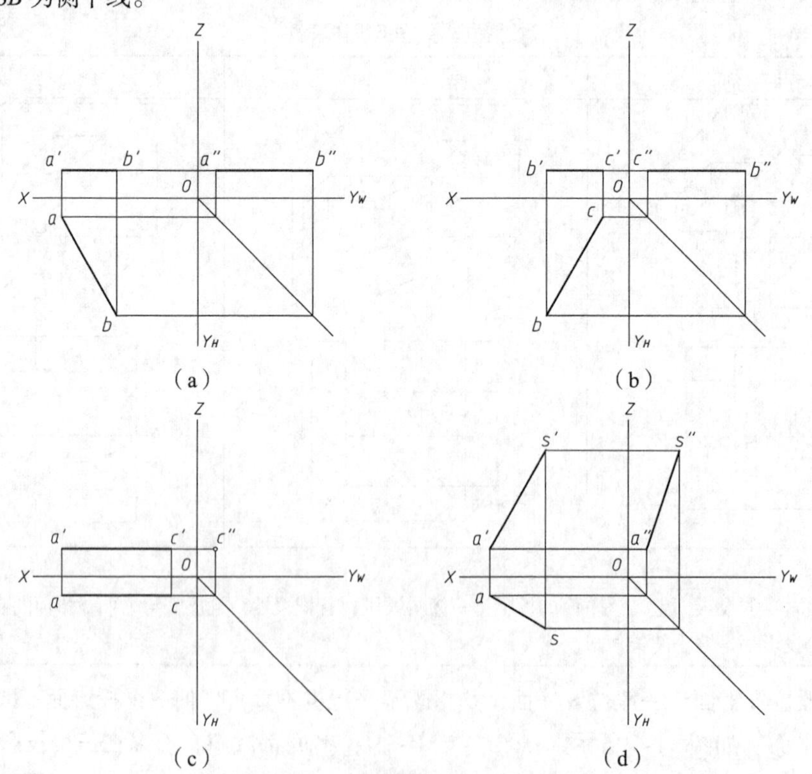

（a）（b）

（c）（d）

图 11-7　正三棱锥各直线的投影

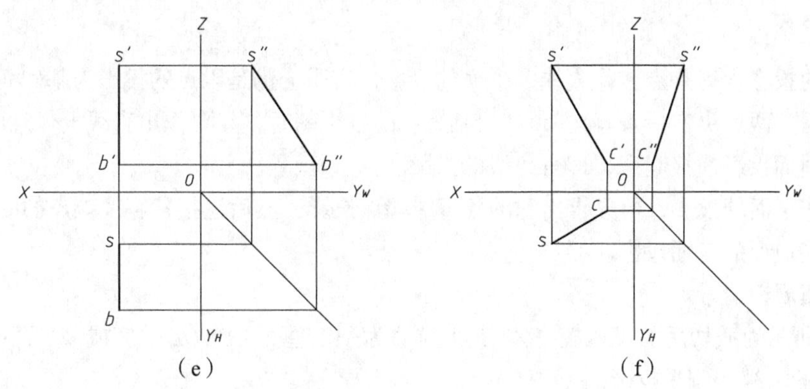


图 11-7　正三棱锥各直线的投影（续）

## 2. 分析平面

（1）分析底平面 *ABC*。根据图 11-1，作出该平面的三面投影图，如图 11-8（a）所示。根据平面的投影特征，可以判断底面 *ABC* 为水平面。

（2）分析三个侧面。分别作出三个侧面的投影图，如图 11-8（b）～图 11-8（d）所示。由于侧面 *SAB* 的三个投影 *sab*、*s'a'b'*、*s"a"b"*都没有积聚性，均是侧面 *SAB* 的类似形，可判断它是一般位置平面。同理，侧面 *SBC* 也是一般位置平面。

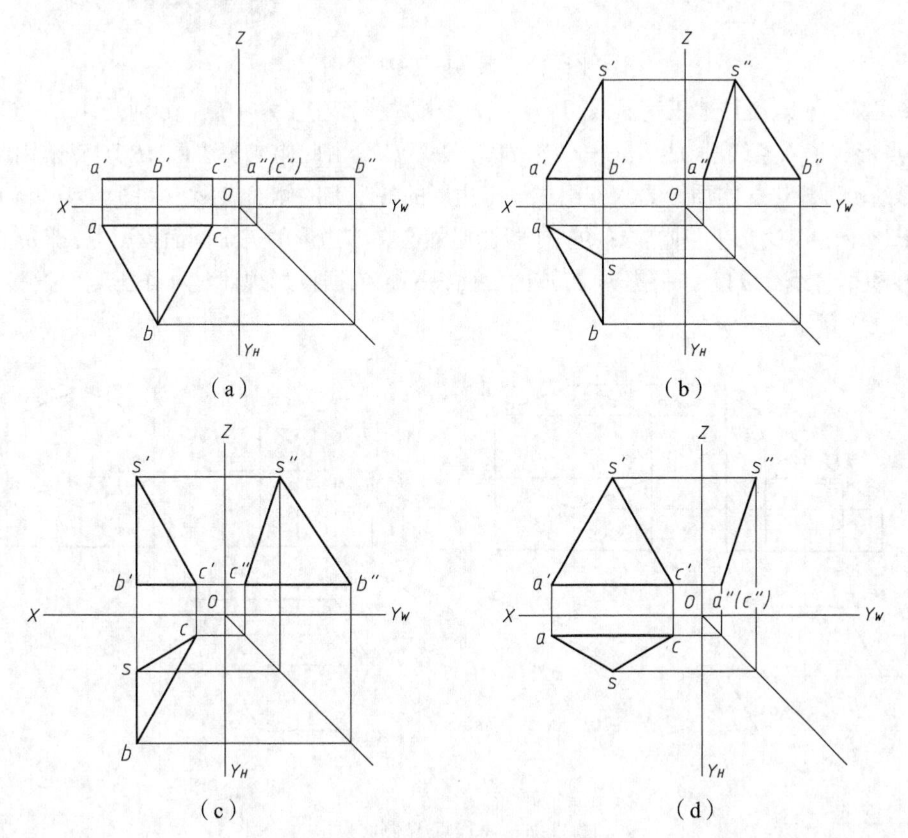


图 11-8　正三棱锥各棱面的投影图

再分析侧面 *SAC*。由于侧面 *SAC* 的侧面投影积聚为直线 *s"a"*（或 *s"c"*），根据平面的投影特征，可以判断侧面 *SAC* 为侧垂面。

**※项目归纳※**

（1）点的投影永远是点，作直线、平面的投影，实质上仍是以点的投影为基础而得的投影。

（2）根据“两点决定一条直线”，在绘制直线的投影图时，只要作出直线上任意两点的投影，再将两点的同面投影连接起来，即得直线的投影。

（3）求作平面的投影，可先求出它的各直线端点投影，然后连接各直线端点的同面投影，即可得到平面多边形的三面投影。

**※巩固拓展※**

图 11-9 所示为截切后的正六棱柱体，其上端面为一正垂面 *ABCDEF*，完成该平面的侧面投影，并求作点 *M* 的主视、侧视投影。

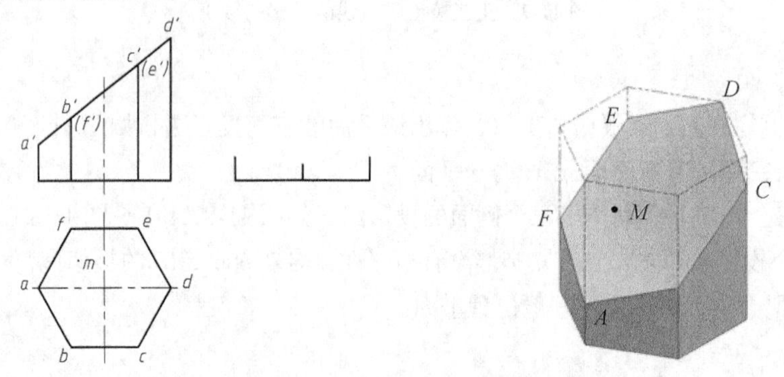


图 11-9　截切正六棱柱视图

由图可知，正六棱柱被正垂面截切后，在各条棱线上产生了六个点，分别是 *A*、*B*、*C*、*D*、*E*、*F*，六个点形成了六条线段 *AB*、*BC*、*CD*、*DE*、*EF*、*FA*，由此构成多边形 *ABCDEF*。因此，绘制该多边形的侧面投影，本质上是求作组成该多边形的各个点的侧面投影，如图 11-10（a）所示。

由于点 *M* 在多边形上，则点 *M* 的三个投影必然会在多边形的三个同面投影上，即 *m* 在 *abcdef* 上，*m*'在积聚直线 *a*'*d*'上，根据 *m* 和 *m*'的二面投影，依据投影规律就能作出侧面投影 *m*"，如图 11-10（b）所示。

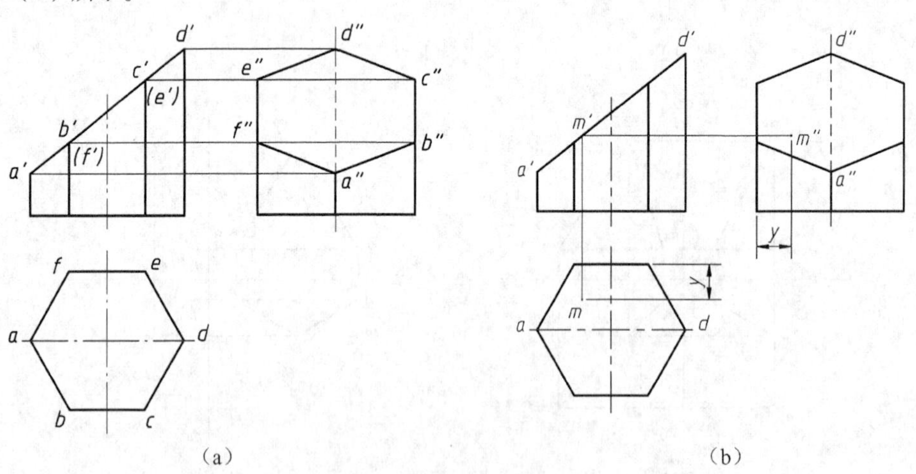


图 11-10　求作点 *M* 侧面投影

# 项目十二

## 绘制平面立体三视图

机器上的零件，不管它们的形状如何复杂，都可以看成由简单的基本几何体按照一定的相互位置组合而成。学习组合体绘制和识读，首先必须掌握基本几何体的形体分析和三视图的绘制。

按照机件上表面性质的不同，基本体一般分为平面立体和曲面立体两类。本项目介绍了棱柱、棱锥、棱台等平面立体的结构与形状特征，主要学习正三棱柱（台）、正四棱锥等典型平面立体三视图的画法，为学习组合体视图做好准备。

**※学习目标※**

（1）了解平面立体的形状与结构特征。

（2）巩固三视图画法；能绘制棱柱、棱锥、棱台等典型平面立体三视图。

**※项目描述※**

分别绘制图 12-1 中的正三棱柱和正四棱锥的三视图。

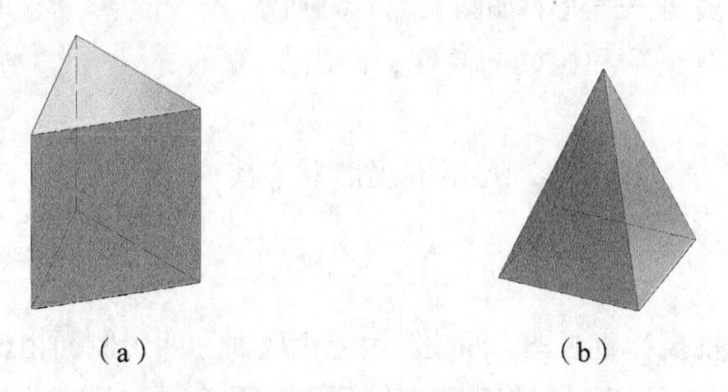

（a）　　（b）

图 12-1　正三棱柱和正四棱锥

**※项目分析※**

立体由其表面（平面或曲面）围成。表面均为平面的立体，称为平面立体，如图 12-1 中的正三棱柱、正四棱锥等。绘制平面立体三视图，可归结为绘制该平面立体所有表面的投影，也即绘制这些棱边和各点的投影。

**※项目驱动※**

## 任务一　了解平面立体

平面立体由若干个平面组成，其相邻两表面的分界线是直线，一般称为棱线，相邻三表面必交于一点。常见的有棱柱、棱锥和棱台等。图 12-2（a）所示为正六棱柱，（b）所示为正三棱柱，（c）所示为正六棱锥，（d）所示为正四棱台。

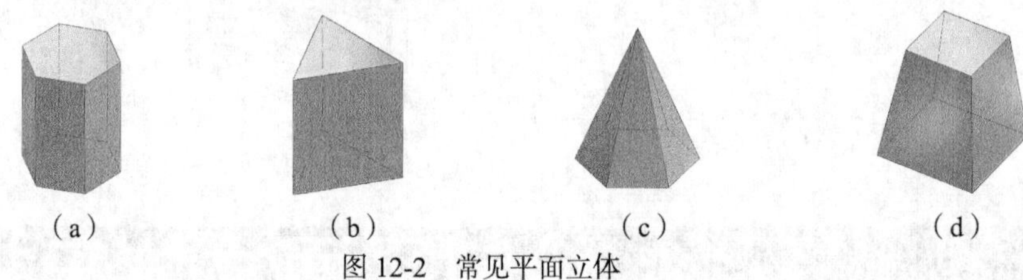
（a）　（b）　（c）　（d）

图 12-2　常见平面立体

由图 12-2（a）、（b）可知，棱柱顶面和底面相互平行，顶、底面之间有多个侧面围成；棱锥只有底面，多个侧面交会成一个顶点，如图 12-2（c）所示；棱台顶、底面是相互平行的类似形，由多个侧面围成，如图 12-2（d）所示。

熟练地掌握平面立体三视图绘制，能为接下去采用视图表达复杂形体作铺垫。

## 任务二　绘制平面立体三视图

1. 正三棱柱

图 12-3 所示为正三棱柱的投影直观图。正三棱柱的顶面和底面是两个全等的正三角形，且平行于水平面 $H$，三个侧面全等，均为矩形，其中后面平行于 $V$ 面，左、右两侧面垂直于水平面 $H$，三条棱线也都垂直于 $H$ 面。

根据以上分析，结合投影规律，画法步骤如下：

第一步，先绘制正三棱柱俯视图。由于顶、底面平行于 $H$ 面，所以俯视投影是一个正三角形，如图 12-4（a）所示。

第二步，根据“长对正”和棱柱的高度，画出主视图，如图 12-4（b）。

第三步，根据“高平齐，宽相等”，画出侧视图。检查核对，完成三视图，如图 12-4（c）所示。

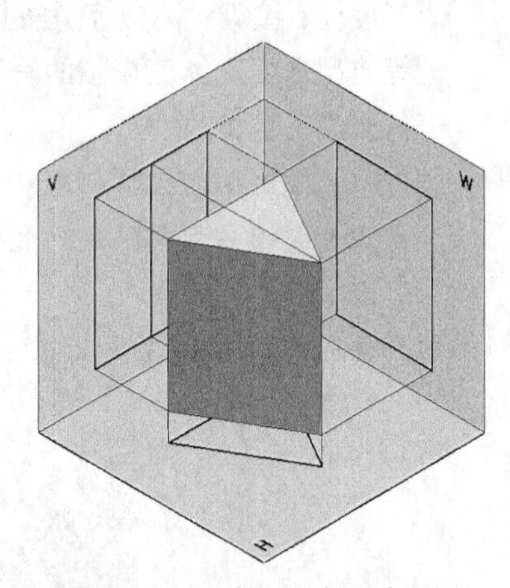


图 12-3　正三棱柱的投影直观图

2. 四棱锥

图 12-5 所示为四棱锥投影直观图。四棱锥由一个底面和四个侧面组成。底面为矩形，平行于 $H$ 面，左、右两个侧面垂直于 $V$ 面，前后两个侧面垂直于 $W$ 面，四条棱线均倾斜于三个投影面。

由此，四棱锥三视图作图步骤如下：

第一步，作出四棱锥三个视图的中心线，以及底平面的俯视图（矩形），如图 12-6（a）所示。

第二步，根据四棱锥高度，在中心线上定出锥顶 $S$，完成四棱柱的主视和侧视投影，如 12-6（b）所示。

第三步，分别作出四条棱线在俯视图中的投影。检查核对，调整中心线长度，完成四棱

锥三视图，如图 12-6（c）所示。

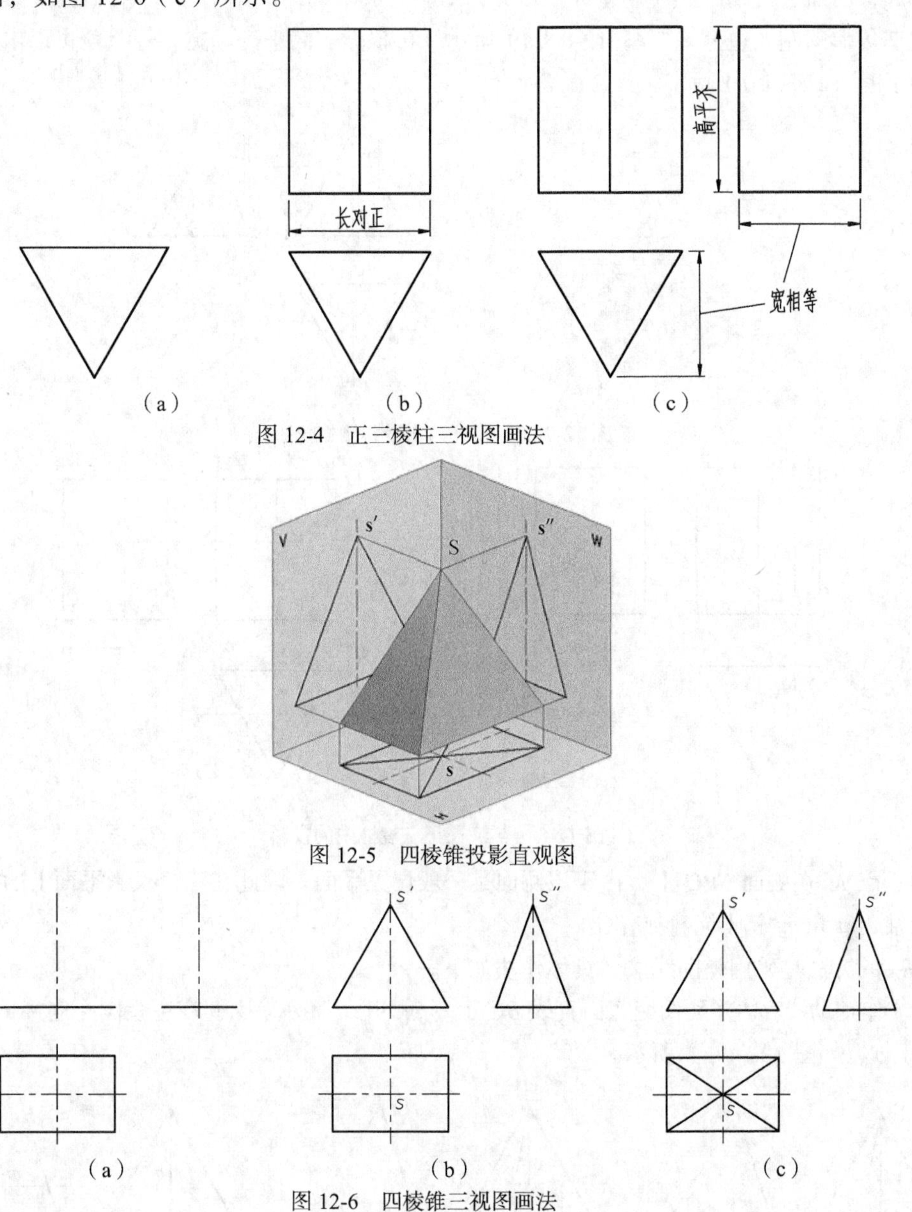


图 12-4　正三棱柱三视图画法

图 12-5　四棱锥投影直观图

图 12-6　四棱锥三视图画法

**※项目归纳※**

求作平面立体的投影，就是绘制组成该立体的面和棱线的投影。平面立体投影图中的线条，可能是平面立体上的面与面的交线的投影，也可能是某些平面具有积聚性的投影，而平面立体投影图中的线框，一般是平面立体上某一个平面的投影。

**※巩固拓展※**

图 12-7 所示为正三棱锥三视图，已知它右侧面 *SBC* 上点 *M* 的正面投影 $m'$，求作其余两面投影 $m$ 和 $m''$。

这是求作平面立体表面上点的投影问题。求作立体表面上点的投影，可利用“点在直线或平面上，则点的三面投影必须在该直线或平面的同面投影上”性质来求作。如果该平面在某投影面上积聚成直线，那么该点的投影必然在这条积聚的直线上。

例如，已知正三棱柱上点 $N$ 正面投影 $n'$，则应先求作点 $N$ 的水平投影 $n$，因为 $n$ 必然在俯视图等边三角形的左侧边上，如图 12-8（a）所示。再根据“高平齐、宽相等”就可以求得侧面投影 $n''$，如图 12-8（b）所示。

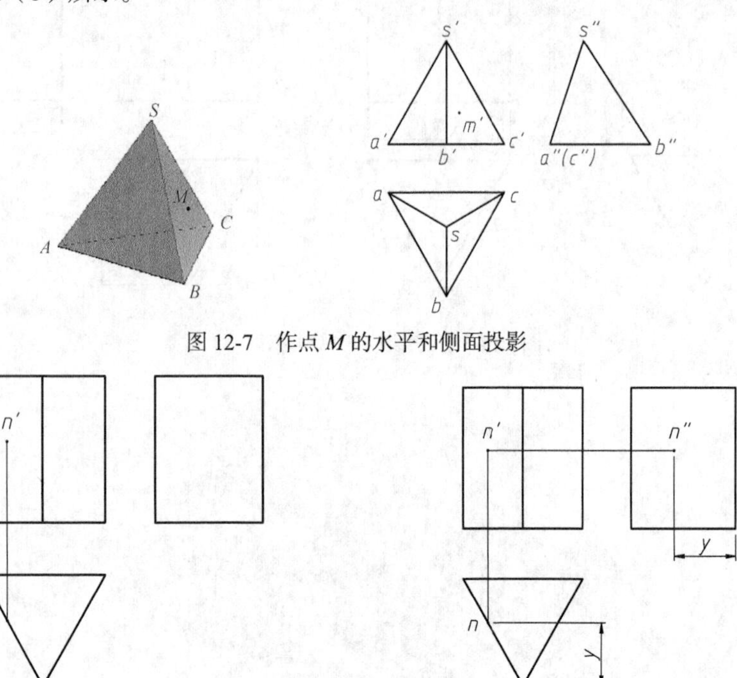


图 12-7　作点 $M$ 的水平和侧面投影

（a）　（b）

图 12-8　点 $N$ 在正三棱柱中的投影

由于点 $M$ 在侧面 $SBC$ 上，由于该侧面是一般位置平面，因此在三个投影平面上的投影均没有积聚性，$m$ 和 $m''$就不能直接作出。

解决的方法是采用辅助线法，具体作法如下：

（1）作辅助线 $SM$ 并延长交底面直线 $BC$ 于一点，用 $P$ 表示。因此在主视图上连接 $s'm'$并延长交 $b'c'$于 $p'$，如图 12-9（a）所示。

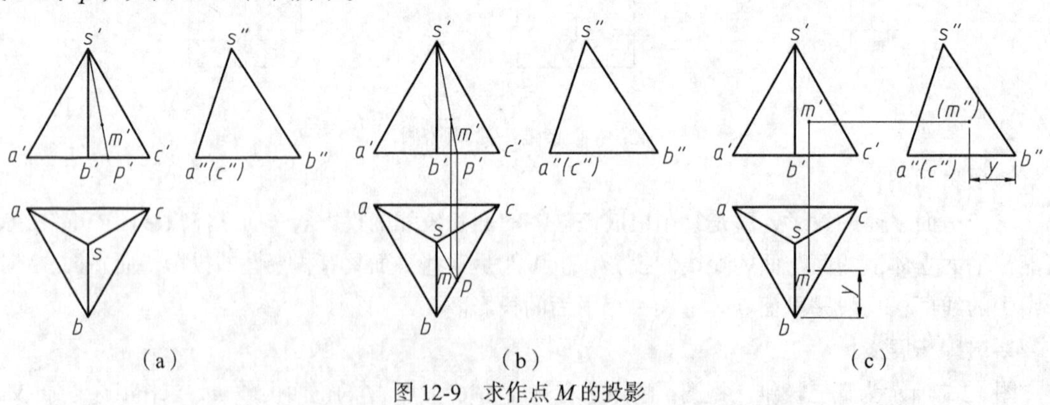


（a）　（b）　（c）

图 12-9　求作点 $M$ 的投影

（2）根据“长对正”，在俯视图 $bc$ 上找到点 $P$ 的水平投影 $p$，连接 $sp$；再根据“长对正”作出点 $M$ 的水平投影 $m$，如图 12-9（b）所示。

（3）根据“高平齐、宽相等”作出点 $M$ 点的侧面投影（$m''$）。由于 $M$ 在右侧面，故在侧平面的投影不可见，应用圆括号将该点标出，说明不可见特性，如图 12-9（c）所示。

# 项目十三

## 绘制曲面立体三视图

机器中往往存在不同的曲面立体，比如图 13-1 所示的手柄端部，它可以看成圆柱、圆环和球体的组合。表面由曲面和平面或者全部是由曲面构成的形体称为曲面立体，如圆柱、圆锥、圆球、圆环等。学习曲面立体三视图，是今后用视图表达复杂形体和学习组合体表面交线的基础与前提。

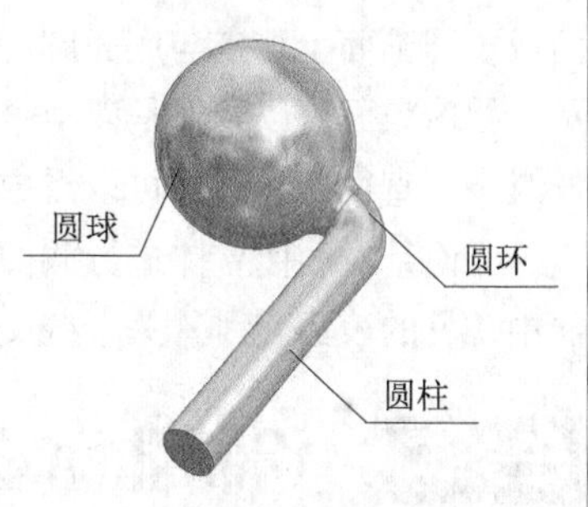


图 13-1　手柄

本项目主要介绍了圆柱、圆锥、圆球等曲面立体的结构和形状特点，重点学习曲面立体三视图的画法。

**※学习目标※**

（1）了解曲面立体的结构与特征。

（2）能绘制圆柱、圆锥、圆球等典型曲面立体三视图。

**※项目描述※**

分别绘制图 13-2 所示圆柱、圆锥、圆球的三视图。

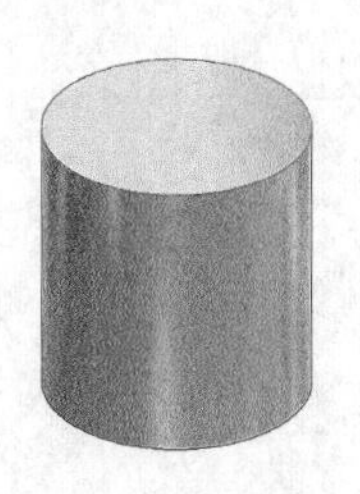
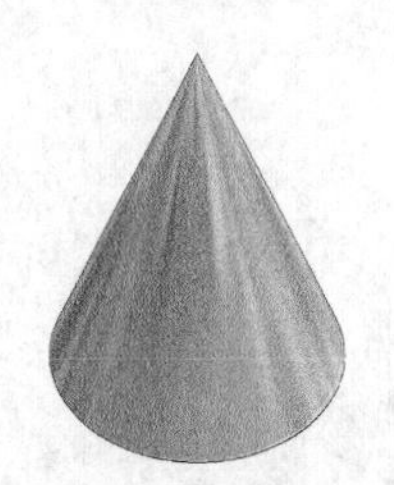

图 13-2　圆柱、圆锥和圆球

**※项目分析※**

最常见的曲面立体有圆柱、圆锥、圆球，如图 13-2 所示。绘制曲面立体三视图，可归纳为绘制该曲面立体各表面的投影。因此画图前，必须正确分析曲面立体各个表面的空间位置。

**※项目驱动※**

## 任务一　了解曲面立体

工程上最常见的曲面立体大都是回转体，如圆柱，圆锥、圆球、圆环等，它们由回转面组成或回转面与平面共同组成。例如，圆柱面可看作由一条与轴线平行的直母线 *AB*，绕轴线旋转而成的，如图 13-3（a）所示。圆柱面是回转曲面，圆柱面上任意一条平行于轴线的直线，称为圆柱面的素线。

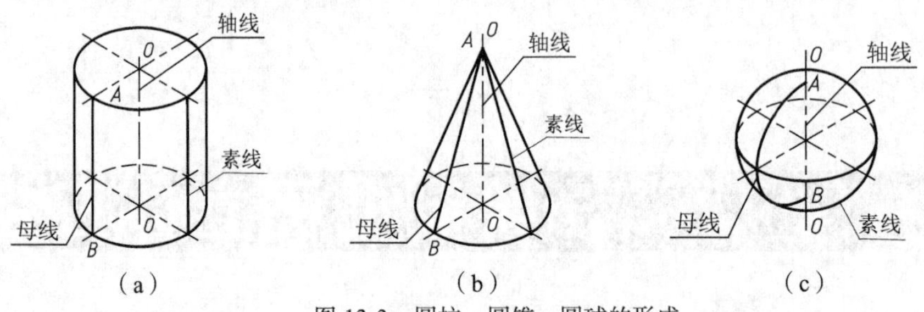


图 13-3　圆柱、圆锥、圆球的形成

同理，圆锥表面由圆锥面和圆形底面围城，它可以看作是由直母线 *AB* 与它相交的轴线旋转而成，圆锥面上顶点与底面圆上任意一点的连线，形成圆锥曲面的任一素线，如图 13-3（b）所示。圆球表面可以看作是以半个圆（*AB* 半圆弧）为母线，绕其自身的直径（即轴线）旋转而成，任意一个直径所在圆，可以看成是圆球曲面的一个素线圆，如图 13-3（c）所示。

无论是对曲面立体进行截切后产生截交线，还是几个曲面立体相互贯穿产生相贯线，都是机器中常见的表面交线。关于截交线和相贯线的画法，将在后续项目中分别介绍。

## 任务二　绘制曲面立体三视图

1. 圆柱

图 13-4 所示为圆柱体的投影直观图。由于它的顶面和底面都平行于水平面 *H*，因此圆柱的水平投影是圆，圆周线是整个圆柱面的积聚性投影；正面与侧面投影是以轴线为对称线，大小完全相同的两个矩形。主视图中反映最左、最右素线的投影，左视图中反映最前素线和最后素线的投影。

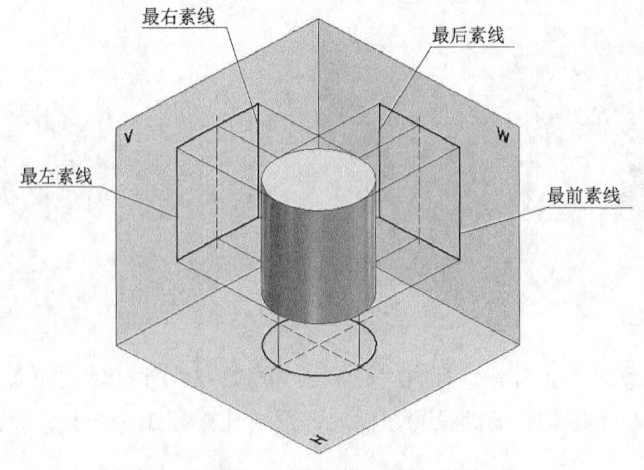


图 13-4　圆柱直观图

圆柱三视图的绘图步骤如下：

第一步，画出视图基准线，即主视图和侧视图的回转中心线，俯视图圆的十字中心线，如图 13-5（a）所示。

第二步，根据圆柱直径，先绘制顶（底）面在俯视图中的圆，以及底面的主、侧投影，如图 13-5（b）所示。

第三步，以回转中心线为基准，根据圆柱高度和投影间的对应关系，画出主视和左视方向两个全等的矩形，如图 13-5（c）所示。

第四步，检查核对，擦去不必要图线，加粗加深图线，完成三视图，如图 13-5（d）所示。

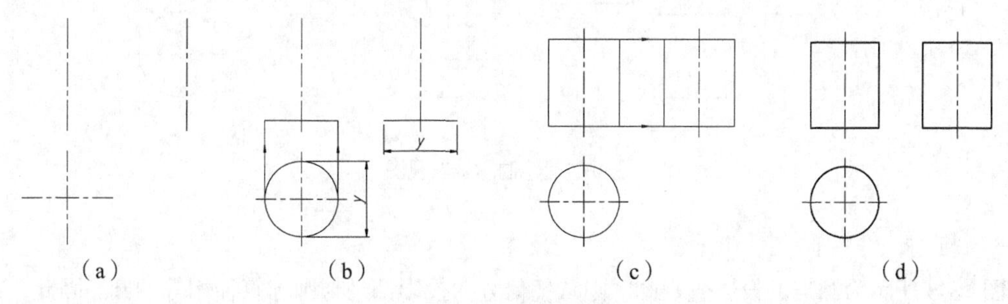

图 13-5　绘制圆柱三视图

2. 圆锥

图 13-6 所示为圆锥的投影直观图。由于它的轴线垂直于水平面，因此其底面的水平投影为圆；圆锥的主视图是一个等腰三角形，其底边为底面的积聚性投影，两腰是最左、最右素线的投影。

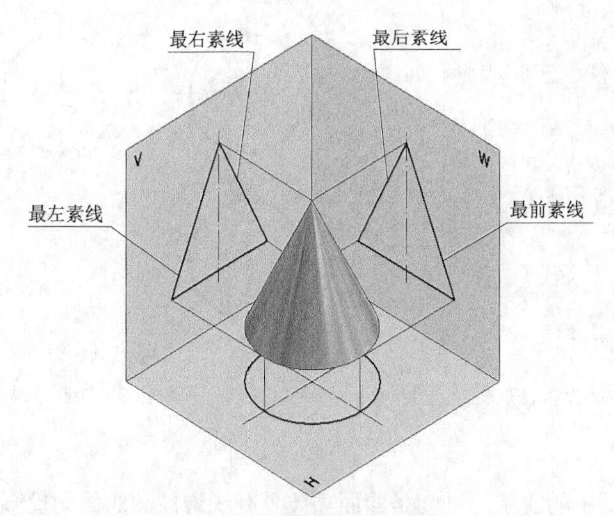


图 13-6　圆锥的投影直观图

圆锥左视图与其主视图一样，它们是两个全等的等腰三角形。但左视图的两腰是最前、最后素线的投影。

绘图步骤：

第一步，画出三个视图的中心线，确定视图位置，如图 13-7（a）所示。

第二步，画出圆锥底面在俯视方向的投影，是一个圆；再画出底面的主视和左视方向的投影，如图13-7（b）所示。

第三步，根据圆锥高度画出顶点的主、侧投影，如图13-7（c）所示。

第四步，画出主视图最左、最右素线和侧视图最前、最后素线的投影；检查核对，擦去多余图线，加深加粗图线后完成三视图，如图13-7（d）所示。

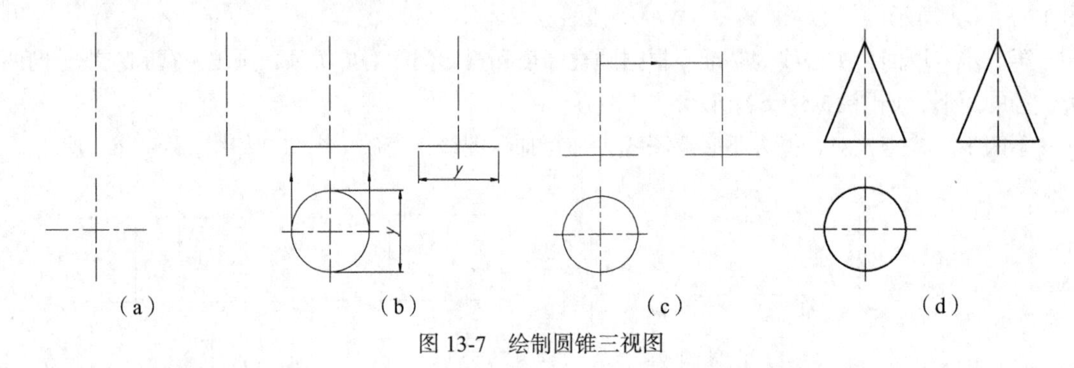


图13-7　绘制圆锥三视图

3. 圆球

图13-8所示为圆球的投影直观图。圆从任何方向投影都是与圆球直径相等的圆，因此，它的三面视图都是等直径的圆。球的各个投影虽然都是圆形，但各个圆的意义不同。正面的圆是平行于$V$面素线圆的投影，按此作类似分析，水平投影圆是平行于$H$面素线圆的投影；侧面投影圆是平行于$W$面素线圆的投影，圆球三视图如图13-9所示。

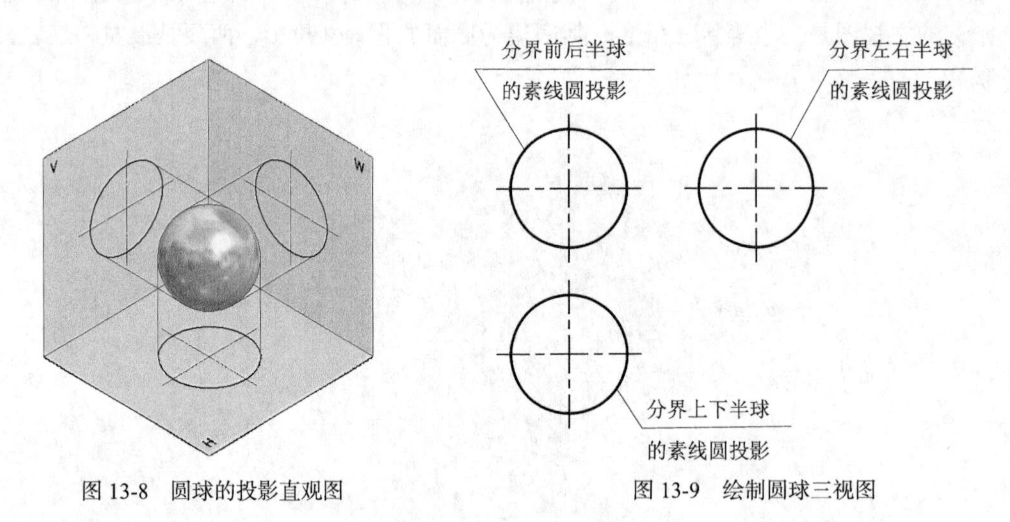


图13-8　圆球的投影直观图　　　图13-9　绘制圆球三视图

**※项目归纳※**

（1）曲面立体视图中的线条，可能是曲面立体具有积聚性的曲面的投影，还可能是光滑曲面的转向轮廓线（即曲面立体可见与不可见部分的分界线）的投影；曲面立体视图中的线框，一般是曲面立体中的一个平面或一个曲面的投影。

（2）绘制曲面立体投影，就是绘制其转向轮廓线的投影和回转轴线的投影。一般先绘制具有积聚性表面的投影，再根据投影规律绘出其他两面投影。

**※巩固拓展※**

绘制图13-10所示球阀芯三视图中所缺的图线

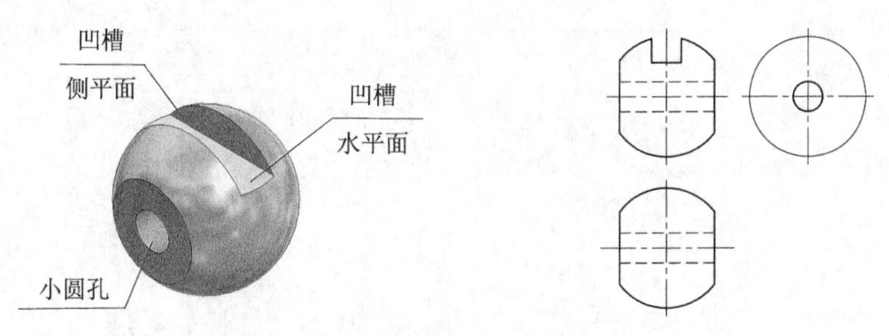


图 13-10　球阀芯三视图

由图可知，球阀芯的基本体是圆球，通过多次切割而形成。两侧用侧平面切去，中间开了一个水平放置的小圆孔；上端采用一个水平面和对称的两个侧平面共同切割该圆球，产生了一个凹槽。凹槽俯视图和左视图所缺的图线，均是不同截平面切割圆球而产生的。因此，本项目的关键在于球体截交线的绘制。

任何截平面切割圆球，所形成的截交线都是圆。当截平面与某一投影面平行时，截交线在该投影面上的投影为一圆，在其他两投影面上的投影都积聚为直线，如图 13-11 所示。

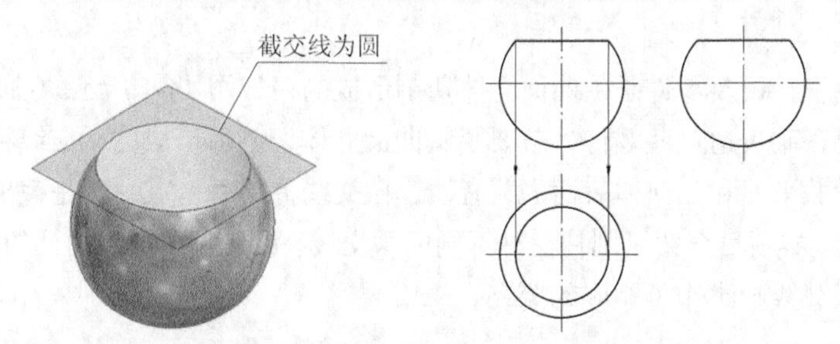


图 13-11　球被水平面截切的三视图画法

由于球阀芯凹槽被两个对称的侧平面和一个水平面所截切，所以两个侧平面与球面的截交线各为一段平行于侧面的圆弧，而水平面与球面的截交线为两段水平的圆弧。

补画球阀芯视图中的缺线时，应先根据槽宽和槽深一次性画出正面、水平面和侧面投影。作图的关键在于确定圆弧半径 $R_1$ 和 $R_2$，具体作法如图 13-12（a）与（b）所示，请读者仔细分析。

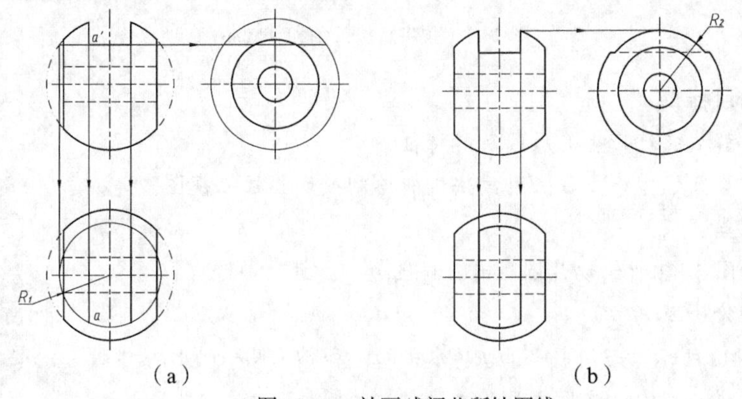


图 13-12　补画球阀芯所缺图线

# 项目十四

## 绘制切片圆柱三视图

生产实际中，很多零件是由曲面立体切割形成的，如图 14-1 所示的顶尖、拨叉轴、球阀芯等。要正确表达这些零件，就要了解曲面立体切割后形成的截交线特征和画法。

截交线是截平面和几何体表面的共有线，截交线上的每一点，都是截平面和几何体表面的共有点。本项目介绍了圆柱三种不同的截交线，重点学习切片圆柱的三视图画法，对斜切圆柱截交线画法作了相应的探究。

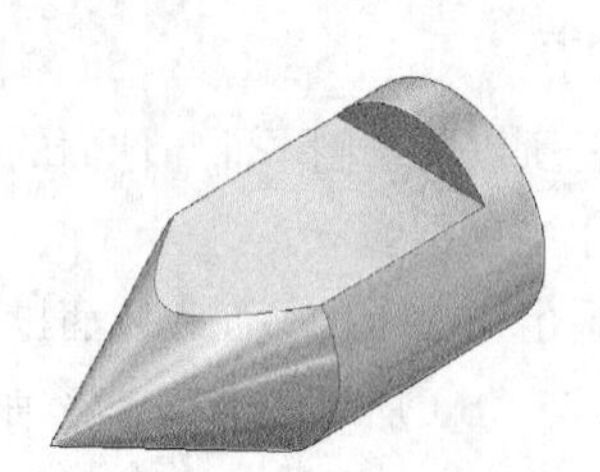
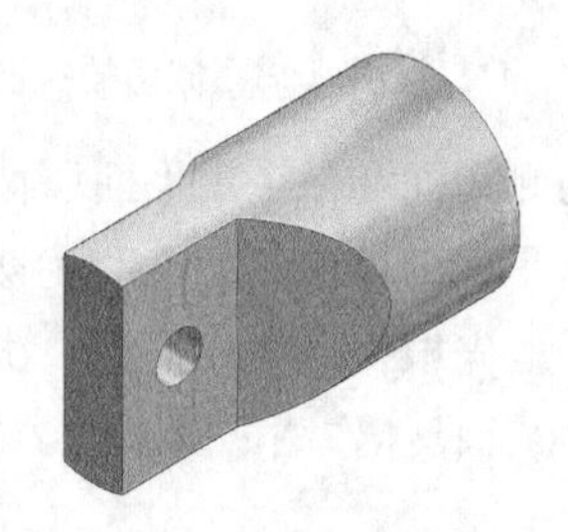
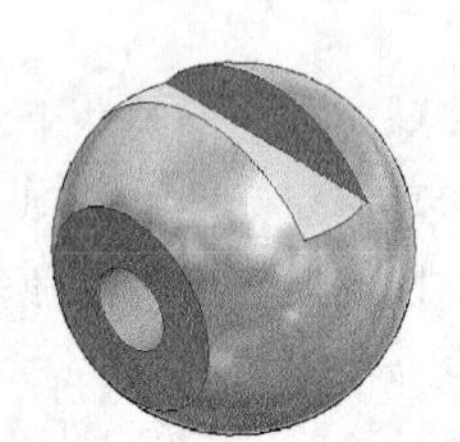

图 14-1　顶尖、拨叉轴和球阀芯

**※学习目标※**

（1）了解截交线产生的原因及其特征。

（2）掌握圆柱体截交线三种画法，能绘制截切圆柱三视图。

**※项目描述※**

绘制如图 14-2 所示切片圆柱的三视图。

**※项目分析※**

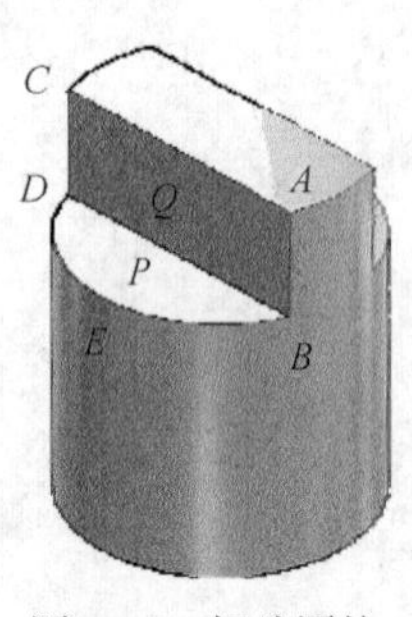


图 14-2　切片圆柱

如图 14-2 所示，若用截平面 $P$（水平面）和 $Q$（侧平面）对称切割圆柱，所得的立体，这里暂且称之为“切片圆柱”。

圆柱被截平面截切，必然产生表面交线，称为截交线，如图 14-2 中的 $AB$、$CD$ 直线、$\overset{\frown}{DEB}$ 圆弧均为截交线。由于立体形状不同，截平面位置不同，截交线也表现为不同的形状（如直线 $AD$ 或圆弧 $\overset{\frown}{DEB}$）。但任何截交线肯定是截平面与立

体表面的共有线，这是求作截交线的立足点。只要求出这些共有线上的各个点，再把这些共有点连接起来，就可以获得截交线。

**※项目驱动※**

## 任务一　学习圆柱体截交线

用截平面 *M* 截切圆柱，则在圆柱表面产生四条截交线，围成了一个矩形，如图 14-3 所示。针对不同立体，采用不同的截平面，产生的截交线就不同，但任何截交线，都具有以下性质：

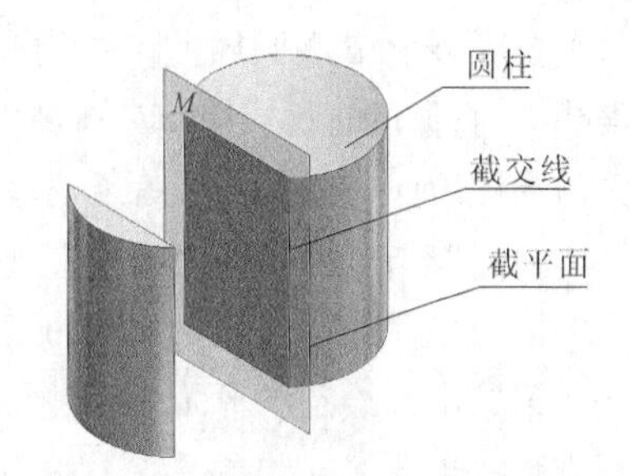


图 14-3　平行轴线的截平面截切圆柱

（1）封闭性。就像图 14-3 所示产生的矩形那样，截交线围成的图形，一般是封闭的平面图形。

（2）共有性。截交线上的每一点，均为截平面与立体表面的公共点。例如，在图 14-3 中，构成矩形上各点，既可以看成是截平面上的点，也可以看成是圆柱表面上的交点。

按照截平面与回转中心线的相对位置，平面截切圆柱产生的截交线不外乎三种情况：矩形、圆及椭圆，具体如表 14-1 所示。

表 14-1　圆柱截交线

| 截平面的位置 | 平行于轴线 | 垂直于轴线 | 倾斜于轴线 |
|---|---|---|---|
| 截交线的形状 | 矩　形 | 圆 | 椭　圆 |
| 立体图 | 矩形 | 圆 | 椭圆 |
| 投影图 | | | |

由上表可知，当截平面平行于轴线时，截交线为矩形。在主视图、俯视图中的投影积聚成直线，左视图中的投影为矩形，且反映实形。

当截平面垂直于轴线时，则截交线为圆，其在主视图、左视图中的投影积聚成一条线，俯视图中的投影为圆。

当截平面与轴线倾斜时，截交线为椭圆，其在主视图中的投影积聚成一直线，俯视图中的投影为圆，左视图中的投影为椭圆。

随着截平面与圆柱轴线倾角的变化，所得截交线椭圆的长轴的投影也相应变化（短轴投影不变）。当截平面与轴线呈 45° 时（正垂面位置），截交线的空间形状仍为椭圆。

# 任务二 绘制切片圆柱三视图

由图14-2可知，圆柱切片由水平面 $P$ 和侧平面 $Q$ 切割而成，且左右两侧对称，由截平面 $P$ 所产生的截交线是一段圆弧，其正面投影是一段水平线（积聚在 $p'$ 上），水平投影是一段圆弧（积聚在圆柱的水平投影上）。截平面 $P$ 与 $Q$ 的交线是一条正垂线 $BD$，其正面投影积聚成点 $b'$（$d'$），水平投影 $b$ 和 $d$ 在圆周上。由截平面 $Q$ 所产生的截交线是两段铅垂线 $AB$ 和 $CD$（圆柱面上两段素线）。它们的正面投影 $a'b'$ 与 $c'd'$ 积聚在 $q'$ 上，水平投影分别为圆周上两个点 $a$（$b$）、$c$（$d$）。$Q$ 面与圆柱顶面的截交线是一条正垂线 $AC$，其正面投影 $a'$（$c'$）积聚成点，水平投影 $ac$、$bd$ 重合。

根据以上分析，切片圆柱三视图的作图步骤如下：

第一步，绘制未截切圆柱的三视图，如图14-4（a）所示。

第二步，绘制水平面 $P$ 和侧平面 $Q$ 的主视和俯视投影，如图14-4（b）所示。

第三步，根据“高平齐、宽相等”作出侧平面 $Q$ 的侧面投影，如图14-4（c）所示。

第四步，检查无误，擦去不必要图线，加深加粗图线，完成切片圆柱三视图，如图14-4（d）所示。

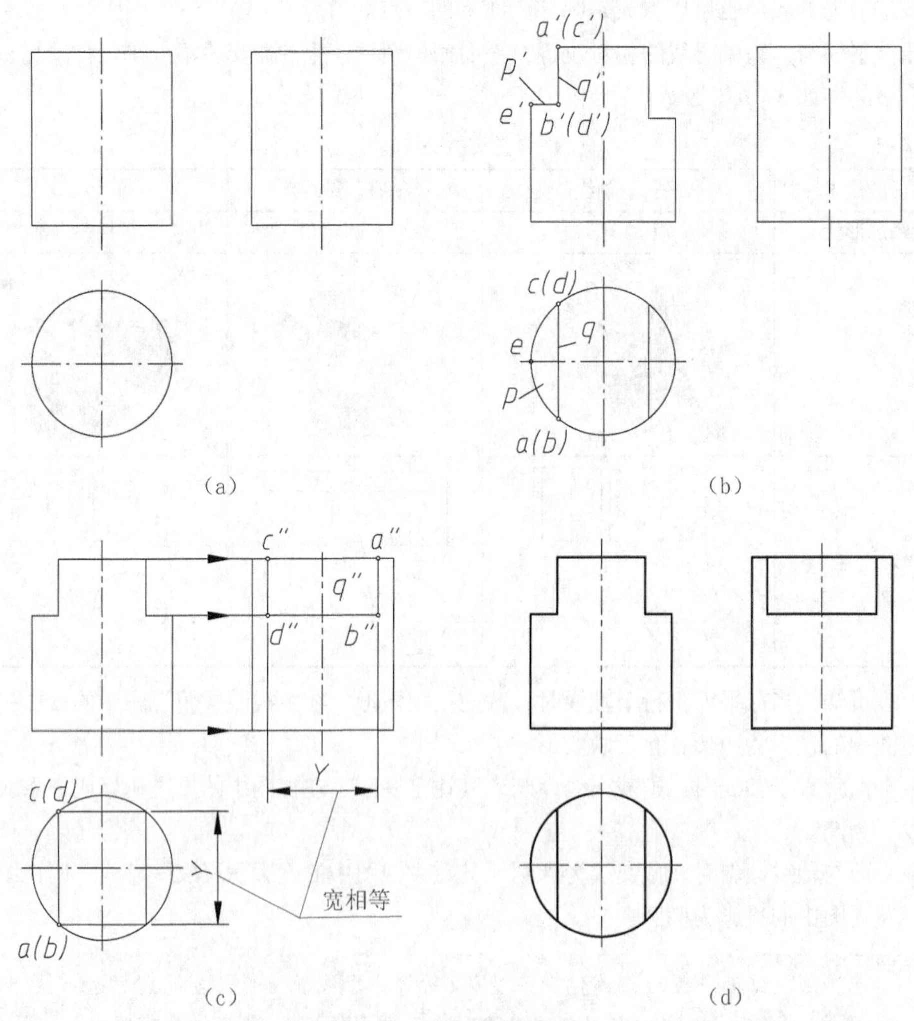

图14-4 切片圆柱画法步骤

举一反三

如果截平面 $P$ 切过圆柱的轴线，如图 14-5 所示，则圆柱面的前后轮廓线被切去，侧面投影与前述切片圆柱有所不同。请参照右侧视图，仔细分析它们的投影关系。

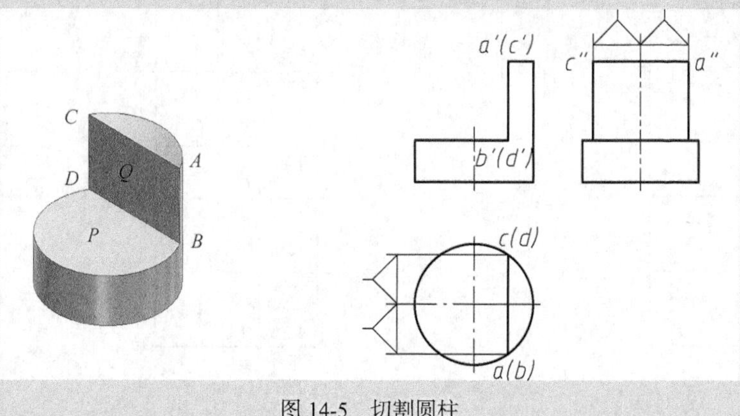


图 14-5　切割圆柱

**※项目归纳※**

（1）由于截交线既在截平面上，又在立体表面上，绘制截交线的关键在于找到这些公共交点的投影，再把公共点连起来，就可得到截交线。

（2）圆柱截交线的三种形状分别是矩形、圆形和椭圆，但圆柱产生的截交线，往往是这几种不同形式的组合，读者要灵活运用。

**※巩固拓展※**

图 14-6 所示为用一个倾斜于回转中心线的截平面 $N$ 截切圆柱后的形体，绘制它的三视图。

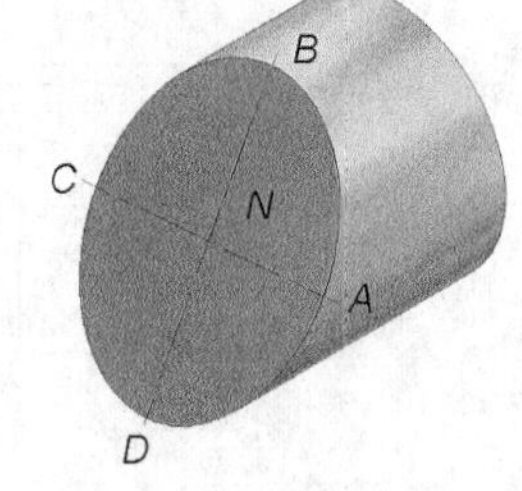


图 14-6　斜切圆柱体

截平面 $N$ 与圆柱轴线倾斜，截交线为椭圆。由于 $N$ 面为正垂面，因此截交线（椭圆）的正面投影具有积聚性。圆柱面的侧面投影也具有积聚性，截交线的侧面投影就积聚在圆周上。该椭圆与水平面倾斜，所以它的水平投影一般情况下仍为椭圆。

斜切圆柱体三视图作图步骤如下：

第一步，确定倾斜截平面的主视位置，如图 14-7（a）所示。

第二步，作特殊点。由图 14-6 可知，椭圆上的最高 $B$ 和最低点 $D$ 是椭圆长轴的两端点，也是位于圆柱最上、最下素线上的点。最前点 $A$ 和最后点 $C$ 是椭圆短轴的两端点，也是位于圆柱最前、最后素线上的点。点 $A$、$B$、$C$、$D$ 的正面和侧面投影，均可利用积聚性直接作出。然后由正面投影 $a'$、$b'$、$c'$、$d'$ 和侧面投影 $a''$、$b''$、$c''$、$d''$，作出水平投影 $a$、$b$、$c$、$d$，如图 14-7（b）所示。

第三步，作一般点。由于绘制椭圆仅靠四个轴端点是无法精确绘制的，还必须在相邻两个特殊点之间，作出适当数量的一般点，如确定 $E$、$F$、$G$、$H$ 四个点。

可先作出它们的正面投影 $e'$（$f'$）、$g'$（$h'$）和侧面投影 $e''$、$f''$、$g''$、$h''$，再根据投影规律，作出水平投影 $e$、$f$、$g$、$h$，如图 14-7（c）所示。

第四步，连点成线。依次光滑连接 $a$、$e$、$d$、$f$、$c$、$h$、$b$、$g$、$a$，即为所求截交线椭圆的水平

投影。擦去多余图线，并保证圆柱的轮廓线在 $a$、$c$ 处，与椭圆相切；再绘制一条椭圆的垂直中心性。检查核对，加深加粗图线，结果如图 14-7（d）所示。

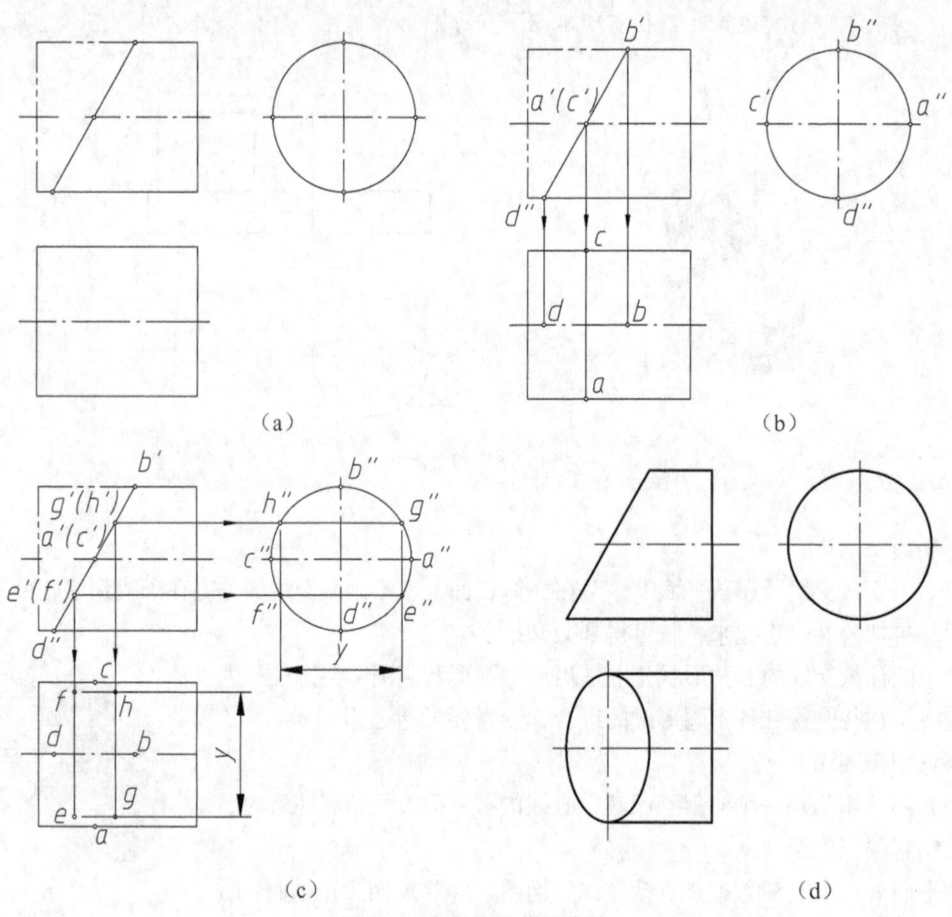


图 14-7　斜切圆柱作图步骤

# 项目十五

# 绘制接头三视图

两立体表面相交，称为相贯；其表面产生的交线，称为相贯线。零件表面的相贯线，大多是圆柱、圆锥、圆球等曲面立体表面相交而产生。

圆柱与圆柱相贯，是机器中最常见、最普遍产生相贯线的实例。本项目首先介绍了正交圆柱相贯线的画法，主要有取点法和简化画法。以自来水接头为例，学习绘制空心正交圆柱相贯线的画法。

**※学习目标※**

（1）了解相贯线的形成及其特征。

（2）掌握正交圆柱相贯线画法，能绘制正交圆柱内、外相贯线。

**※项目描述※**

图 15-1（a）所示为自来水接头，其中 1 为手柄，2 为龙头，3 为自来水管道。若仅观察龙头与管道交界处结构，如图 15-1（b）所示，作为本项目研究对象，绘制它的三视图。

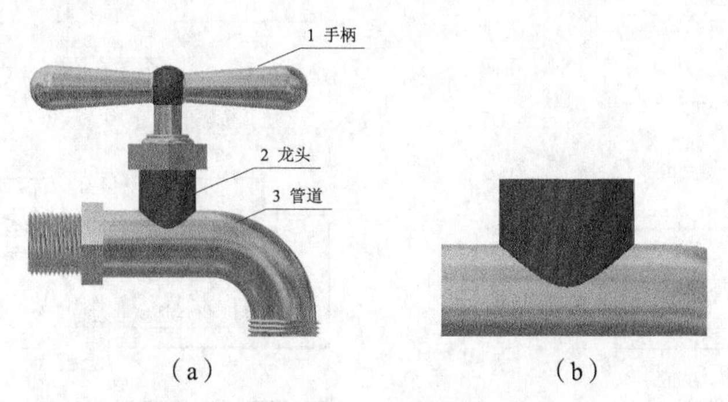


图 15-1　自来水接头

**※项目分析※**

由图 15-1（b）可知，这是由两个空心圆柱体相贯而得，在圆柱体内、外表面，均会产生相贯线。因而绘制其三视图，关键在于如何正确画出内、外相贯线的投影，为此需首先学会正交圆柱相贯线画法。

**※项目驱动※**

# 任务一　不等径正交圆柱相贯线

在图 15-2 中，两圆柱直径不等，但两轴心线垂直相交，称为正交圆柱。其中大圆柱位置横放，小圆柱竖放，两圆柱表面相交后产生相贯线。

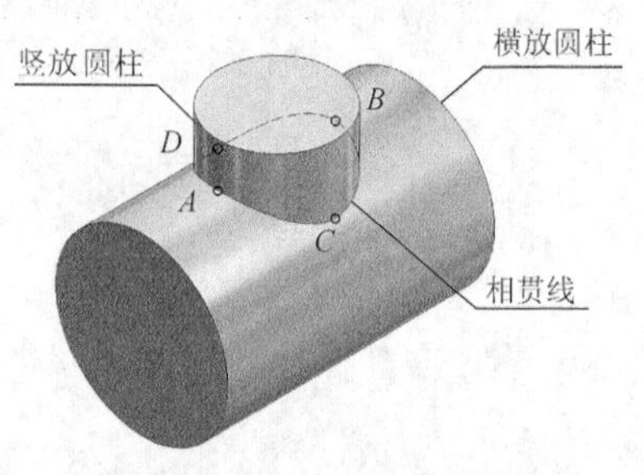

图 15-2　正交圆柱相贯体

由图可知，大、小两圆柱相贯后，有四个特殊位置的点，即最左点 $A$、最右点 $B$、最前点 $C$ 和最后点 $D$。相贯线的水平投影，与竖放圆柱的水平投影圆相重合，其侧面投影与横放圆柱的侧面投影的一段圆弧重合。因此，已知相贯线的两面投影，可以采用"取点法"求作第三面投影（现是正面投影）。具体步骤如下：

第一步，先绘制横放圆柱三视图，如图 15-3（a）所示。

第二步，绘制竖放圆柱的俯视图、左视图和部分主视图，并分析相贯线俯视、侧视投影，如图 15-3（b）所示。

第三步，用取点法绘制相贯线正面投影（即主视投影）

① 作相贯线上最左、最右、最前、最后四个特殊点 $A$、$B$、$C$、$D$ 的三面投影，如图 15-3（c）所示。

② 选取相贯线上的一般点 $E$、$F$、$G$、$H$，并作出它们的三面投影，如图 15-3（c）所示。

第四步，在主视图上，依次光滑连接各点投影，即为相贯线的主视投影。检查核对各个视图，擦去多余图线，加深加粗图线，结果如图 15-3（d）所示。

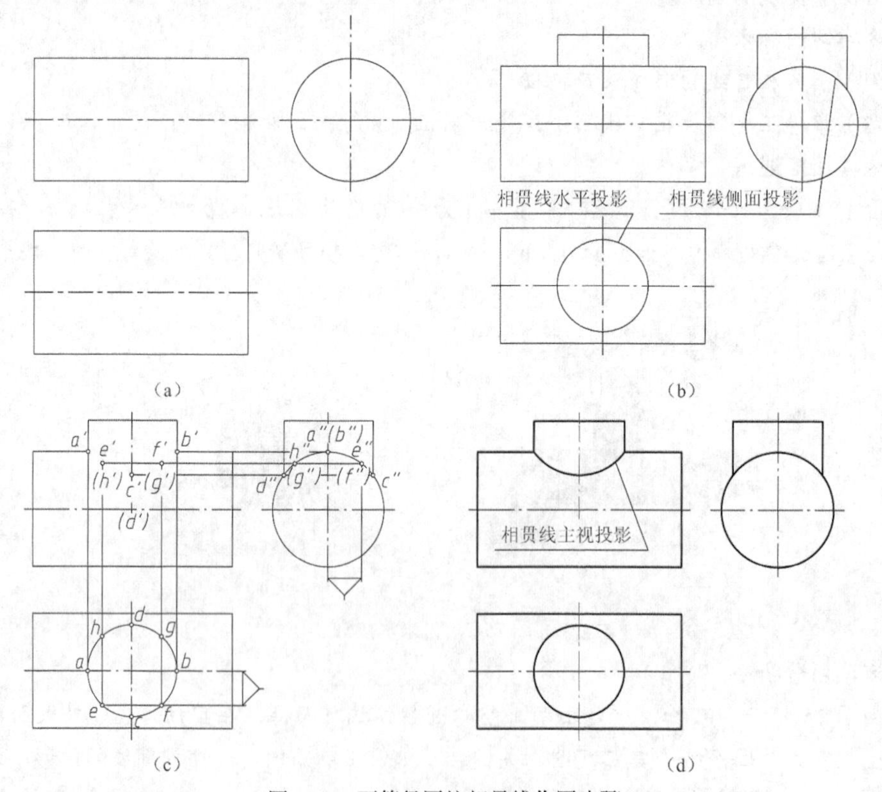

图 15-3　不等径圆柱相贯线作图步骤

工程上，两正交圆柱相贯线实例很多。为了简化作图，国家标准规定，允许采用简化画法作出相贯线的投影，即以圆弧代替非圆曲线。仍以上例说明，相贯线的正面投影可以“横放大圆柱的半径为半径画圆弧”即可，具体作法如图 15-4 所示。

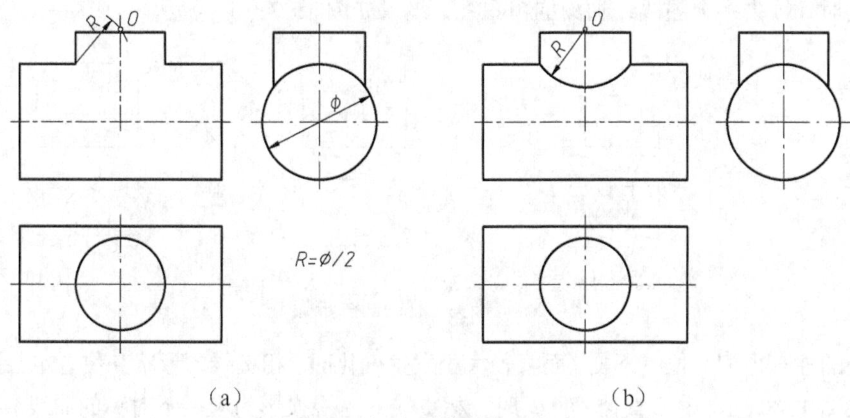


图 15-4　相贯线简化画法

如果是圆柱孔正交，在孔相交处产生内部相贯线，如图 15-5（a）所示。画法与前面相同，只是该相贯线不可见应画成虚线，如图 15-5（b）所示。

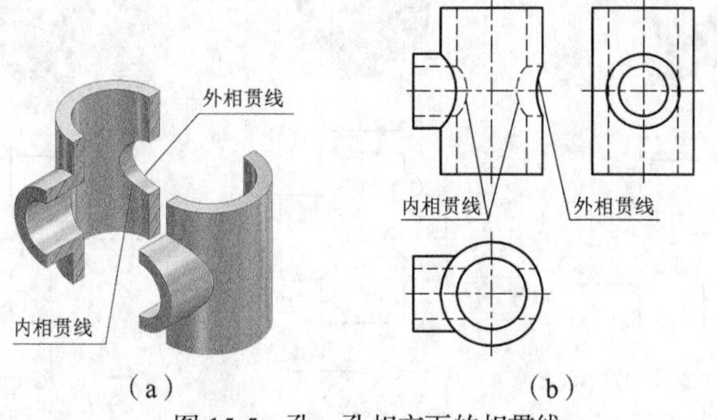


图 15-5　孔、孔相交下的相贯线

## 任务二　绘制接头三视图

如果将图 15-1（b）简化为图 15-6，即由内、外直径都不等的圆柱相贯而成，“接头”就简化为该相贯形体，便于绘图。

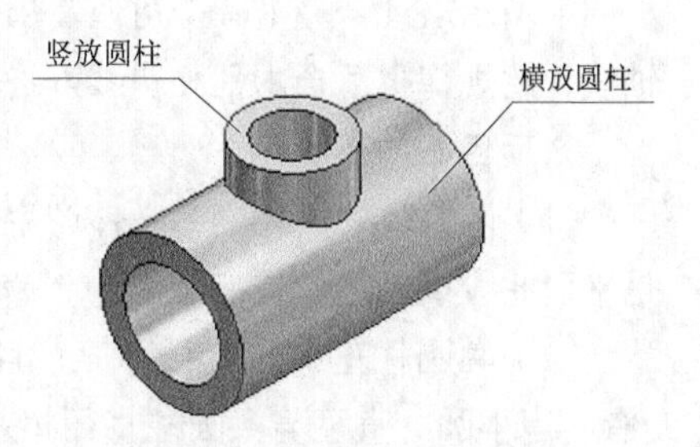


图 15-6　内外直径不等的相贯体

任务一中学习了不等径正交圆柱相贯线的画法（取点法和简化画法）。由于接头是空心，且由两个不等径正交空心圆柱相贯而成，因此内、外均产生相贯线，且内相贯线与外相贯线画法类同。下面采用简化画法，绘制接头三视图，具体步骤如下：

第一步，绘制横放空心圆柱三视图，如图 15-7（a）所示。

第二步，绘制竖放空心圆柱的俯视图、左视图和部分主视图，如图 15-7（b）所示。

第三步，擦去横放圆柱外部相贯处的最上素线（粗实线）；采用相贯线简化画法，绘制外部相贯线，如图15-7（c）所示。

第四步，擦去横放圆柱内部相贯处的最上素线（虚线）；采用相贯线简化画法，绘制内部相贯线；检查核对，擦去多余图线，加深加粗图线，结果如图15-7（d）所示。

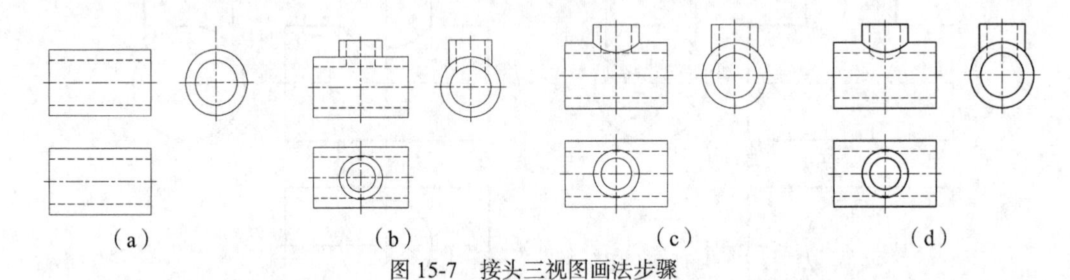


图15-7　接头三视图画法步骤

当正交圆柱直径相对位置不变，而直径大小发生变化时，相贯线的形状和位置也会随之变化。

（1）在图15-8（a）中，直径 $\Phi_1>\Phi$ 时，相贯线的主视投影为上、下对称的曲线。

（2）在图15-8（b）中，由于圆柱直径 $\Phi_1=\Phi$，相贯线由原来的空间曲线变为平面曲线——椭圆。由于两椭圆均垂直于正平面，所以主视投影为两条相交的直线。

（3）在图15-8（c）中，直径 $\Phi_1<\Phi$ 时，相贯的主视投影为左、右对称的曲线。

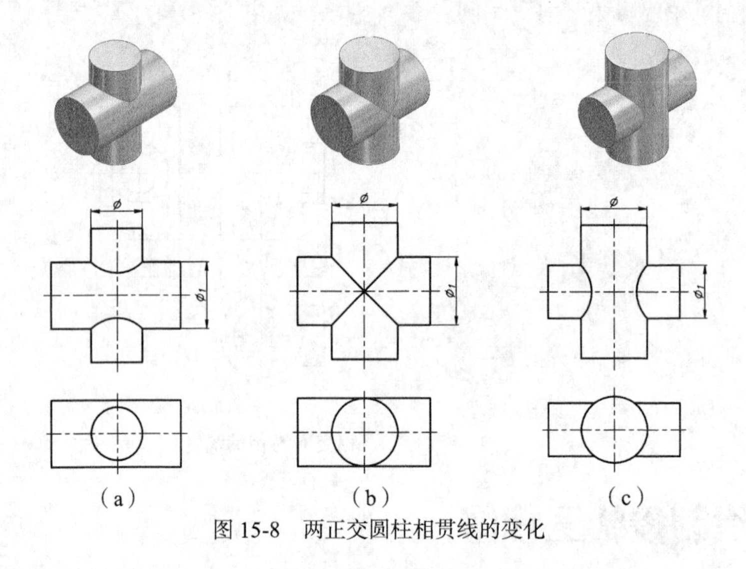


图15-8　两正交圆柱相贯线的变化

由图15-8（a）和（c）可以看出，相贯线在非积聚投影上，它的弯曲方向总是朝向大圆柱的轴线，此规律也适合内孔相贯线。

**※项目归纳※**

（1）两立体表面相交，必然产生相贯线；相贯线一般为封闭的空间曲线，特殊情况下，可能是平面曲线或直线。

（2）两圆柱正交且直径不等，且对相贯线的精度要求不高时，相贯线投影可采用简化画法（有时当小圆柱直径与大圆柱直径相差很大时，相贯线也可用直线代替）。

**※巩固拓展※**

图15-9所示为自来水接头中手柄部位结构，绘制它的主视图。

由图可知，该结构是由圆柱、圆球、圆台等基本体组合而成，其中半球与圆台相切，圆柱与圆球、圆锥和圆球处于同轴回转状态，表面相交产生的相贯线，一定是垂直于轴线的圆。

如果这些相贯线圆与投影平面垂直，则积聚成直线；如果与投影平面平行，则投影反映实形，如图 15-10 所示。

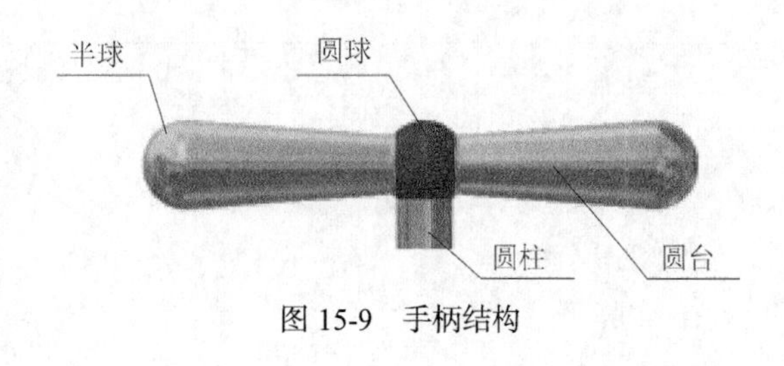

图 15-9　手柄结构

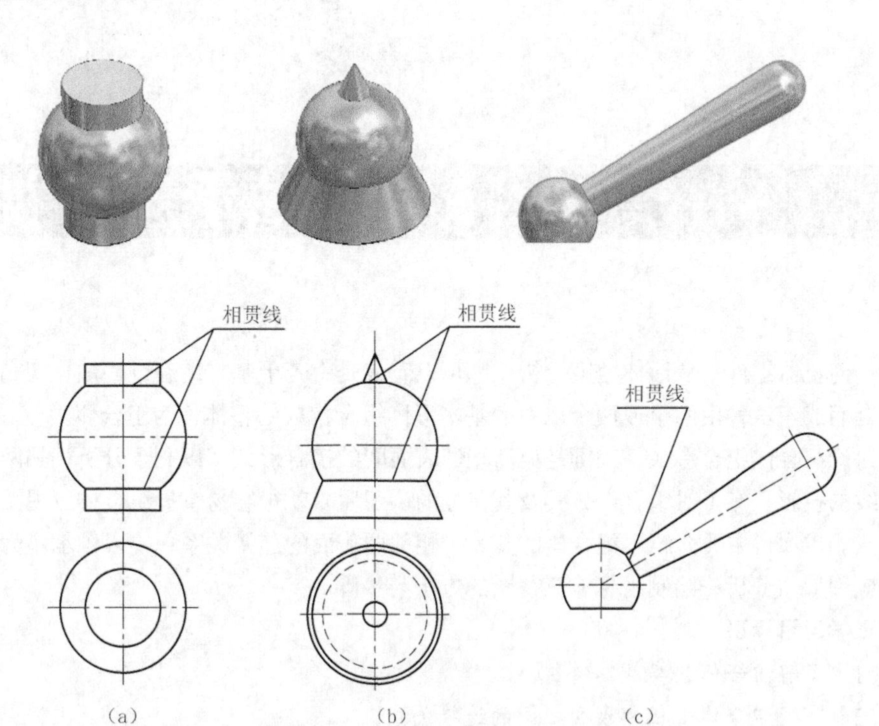

图 15-10　同轴回转体的相贯线实例

图 15-11 所示为手柄的主视图，相贯线在视图中均为直线。

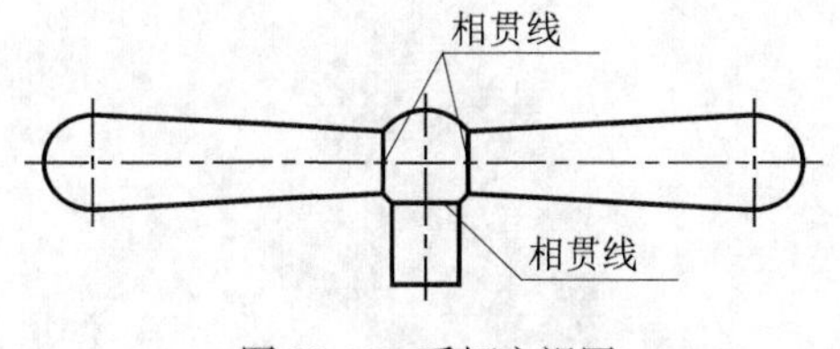

图 15-11　手柄主视图

# 项目十六

# 绘制轴承座三视图

任何机器零件，从形体角度分析，都可以看成是由若干基本体经过叠加、切割等方式组合而成。这种由两个或两个以上的基本形体组合构成的整体称为组合体。

讨论组合体组合形式，关键是搞清相邻表面间的接合形式，以利于分析相邻两形体分界线的投影。有了对组合体分类及其特征的认识后，就很容易掌握组合体三视图的绘制方法。本项目主要介绍了组合体的分类，相邻两表面的连接关系；并以轴承座为例，学习应用形体分析法绘制组合体三视图的方法与步骤。

**※学习目标※**

（1）了解组合体分类及其特征。

（2）掌握组合体上相邻表面之间的连接关系。

（3）能运用形体分析法绘制轴承座三视图。

**※项目描述※**

绘制图 16-1 所示的轴承座的三视图。

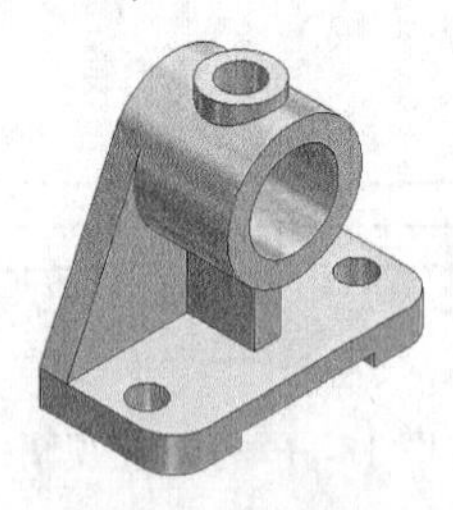

图 16-1　轴承座

**※项目分析※**

绘制轴承座三视图前，应对它进行形体分析，明确组合体类型，弄清它的形状、结构特点及表面连接关系；然后将轴承座分解成几个组成部分，了解各部分之间分界线的特点，为绘制三视图做好准备。

轴承座为综合型组合体，绘制其三视图，可先画出每个组成部分的三视图，理清各

部分之间分界线的特点与画法，最后综合起来完成三视图。

**※项目驱动※**

## 任务一　了解组合体组合形式

组合体形状尽管有简有繁，千差万别，但就其组合特征来说，不外乎分为叠加型、切割型和综合型三种。叠加型组合体是由若干基本体叠加而成，如图 16-2（a）所示；切割型组合体则可看成由基本体经过切割或穿孔后形成，如图 16-2（b）所示；多数组合体既有叠加又有切割，称为综合型组合体，如图 16-2（c）所示。

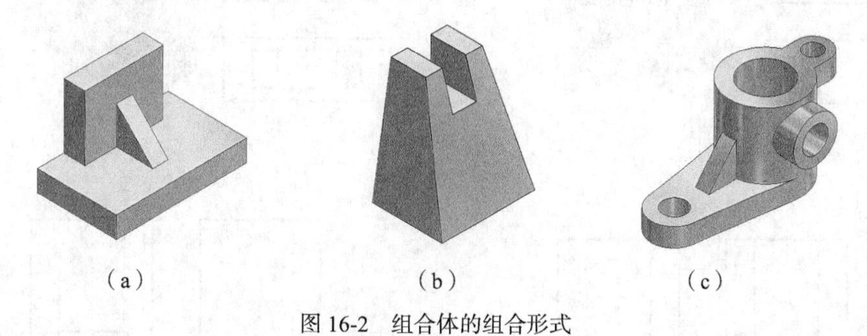

（a）　（b）　（c）

图 16-2　组合体的组合形式

## 任务二　绘制轴承座三视图

绘制轴承座三视图前，应对它进行形体分析，判断其组合形式和各部分之间的相对位置，分析相邻表面间的各种关系，从而弄清组合体的结构形状。正确选择主视方向，以全面反映组合体各部分的形状特征及相对位置，为绘制三视图做好准备。

1．分析轴承座形体

由图 16-1 可知，轴承座由底板、支承板、加强筋、圆筒和凸台五部分组成，假想分解后如图 16-3 所示。

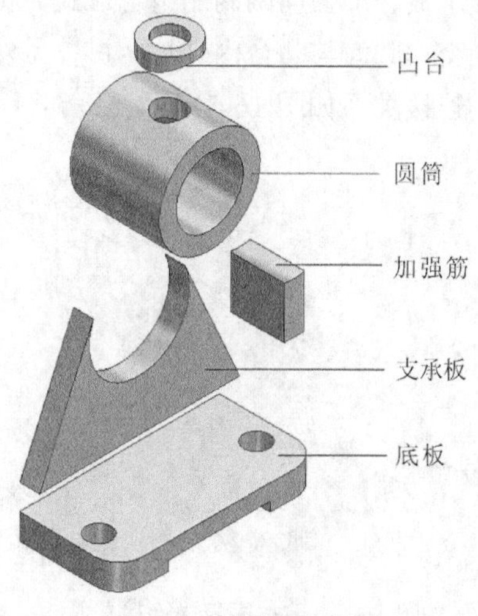


图 16-3　轴承座分解图

由图可知，轴承座相邻两表面连接关系比较复杂，形式多样。一般而言，组合体相邻两表面有相接（不平齐或平齐）、相切、相交和相贯多种连接关系，这是由于各部分叠加和切割后的结果。弄清相邻表面连接关系，是正确绘制组合体的前提。为了对这些表面连接关系的特征与表达方法有一个全面的了解，下面用实例说明表面间不同的连接关系，如图 16-4（a）~（d）所示。

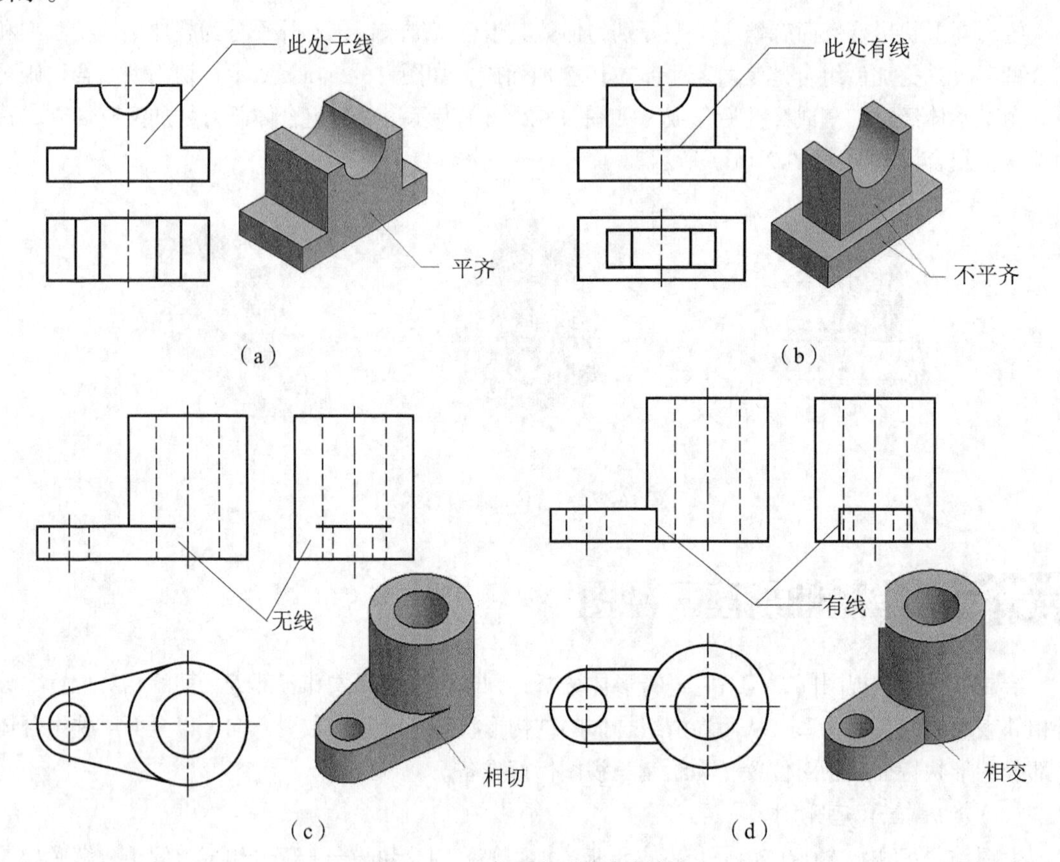


图 16-4　相邻两表面的连接关系

由此可见，底板、圆筒、支承板、加强筋两两的组合形式为相接，呈现为表面不平齐；支承板与圆筒相切；加强筋与圆筒相交；圆筒与凸台内外均相贯；另外底板上有两个对称的圆柱孔，底部开有一矩形通槽，各表面的连接关系如图 16-5 所示。

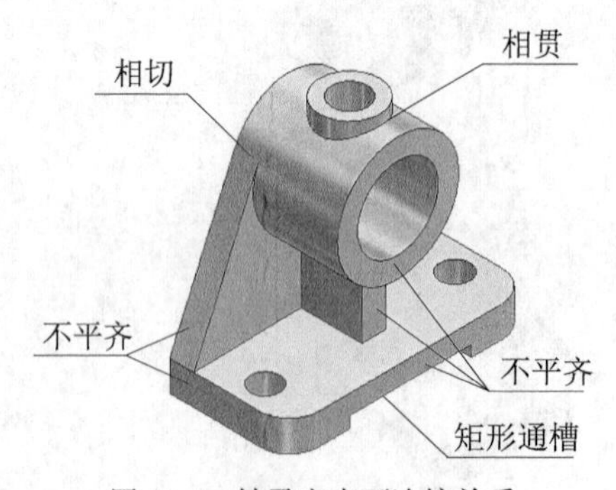


图 16-5　轴承座表面连接关系

## 2. 选择主视方向

选择主视方向，一般应使主视图能尽可能反映各部分结构形状和相互位置关系，并使主要平面平行于投影面，以便反映实形。主视图确定了，其他视图也随之确定。

如图 16-6 所示，箭头分别指向 *A*、*B*、*C* 三个投影方向。比较之下，从箭头 *A* 向进行投影，所得的视图满足上述要求，可作为主视图。

如采用 *A*、*B*、*C* 的反方向，更加不能满足主视图的特征要求。因此轴承座的主视方向应选 *A* 方向为妥。

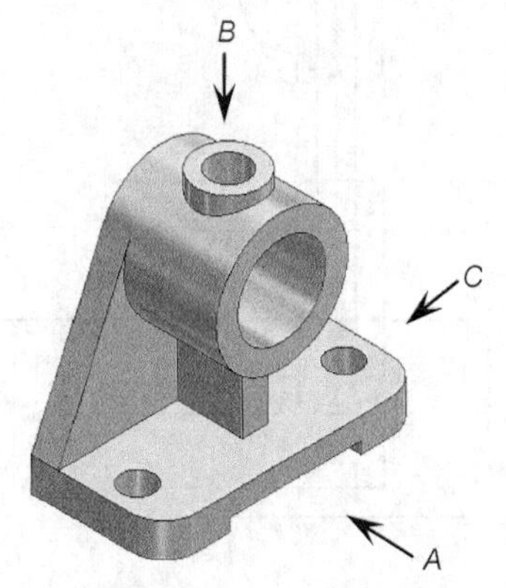

图 16-6　选择主视方向

## 3. 绘制三视图

画图时，先从反映特征轮廓的视图入手。比如底板上有圆角和圆孔，则先画其俯视图；圆筒和支撑板应先画其主视图；加强筋应先画主视图；凸台也应先画俯视图（两个同心圆）。

绘图轴承座三视图的步骤如下：

第一步，画三视图基准线，如图 16-7（a）所示。

凡是对称图形，应先绘出对称中心线；凡是圆形，也应该先绘出十字中心线，用以确定圆心位置。

第二步，绘出底板轮廓三视图，如图 16-7（b）所示。

第三步，绘出圆筒和凸台三视图，如图 16-7（c）所示。

第四步，绘出支承板和加强筋的三视图，如图 16-7（d）所示。

画每一基本形体时，一般三个视图对应着画。先画反映实形或有特征（圆、多边形）的视图，再按投影关系画其他视图，尤其要注意必须按投影关系正确地画出相交、相切、相贯处的投影。

第五步，绘制底板上圆角、圆孔和通槽的三面投影，如图 16-7（e）所示。

第六步，擦去多余图线，校对全图后加深加粗图线，如图 16-7（f）所示。

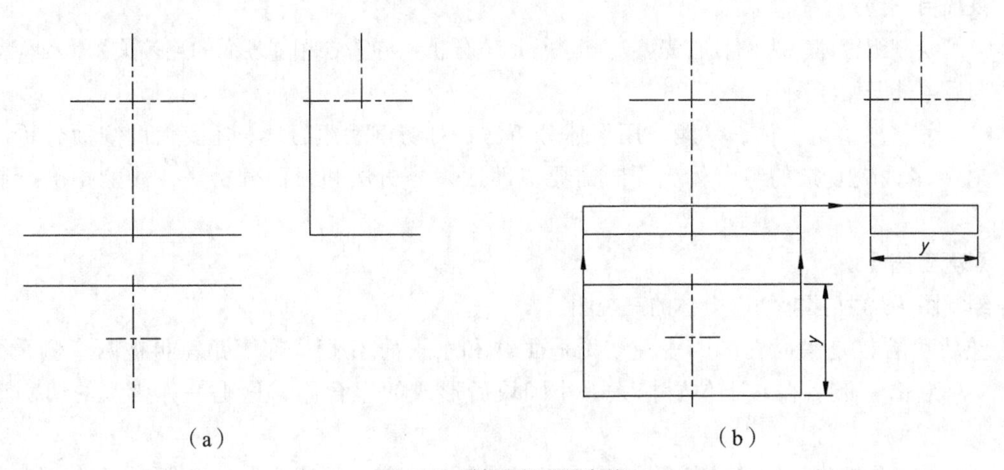

图 16-7　轴承座画图步骤

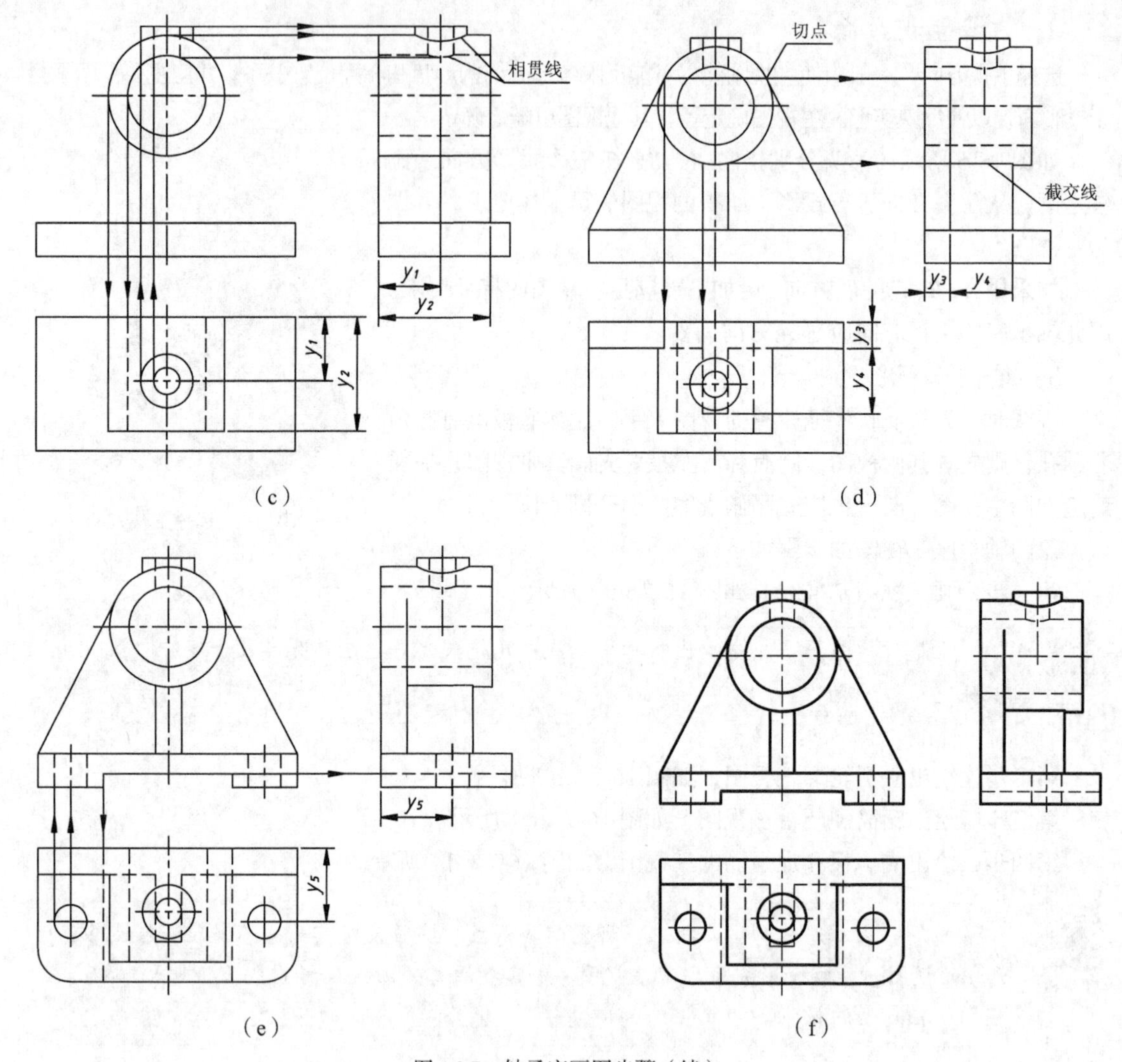


图 16-7　轴承座画图步骤（续）

**※项目归纳※**

（1）绘制组合体三视图，首先要对其进行形体分析，弄清各相邻表面的连接关系，确定好主视方向后才能开始绘图。

（2）对叠加型组合体，一般采用形体分析法；对切割型组合体，还要借助线面分析法作图。对大多数较复杂的组合体，同时需要借助形体分析法和线面分析法，才能正确绘制三视图。

**※巩固拓展※**

绘制图 16-8 所示垫块组合体的三视图。

垫块可看成是平面立体四棱柱被正垂面 *A* 和水平面 *C* 切去左上角，再被两个侧垂面 *B* 切出 V 形槽，最后在左下位置挖去一小圆块后形成的组合体，这是一种典型的切割型组合体。

所谓线面分析法，是根据表面的投影特性来分析组合体表面的性质、形状和相对位置，从而

完成视图的绘制。绘制切割型组合体三视图画法，可在分析形体特征的基础上，结合线面分析法作图。

画图时应注意：

（1）作每个切口投影时，应先从反映形体特征轮廓且具有积聚性投影开始，再按投影规律画出其他视图。如第一次切割采用了正垂面 *A*，则应先画该切口的主视图，再绘制俯、左视图中的图线；第二次用两个侧垂面 *B* 切割，应先画该切口的左视图，再画主、俯视图中的图线。

（2）注意切口截面的类似性。例如，在图 16-9 中，由于 *A* 为正垂面，主视图就积聚为 *a*'，俯视图 *a* 和左视图 *a*"体现了类似性。

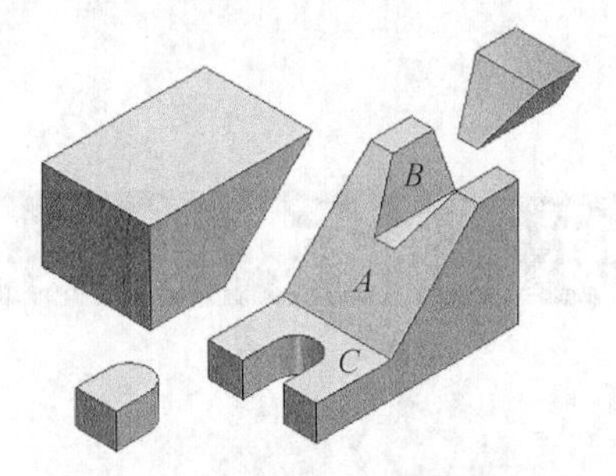


图 16-8　垫块

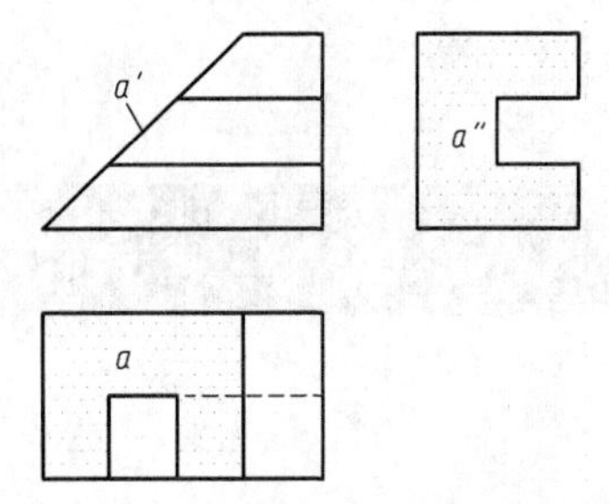


图 16-9　切口截面的类似性

依据三视图投影规律，垫块作图步骤如下：

第一步，绘制四棱柱（即长方体）的三视图，如图 16-10（a）所示。

第二步，切去左上角块，绘制其三视图，如图 16-10（b）所示。

第三步，挖去小圆块，绘制其三视图，如图 16-10（c）所示。

第四步，绘制 V 形槽三视图，校对图形，删去多余图线，加深加粗图线，结果如图 16-10（d）所示。

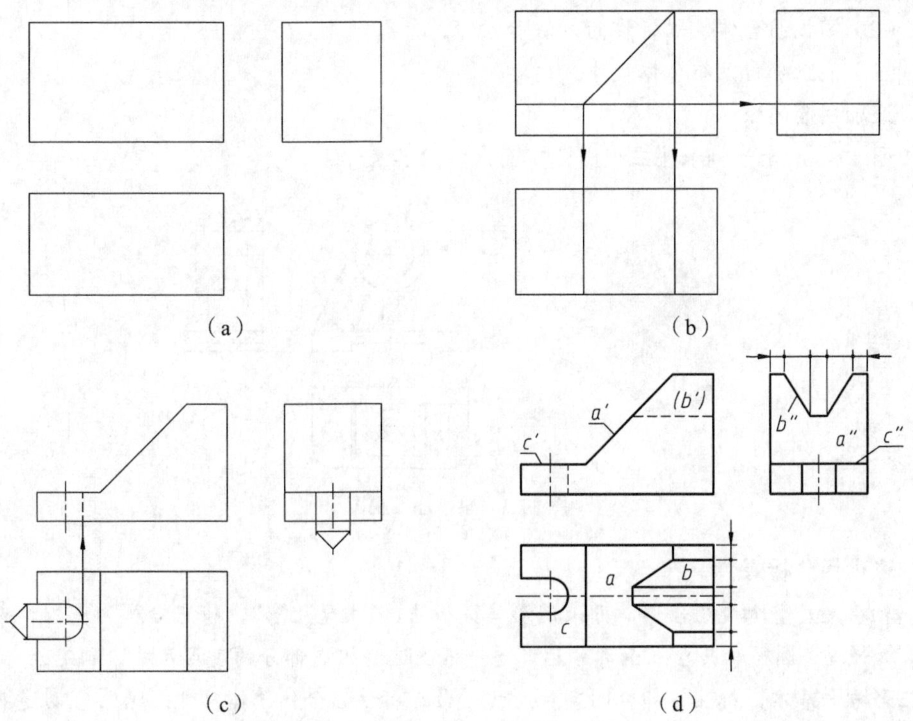


图 16-10　垫块三视图画法步骤

# 项目十七

# 标注轴承座尺寸

三视图只能表达物体的形状，要表示它的大小，必须按照完整、正确、清晰、合理的原则，标注其全部尺寸。

本项目先介绍平面立体和曲面立体的尺寸注法，以标注“轴承座”尺寸为例，学习组合体尺寸标注的基本要求，掌握标注组合体尺寸的方法与步骤。

**※学习目标※**

（1）学习平面立体和曲面立体的尺寸注法。

（2）掌握组合体尺寸标注的方法和步骤。

（3）能正确标注组合体尺寸。

**※项目描述※**

图 17-1 所示为轴承座三视图，下面来标注其尺寸。

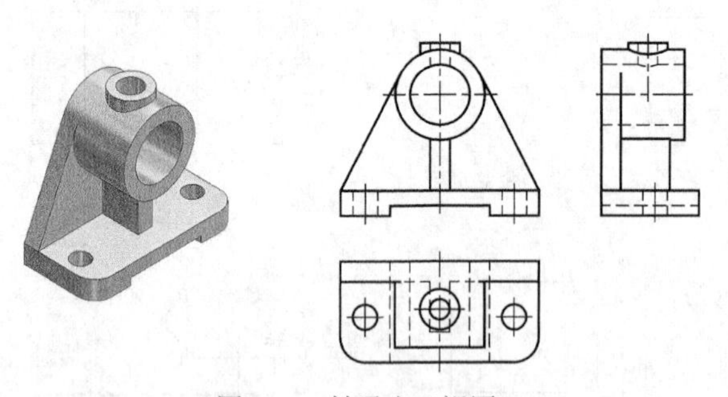

图 17-1　轴承座三视图

**※项目分析※**

轴承座是叠加类组合体，可采用形体分析法，“由整化零”，将它分解为底板、支承板、加强筋、圆筒和凸台五个部分后，逐一标注这些组成部分的定形尺寸。确定长、宽、高三个方向基准，标注各部分间定位尺寸，最后标注组合体总体尺寸。通常容易遗漏的是定位尺寸，因此在标注和检查时应特别注意。

**※项目驱动※**

# 任务一　学习基本体尺寸注法

基本体尺寸注法，是标注组合体尺寸的基础，下面首先学习平面立体和曲面立体的尺寸注法。

1. 平面立体尺寸注法

由于大多数平面立体的特征体现在底面形状不尽相同，因此，标注平面立体长、宽、高三个方向尺寸，只要标出底面的形状尺寸，再加上高度尺寸即可，如图 17-2（a）～（c）所示。

对于正棱柱、正棱锥（台），底面形状尺寸也是底面外接圆直径，可采用标注直径的方法，如图 17-3（a）～（c）所示。

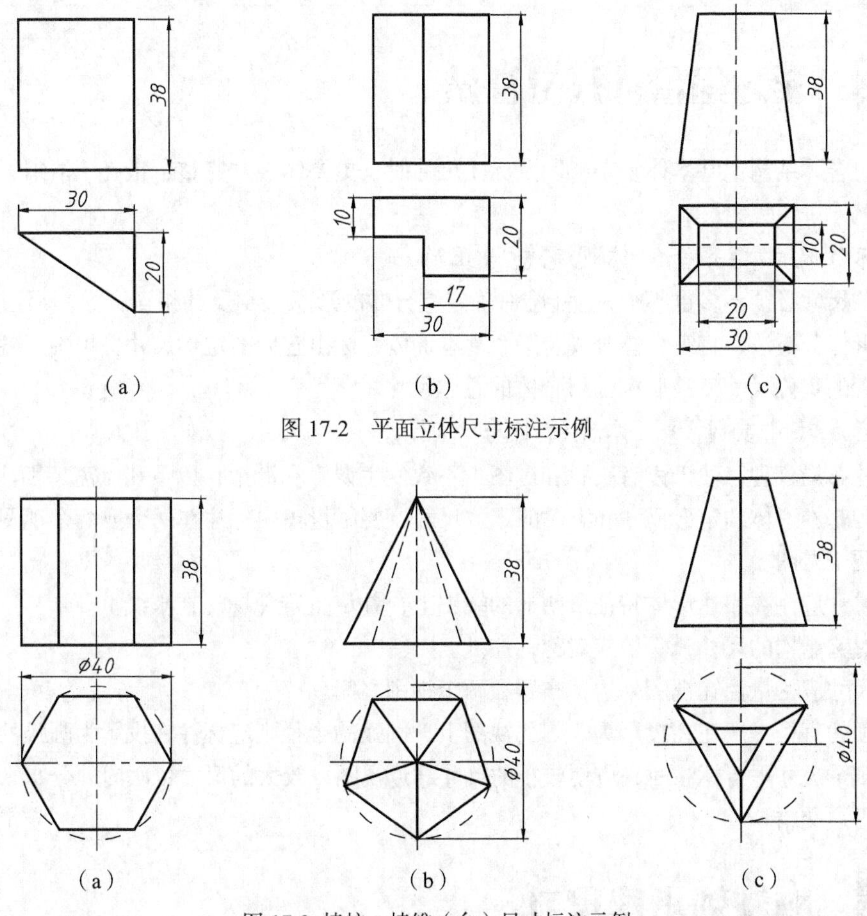


图 17-2　平面立体尺寸标注示例

图 17-3 棱柱、棱锥（台）尺寸标注示例

提示

标注正四棱体时，底形为正方形，则在标注边长数字前加注正方形符号“□”。

2. 曲面立体尺寸标注

圆柱、圆锥、圆台等曲面立体，一般采用底面圆直径和高度方向尺寸标注的方法；圆球采用球直径（半径）标注，但直径（半径）符号“$\phi$（$R$）”前面应加符号“$S$”，如图 17-4（a）～（d）所示。

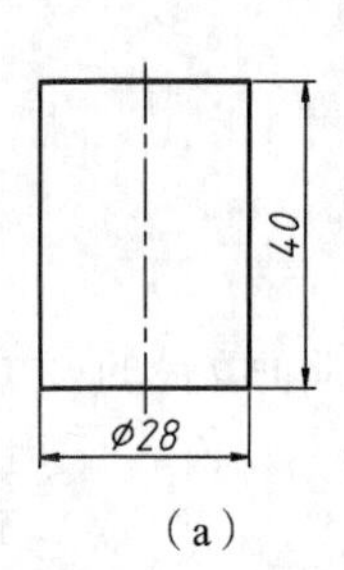


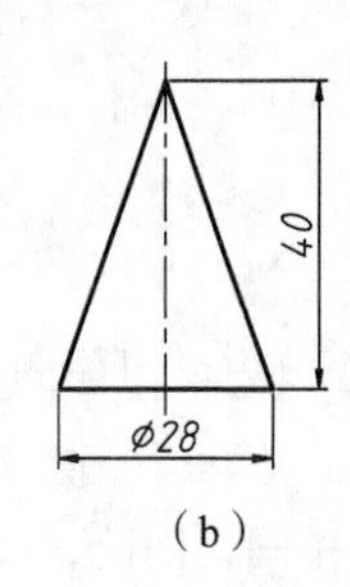


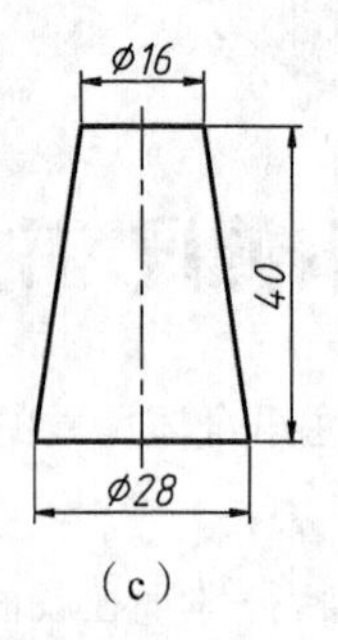


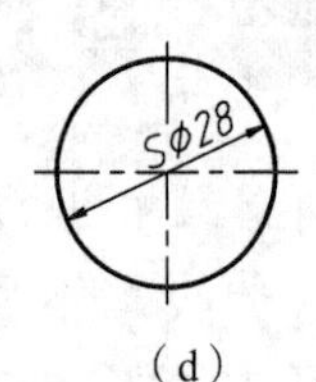


图 17-4 曲面立体尺寸标注示例

针对曲面立体尺寸标注，凡是直径尺寸，一般标注在非圆视图上，这样用一个视图就能确定其形状和大小，其他视图可省略不画，如图 17-4 所示。

## 任务二 学习组合体尺寸注法

由于组合体结构比基本体复杂，因此标注尺寸时，更要体现“完整、正确、清晰、合理”的标注原则。

1. 标注尺寸要齐全，体现完整与正确。

即标注尺寸必须不多也不少，且能唯一确定组合体的形状大小及其相互位置。标注组合体时，通常采用形体分析法，将组合体分成若干个基本形体，标出它们的定形尺寸，再确定各基本形体的相互位置的定位尺寸，最后标出组合体的总体尺寸。

2. 标注尺寸要清楚，体现清晰与合理。

即尺寸布局合理，便于读者查找和看图，不致发生误解和混淆，以下几点需特别注意：

（1）各基本形体的定形尺寸和有关的定位尺寸，要尽量集中标注在一个或两个视图上，这样集中标注便于看图。

（2）尺寸应注在表达形体特征最明显的视图上，并尽量避免标注在虚线上。

（3）对称结构的尺寸，一般应对称标注。

（4）尺寸应尽量注在视图外边，布置在两个视图之间。

（5）圆的直径一般注在投影为非圆的视图上，圆弧的半径则应标注在投影为圆弧的视图上。

（6）多个尺寸平行标注时，应使较小的尺寸靠近视图，较大的尺寸依次向外分布，以免尺寸线与尺寸界线交错。

## 任务三 标注轴承座尺寸

标注轴承座尺寸前，要透彻分析组合体结构形状特征，弄清楚各部分之间的相对位置。先确定长、宽、高三个方向尺寸基准，再注出各基本形体的定形尺寸，然后标注定位尺寸，最后标注总体尺寸。

具体步骤如下：

第一步，分析轴承座由哪些基本形体组成，充分认识这些基本形体，可为标注尺寸作好准备。

第二步，选定尺寸基准。按长、宽、高三个尺寸方向依次选定主要基准，如图 17-5 所示。

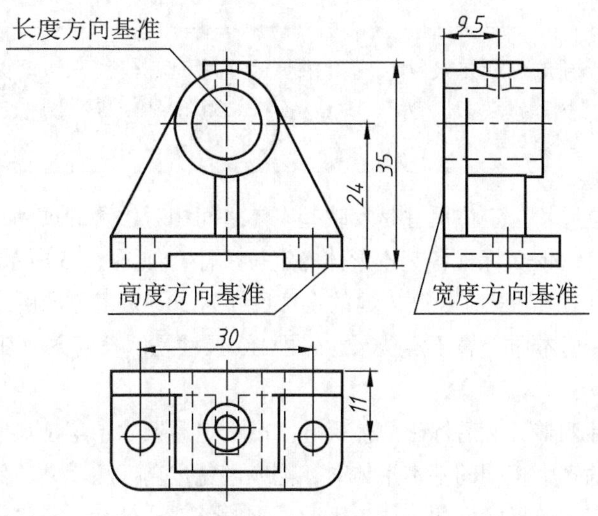


图 17-5　尺寸基准与定位尺寸

第三步，标注基本形体尺寸

（1）标注底板尺寸，如图 17-6（a）所示。其中反映底板外形的有长 40、宽 20、高 5 及圆角 *R*5；底板中央上开有矩形底槽，长 20、高 2；两个直径为$\phi$5 的孔，决定两孔位置的尺寸为 11 和 30。

（2）标注圆筒和凸台的尺寸，如图 17-6（b）所示。其中圆筒直径为$\phi$12 和$\phi$18，宽 17；凸台的直径为$\phi$4、$\phi$8、相对高度为 11、宽度为 9.5。

（3）标注支承板的尺寸，如图 17-6（c）所示。其中支承板长 40、宽度 4、高度 19、直径$\phi$18。

（4）标注加强筋尺寸，如图 17-6（d）所示。其中长 4、高 19、宽 10、直径$\phi$18。

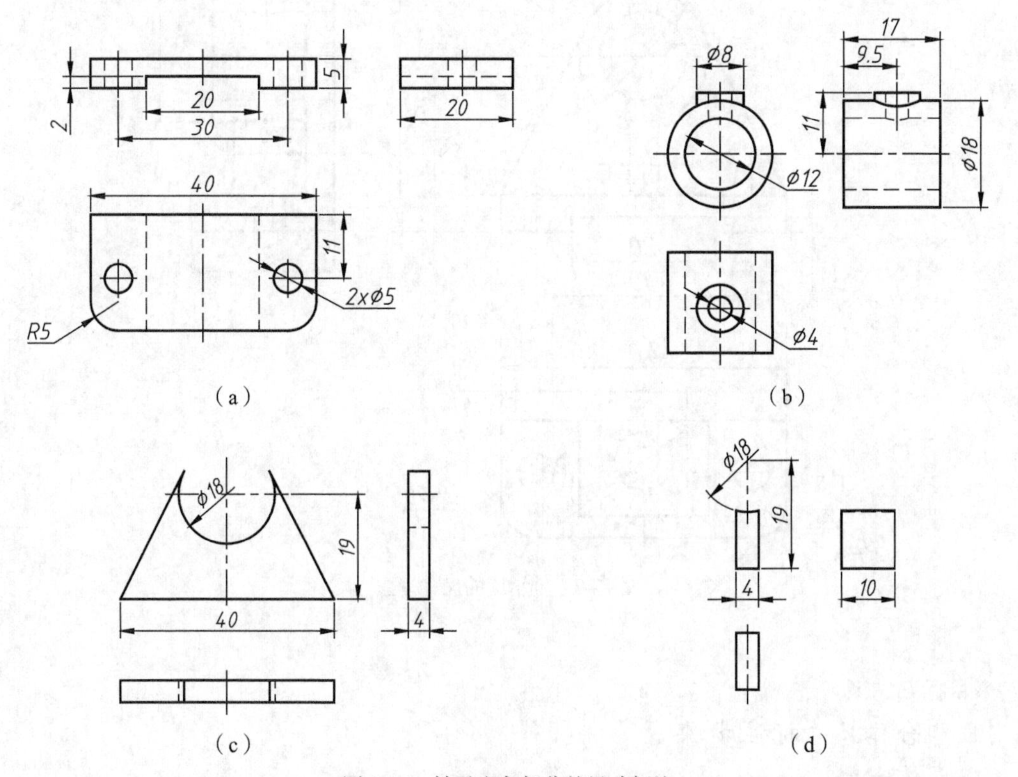


图 17-6　轴承座各部分的尺寸标注

提示

标注尺寸时用以确定尺寸位置所依据的一些面、线或点成为尺寸基准；标注尺寸时，通常以组合体的底面、端面、对称面、回转体轴线等作为长、宽、高三个方向不同的尺寸基准。

第四步，标注定位尺寸。定位尺寸是反映基本体之间相对位置的尺寸，分别从长、宽、高三个方向的尺寸基准出发，依次标出各基本形体的定位尺寸，如图 17-5 所示。

例如，底板左右两个圆柱孔在长度方向的定位尺寸为 30，宽度方向的定位尺寸为 11，尽管在底板中已经标注出来，但本质上属于定位尺寸，即 30 尺寸是以长度方向基准而标注，11 是以宽度方向基准而标注。

第五步，进行尺寸调整，然后标出总体尺寸。由于定形尺寸、定位尺寸和总体尺寸有兼作情况，或具有规律分布的多个相同的基本形体时，都应避免重复标注尺寸。例如，$\phi$18 在圆筒、支承板、加强筋中均出现，但只能标注一次。因此，需对各部分已标尺寸进行检查与调整，最后标注总体尺寸。

再如底板的长度 40 兼作组合体的总体尺寸（宽），也是支承板等腰梯形的下底尺寸，该尺寸多次兼作，只注一次，不能重复。

由此可见，轴承座总体尺寸分别是，总长 40，总宽 20，总高 35，如图 17-7 所示。

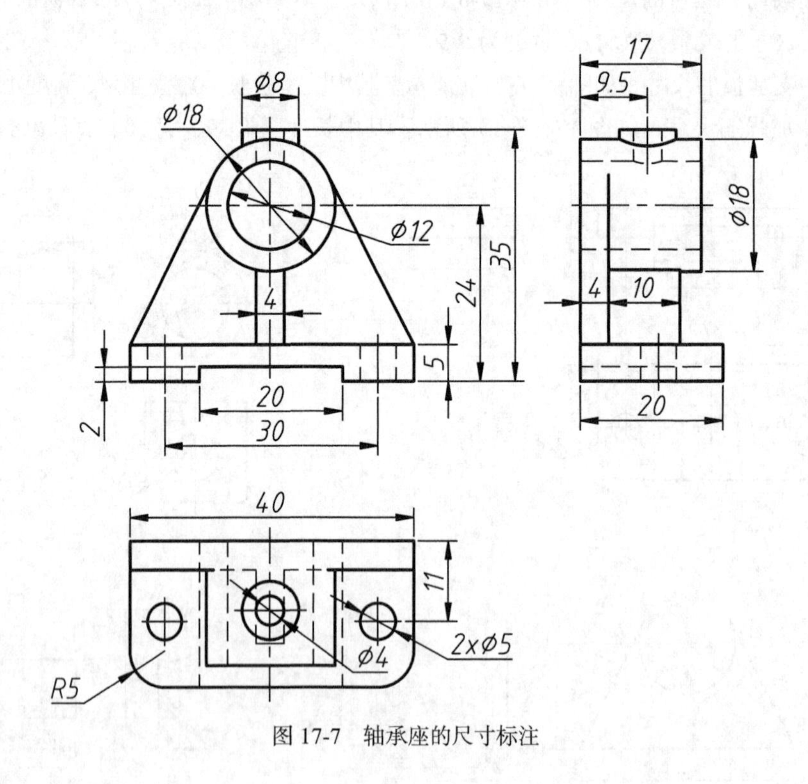


图 17-7　轴承座的尺寸标注

**※目标归纳※**

1. 组合体尺寸标注步骤

（1）形体分析。

（2）确定尺寸基准。

（3）先标注各部分定形尺寸，然后是定位尺寸。

（4）检查协调，标注总体尺寸。

2. 组合体尺寸标注规则

（1）突出特征——定形尺寸尽量标注在反映该部分结构形体特征明显的视图上。

（2）相对集中——同一基本形体上的几个大小尺寸和有联系的定位尺寸，应尽可能都标注在一个视图上。

（3）排列整齐——尺寸一般注在视图的外面，在不影响清晰的情况下，也可注在视图内。

**※巩固拓展※**

标注轴承座组合体尺寸时，我们发现，底板、支承板等基本形体，其尺寸标注的规律是：先标注反映底面形状的尺寸，例如，支承板标注 40、19、$\phi$18 三个尺寸，再标注它的板厚，即为宽度 4。

再如图 17-8 中的弧板，显然，反映该底面形状的尺寸有 *R*22、*R*22、$\phi$72、80，其高度为 20。类似这种“板”形零件，在机器、部件中较为多见，有必要学习“常见构件的尺寸注法”，便于掌握组合体尺寸标注的规律。

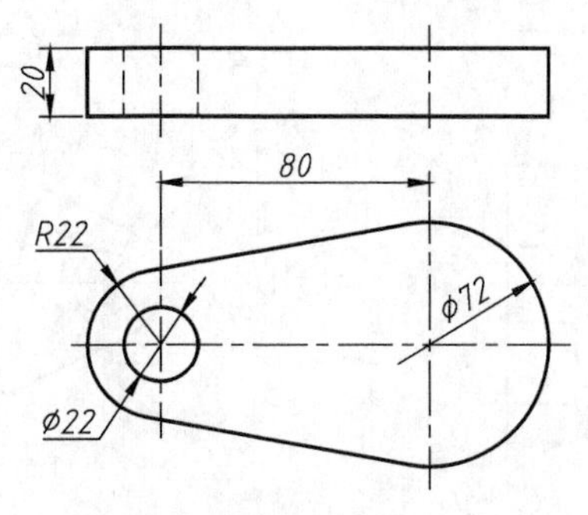


图 17-8　弧板尺寸示例

下面介绍常见结构尺寸的标注方法，便于读者在学习中运用。

（1）带切口形体的尺寸标注，如图 17-9（a）～（d）所示。

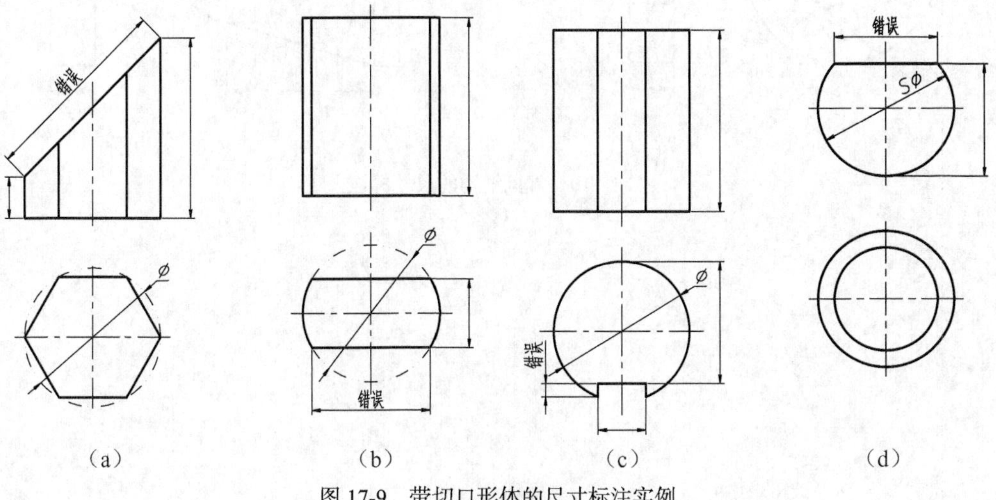


图 17-9　带切口形体的尺寸标注实例

（2）常见结构的尺寸注法，如图17-10（a）～（h）所示。

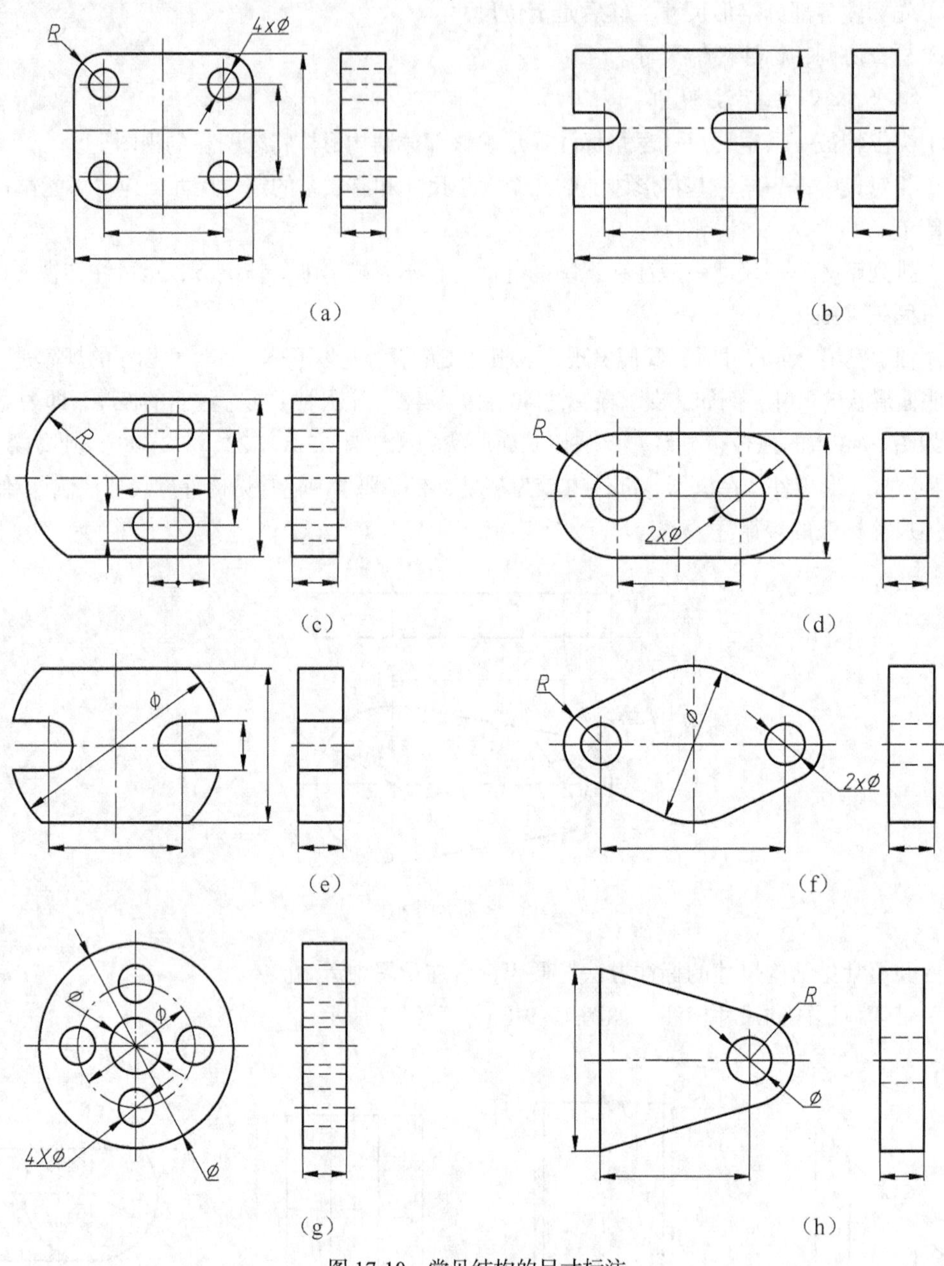


图17-10　常见结构的尺寸标注

# 项目十八

# 识读座体三视图

画图是把空间形体按正投影法表示在平面上，读图是根据已经画出的视图，通过投影分析想象出物体的形状，是从二维图形建立三维形体的过程，读图是画图的逆过程。对于初学者来说，读图比较困难，但只要能综合运用投影知识，掌握读图要领和方法，多看多想，逐步锻炼由图到物的思维，就能提高读图能力。

本项目介绍了读图的基本要领，用形体分析法识读叠加类组合体的方法与步骤。针对切割类组合体，必须在形体分析基础上，借助于线面分析法，才能解决较复杂形体的读图难题。

**※学习目标※**

（1）掌握读图的基本要领和基本方法。

（2）能灵活运用形体分析法和线面分析法，识读较复杂组合体三视图，能补画第三视图或补缺漏线。

**※项目描述※**

图 18-1 所示为座体三视图，构思各部分形状，读懂三视图。

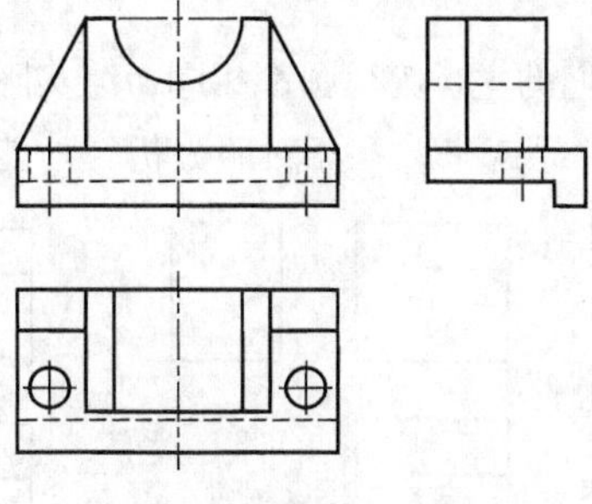

图 18-1　座体三视图

**※项目分析※**

显而易见，座体属于叠加型组合体，采用形体分析法，再借助投影规律，将座体“由整化零”，构思出各组成部分的形状；然后按照各部分间的相对位置，综合起来，构想出座体的整体形状。

**※项目驱动※**

## 任务一 了解读图基本知识

识读组合体，必须首先了解读图的基本要领和基本方法，相关要点归纳如下：

### 1. 几个视图联系起来读图

在机械图样中，机件的形状一般是通过几个视图来表达的，每个视图只能反映机件一个方向的形状。因此，仅有一个或两个视图往往不能唯一确定机件形状。

如图18-2（a）所示物体的主视图都相同，图18-2（b）所示物体的俯视图都相同，但实际上二组视图分别表示了形状各异的六种物体。

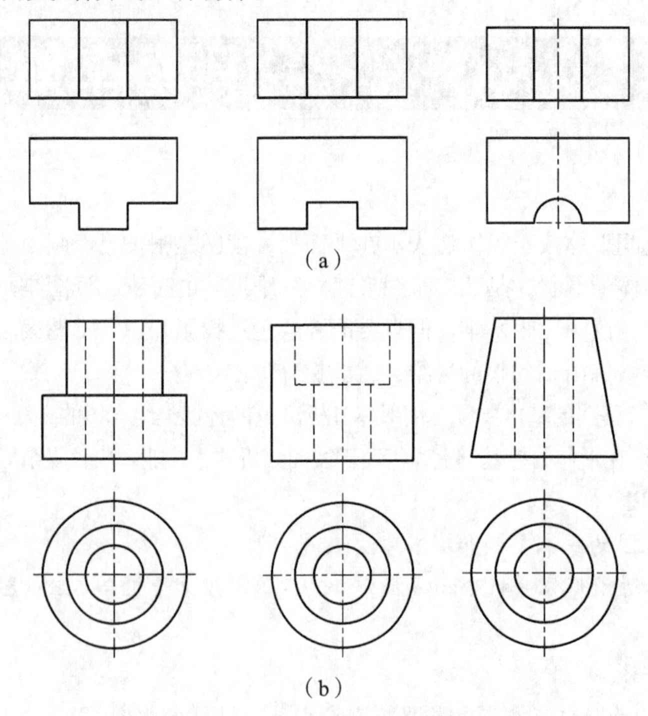


图18-2 两个视图联系起来看图

图18-3给出的三组图形，它们的主、俯视图都相同，但实际上也是三种不同形状的物体。由此可见，读图时必须将几个视图联系起来，互相对照分析，才能正确想象出该物体的形状。

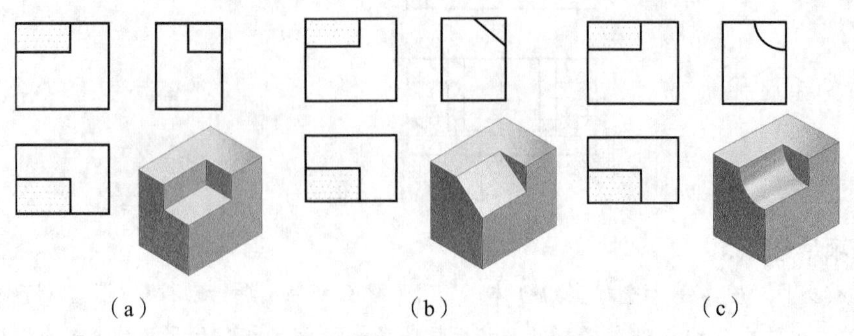


图18-3 三个视图联系起来看才能确定物体形状

2. 从形体特征视图入手

所谓形体特征，是指反映形体的形状特征和位置特征。读图时要先从反映形体特征明显的视图看起，再与其他视图联系，才能构思物体形状。

（1）从形状特征入手。能清楚表达物体形状特征的视图，称为形状特征视图，如图 18-4 所示支架，它由三部分叠加而成，主视图反映竖板的形状和底板、肋板的相对位置，但底板和肋板的形状，则在俯、左视图上得到反映。

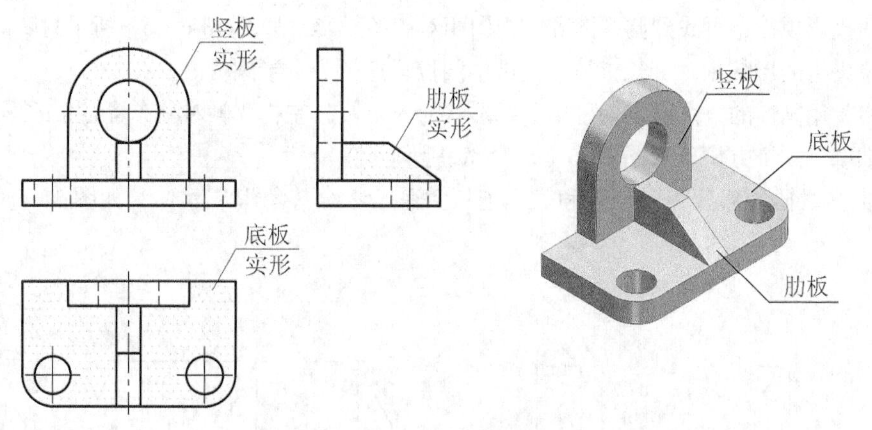


图 18-4　分析反映形体特征的视图

（2）从位置特征入手。能清楚表达构成组合体的各基本形体之间的相互位置关系的视图，称为位置特征视图。例如，只看图 18-5（a）的主视图，物体上的Ⅰ和Ⅱ两个部分哪个凸出，哪个凹陷无法确定，即使加上俯视图看也无法确定，可能是图 18-5（b）或 18-5（c）所示的形状，而左视图就明显反映了位置特征，将主、侧两个视图联系起来看，就可唯一确定为是图 18-5（c）所示形状。

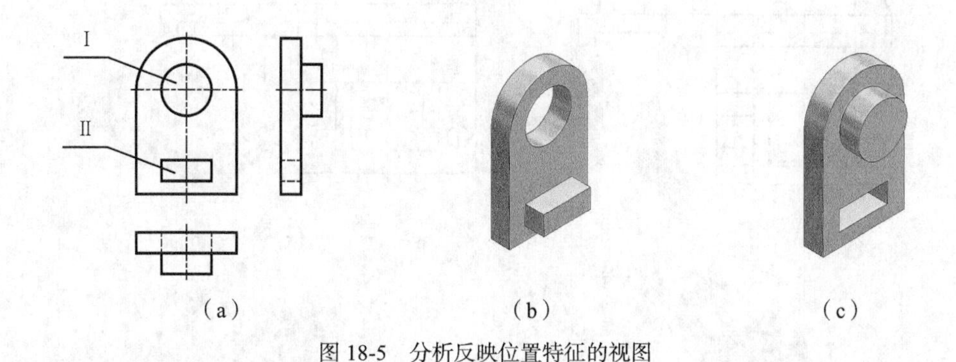


图 18-5　分析反映位置特征的视图

## 任务二　识读座体三视图

读图的基本方法与画图一样，也可采用形体分析法。在图 18-1 中，由于主视图反映了该组合体的形状特征，因此可按线框将它划分成Ⅰ支体、Ⅱ肋板、Ⅲ底板，然后就可以按照投影关系，找到各线框在其他视图中的投影，从而分析各部分的形状及它们的相互位置，最终综合起来，想象出座体形状。

根据这一思路，识读座体的步骤如下：

第一步，抓住特征视图，把物体分解成若干组成部分。在图 18-6（a）中，将支体、肋板、底板，分别用Ⅰ、Ⅱ、Ⅲ（左右对称各一个）表示出来。

第二步，按照投影关系，找到各线框在其他视图中的投影。例如，从形体Ⅰ的主视图入手，根据三视图投影规律，可找到俯视图和左视图相对应的投影，如图 18-6（b）所示封闭的粗线框，从而可想象出它的形状是一个长方体，上端中间位置挖了一个半圆槽。

第三步，用同样的方法可以构思出Ⅱ的形状为三角块，左右两侧对称布置；Ⅲ的形状为长方体，下端抽取了一个方槽，如图 18-6（c）、(d)所示。

第四步，根据各部分相对位置和表面连接关系，综合想象形成整体，如图 18-6（e）、(f)所示。

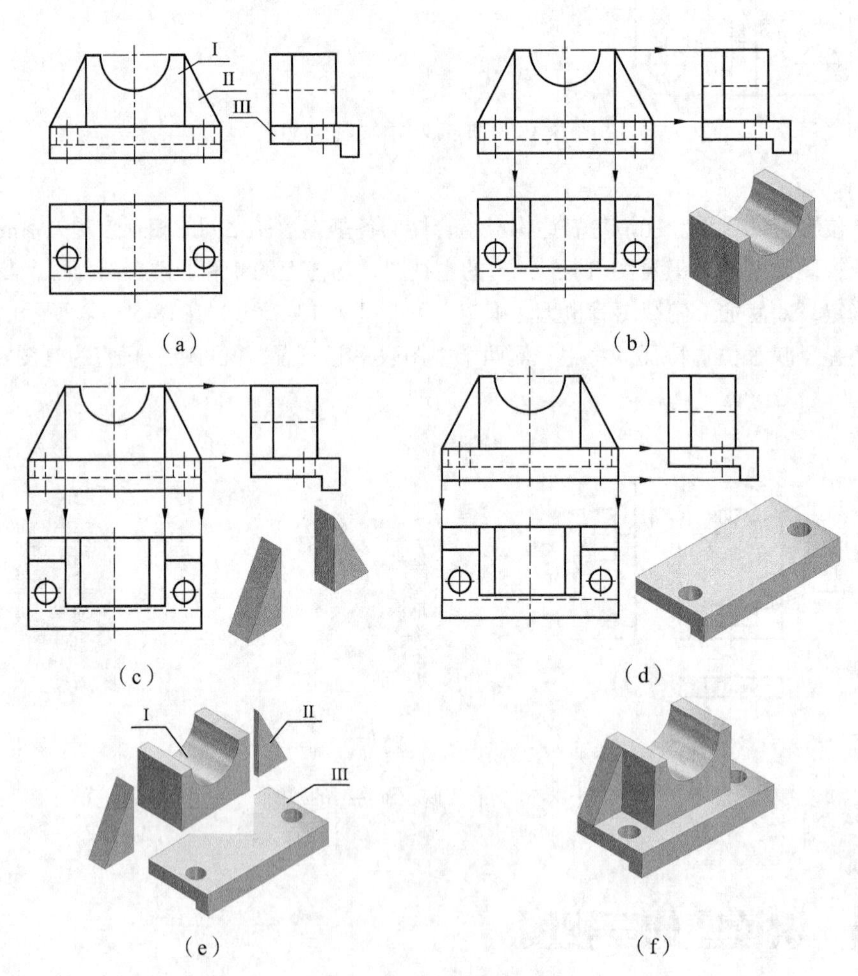


图 18-6　座体的读图过程

**※项目归纳※**

（1）识读组合体的方法主要运用形体分析法，如座体等综合类组合体。由于组合体的基本形体经常是不完整的，表面往往产生交线。因此，除用形体分析法外，还要从表面交线入手，运用线面分析法进行分析。

（2）构成物体的各个表面，不论其形状如何，它们的投影如果不具有积聚性，一般都是一个封闭线框。表面相交必有交线，画图时要作出交线，读图时要分析交线，但标注尺寸时不注交线。

**※巩固拓展※**

一般情况下，采用形体分析法识读就行。但对于某些较复杂的切割类组合体，单用形体分析还不够，需再借助线面分析法，集中解决读图的难点。

运用线、面投影规律，以分析视图中直线、线框的含义和空间位置，来读懂视图的方法即为线面分析法。采用线面分析法时，需要弄清楚各线框和图线的含义。

（1）视图上的每个封闭线框，通常表示物体上一个表面（平面或曲面）的投影。如图 18-7（a）所示主视图中有四个封闭线框，对照俯视图可知，线框 $a'$、$b'$、$c'$分别是六棱柱前三个棱面的投影，线框 $d'$则是前圆柱面的投影。

（2）相邻两线框或大线框中有小线框，则表示物体不同位置的两个表面。可能是两表面相交，如图 18-7（a）中的 $A$、$B$、$C$ 面依次相交；也可能是同向错位（如上下、前后、左右），如图 18-7（b）所示俯视图中大线框六边形中的小线框圆，分别是六棱柱顶面与圆柱顶面的投影。

（3）视图中的每条图线，可能是立体表面有积聚性的投影，如图 18-7（b）所示主视图中的 $e'$，是圆柱顶面 $E$ 的投影；或者是曲面转向轮廓线的投影，如图 18-7（b）所示主视图中的 f′，是前后两个半圆柱的转向轮廓线 $F$ 的投影；或者是两平面交线的投影，如图 18-7（b）所示主视图中的 $g'$，是 $A$ 面和 $B$ 面交线 $G$ 的投影.

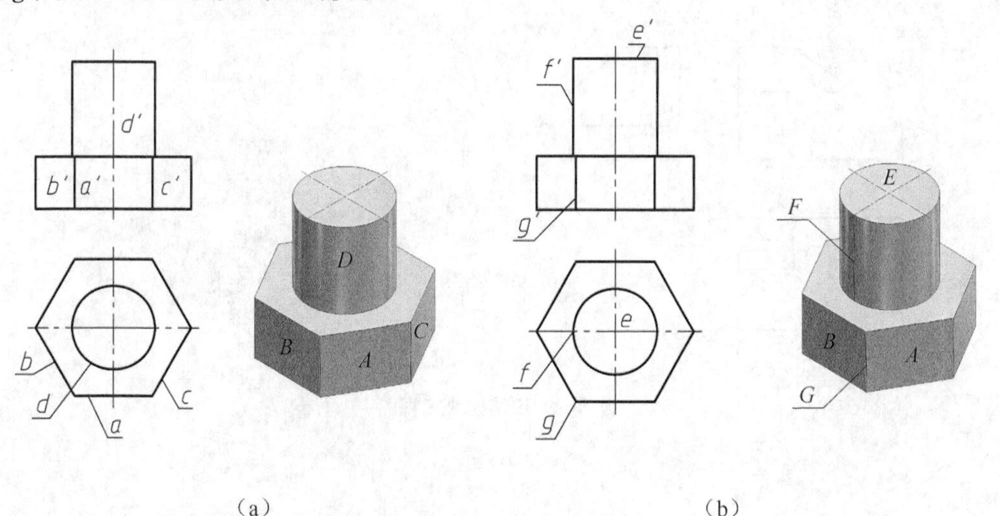


图 18-7　视图中线框和图线的含义

压块三视图如 18-8 所示，由图可知，它是一个典型的切割型组合体，而且基本形体为长方体。从形体特征上分析，先看主视图，它的左上角被斜切去了一块；从侧视图看，它的右前方再斜切去一块。

如用线面分析法再进一步思考，则是先用正垂面 $P$ 切去左上角的，在主视图上积聚为一条斜线，用 $p'$表示；再用侧垂面 $Q$ 切去右前角，在侧视图上也积聚为一条斜线 $q''$表示。

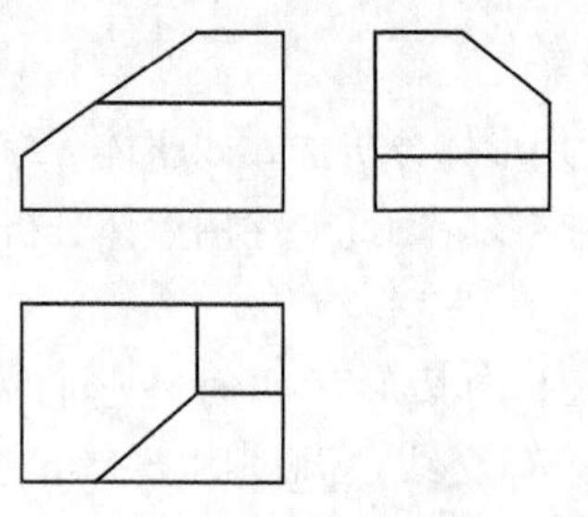

图 18-8　压块三视图

按照投影规律，先找到正垂面 $p'$的水平投影 $p$ 和侧面投影 $p''$，两者具有类似性，可见 $P$ 面是一个五边形，如图 18-9（a）所示；同样，可以找到侧垂面 $q''$的正面投影 $q'$和水平投影 $q$，两者也是类似形，可见 $Q$ 面是一个梯形面（四边形），如图 18-9（b）所示。

再分析视图中的其他线框，如图 18-9（c）所示。俯视图上的线框 $a$，对应主、左视图中两段水平线；主视图上的线框 $b'$对应俯视图、左视图中的水平线和垂直线；左视图上的线框 $c''$对应主俯视图中的两段垂直线，从而判断他们分别是水平面 $A$、正平面 $B$ 和侧平面 $C$。

通过以上分析，逐步弄清了垫块各部分切割后平面的形状，最后综合起来，就可以构思出压块整体形状，结果如图 18-9（d）所示。

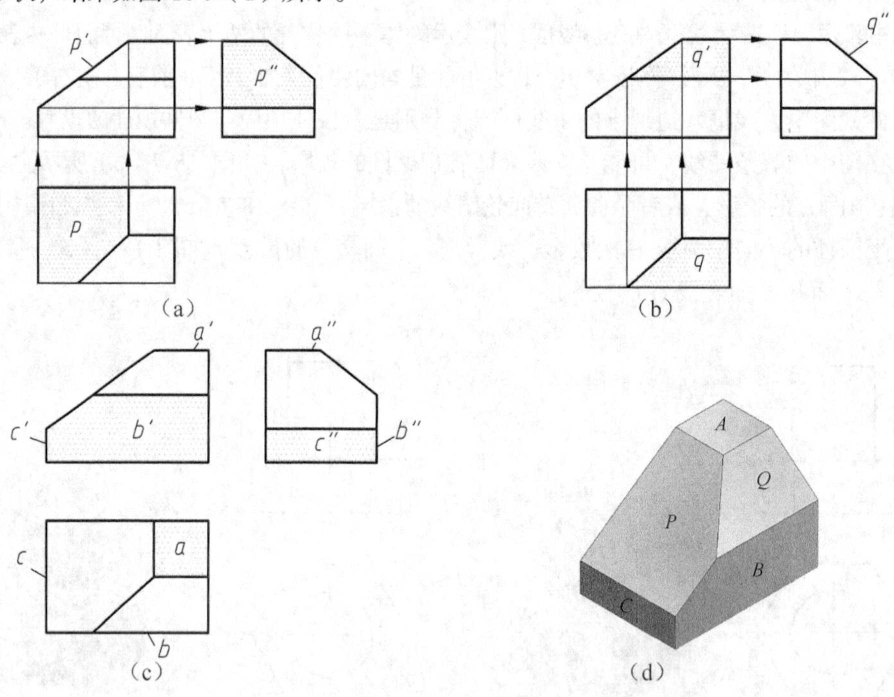


图 18-9　识读压块三视图

# 项目十九

## 绘制轴测草图

用正投影法绘制的三视图度量性好，能准确表达物体形状，但缺乏立体感。在生产实践中，有时不便采用绘图仪器和工具，而是只能通过目测形体各部分之间的相对比例，徒手画出形体图，达到技术交流、测绘机器的目的。因此工程上常采用富有立体感的轴测图，来表达产品和设计意图。绘制轴测草图，是工程技术人员必备的基本技能。

本项目介绍了正等轴测图和斜二轴测图的形成过程，学习徒手绘制直线、圆(圆角)、正多边形、椭圆的方法，通过绘制螺栓毛坯正等轴测图草图和立座斜二轴测草图，掌握轴测草图的绘制方法与步骤。

**※学习目标※**

(1) 了解正等轴测图和斜二轴测图的形成原理。

(2) 掌握徒手画草图的基本方法。

(3) 能根据组合体视图，绘制其正等轴测草图或斜二轴测草图。

**※项目描述※**

根据螺栓毛坯主、俯视图，如图 19-1 所示，绘制它的正等轴测草图。

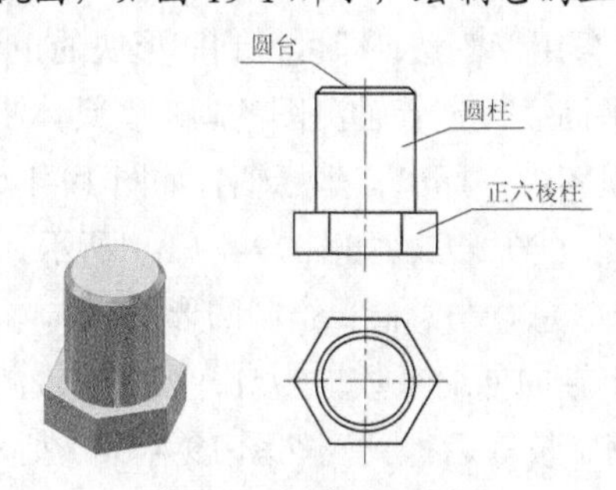


图 19-1　螺栓毛坯视图

**※项目分析※**

由图可知，螺栓毛坯由正六棱柱和圆柱与圆台组合而成，可以由下而上依次绘制正六棱柱、圆柱和圆台。因此首先必须学会徒手画图方法，包括直线、圆(圆角)、正多边形、椭圆的画法等。由于是徒手绘草图，除铅笔外，圆规和直尺均不使用。

**※项目驱动※**

完成螺栓毛坯的正等轴测草图，先要学习轴测草图画法，按以下三个任务分步实施。

## 任务一　学习正等轴测图画法

### 1. 正等轴测图的形成

将长方体倾斜放置，它的三坐标轴 $O_0X_0$、$O_0Y_0$、$O_0Z_0$ 向正立的轴测投影面 $P$ 进行正投影，则在 $P$ 面上得到的投影即为正等轴测投影，也称正等轴测图。当物体上三根坐标轴与轴测投影面的倾角均相等时，用正投影法得到的投影称为正等轴测图，如图 19-2（a）所示。

在轴测投影面 $P$ 上的投影 $OX$、$OY$、$OZ$ 称为轴测轴，其交点 $O$ 称为原点。轴测轴的单位长度与相应直角坐标轴的单位长度的比值称为轴向伸缩系数，分别用 $p$、$q$、$r$ 表示三个正等轴测图的轴向伸缩系数相等，简化等于 1。两根轴测轴之间的夹角称为轴间角，正等轴测图的轴间角为 120°，作图时均可直接按物体上相应线段的实长量取，以上参数用图 19-2（b）表示。

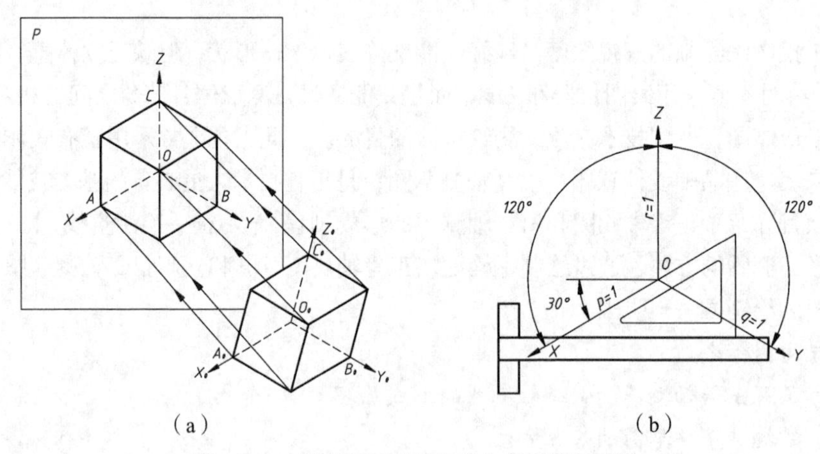


图 19-2　正等轴测图的轴间角与轴向伸缩系数

### 2. 正等轴测图基本画法

图 19-3 所示为凹形块主、俯视图。由图可知，凹形块是一长方体上端中间位置，截去一个小长方体。只要画出原长方体后，再用切割法，即可得到凹形块的正等轴测图。

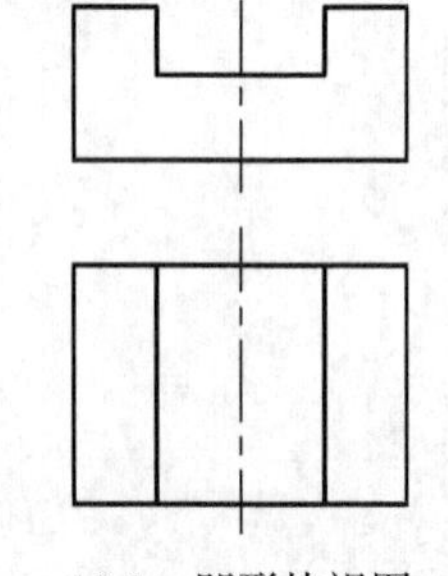

19-3　凹形块视图

下面以凹形块为例，学习平面立体正等轴测图的画法，具体步骤如下：

第一步，在凹形块主、俯视图中，标出三坐标轴，如图 19-4（a）所示。

第二步，绘制正等轴测 $OX$、$OY$、$OZ$，如图 19-4（b）所示。

第三步，根据凹形块的总长、总宽与总高，绘制凹形块基本体（长方体）的正等轴测图。注意：由于三个轴向伸缩系数均为 1，因此，轴测图中的尺寸，可按 1:1 直接在主、俯视图中量取后得到，如图 19-4（c）所示。

第四步，根据主视图中相关尺寸，在基本体相应位置，绘制凹槽的正等轴测投影，尺寸量取方法同上所述，如图 19-4（d）所示。

第五步，擦去多余的图线，加深加粗可见轮廓线，即得凹形块正等轴测图，如图 19-4（e）所示。

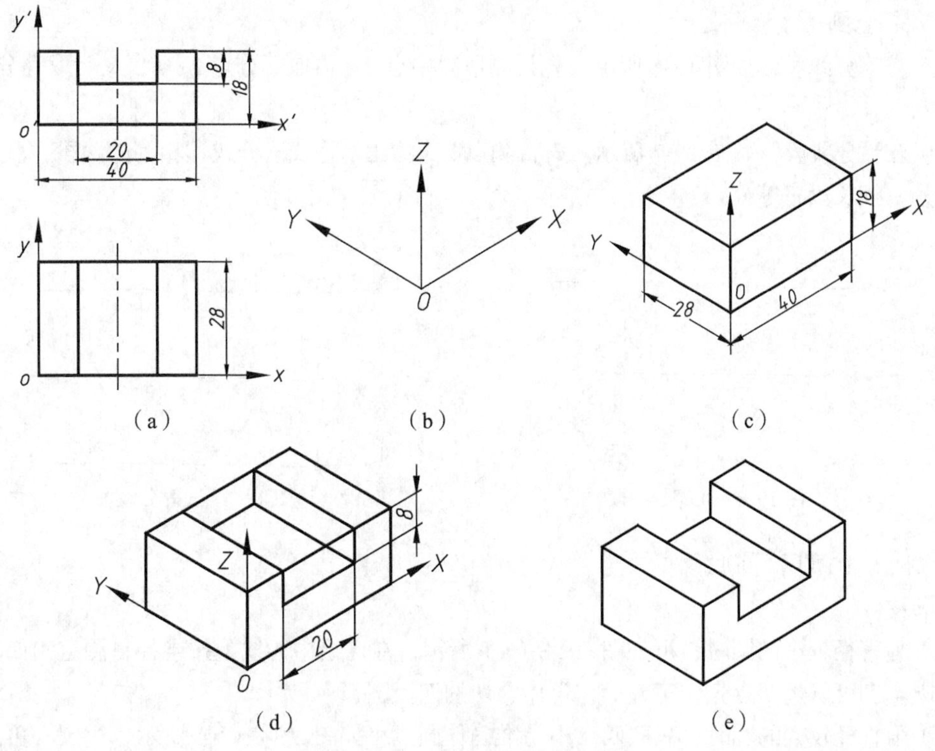


图 19-4　凹形块轴测草图绘制

## 任务二　学习徒手绘图

徒手绘制的图样也称草图，但绝不是潦草的图。应做到图形正确、线型粗细分明、字迹工整、图面清洁。掌握徒手绘图的基本方法，应从以下几个方面培养。

1. 徒手画直线

徒手画直线时，在运笔过程中，小手指轻抵纸面，视线略超前一些，不宜盯着笔尖，而要用眼睛的余光瞄向运笔的前方和笔尖运行的终点。如图 19-5 所示，画水平线时宜自左向右运笔，画垂直线时宜自下而上运笔。

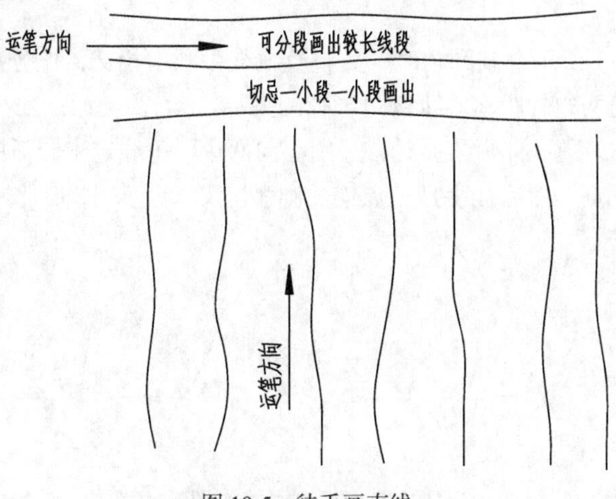


图 19-5　徒手画直线

## 2. 徒手画等分线段

（1）八等分线段，如图19-6所示。先目测取得中点4，再取等分点2、6，最后取等分点1、3、5、7。

（2）五等分线段，如图19-7所示。先目测以2:3的比例将线段分成不相等的两段，然后将较短段平分，较长段三等分。

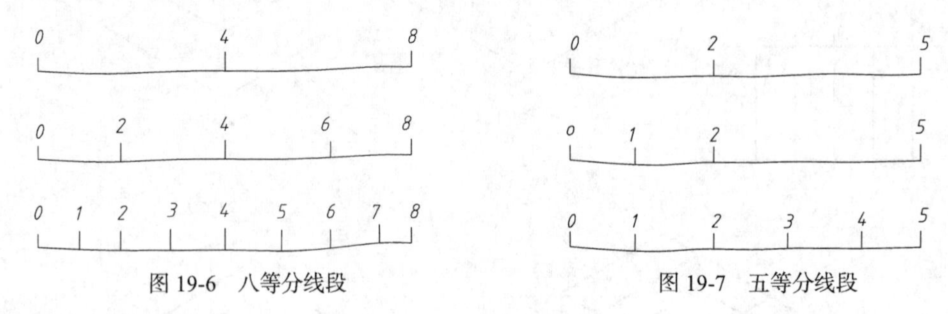


图19-6　八等分线段　　图19-7　五等分线段

## 3. 徒手画圆和圆角

画圆：

（1）画直径较小的圆时，可如图19-8（a）所示，在已绘中心线上按半径目测定出四点，徒手画成圆。也可以过四点先作正方形，再作内切的四段圆弧。

（2）画直径较大的圆时，只取四点不易准确作圆，可如图19-8（b）所示，过圆心再画两条45°斜线，并在斜线上也目测定出四点，过八点画圆。

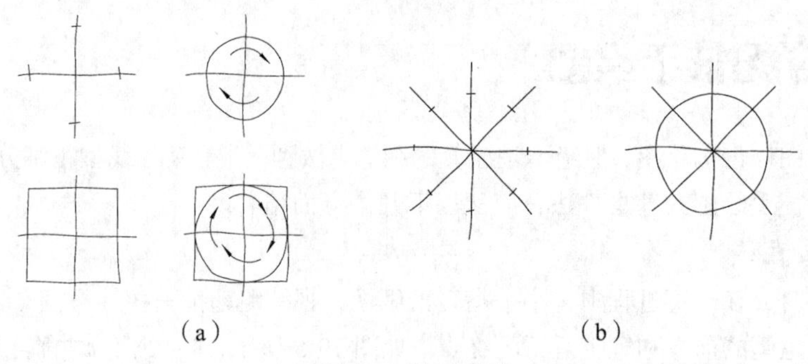

（a）　（b）

图19-8　徒手画圆

画圆角、圆弧：

（1）如图19-9（a）所示，画圆角时，先将直线徒手画出相交，作分角线，再在分角线上定出圆心位置，使它与角两边的距离等于圆角半径的大小。

（2）如图19-9（b）所示，画圆弧时，过圆心向两边引垂线定出圆弧的起点和终点，在分角线上也定出圆周上的一点，然后徒手把三点连成圆弧。

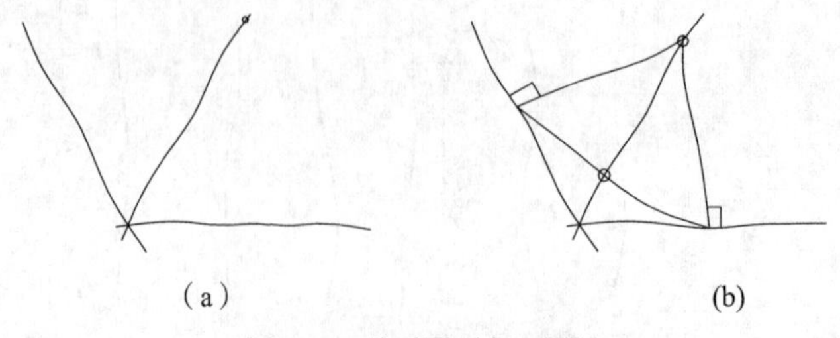

（a）　(b)

图19-9　徒手画圆角、圆弧

## 4. 徒手画正六边形

徒手画正六边形的方法如图 19-10 所示。以正六边形的对角线距离（如 14 之间的距离）为直径画圆，取半径 $O_1$ 中点 $K$ 作垂线与圆周交于点 2、6，再作出其对称点 3、5，连接各点即为正六边形。

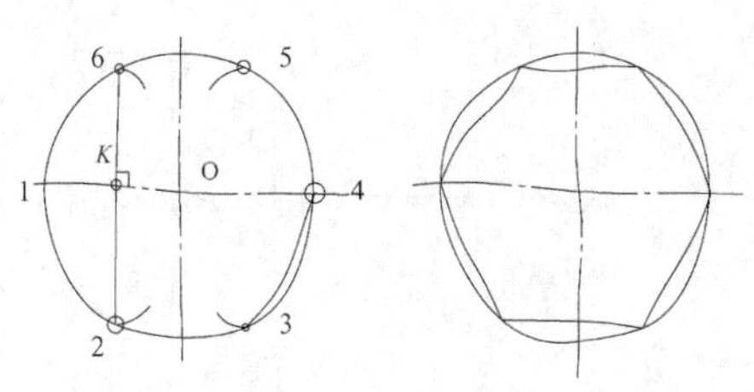


图 19-10　徒手画正六边形

## 5. 徒手绘制正等轴测三个方向的椭圆

若椭圆较小，则可以先在中心线定出长、短轴上的四个端点，作矩形或平行四边形，再作四段圆弧，如图 19-11 所示。由于只有四点描成了椭圆，所以这种方法只适合画较小椭圆。

（a）　　（b）

图 19-11　小椭圆画法

在正等轴测图中，圆在三个坐标面上的图形都是椭圆，如图 19-12 所示。这三个方向的椭圆，分别处在水平、正面和侧面三个不同的平面上，它们各自外切菱形的方向也就不同，请读者加以注意。

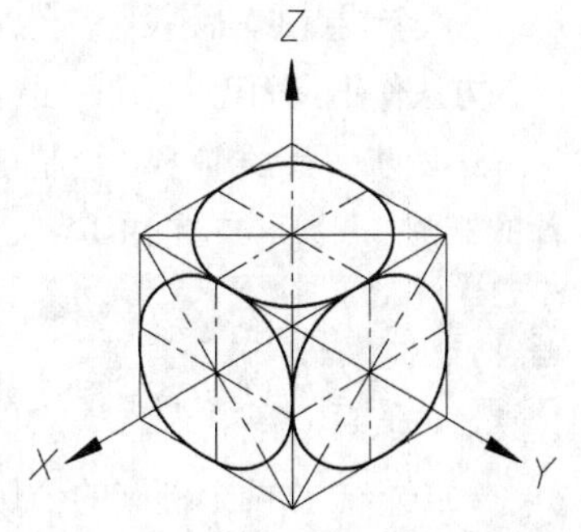


图 19-12　三个方向的正等轴测圆

下面以正面椭圆为例，阐述徒手画较大椭圆的方法。

第一步，作出轴测轴 $OX$、$OZ$，沿两轴方向绘制菱形 $ABCD$，边长为圆的半径，如图 19-13（a）所示。

第二步，该菱形与 $OX$、$OZ$ 轴相交椭圆的四个切点 *1*、*2*、*3*、*4*，再将菱形的对角线连接起来，如图 19-13（b）所示。

第三步，三等分 $O_1$ 得到 $E$ 点，过点 $E$ 作 $Z$ 轴平行线交对角线 *5* 与 *6*；在对角线上，分别找到 *5* 与 *6* 的对称点 *7* 与 *8*，如图 19-13（c）所示。

第四步，依次光滑连接 8 个点，即得椭圆，结果如图 19-13（d）所示。

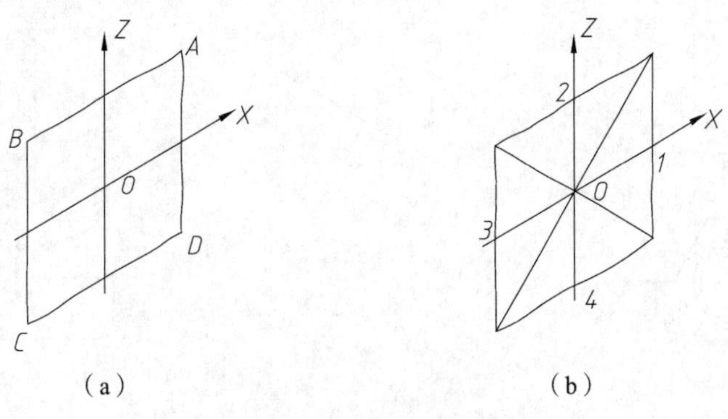


（a）　　（b）

图 19-13　绘制正面椭圆

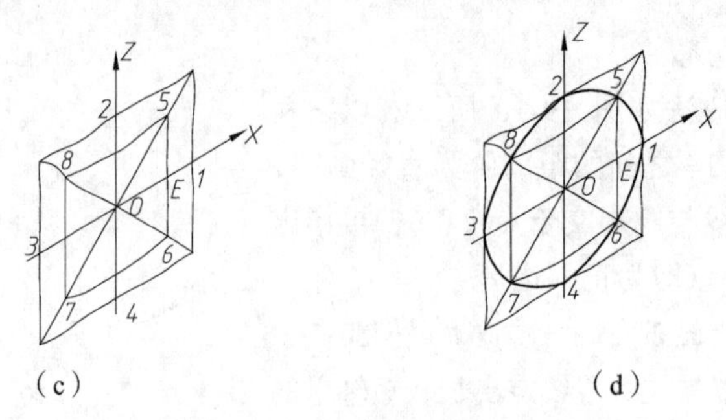


图 19-13　绘制正面椭圆（续）

## 任务三　绘制螺栓毛坯轴测图

由于螺栓毛坯可分为上、下两部分，因此，该轴测草图的绘制应先绘制正六棱柱，然后绘制圆柱与圆台，具体步骤如下：

第一步，在螺栓毛坯视图上确定 $X$、$Y$、$Z$ 三坐标轴位置，如图 19-14（a）所示。

第二步，绘制三根轴测轴 $OX$、$OY$、$OZ$，如图 19-14（b）所示。

第三步，目测视图中正六棱柱边长和高度，绘制正六棱柱的轴测图。可以先作出 $A$、$B$、$C$、$D$、$E$、$F$ 六个端点的轴测投影，然后依次将相邻两点连成直线，完成底面正六边形的正等轴测圆；用同样的方法作出顶面正六边形；最后，将六条垂直的棱线对应端点连接起来，结果如图 19-14（c）所示。

第四步，参照前述“绘制正面椭圆”方法，绘制圆柱的顶、底面的轴测投影——处于水平位置的椭圆（弧），如图 19-14（d）所示。

提示　在绘制轴测图时，有些不可见轮廓线，在绘制过程中允许不画出，仅画出可见轮廓线，以提高绘图效率。如图 19-13（d）中圆柱底面的水平椭圆，仅画可见部分。

第五步，作两个椭圆的公切线，完成圆柱体的绘制，再擦去不可见图线或多余图线，结果如图 19-14（e）所示。

第六步，用同样的方法，绘制圆台顶面的轴测投影，也是一个水平椭圆；判断可见性，擦去不可见或不必要图线，加粗轮廓线，完成螺栓毛坯的正等轴测图，如图 19-14（e）所示。

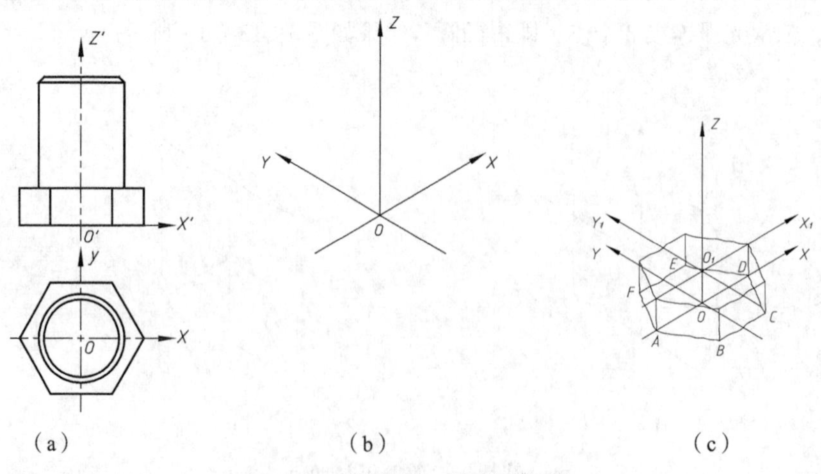


图 19-14　螺栓毛坯草图绘制过程

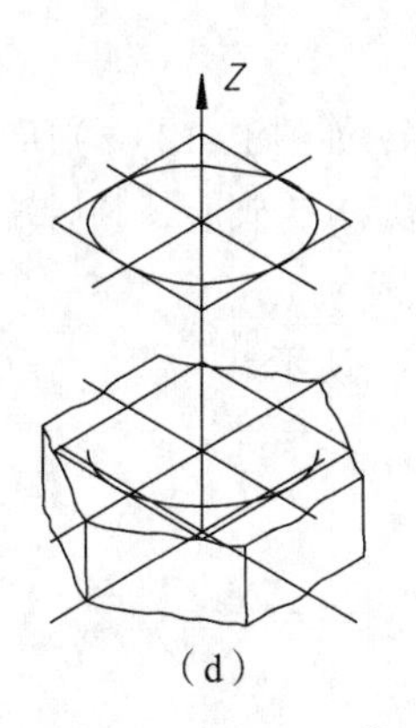


（d）

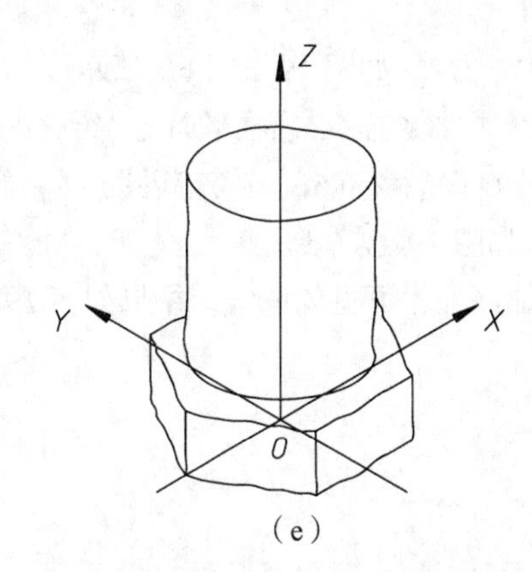


（e）

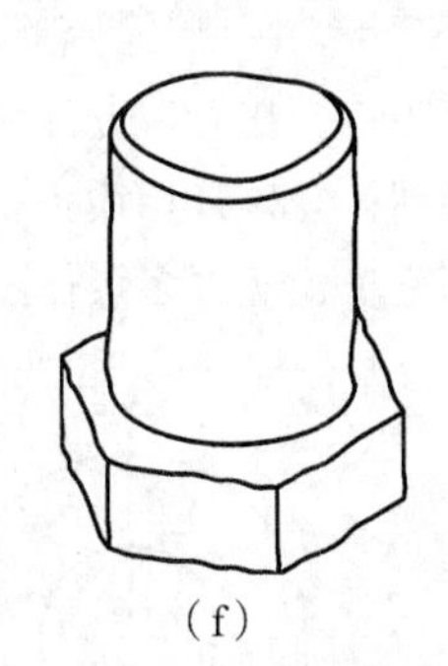

（f）

图 19-14　螺栓毛坯草图绘制过程（续）

**※项目归纳※**

（1）选用何种轴测图，既要考虑立体感强，又要考虑作图方便。正等轴测图适用于绘制各坐标面上都有圆的物体；斜二轴测图适用于某方向上的圆及孔较多的场合。

（2）轴测草图的大小是根据目测估计画出的，所以目测尺寸比例要做到准确。建议初学者画草图时可在网格纸上进行，从而积累徒手目测比例画草图的经验。

（3）在识读三视图构想物体过程中，如果能边思考边勾画轴测图，能有效培养空间想象力；同时徒手画图具有灵活快捷的特点，具有较大的实用价值。

**※巩固拓展※**

图 19-15 所示为立座主俯视图，绘制它的轴测草图。

前面以螺栓毛坯为例，介绍了正等轴测草图的画法。但对 19-14 中的立座，如果采用正等轴测图，需要画出多个椭圆，显然比较麻烦。如果画成斜二轴测图，只要画出前后位置若干个圆，这种表达方法适合物体上某方向的圆或孔较多的场合。

图 19-15　立座视图

斜二轴测图与正等轴测图的区别在于 $X$ 轴与 $Z$ 轴的轴间角为 90°，而其他两个轴间角为 135°。在 $Y$ 轴上的轴向伸缩系数为 0.5，在 $X$、$Z$ 轴上的伸缩系数都为 1，如图 19-16 所示。

由于立座正面有圆形结构，因此用斜二轴测图绘制比正等轴测图更加简单。下面是绘制立座的具体步骤：

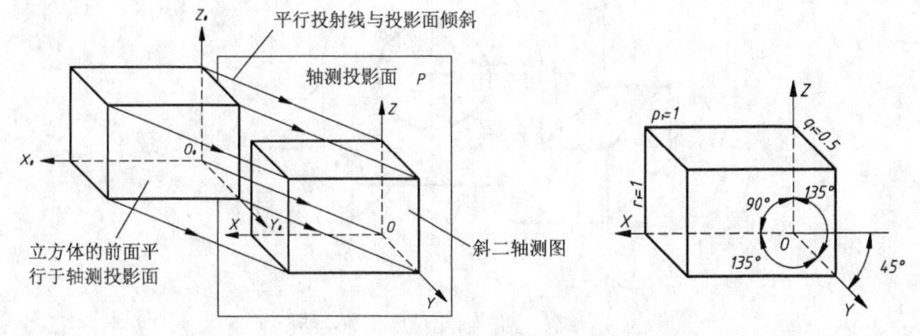


图 19-16　斜二轴轴间角和轴向伸缩系数

第一步，确定三根坐标轴在立座主、俯视图中的位置，如图 19-17（a）所示。

第二步，绘制轴测轴 $OX$、$OY$、$OZ$，如图 19-17（b）所示。

第三步，目测立座各部分尺寸，在 $OX$ 与 $OZ$ 所在平面上，绘制正面实形，如图 19-17（c）所示。

第四步，在 $OY$ 轴上，将圆心 $O$ 向后移 0.5L，确定新圆心 $O_2$ 位置。以 $O_2$ 为圆心，画后端面可见轮廓；并作公切线（右侧），如图 19-17（d）所示。

第五步，擦去多余作图线，加深加粗可见轮廓线，结果如图 19-17（e）所示。

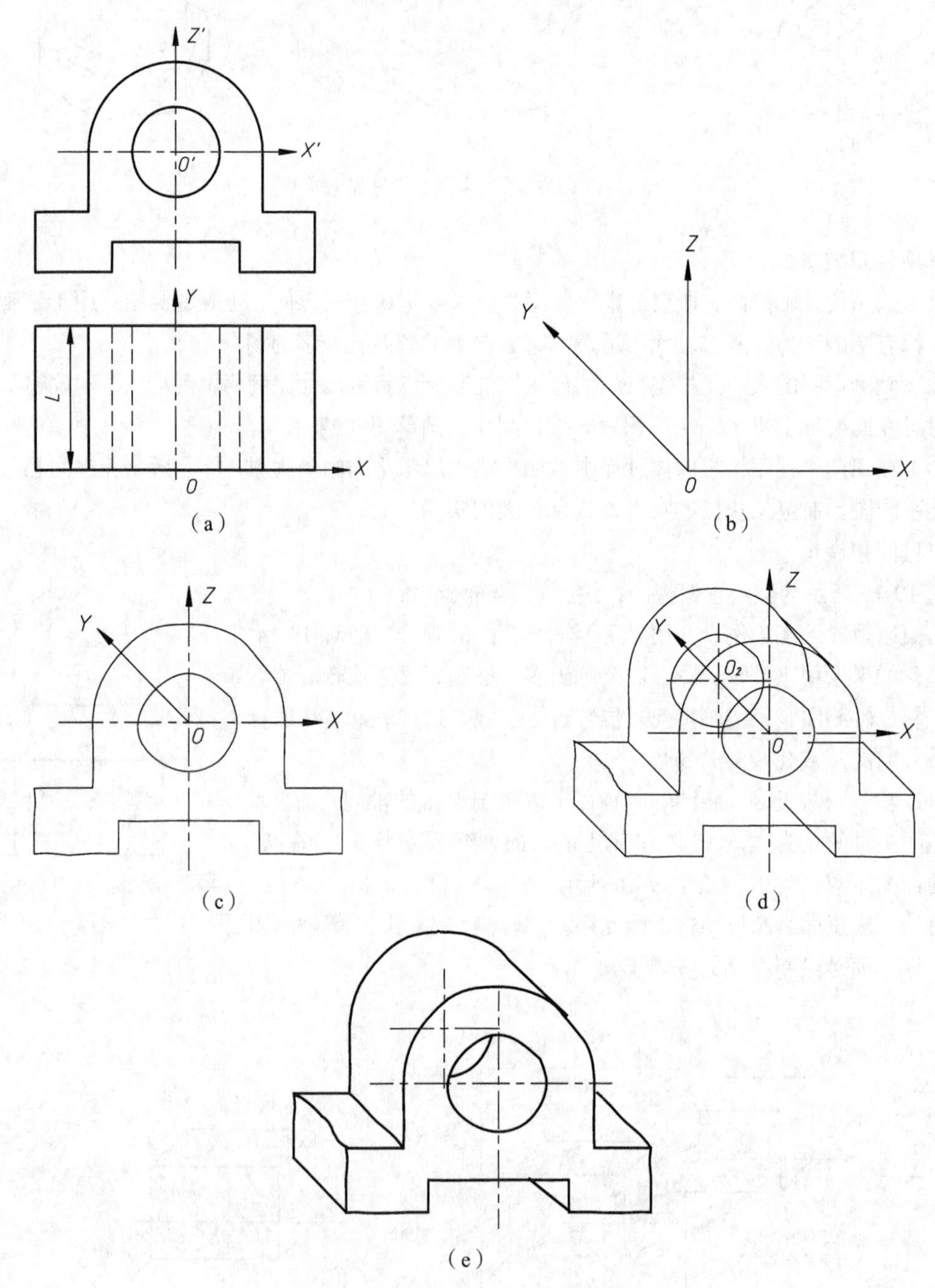


图 19-17　立座轴测草图绘制步骤

# 第三篇

# 形体表达

在工程实际中，机件形状多种多样、千变万化，有时机件的内、外形状都比较复杂，如果只是采用三视图可见部分画粗实线、不可见部分画虚线的方法，往往不能将形体合理清晰地表达。为此，国家标准规定了视图、剖视图、断面图、局部放大图等表达方法。

本篇设置了七个项目，分别介绍了视图、剖视图、断面图、局部放大图等制图标准中规定的常用表达方法。熟悉这些基本表示法后，可以根据形体的结构特点，从中选取适当方法，以便完整、清晰、简便地反映机件的各部分形状。本篇上承投影与视图，下接零件图和装配图，能为识读与绘制机械图样打下坚实的基础。

# 项目二十

# 学习视图表达方法

视图是根据国家标准有关规定，主要用来表示机件的外部形状。简单的形体用三视图就可表达清楚，但对于形体复杂、变化多端的机件，仅采用三视图显然不够。因此，究竟需要几个视图，才能将机件完整清晰地表达，必须多思考、多实践，才能正确选择视图，才能提高绘图效率。

**※学习目标※**

（1）了解视图、向视图、局部视图、斜视图含义和表达特点。

（2）掌握视图、向视图、局部视图、斜视图的形成、画法和配置形式。

**※项目描述※**

图 20-1 所示为压块，将它放置在有六个基本投影面组成的正六面体内，分别向这六个基本投影面投影，绘制相应的基本视图。

图 20-2 所示为弯管，用局部剖视图 *A* 表示底板；用局部剖视图 *B* 表示凸台；用斜视图 C 表示法兰盘。

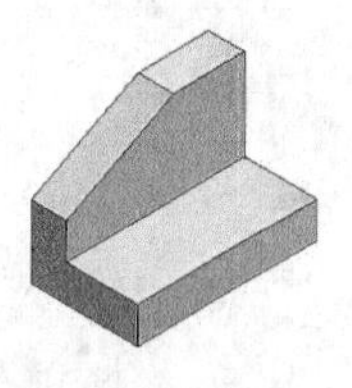

图 20-1　压块

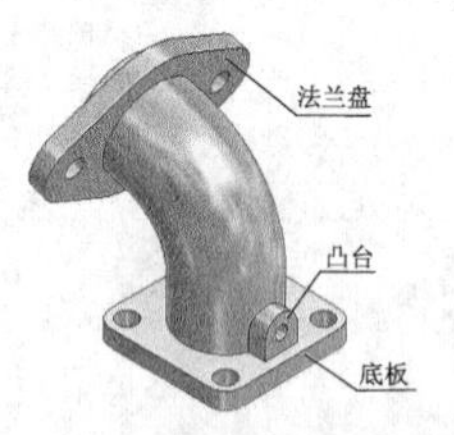


图 20-2　弯管

**※项目分析※**

绘制压块基本视图，首先需建立六个基本投影面，将六个投影面展开并摊平，使六个视图处在同一个投影面，从而形成基本视图，一般先绘制主视图，再绘制其他视图。

由于弯管上的法兰盘倾斜，如果采用如图 20-3 所示的三视图，则俯视图和左视图均不反映实形，且画图困难，又表达不清；若采用局部剖视图和斜视图，就可以将法弯法兰盘和凸台，合理而清楚地表达出来。

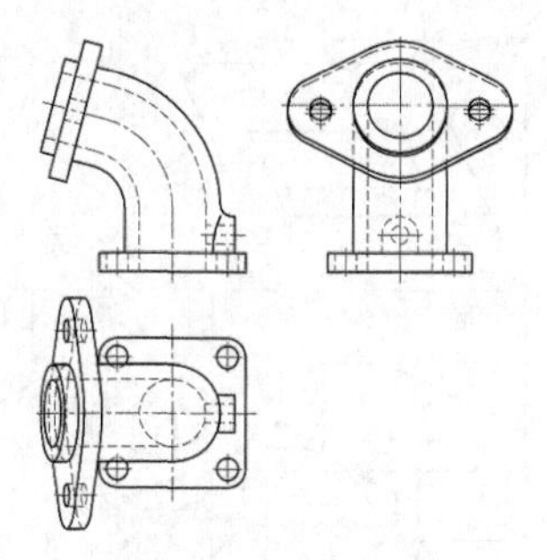

图 20-3　弯管三视图

**※项目驱动※**

视图主要用于表达机件外部形状，一般只画出机件可见部分，必要时才用虚线表达不可见部分。视图分为基本视图、向视图、局部视图和斜视图四种。

## 任务一　绘制压块基本视图

在三视图形成中，已经学习了三个基本投影面，即正平面 *V*、水平面 *H*、侧评面 *W*。现增设与 *V*、*H*、*W* 分别平行的三个投影面，这样构成了六个基本投影面。设其为一个正六面体，将压块放在这六面体系中，如图 20-4（a）所示。

压块分别向六个投影面投影，获得六个基本视图，如图 20-4（b）所示。

主视图：由前向后投影所得的视图；

后视图：由后向前投影所得的视图；

俯视图：由上向下投影所得的视图；

仰视图：由下向上投影所得的视图；

左视图：由左向右投影所得的视图；

右视图：由右向左投影所得的视图。

为使六个视图位于同一平面内，将它们按 20-4（c）所示方法展开。展开后摊平，六个基本视图配置关系如图 20-5 所示。

由图 20-5 可知，六个基本视图仍遵守投影“三等”关系，即：主、俯、仰、后“长对正”，主、左、右、后“高平齐”，俯、左、右、仰“宽相等”。除后视图外，靠近主视图的一侧是物体的后面，反之远离的一侧为前面。

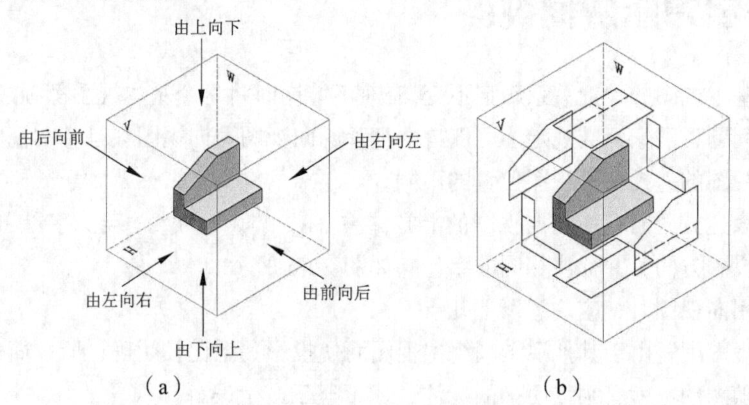


图 20-4　压块基本视图的形成

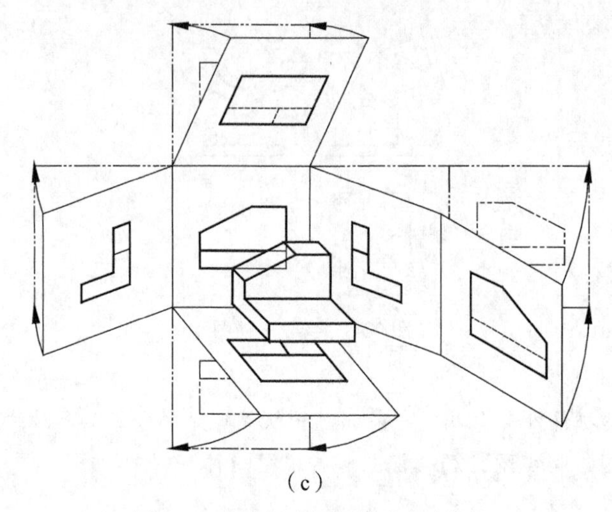

（c）

图 20-4　压块基本视图的形成（续）

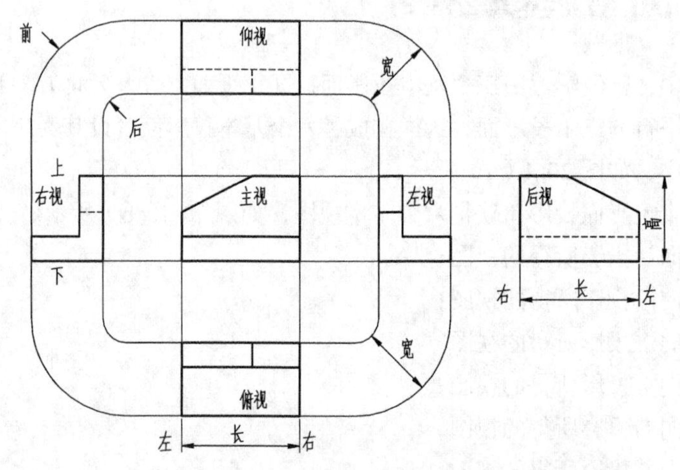


图 20-5　压块基本视图配置关系

基本视图主要用于表达零件在基本投射方向上的外部形状。在表达机件时，应根据它的结构特点，按照实际需要选用视图。一般应优先考虑选用主、俯、左视图三个基本视图，然后再考虑其他视图。总的要求是表达完整、清晰，又不重复，使视图数量最少。

## 任务二　学习压块向视图

由于六个基本视图的配置关系确定不变，有时不能同时将六个基本视图都画在同一张图纸上。为了解决这一问题，国家标准规定了可以自由配置的向视图。向视图只是基本视图的另一种表达形式，与基本视图的差别在于视图位置的不同。

采用这种表达方式时，应在向视图的上方标注“*X*”（“*X*”为大写英文字母），在相应视图的附近箭头指明投影方向，并标注相同的字母，如图 20-6 所示。

在实际运用向视图时，应注意以下几点。

（1）基本视图配置由于其他视图围绕主视图而使投影关系比较明确，所以简化了标注；而向视图的配置是随意的，就必须以明确的标注，才不至于产生误解。

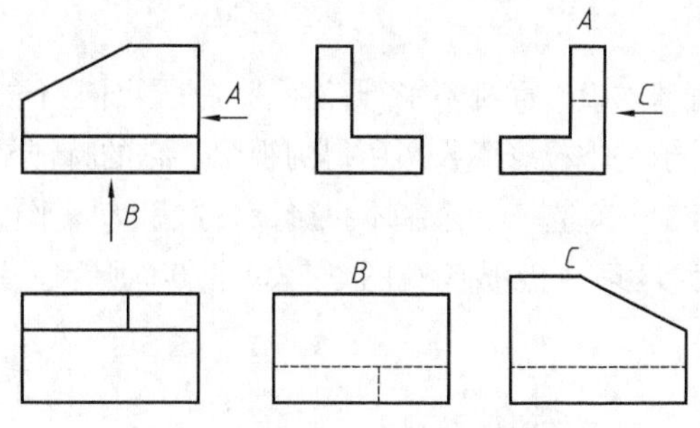


图 20-6　压块向视图

（2）向视图的视图名称“X”为英文字母，无论箭头旁的字母，或是视图上方的字母，均与正常的读图方向相一致，以便于识别。

## 任务三　绘制弯管局部视图和斜视图

1. 绘制局部视图

前面已经分析，弯管不宜采用三视图表达。在图 20-1 中，弯管主视图能将弯管外形及各部分之间相对位置基本得到反映，但其他视图并没有将凸台、底板、法兰盘的实形表达清楚。

国家标准规定，当机件的某一部位未表达清楚，没有必要用一个完整的基本视图表达时，可单独将这部分向基本投影面进行投影，所得的视图称为局部视图。采用局部视图后，可避免了重复表达结构形状的缺点。

如图 20-7 所示，弯管增添两个局部视图后，简明而清晰表达凸台和底板的真实形状，不再需要俯视图和左视图。左侧的局部视图反映了凸台外形状，由于凸台与主体相连，需用波浪线表示断裂边界；又因凸台在右视方向，中间没有其他图形隔开，可以省略标注。而局部视图 A 没有按照投影关系配置，必须标注清楚，但底板是独立结构，外形轮廓成封闭状态，则可以省略表示断裂边界的波浪线。

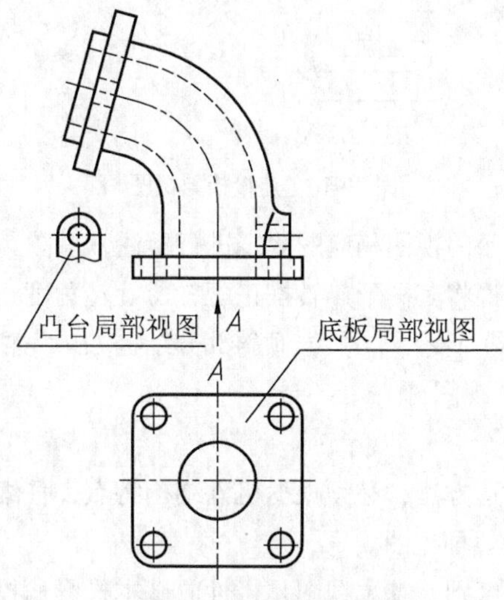


图 20-7　弯管局部视图

提示

局部视图一般要进行标注，方法是用箭头表示投影方向，用字母“X”表示图名，如图 20-7 所示的局部视图 A。

2. 绘制斜视图

由于弯管法兰盘与任何基本投影面都不平行，在基本投影面上不能反映实形。国家标准规定了斜视图——机件向不平行于基本投影面投影所得的视图。它的特征是需增设一个新的辅助投影面，使它与法兰盘表面平行，并垂直于一个基本投影面（这里为正平面 $V$），如图 20-8 所示。仅将法兰盘部分向该辅助平面投影，就形成斜视图 $C$，如图 20-9 所示。由于法兰盘结构完整，可省略表示断裂边界的波浪线。

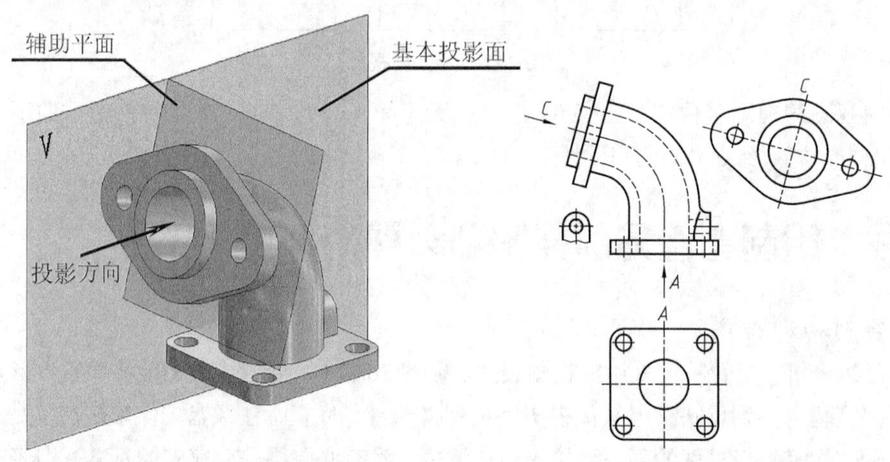


图 20-8　斜视图辅助平面　　　　图 20-9　弯管斜视图

斜视图仅反映机件倾斜结构，机件其他部分不必全部画出，可用波浪线将其断开，如图 20-10 所示连接板中的斜视图 $A$。

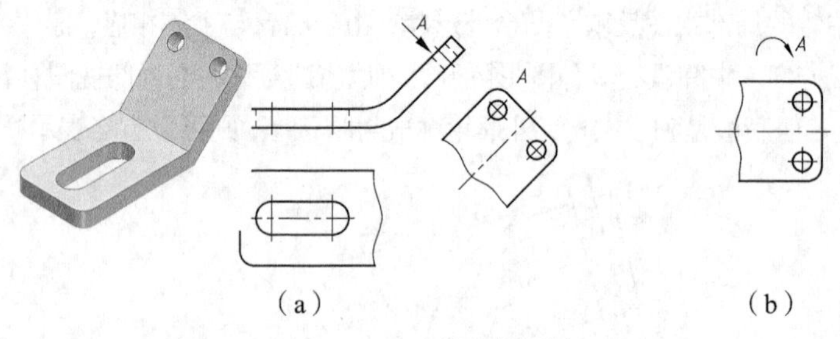


（a）　　　　（b）

图 20-10　连接板斜视图

斜视图必须标注，一般按照向视图相应的规定进行标注，如图 20-10（a）中的 $A$ 箭头。有时为了合理利用图幅，必要时允许将其图形旋转摆正配置（旋转角度一般以不大于 90° 为宜），且加注旋转符号，如图 20-10（b）所示。当然，倾斜部分结构如果完整，且轮廓线自成封闭，则波浪线省略不画，如图 20-9 中斜视图 $C$。

**※项目归纳※**

（1）无论采用哪种视图表达方法，必须根据机件结构特点，仔细分析后灵活选择，并不是每个机件的表达方案中都要用到各种视图。

（2）基本视图与向视图的区别：基本视图是机件向基本投影面投射所得的视图，向视图是可以任意配置的基本视图。当某个视图不能按投影关系配置时，可按向视图绘制。

局部视图与斜视图的区别：局部视图是将机件的某一部分向基本投影面投射所得的图形，斜视图是将机件的倾斜部分向不平行于基本投影面的平面投射所得的图形。

（3）画基本视图按投影规律配置一律不标注视图名称，投影规律遵守“三等”关系；画向视图时必须标注视图名称和投影方向；画局部视图、斜视图时断裂边界用波浪线表示。局部视图一般按投影关系配置，标注视图名称和投影方向；斜视图可按投影关系配置或旋转配置，标注视图名称，旋转配置时还需标注旋转符号。

**※巩固拓展※**

如图 20-11（a）所示的压紧杆，仔细分析形体，确定它的视图表达方法。

压紧杆左端的耳板是倾斜结构，显然宜采用斜视图表达。右端凸台，宜选用局部视图表达。为了表达圆筒与连接板间的相切关系，也应用局部视图，但耳板不需重复画出，用波浪线断开即可。这样，采用主视图，再加上局部视图 *B*、*C* 和斜视图 *A*，就可以将压紧杆的各个部位表达清楚，如图 20-11（b）所示。

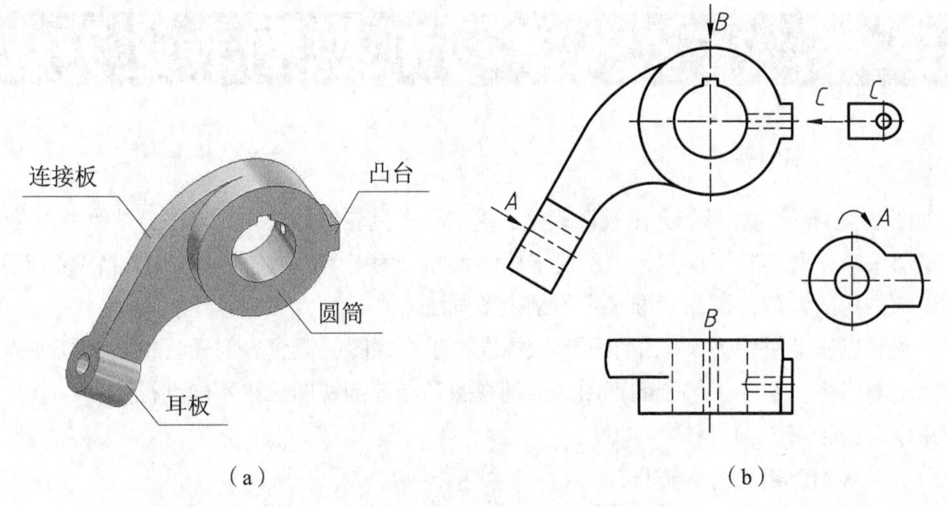


图 20-11 压紧杆视图表达方法

# 项目二十一

# 学习剖视图表达方法

如图 21-1 所示的压盖，如用视图表达，由于不可见轮廓线必须用虚线，导致主视图表达不够清晰，既不利于读图，也不便于标注尺寸。为了解决这一矛盾，达到清晰表达机件内部结构的目的，国家标准规定了剖视图画法。

本项目以压盖机件为例，介绍了国家标准关于剖视图的概念、剖视图的形成和剖视图的画法与步骤，初步了解全剖视图、半剖视图和局部剖视图三种不同剖视图。

**※学习目标※**

（1）了解剖视图概念和形成。

（2）掌握剖视图的画法，能正确标注剖视图。

（3）初步了解全剖视图、半剖视图和局部剖视图。

**※项目描述※**

图 21-1 所示为压盖机件的主视图和俯视图，将主视图改画成剖视图。

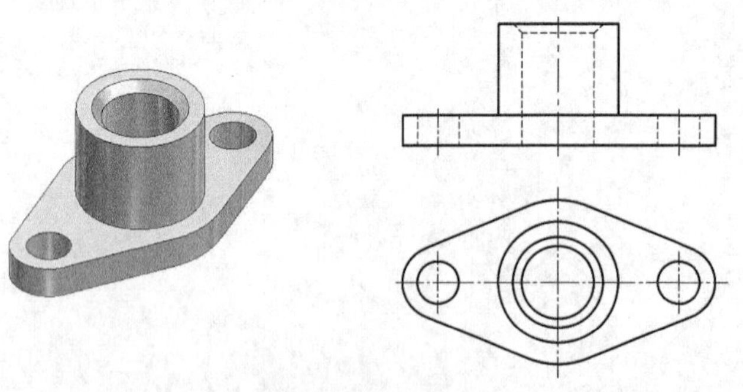

图 21-1　压盖

**※项目分析※**

为了清晰表示机件内部的结构形状，国家标准规定了剖视图画法。剖视图种类较多，针对不同形体，应采用不同的剖视方法。压盖机件前后对称，剖切平面位置应选在前后

对称平面。如果掌握了剖视图的画法，就可以顺利完成该项目。

**※项目驱动※**

## 任务一　绘制压盖剖视图

国家标准（GB/T 4458—2002）对剖视图的定义是：假想用剖切面剖开机件，将处在观察者与剖切面之间的部分移出，将其余部分向投影面投影所得的图形称为剖视图，简称剖视。

按照剖视图定义，压盖剖视图的画法步骤是：

第一步，确定剖切面位置。由于压盖前后对称，剖切面位置应选择机件的前后对称平面，如图 21-2（a）所示，并将观察者与剖切面之间的部分移去。

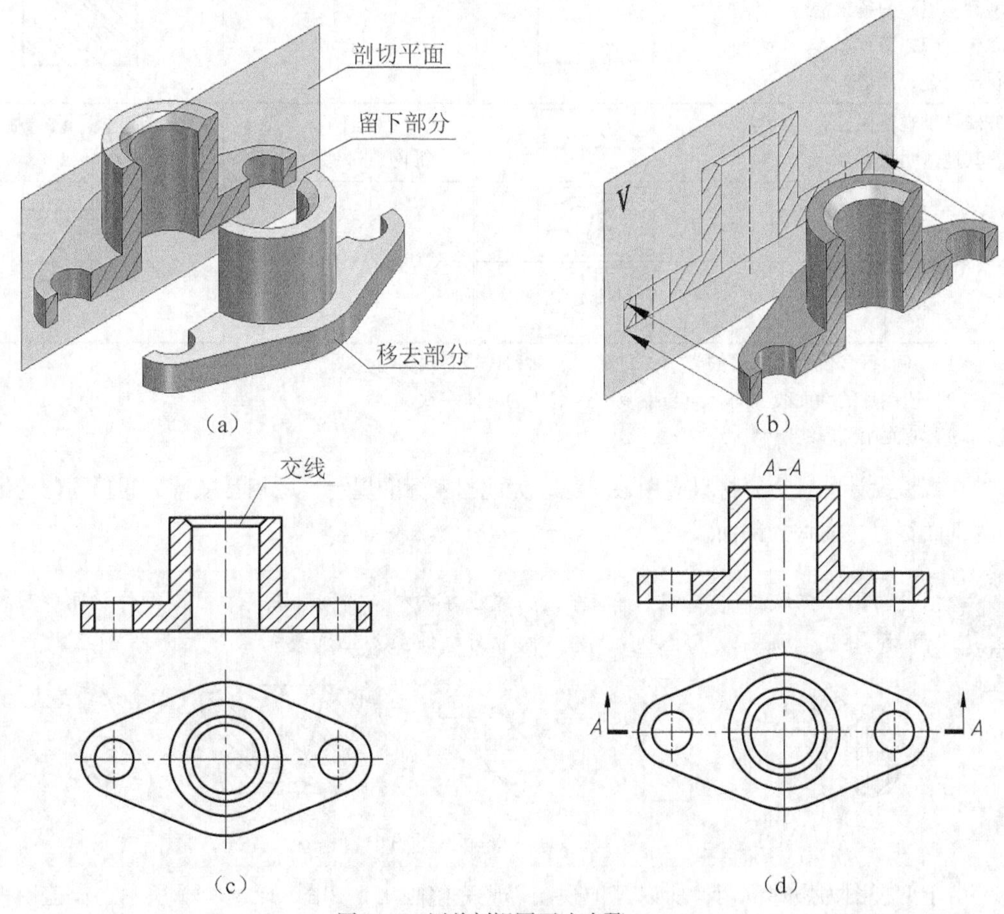


图 21-2　压盖剖视图画法步骤

第二步，形成剖视图。将留下部分向正平面 $V$ 进行投影，就形成剖视图，如图 21-2（b）所示。

第三步，画剖视图。首先，绘制压盖留下部分向 $V$ 面投影后所有可见轮廓线，注意不能遗忘圆锥面和圆柱面的交线；然后在每个剖面区域，按金属材料的剖面符号逐一画出，如图 21-2（c）所示。

由于机件被假想剖切，在剖视图中，剖切面与机件接触部分称为剖面区域（俗称切口）。为了使具有材料实体的剖面区域与其余部分明显加以区分，应在剖面区域内画出剖面符号。

国家标准规定了各种材料类别的剖面符号，如表 21-1 所示。

表 21-1　　剖面符号（GB 4457.5—1984）

| 材料 | 剖面符号 | 材料 | 剖面符号 |
|---|---|---|---|
| 金属材料（已有规定剖面符号者除外） | | 木质胶合板（不分层数） | |
| 线圈绕组元件 | | 基础周围的泥土 | |
| 转子、电枢、变压器和电抗器等的迭钢片 | | 混凝土 | |
| 非金属材料（已有规定剖面符号者除外） | | 钢筋混凝土 | |
| 型砂、填砂、粉末冶金、砂轮、陶瓷刀片、硬质合金刀片等 | | 砖 | |
| 玻璃及供观察用的其他透明材料 | | 格网（筛网、过滤网等） | |
| 木材　纵剖面 | | 液体 | |
| 木材　横剖面 | | | |

注：（1）剖面符号仅表示材料的类别，材料的名称和代号必须另行注明。
（2）迭钢片的剖面线方向，应与束装中迭钢片的方向一致。
（3）液面用细虚线绘制。

在机械设计中，金属材料应用最广泛，为此国家标准规定，用相互平行、间隔均匀的细实线作为剖面符号，简称为剖面线。

同一机械图样中的同一零件剖面线应方向相同，间隙相等，且剖面线的间隙应按剖面范围大小确定。另外剖面线的方向应与机件主要轮廓线成45°，如图21-3所示。

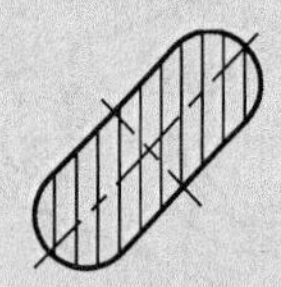
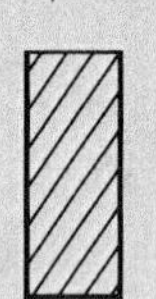
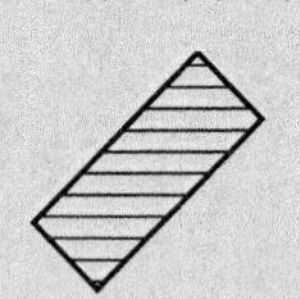
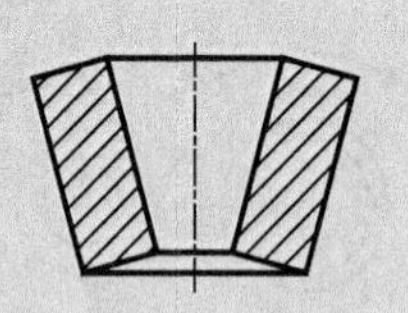
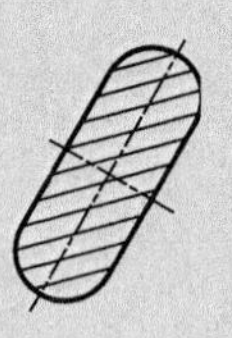

图 21-3　剖面线的方向

由于剖视图为假想剖切，所以其他视图仍应完整画出，如图 21-4（c）所示，压盖俯视图应保持完整。

第四步，标注剖视图。为便于读图，剖视图有时需要进行标注，剖视图标注一般有三个要素：

（1）剖切符号，表示剖切位置，用线宽 1.5$d$ 的断开粗实线表示。

（2）箭头，表示投影方向。在剖切符号的起迄处用箭头画出投影方向。

（3）字母，表示剖视图名称。一般在剖视图的正上方用字母标出该剖视图名称“$x$—$x$”，并在相应剖切位置处注出相同的字母。

根据这一要求，压盖剖视图的标注如图 21-2（d）所示。至此，压盖主视方向的剖视图绘制完成。

值得注意的是，剖视图标注三要素并不是一定需要全部标出。例如，压盖剖视图，由于剖切平面通过机件的对称面，加上按投影关系配置，且无其他视图隔开，压盖剖视图的标注允许省略。

图 21-4 所示为底座在 *B*—*B* 剖视图可省去箭头。这是由于剖切面虽然不通过对称平面，但按投影关系配置，且无其他视图隔开，因此可以省略箭头，其他却不能省去。

再如 20-4 中的 *A*—*A* 剖视图，剖切平面没有通过机件对称面，也没有按投影关系配置，还有其他视图隔开，所以需要标出三要素。

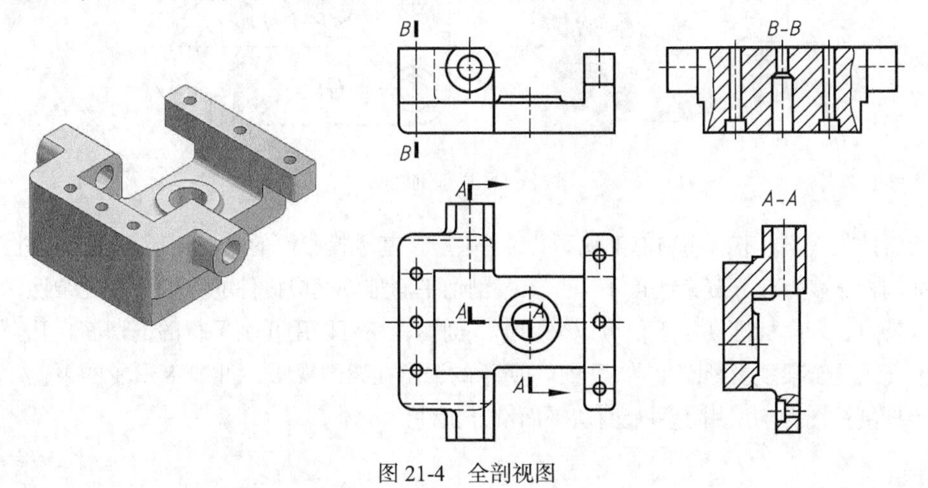

图 21-4　全剖视图

## 任务二　学习剖视图种类

按照剖切面不同程度剖开机件情况，剖视图可分为全剖视图、半剖视图和局部剖视图。

（1）全剖视图：用剖切面完全地剖开物体所得的剖视图，称为全剖视图，简称全剖视，如图 21-4 所示底座的 *A*—*A* 剖视图和 *B*—*B* 剖视图，均是全剖视图。

（2）半剖视图：当机件具有对称平面时，向垂直于对称平面的投影面投射所得的图形，可以以对称中心线为界，一半画成剖视图，另一半画成视图，这种组合的图形称为半剖视图，如图 21-5 所示的 *A*—*A* 半剖视图和 *B*—*B* 半剖视图。

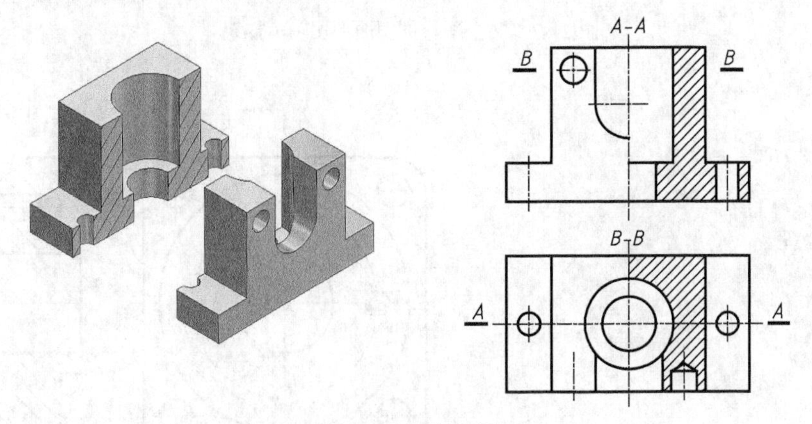

图 21-5　半剖视图

（3）局部剖视图：用剖切面局部地剖开物体所得的剖视图，称为局部剖视图，简称局部剖视。如图 21-6 所示的主、俯视图，均用局部剖视图表达。

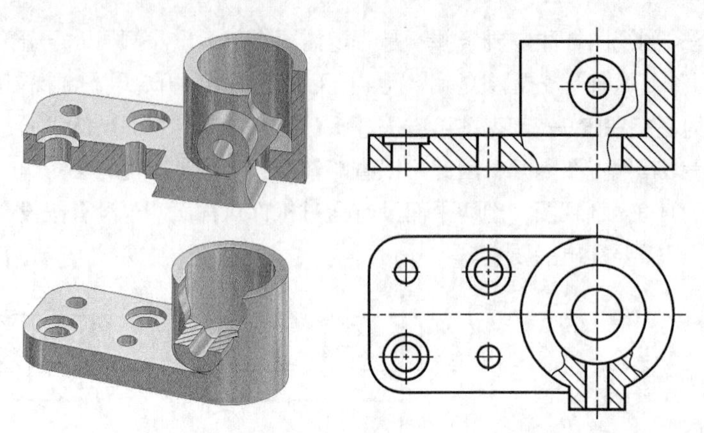

图 21-6　局部剖视图

前面所述的全剖、半剖或局部剖视图，都是平行于基本投影面的单一剖切平面剖开机件而得。由于形体结构千变万化，复杂程度不一，单一剖切平面难以适应机件的多样性及复杂性，根据机件的结构特点，国家标准规定不仅可以采用单一剖切，还可以用几个平行的剖切面，几个相交的剖切面（交线重于某一投影面），如图 21-7 所示的轴承挂架剖视图、图 21-8 所示的泵盖、图 21-9 所示的摇杆剖视图，均采用了两个剖切平面剖开机件。

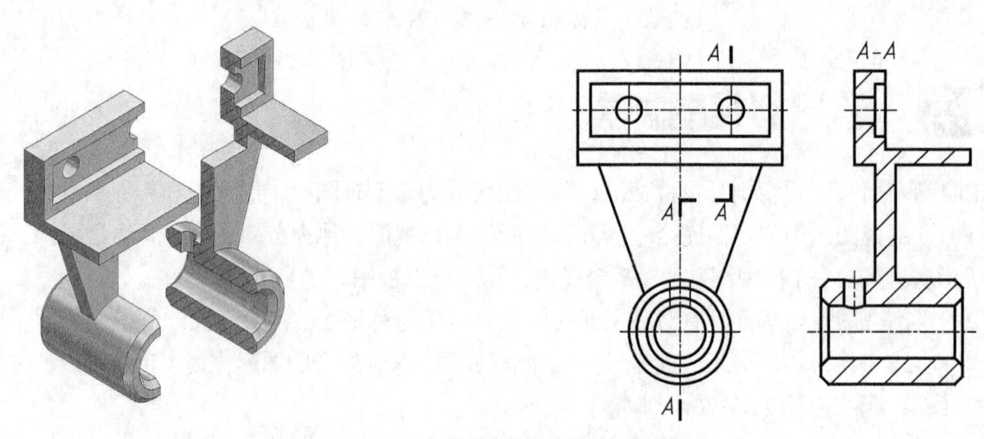


图 21-7　两个平行剖切面剖切轴承挂架

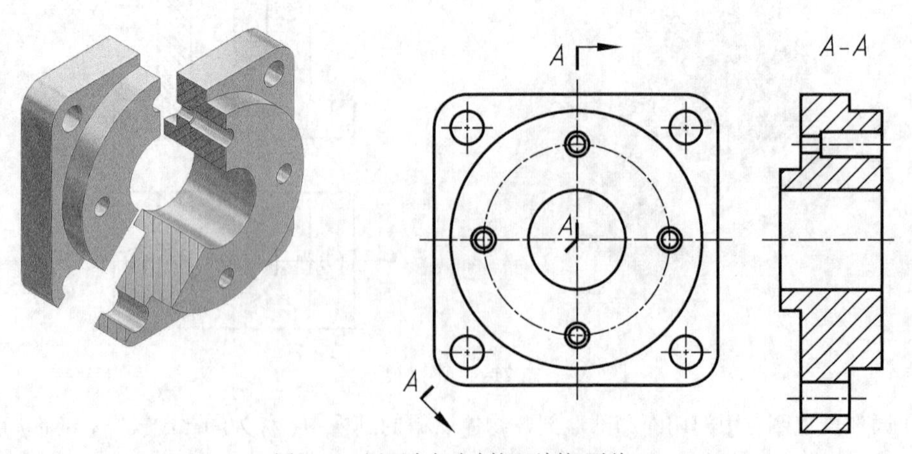


图 21-8　用两个相交剖切面剖切泵盖

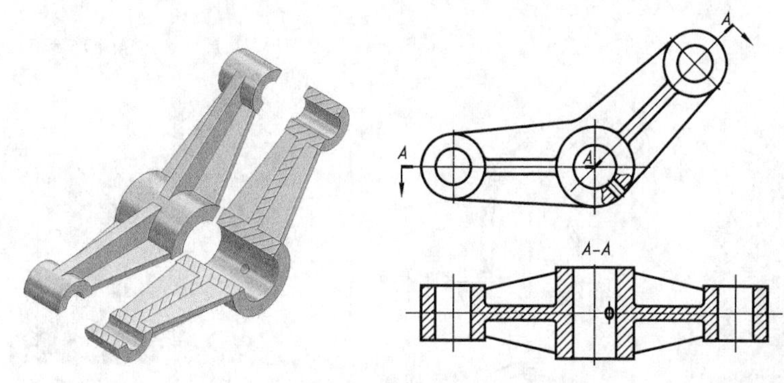


图 21-9　用两个相交剖切面剖切摇杆

有些机件也可以采用单一柱面剖切，将其剖视图展开后绘制，如图 21-10 所示。

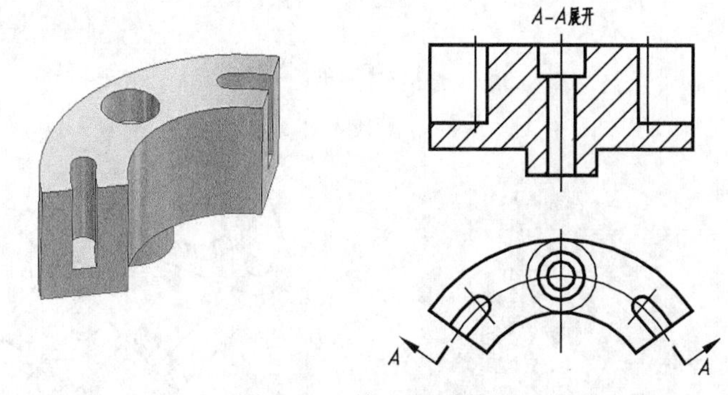


图 21-10　单一柱面剖切

**※项目归纳※**

（1）剖视图是机械图样中十分重要的表达方法。绘制剖视图的基本方法：首先确定剖切面位置后假想剖开机件，移去剖切面与观察者之间的部分，将留下的部分进行投影。应先作出所有可见轮廓线，确定剖切区域（即切口），然后在各个剖切区域绘制某材料（大多为金属）的剖面符号（即剖面线），最后标注剖视图（如满足省略标注条件可以不标）。

（2）按剖开机件的范围，可将剖视图分为全剖视图、半剖视图和局部剖视图。绘图时，应根据机件的结构特点，恰当地选用单一剖切面、几个平行或相交的剖切面。

**※巩固拓展※**

如图 21-11（a）所示，主视图采用了局部剖视图，俯视图采用了全剖视图。为了反映倾斜的法兰实形，同时反映弯头内部结构，选择通过前后凸台中心孔的平面作为剖切平面，即将弯头的倾斜结构用单一剖切平面剖开，如图 21-11（b）所示。

由于该剖切面不平行于任何基本投影面，所以它是一个斜剖切平面，所得的剖视图一般应与倾斜部分保持关系，具体作图步骤如下：

第一步，确定剖切平面位置，将留下部分向辅助投影面进行投射，如图 21-12（a）所示。

第二步，绘制剖视图。先将留下部分的可见轮廓线全部画出，然后在各个剖切区域绘制剖面线，结果如图 21-12（b）所示。

第三步，标注剖视图。在剖切平面位置处画出剖切符号和箭头，并在剖视图上方，标出“*B*—*B*”，如图 21-12（c）所示。

有时可将剖视图旋转，但旋转后的标注形式应为“*B*—*B*”加旋转符号⌒，如图 21-12（d）所示。

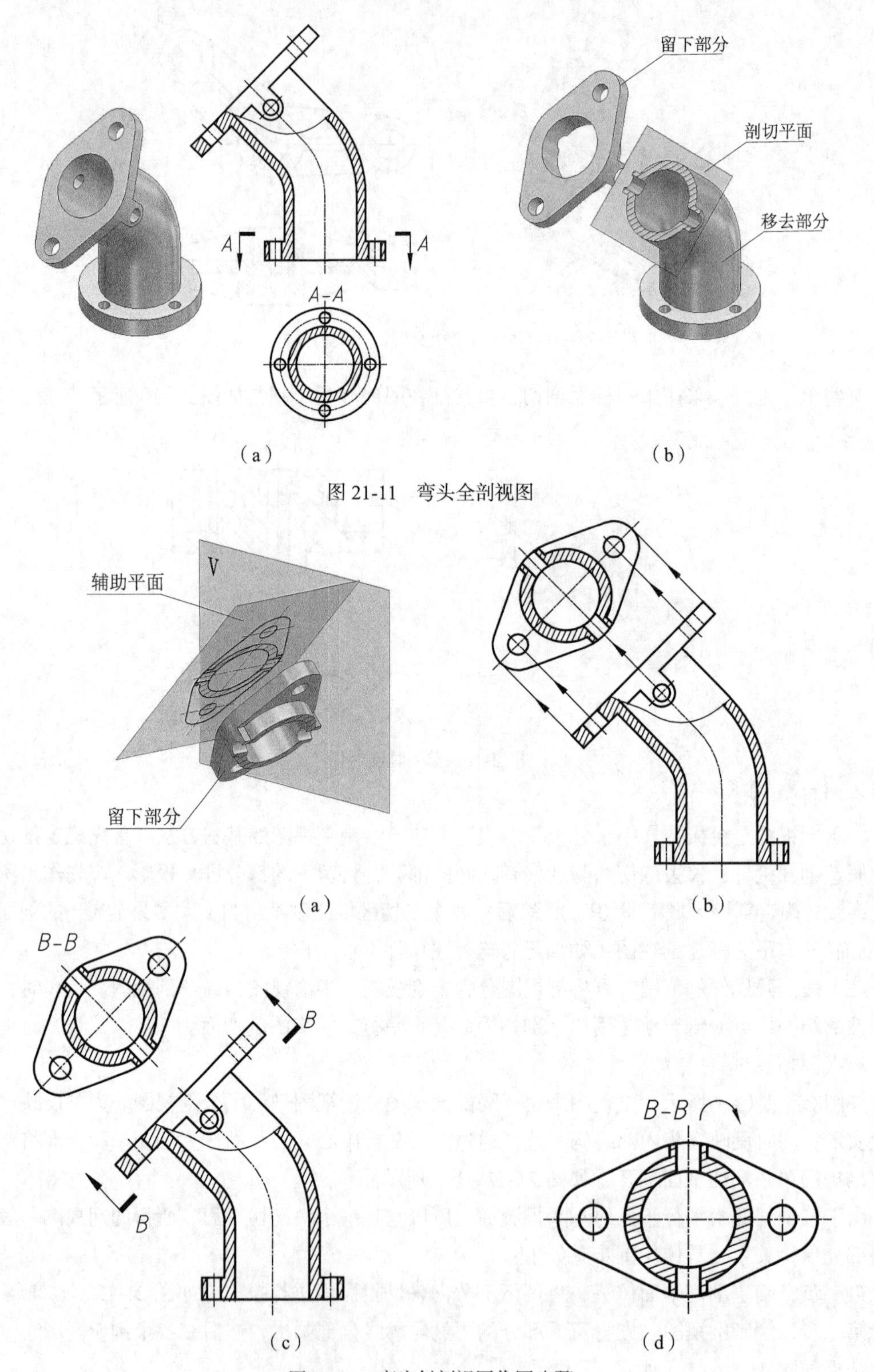


图 21-11　弯头全剖视图



图 21-12　弯头斜剖视图作图步骤

可见，单一剖面可以平行于基本投影面，也可以不平行于基本投影面的倾斜投影面，这种剖视图一般应与倾斜结构保持投影关系，但也可以配置在其他位置，可以根据实际需要来确定。

# 项目二十二

# 绘制轴承挂架剖视图

国家标准规定，根据机件的结构特点，可以采用几个平行的剖切平面或几个相交的剖切平面剖开机件。本项目以轴承挂架和摇杆为例，介绍了用两个平行剖切面、两个相交剖切面剖开机件而得的剖视图画法与步骤；通过采用 AutoCAD 软件绘制轴承挂架剖视图，强化软件绘图技能，深刻理解剖视图的画法要领。

**※学习目标※**

（1）掌握用几个平行的剖切面、几个相交剖切平面剖开机件所得剖视图的画法。

（2）能绘制轴承挂架、摇杆等中等复杂程度机件的全剖视图。

**※项目描述※**

将图 22-1（a）所示轴承挂架，用恰当的剖视图表达出来。

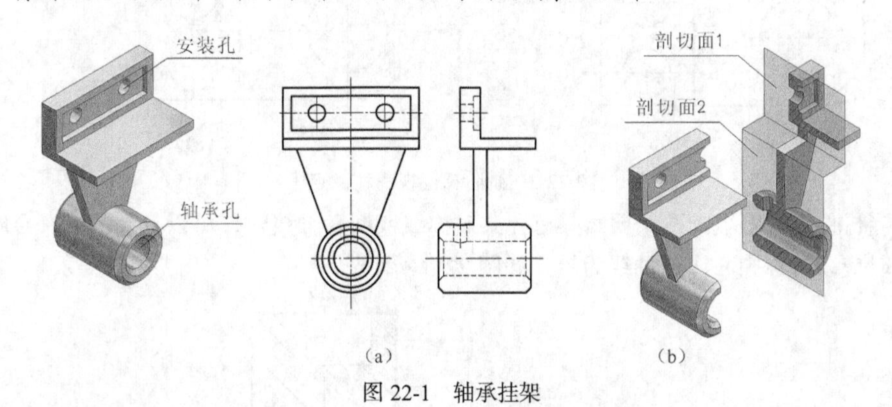


图 22-1　轴承挂架

**※项目分析※**

由图 22-1（a）可知，轴承挂架左右对称，若用通过该对称平面的剖切面剖开机件，则上端的两个安装孔就无法剖开；若用一个剖切平面剖开其中的一个安装孔，则下端轴孔就无法剖开。

为了解决以上矛盾，可用两个平行的剖切面分别剖开一个安装孔和轴承孔，如图 22-1（b）所示，达到完全表达轴承挂架内部结构的目的。

※项目驱动※

## 任务一　了解相关知识

国家标准规定，允许用几个平行的剖切平面剖开机件获得剖视图，正如图22-1所示的轴承挂架。绘制这类剖视图，由于剖切平面的不同，所以与项目二十一中的压盖画法有差异。因此，在绘制用几个平行剖切面剖开机件的剖视图时，必须注意以下几点：

（1）由于剖切面为假想，因此，用几个平行的剖切平面剖开机件后，也不应画出剖切平面转折处的投影，如图22-2（a）所示。

（2）剖切符号中的粗短实线，不应与轮廓线重合，如图22-2（b）所示。

（3）要恰当选择剖切位置，避免在视图中出现不完整要素，如图22-2（c）所示。

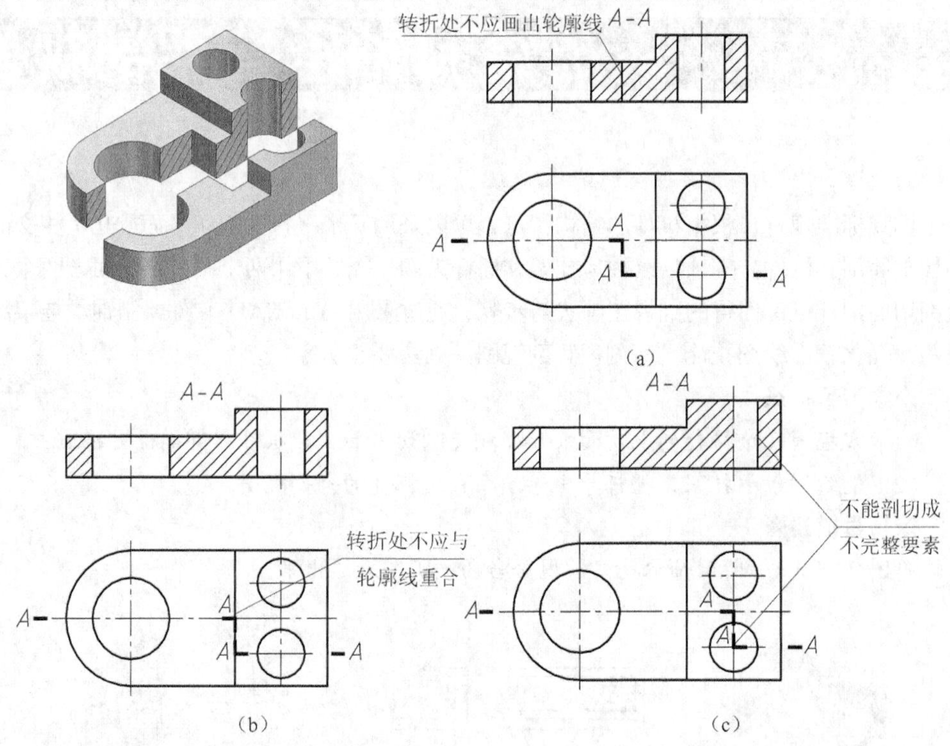


图22-2　画阶梯剖视图注意点

（4）当机件在视图上的两个要素具有公共对称线或回转轴线时，可以各剖一半，合成一个剖视图，此时应以对称中心线或轴线为界，如图22-3所示。

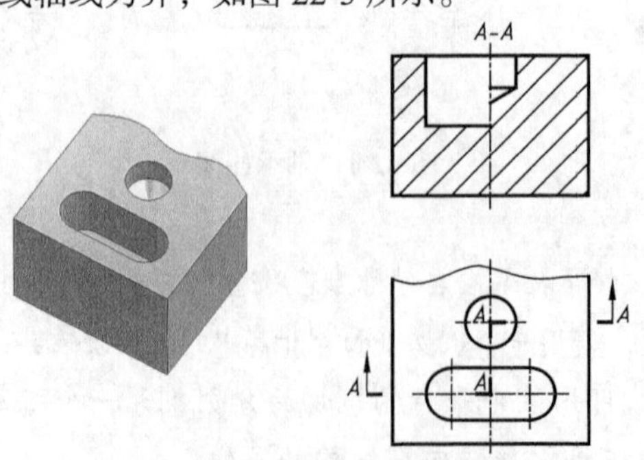


图22-3　各剖一半的剖视图

## 任务二　绘制轴承挂架剖视图

根据以上要求，轴承挂架剖视图绘制步骤如下：

第一步，确定剖切面的位置。选择两个互相平行且平行于侧平面的剖切面剖开机件，如图 22-1（b）所示。

第二步，绘制剖视图。将留下部分进行投影，先绘制全部可见轮廓线（注意不能画剖切面转折处的投影），然后在每个剖面区域上画出剖面线，结果如图 22-4（a）所示。

第三步，标注剖视图。用剖切符号在主视图上剖切面起始和终止位置，以及转折处标出，并标明字母“*A*”，最后在左视图上方标出“*A—A*”，如图 22-4（c）所示。

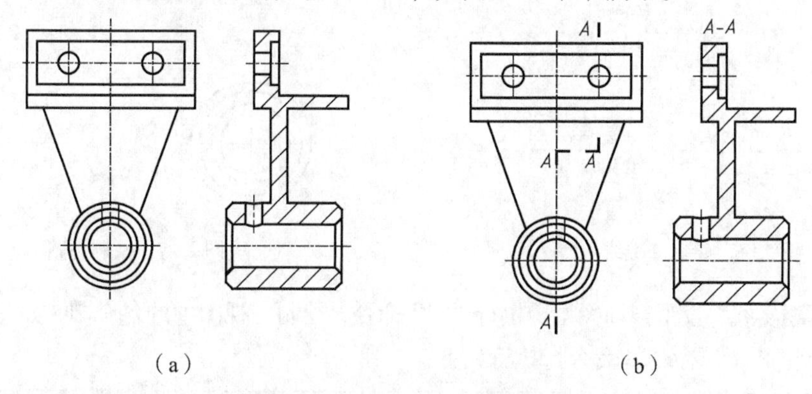


图 22-4　轴承挂架剖视图画法步骤

提示

在图 22-4（b）中，由于两视图按照投影关系配置，允许省略箭头。

## 任务三　用 CAD 软件绘制轴承挂架

### 1．设置绘图环境

（1）启动 AutoCAD 软件，进入“AutoCAD 经典”空间状态。

（2）设置图形界限为“297,210”，并将绘图界面满屏显示。

（3）新建“粗实线”、“中心线”、“标注”、“虚线”、“细实线”、“剖面线”六个图层，如图 22-5 所示。

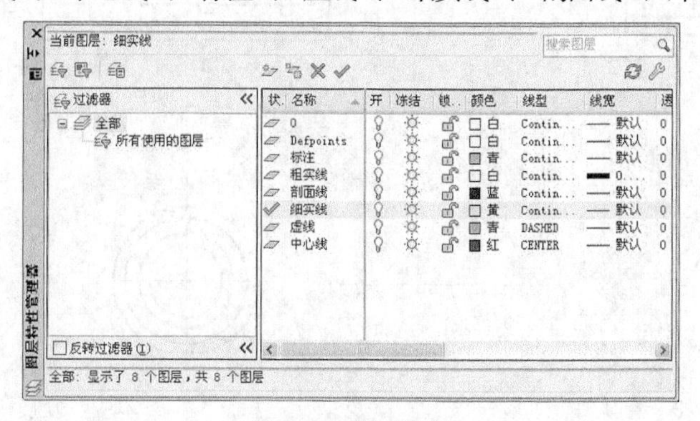


图 22-5　图层设置

（4）设置对象捕捉模式。打开“极轴”、“对象捕捉”、“对象追踪”状态按钮，选择端点、圆心、交点、切点为对象捕捉模式。

2. 绘制图形

（1）将“中心线”设为当前图层，执行“直线”、“镜像”命令，在适当位置画出主视图、左视图的基准线，如图22-6所示。

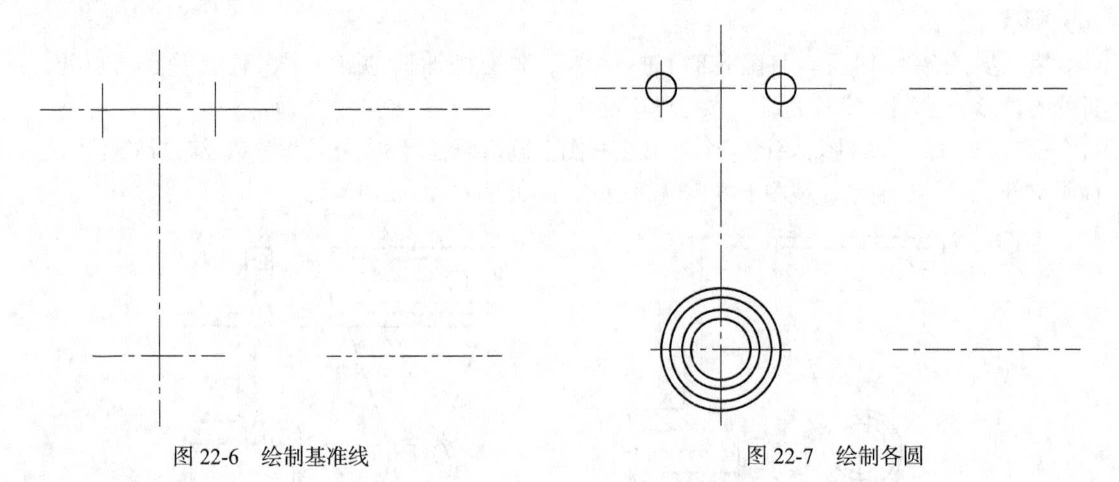

图22-6 绘制基准线　　图22-7 绘制各圆

（2）将“粗实线”设为当前图层，执行“圆”命令，绘制主视图中的各个圆，如图22-7所示。

（3）执行“矩形”命令，命令行执行如下：

提示

“矩形”命令用于绘制直角矩形，倒角矩形或圆角矩形。绘制的任何矩形，都是一个整体对象，除非通过执行“分解”命令，才能将矩形分解为可以独立编辑的四条边。

命令：_rectang　　//执行命令

指定第一个角点或 [倒角(C)/标高(E)/圆角(F)/厚度(T)/宽度(W)]：_from 基点:<偏移>: @-65,-30//先单击中心点 $B$，临时“捕捉自”，输入第一个角点的相对坐标，得到点 $C$。

指定另一个角点或 [面积(A)/尺寸(D)/旋转(R)]：@130,60：//输入另一个角点的相对坐标，得到点 $D$，完成矩形的绘制。

继续执行“偏移”命令，将该矩形向内偏移距离为8，结果如图22-8所示。

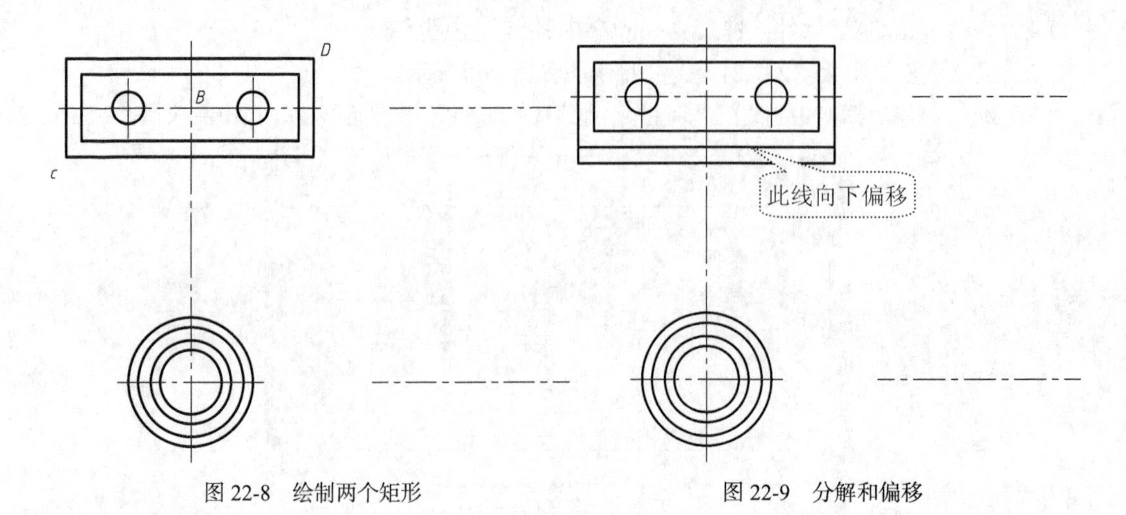


图22-8 绘制两个矩形　　图22-9 分解和偏移

（4）执行“分解”命令，命令行执行如下：

```
命令: _explode
选择对:找象到 1 个          //单击大矩形，回车结束命令，矩形。
```

分解命令执行后，尽管外观没有任何变化，但原矩形已经分解成独立的四条边，而不再是一个独立的整体单元，图 22-9（a）所示为分解前，图 22-9（b）所示为分解后，请读者仔细观察不同之处。

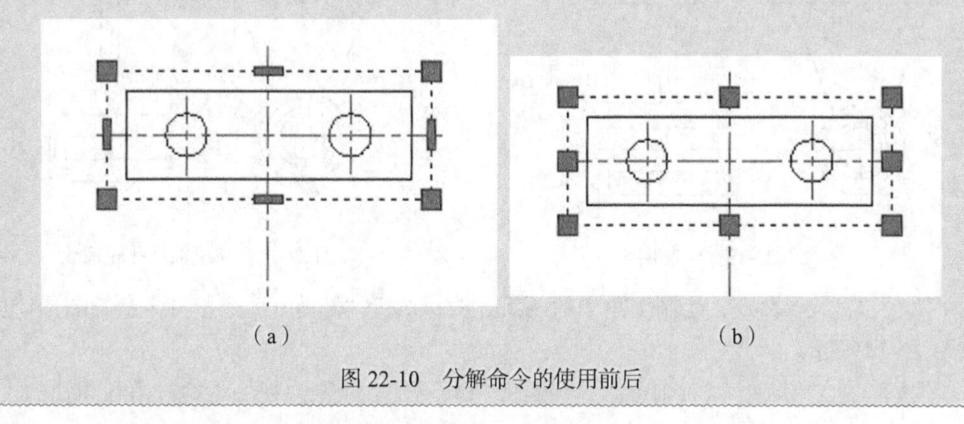

（a）　　（b）

图 22-10　分解命令的使用前后

执行“偏移”命令，将大矩形最下水平线向下偏移距离为 10，如图 22-10 所示。

（5）执行“偏移”命令，将主视图的对称中心线，分别向左、右各偏移两次；执行“直线”命令，绘制两条倾斜线，结果如图 22-11 所示。

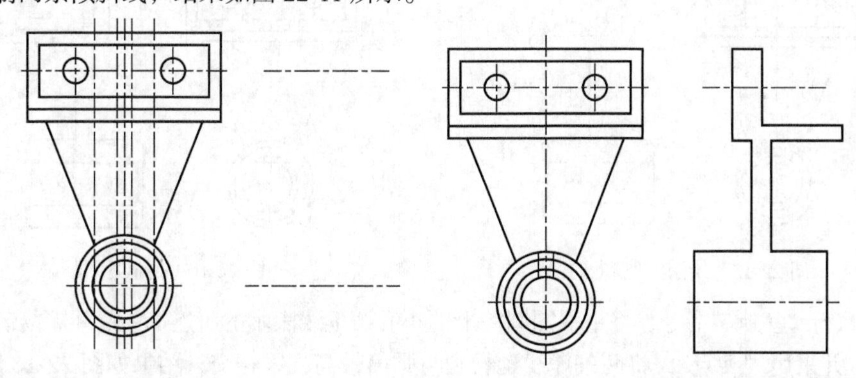

图 22-11　偏移四条中心线　　图 22-12　绘制内孔以及左视图轮廓

（6）执行“删除”命令，先将靠最外的两条垂直中心线删去；采用“夹点”命令，调整里面两条中心线长度，直至变为内孔深度；执行“直线”命令，按照已知尺寸，绘制左视图的外轮廓，结果如图 22-12 所示。

（7）将主视图中表示内孔的两条中心线，放置到“虚线”图层；执行“打断”命令，将主视图和左视图的各条中心线，调整到合适长度；单击“倒角”命令图标▢，命令行执行如下：

```
命令: _chamfer                                                        //执行命令
(“修剪”模式) 当前倒角距离 1 = 0.0000, 距离 2 = 0.0000                 //说明
选择第一条直线或[放弃(U)/多段线(P)/距离(D)/角度(A)/修剪(T)/方式(E)/多个(M)]:T↙ //选择修剪模式
输入修剪模式选项[修剪(T)/不修剪(N)] <修剪>: N↙                        //选择不修剪模式
选择第一条直线或[放弃(U)/多段线(P)/距离(D)/角度(A)/修剪(T)/方式(E)/多个(M)]:D↙ //选择距离模式
指定第一个 倒角距离 <0.0000>: 4↙                                       //输入倒角距离
```

```
指定 第二个 倒角距离 <0.0000>: 4↙                                          //输入倒角距离
选择第一条直线或 [放弃(U)/多段线(P)/距离(D)/角度(A)/修剪(T)/方式(E)/多个(M)]: //单击第一条直线
选择第二条直线，或按住 Shift 键选择要应用角点的直线:单击第二条直线，完成倒角。
```

重复“倒角”命令，继续绘制其他倒角，结果如图22-13所示。

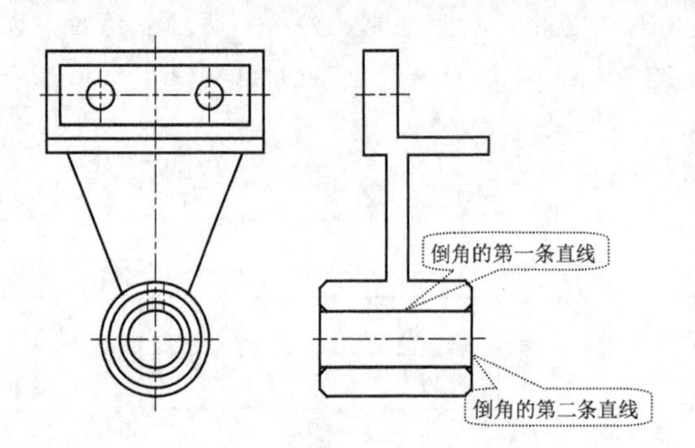


图22-13　绘制倒角

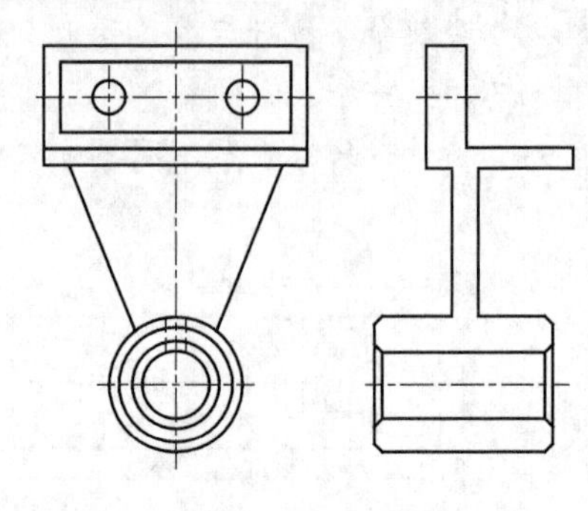

图22-14　完成轴承孔轮廓线

（8）执行“直线”命令，绘制倒角中的两条连线；执行“修剪”命令，将多余的图形修剪掉，结果如图22-14所示。

（9)）执行“直线”命令，利用主、左视图“高平齐”，绘制左视图中的方槽和圆孔的投影，如图22-15所示。

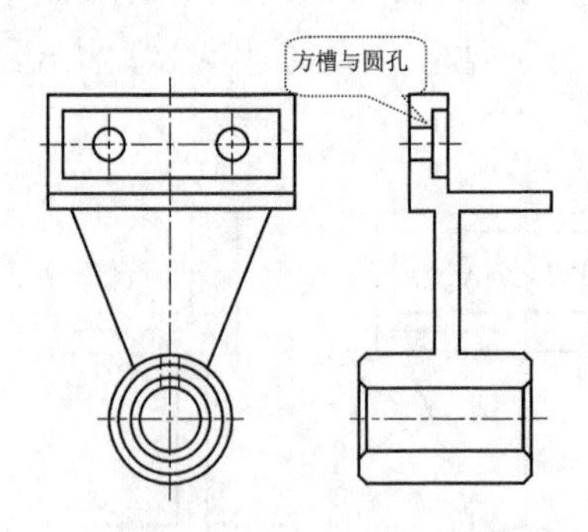


图22-15　绘制方槽和圆孔

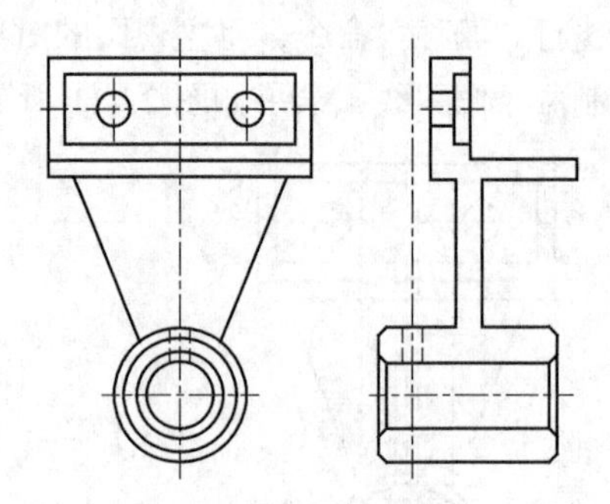

图22-16　复制小孔

（10）执行“复制”命令，将主视图圆筒上的小孔（虚线表示的）连带中心线，复制到左视图所在位置，并采用“夹点”，将两条虚线延长到与圆筒最高素线相交，结果如图22-16所示。

（11）执行“打断”命令，将小孔中心线调整到合适的长度，并将两条虚线放置到“粗实线”图层，如图22-17所示。

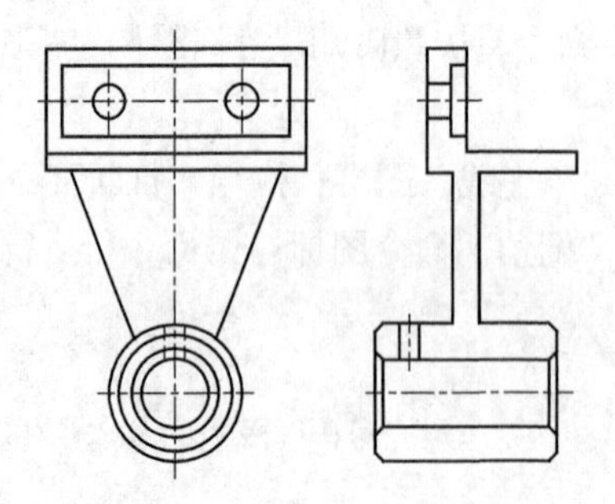

图22-17　完成小孔左视图

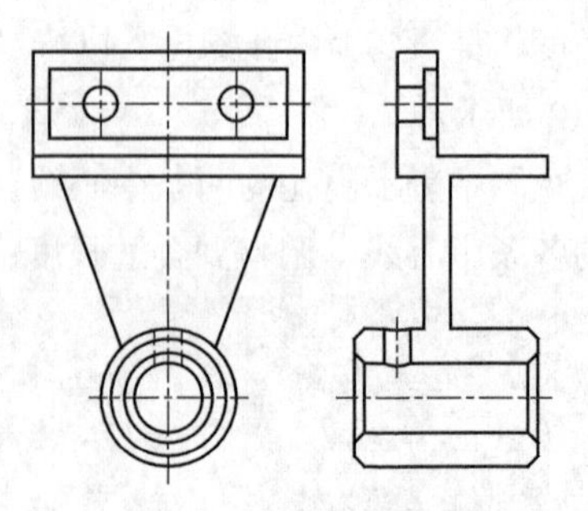

图22-18　绘制相贯线

（12）执行“圆”、“修剪”、“删除”等命令，绘制小孔与圆筒相交产生的内、外相贯线，如图

22-18 所示。

（13）将“剖面线”设置为当前图层。单击“图案填充”命令图标，打开“图案填充和渐变色”对话框，如图 22-19 所示。

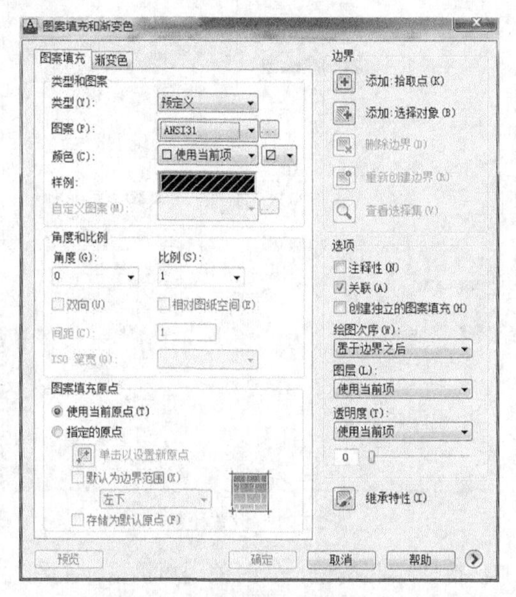

图 22-19　“图案填充和渐变色”对话框

在“图案填充”选项卡中，首先对“图案”、“比例”和“角度”进行设置，其他采用默认值。针对支座，由于材料是金属，剖面线“图案”一般选择“ANSI31”，如图 22-20 所示；“角度”取“0° ”，比例取“1.5”，其他默认，如图 22-21 所示。

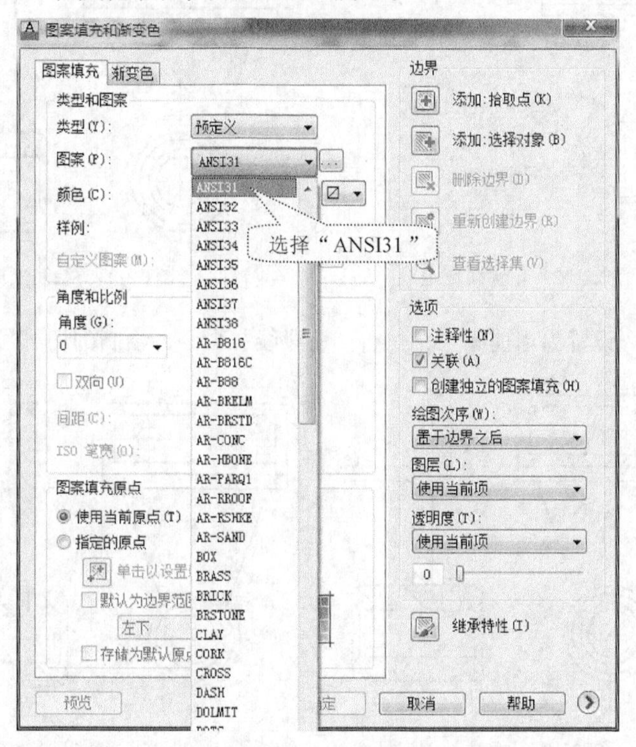

图 22-20　选择图案

图 22-21　设置比例

单击“边界”中“添加：拾取点”按钮，暂时关闭对话框，返回绘图区，拾取点，系统将自动根据围绕指定点构成封闭区域的现有对象确定边界，轮廓线则变为“虚线”，如图 22-22 所示。按回车键，结束选择区域后返回对话框，单击“确定”按钮即可，结果如图 22-23 所示。

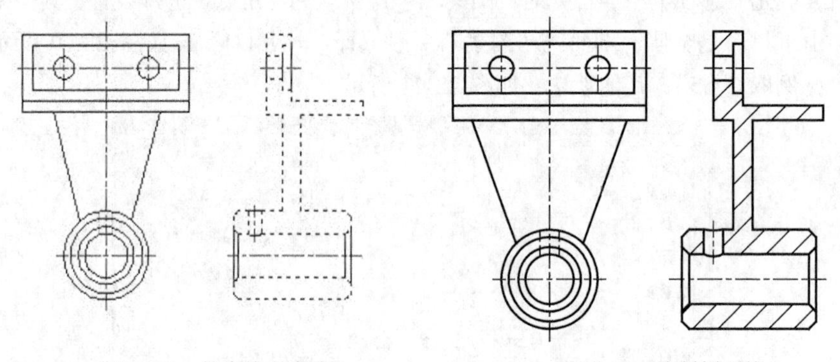

图 22-22　轮廓线变虚线　　　　图 22-23　绘制剖面线

（14）将“标注”设置为当前图层，执行“多段线”命令，绘制剖切符号，如图 22-24 所示。

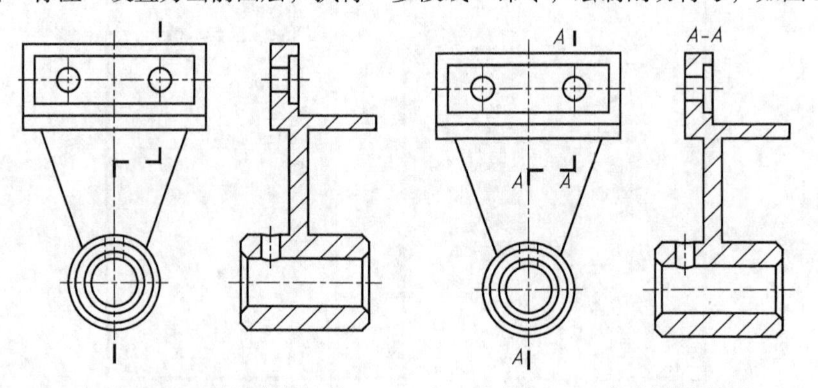


图 22-24　标注剖切记号　　　　图 22-25　完成剖视图标注

（15）执行“多行文字”命令，在各个剖切符号处位置处书写字母“*A*”，并在左视图上方书写“*A—A*”，如图 22-25 所示。至此，完成轴承挂架的绘制。

3. 保存文件

执行“保存”命令，打开“图形另存为”对话框，在“文件名”中输入“轴承挂架”，单击“保存”按钮即可。

**※项目归纳※**

由于机件形状不同，因此相应的剖切面的形式和数量就不同。一般按剖切面特征，分为单一剖切面、几个平行的剖切面和几个相交的剖切面。这三种剖切面中，大多数为平面，也可以是剖切柱面，但采用柱面剖切的情况比较少。

**※巩固拓展※**

将图 22-26 所示摇杆的俯视图，用恰当的剖视图表达。

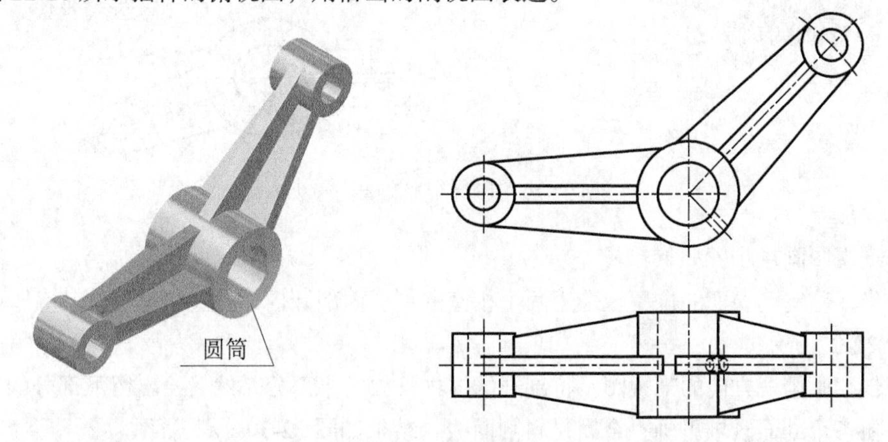


图 22-26　摇杆

由图 22-26 所示可知，摇杆中间有一个圆筒，左右两“翼” 各自带有一个轴孔。若用一个水平面剖切摇杆，则右侧轴孔无法表达，如果用一个正垂面剖开右侧轴孔，则左侧轴孔又无法表达。

为了解决这一矛盾，假设用两个相交的剖切平面（两平面交线将垂直于正投影面）剖开摇杆，就能将它完全剖开，使内部结构得到全面表达，如图 22-27 所示。

绘制摇杆剖视图前，需要注意以下几点：

（1）相邻两剖切平面的交线应垂直于某一投影面。

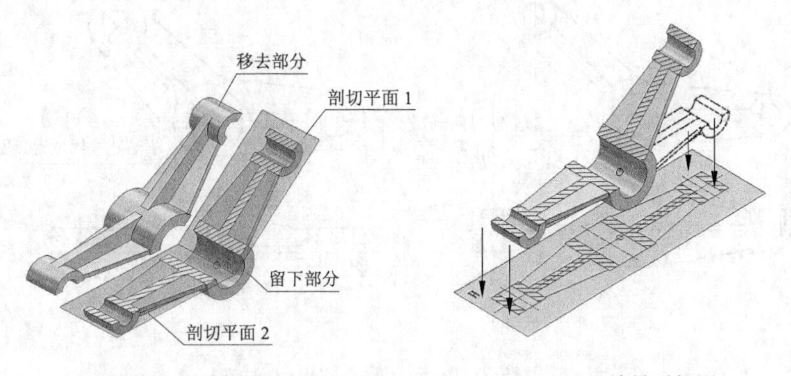


图 22-27 剖切摇杆　　图 22-28　旋转后投影

（2）先假想按剖切位置剖开机件，然后将被剖切平面剖开的结构及其有关部分旋转到与选定的投影平面平行后，再进行投影，从而可以反映被剖切结构的真实形状，如图22-28所示。

（3）当两相交剖切平面剖到机件上的结构产生不完整要素时，应将此部分结构按不剖绘制，如图22-29所示。

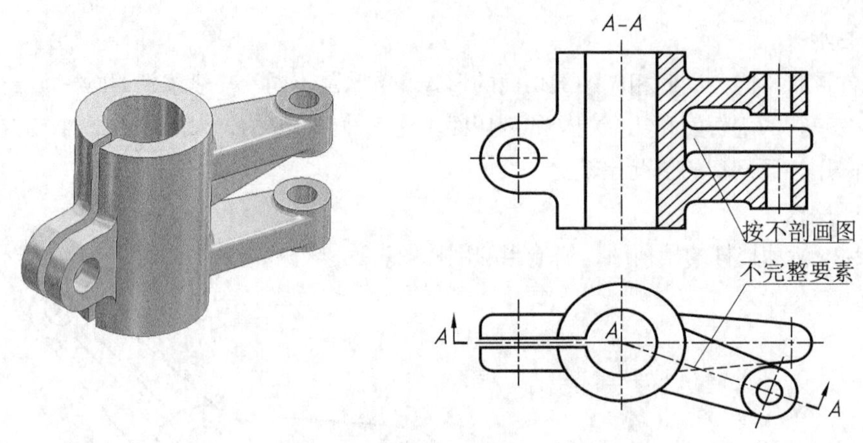


图22-29 剖到不完整要素的画法

摇杆剖视图画法步骤如下：

第一步，确定剖切面的位置。采用两个相交的剖切面剖开摇杆，且均通过两“翼”的中心位置，如图22-27所示。

第二步，画俯视方向的剖视图。将剖开的摇杆移去上半部分，然后绘出留下部分的全部可见轮廓线；在各个剖面区域里画上金属材料剖面线，结果如图22-30（a）所示。

**提示**

① 摇杆两侧的前后位置均有加强筋，剖切平面沿加强筋厚度方向剖开为纵向剖切，这些结构都不应画剖面线，且要用粗实线将它与其连接部分分开，如图22-30（a）所示。

② 在剖切平面后面的其他结构，一般仍按原来位置投影画出，如图 21-30（b）所示的小油孔。

第三步，标注剖视图。在主视图上剖切位置的起始、终止和转折处均要用粗短实线画出（即剖切符号）。注意，每一处要用相同的字母 *A* 标出，并在俯视图上方用“*A*—*A*”表示剖视图，如图22-30（b）所示。

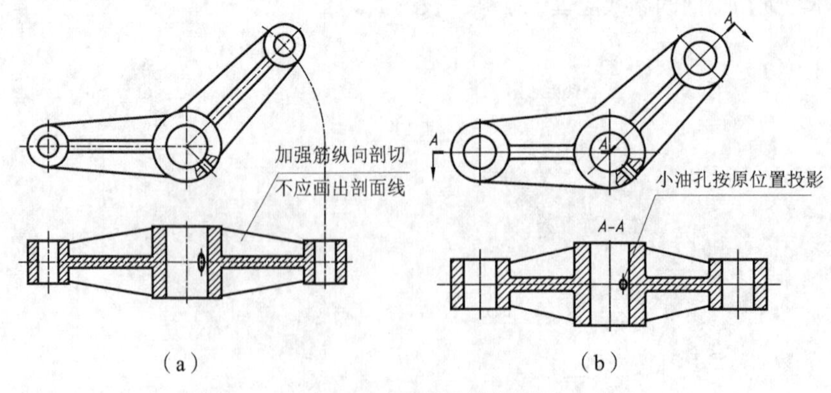


图22-30 摇杆旋转剖视图

采用两个相交剖切平面绘制的剖视图必须标注。在图 22-30（b）中，箭头所指的方向，是与剖切平面垂直的投影方向，而不是旋转方向。由于主、俯视图之间没有其他图形隔开，也可省略箭头，但注写的字母一律按水平位置书写，字头朝上。

# 项目二十三

# 绘制支座半剖视图

本项目介绍了半剖视图的概念、适用场合和注意事项。以支座为例，学习半剖视图的画法和步骤，并用CAD软件绘制支座半剖视图。

**※学习目标※**

（1）了解国家标准《机械制图》关于半剖视图的相关规定和要求。

（2）掌握半剖视图画法与步骤，能用CAD软件绘制支座半剖视图。

**※项目描述※**

将图23-1所示支座的主视图和俯视图，各绘制成半剖视图。

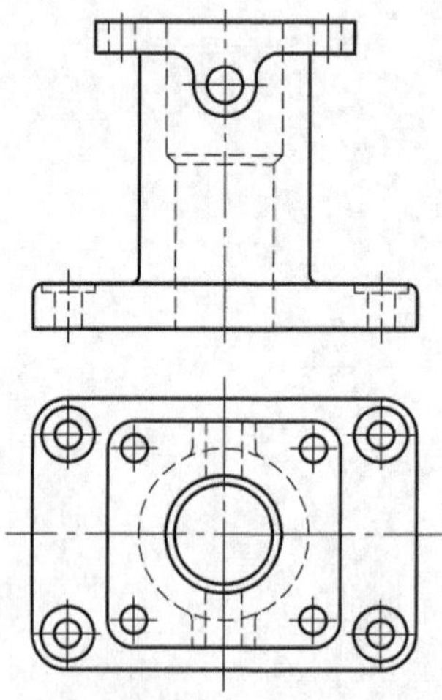

图23-1　支座视图

**※项目分析※**

由图23-1所示可知，支座外形和内部结构都比较复杂，但它前后、左右均对称。为了清楚表达支架内外结构，可用图23-2（a）、（b）所示的剖切面剖开机件，这样既充分表达支座的内部形状，又保留了支座的外部形状，可以简化图形，一举两得，使机件清晰而合理地得到表达。

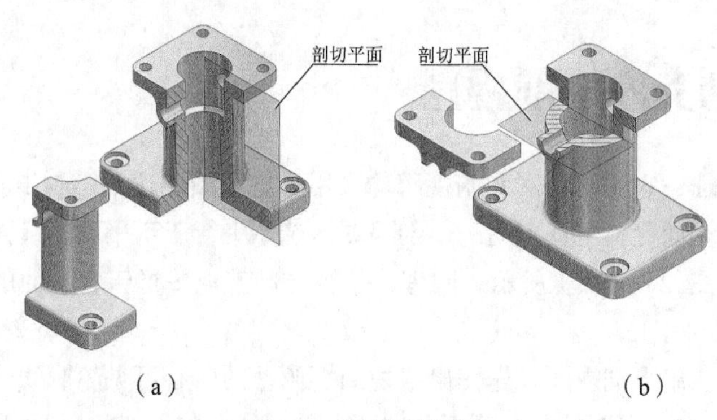


（a）　　　　　　　　　　　　（b）

图 23-2 支座剖切平面

**※项目驱动※**

## 任务一　学习相关知识

当物体具有对称平面时，向垂直于对称平面的投影面投射所得的图形，可以以对称中心线为界，一半画成剖视图，另一半画成视图，这种组合的图形称为半剖视图，简称半剖视。

绘制半剖视图，应注意以下几个方面：

（1）在半剖视图中，半个外形视图和半个剖视图的分界线必须画成细点画线，不能画成粗实线，如图 23-3 所示。

（2）由于机件内部形状已在半个剖视图中表达清楚，且机件往往对称，因此，在表达外部形状的半个视图中，虚线应省略不画，如图 23-3 所示。

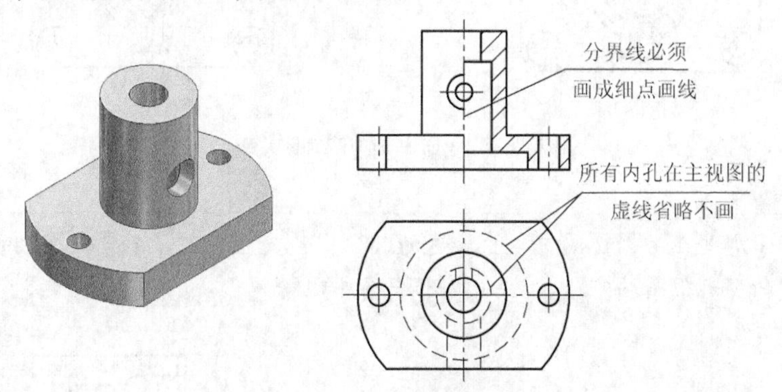


图 23-3　画半剖视图注意点

（3）半剖视图的标注方法与全剖视图相同，但剖切符号画在图形轮廓线之外，如图 23-4 所示。

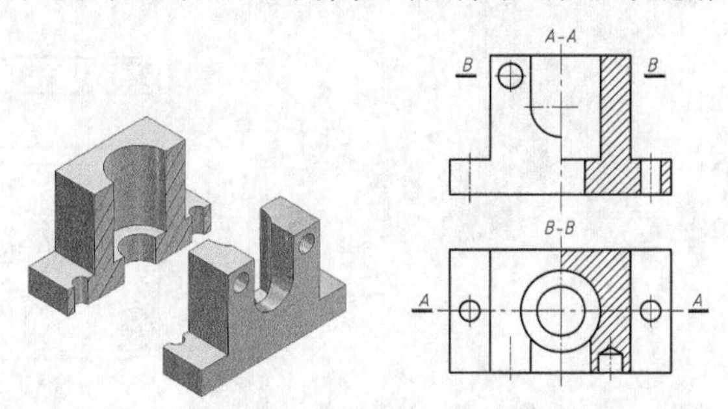


图 23-4　半剖视图的标注

# 任务二　绘制支座半剖视图

根据支座结构特征，它的主视图和俯视图均采用半剖视图表达，绘制步骤具体如下：

第一步，确定剖切面置。主视方向的半剖视图，选用平行于正平面的平面为剖切面，但仅剖开右侧半个机件，如图 23-2（a）所示；同理，俯视方向选取平行于水平面的平面为剖切面，如图 23-2（b）所示。

第二步，绘制主、俯半剖视图。先作出主视图、俯视图所有可见轮廓线（注意视图部分的虚线应省略不画），然后在两视图的各个剖面区域画上剖面线，如图 23-5（a）所示。

第三步，标注半剖视图。由于主视图采用前后对称平面剖切后得到的半剖视图，可省略标注；而用水平面剖切后所得的半剖视图，由于该剖切面不在对称平面位置，所以必须标注，如图 23-5（b）所示的 *A—A*。

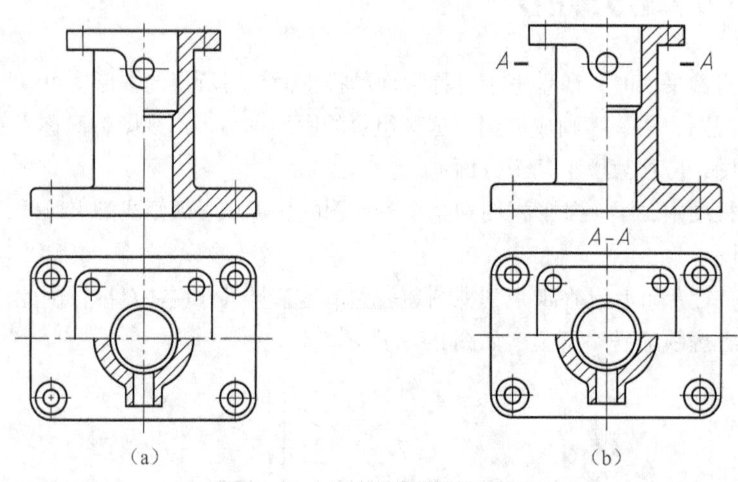


图 23-5　支座半剖视图画图步骤

提示

对于那些在半剖视图中不易表达的部分，如支座中上、下安装板上的孔，可在视图中以局部剖视图的方法表达，如图 23-6 所示。

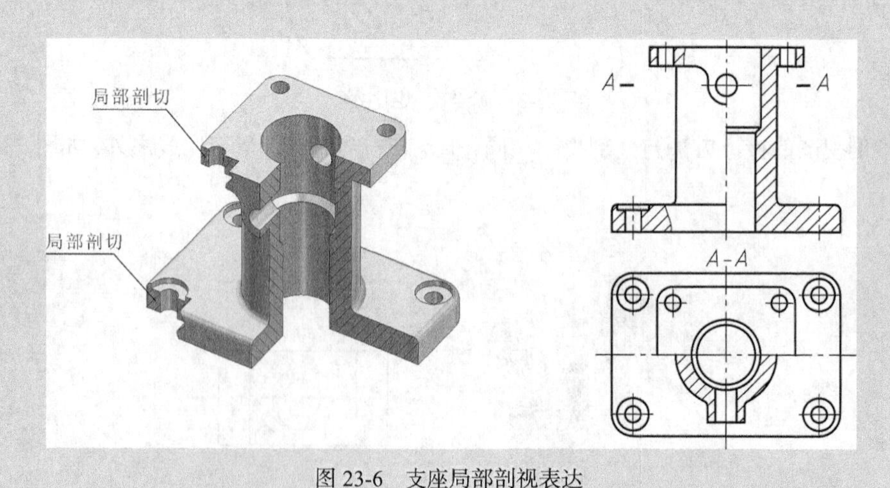


图 23-6　支座局部剖视表达

# 任务三　用 CAD 软件绘制支座半剖视图

绘制如图 23-6（b）所示支座的半剖视图。

## 1. 设置绘图环境

（1）启动 AutoCAD 软件，进入“AutoCAD 经典”空间状态。

（2）设置图形界限为“297,210”，并将绘图界面满屏显示。

（3）打开“图层设置管理器”，新建四个图层，名称分别为“粗实线”、“中心线”、“剖面线”、“标注”，对各图层设置颜色、线型和线宽，如图 23-7 所示。

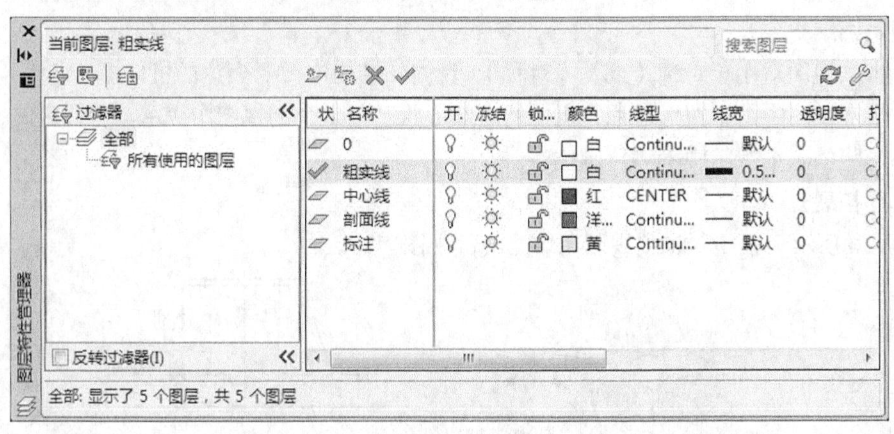


图 23-7　设置图层

（4）打开“极轴”、“对象捕捉”、“对象追踪”状态按钮，选择端点、圆心、交点、切点为对象捕捉模式。

## 2. 绘制图形

（1）执行“直线”、“矩形”、“圆”、“圆角”等绘图命令，以及“镜像”、“修剪”、“打断”、“删除”等编辑命令，依据主、俯视图“长对正”投影关系，绘制主视图和俯视图相关部分的可见轮廓线（含中心线），如图 23-8 所示。

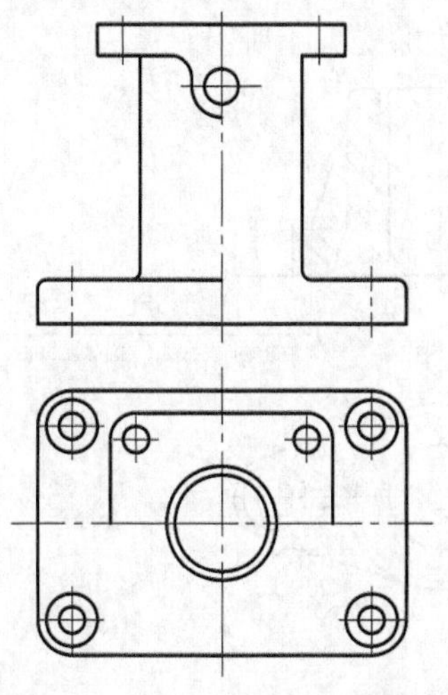

图 23-8　绘制主俯视图中轮廓线

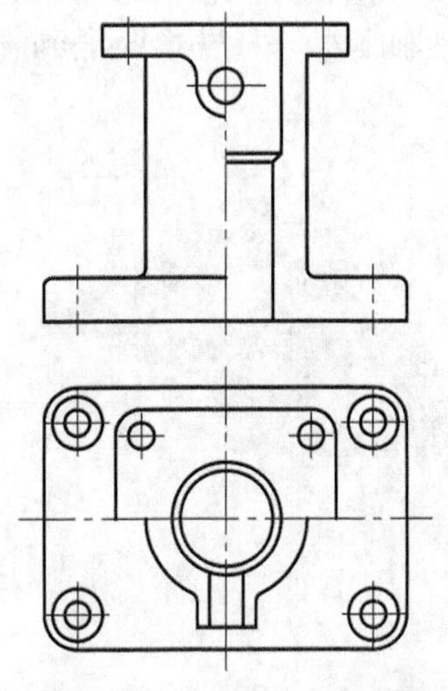

图 23-9　绘制剖视图中轮廓线

（2）将“粗实线”设置为当前图层。执行“直线”、“圆”、“修剪”、“删除”等命令，完成剖切部位的可见轮廓线，如图23-9所示。

（3）将“剖面线”设置为当前图层。执行“图案填充”命令，在主、俯视图中各个剖面区域绘制剖面线，如图23-5（a）所示。

（4）将“标注”设为当前图层。执行“多段线”命令，在主视图两侧恰当位置，绘制剖切符号；执行“多行文字”命令，在主、俯视图所需位置进行文本书写，结果如图 23-5（b）所示。至此，完成支座半剖视图的绘制。

3. 保存文件

执行“保存”命令，打开“图形另存为”对话框，在“文件名”中输入“支座”，单击“保存”即可。

**※项目归纳※**

（1）半剖视图适用于对称（或基本对称）、且内外结构均需要表达的机件。

（2）半剖视图中由于图形对称，机件的内部形状已在半个剖视图中表示清楚，因此，一般在表达外部形状的半个视图中不需再画虚线。

**※巩固拓展※**

图23-10所示为轴座，将主视图用恰当的剖视图表达。

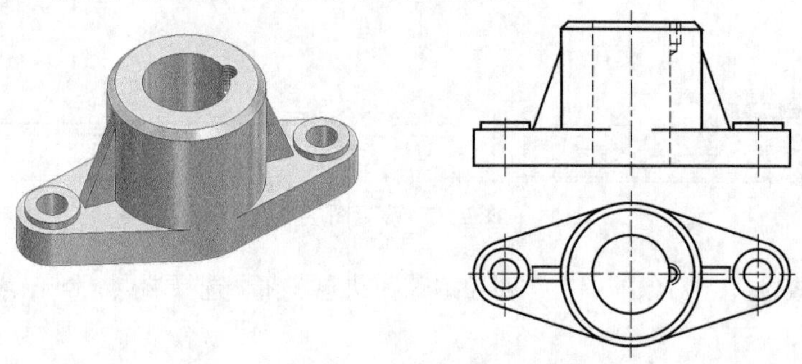

图23-10　轴座视图

由图 23-11 所示可知，轴座形状接近于对称，只是在右侧了多一个螺纹孔。如果采用全剖视图，就不能把轴座外形表达；如果采用局部剖视图，也不够恰当。

尽管轴座左、右并不是完全对称，但仍采用半剖视图，只要剖切面正好剖开有螺纹孔的那侧，就可以使轴座内、外结构同时得到清楚表达，它的半剖视图如图23-11所示。

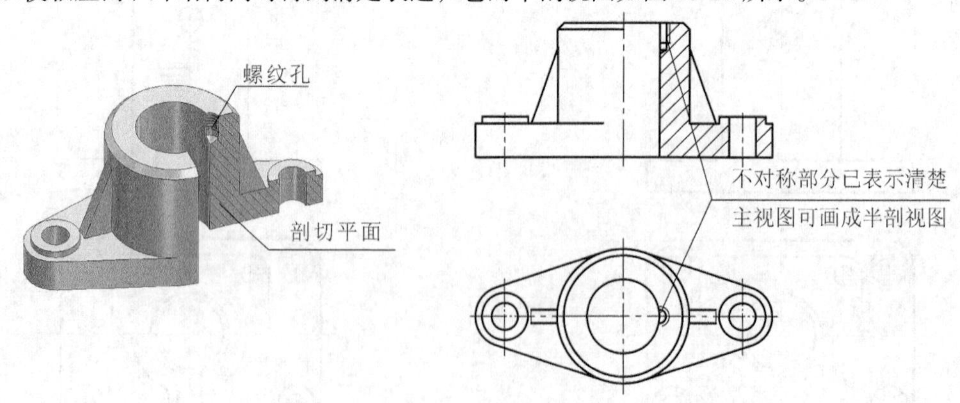


图23-11　轴座半剖视图

因此，当机件形状接近对称，且不对称部分已另有视图表达清楚时，也可画成半剖视图。

# 项目二十四

# 绘制箱体局部剖视图

图 24-1 所示的箱体，长、宽、高三个方向均不对称，不能采用半剖视图。如果主、俯视图都采用全剖视图，则左下位置的轴承孔和上端的方孔均无法表达。如果局部剖开箱体，既表达箱体内腔，又保留凸台、方孔部分外部结构，用这样方法得到的剖视图，称为局部剖视图。

局部剖视图是一种灵活的表达方法，剖切范围根据实际需要可大可小。本项目介绍了局部剖视图的基本概念、适用场合和注意事项；以箱体为例，学习局部剖视图绘制方法和步骤，并用 CAD 软件抄画箱体局部剖视图。

**※学习目标※**

（1）了解国家标准《机械制图》关于局部剖视图的相关规定和要求。

（2）掌握局部剖视图画法步骤，能用 CAD 软件绘制箱体局部剖视图。

**※项目描述※**

图 24-1 所示为箱体主、俯视图，用局部剖视图表达。

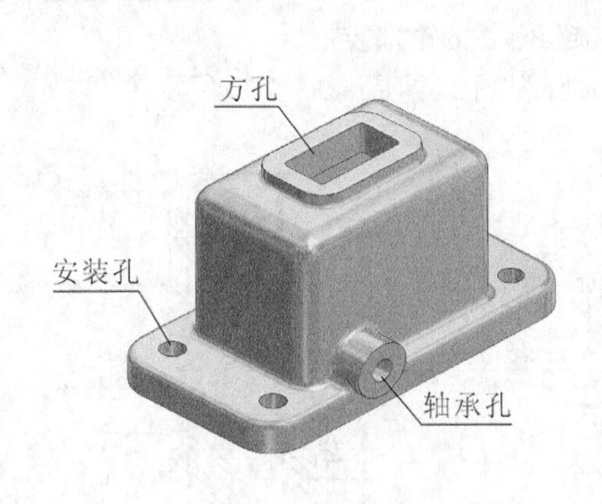


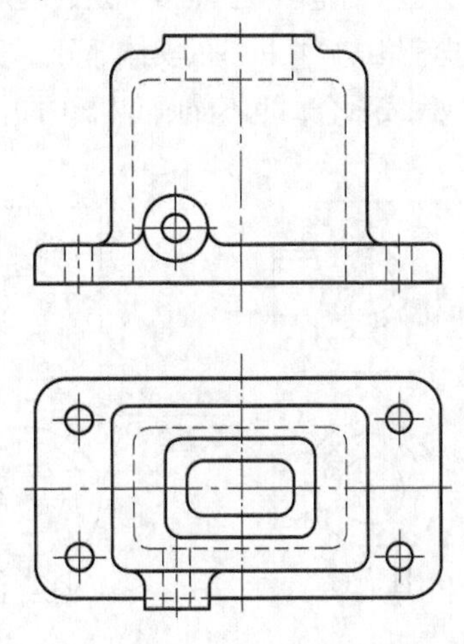

图 24-1　箱体

**※项目分析※**

从箱体的组成部分来看，它顶部有一个长方形孔，底部是具有四个安装孔的底板，左下位置有一个轴承孔。从箱体所表达的视图来看，它的主视图和俯视图上下、左右均不对称，为了使箱体的内部和外部都表达清楚，两视图都不宜采用全剖视图或半剖视图来表达。为了兼顾内外结构形状，如果采用局部剖视图，就可以合理而清晰表达该箱体。

掌握局部剖视图的画法与步骤，是用CAD软件绘制箱体的前提和基础。

**※项目驱动※**

## 任务一　学习局部剖视图相关知识

用剖切面局部剖切机件所得的剖视图，称为局部剖视图。局部剖视图是一种比较灵活的表达方法，其剖切位置和剖切范围根据需要而定，若运用得当，可使图形表达得简洁而清晰。局部剖视图通常用于下列情况：

（1）当不对称机件的内、外形状均需要表达，或者只有局部结构的内形需剖切表示，不宜采用全剖视图时，如图24-1所示的箱体。

（2）当对称机件的轮廓线与中心线重合时，不宜采用半剖视时，如图24-2所示。

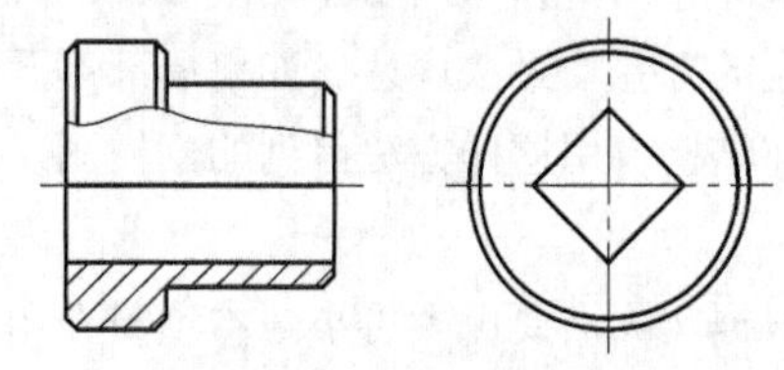

图24-2　局部剖视图（一）

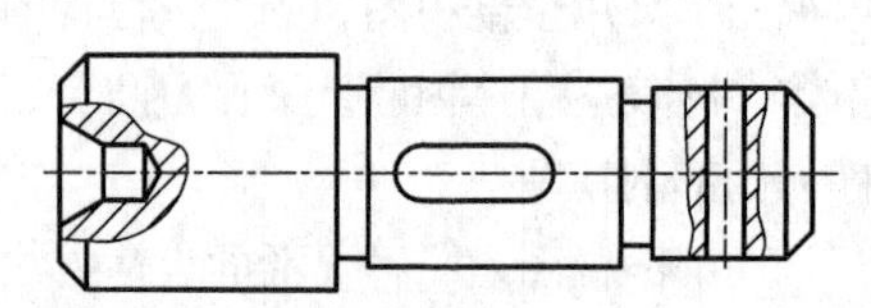

图24-3　局部剖视图（二）

（3）当实心机件（如轴、杆等）上面的孔或槽等局部结构需剖开表达时，如图24-3所示。

绘制局部剖视图时应注意以下几点：

（1）当被剖的局部结构为回转体时，允许将该结构的中心线作为局部剖视图与视图的分界线，如图24-4所示。

（2）剖切位置与范围根据需要而定，剖开部分和原视图之间用波浪线分界。波浪线应画在机件的实体部分，不能超出视图的轮廓线或与图样上其他图线重合，也不能画在机件的中空处，如图24-5所示。

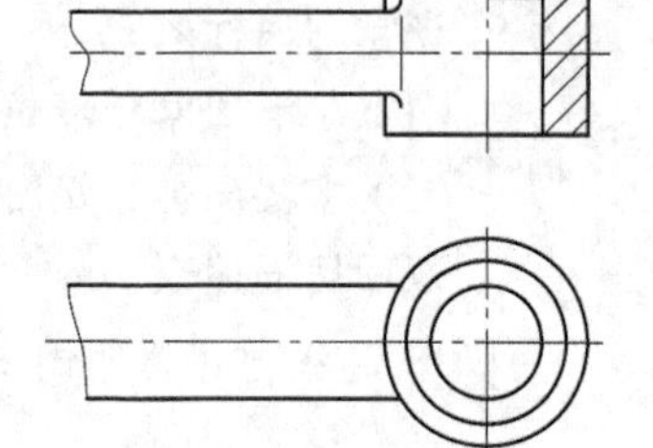

图24-4　中心线作为分界线

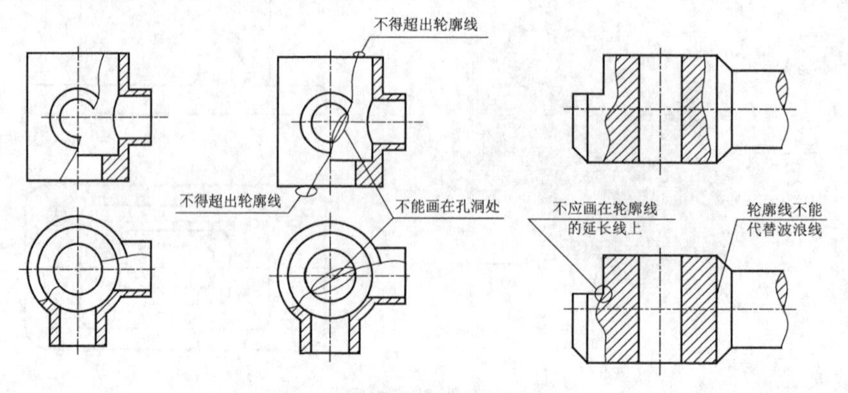


图24-5　局部视图波浪线画法

（3）局部剖视图是一种比较灵活的表达方法，哪里需要哪里剖，但在同一个视图中，使用局部剖这种表示法的次数不宜过多，否则会显得零乱而影响图形清晰。

## 任务二　绘制箱体局部剖视图

箱体因前后、左右、上下均不对称，所以是一个不规则机件，采用全剖、半剖都不适宜，因此用局部剖视图来表达。绘图步骤具体如下：

第一步，确定剖切面位置。为了表达上端方形孔和内腔，选用经过前后中心平面的剖切面剖开机件；为了表达底板上四个安装孔位置，轴承孔和内腔结构，则选取轴承孔中心平面为剖切面，如图 24-6（b）所示。

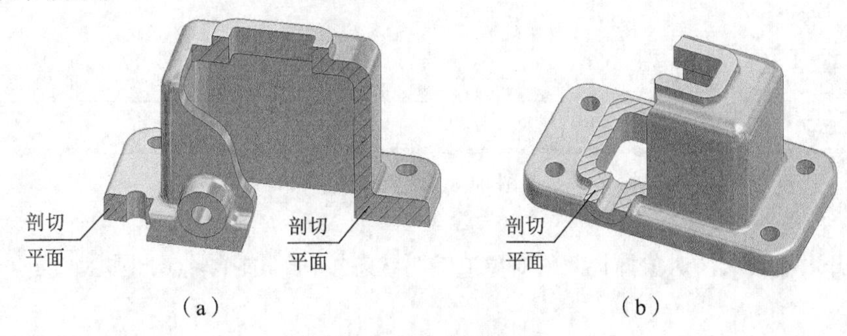


图 24-6　确定剖切面

第二步，绘制剖视图。分别在主视图和俯视图中用波浪线将剖开与未剖部分分界开来，画出剖切区域的全部可见轮廓线，并将视图中的虚线擦去，如图 24-7（a）所示。

第三步，画出剖面线。在主视图、俯视图的各个剖面区域画上剖面线，完成箱体局部剖视图的绘制，如图 24-7（b）所示。

由于采用单一剖切平面剖开机件，位置明确，因此局部剖视图的标注可省略。

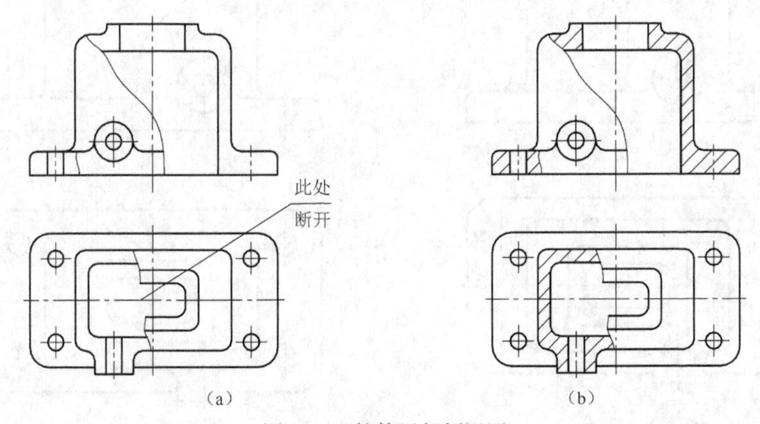


图 24-7　箱体局部剖视图

## 任务三　用 CAD 软件绘制箱体剖视图

1. 设置绘图环境

（1）启动 AutoCAD 软件，进入“AutoCAD 经典”空间状态.

（2）设置图形界限为“297,210”，并将绘图界面满屏显示。

（3）打开“图层设置管理器”，新建四个图层，名称分别为“粗实线”、“中心线”、“波浪线”、“剖面线”，对各图层设置颜色、线型和线宽，如图24-8所示。

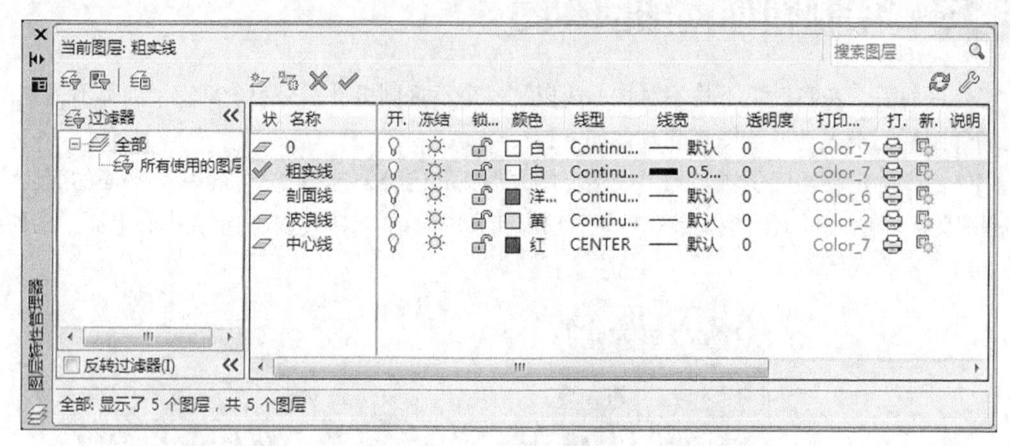


图 24-8　设置图层

（4）打开“极轴”、“对象捕捉”、“对象追踪”状态按钮，选择端点、圆心、交点、切点为对象捕捉模式。

2. 绘制图形

（1）执行“直线”、“矩形”、“圆”、“圆角”等绘图命令，“镜像”、“修剪”、“打断”、“删除”等编辑命令，在适当位置画出主视图、俯视图的全部可见轮廓线，如图24-9所示。

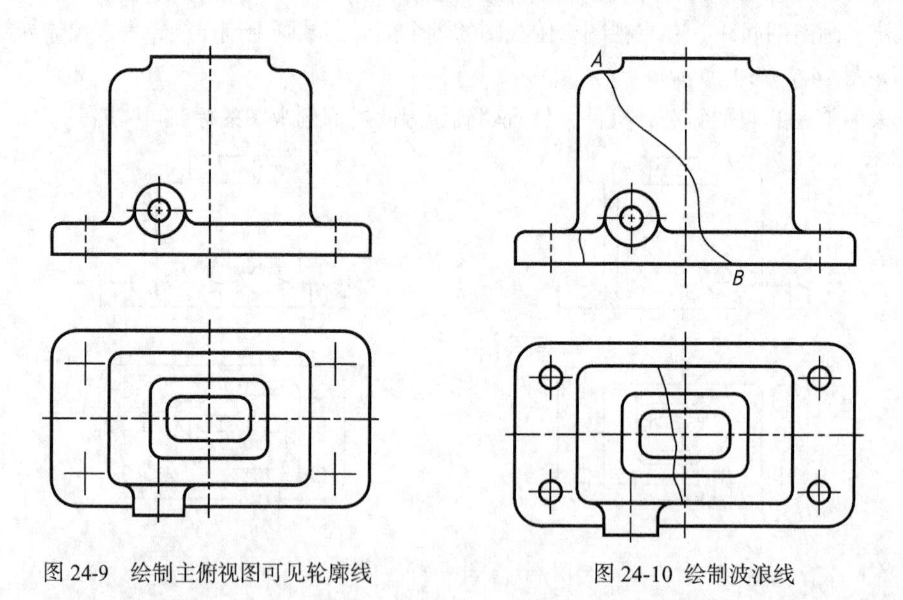


图 24-9　绘制主俯视图可见轮廓线　　图 24-10　绘制波浪线

（2）将“波浪线”设置为当前图层。单击“样条曲线”命令图标，命令行执行如下：

“样条曲线”命令可以指定点来创建样条曲线，它是经过或接近一系列给定点的光滑曲线。在绘制机械图样时，波浪线往往由该命令来完成。

```
命令：_spline                                                   //执行命令
当前设置：方式=拟合    节点=弦                                  //说明当前状态
指定第一个点或 [方式(M)/节点(K)/对象(O)]：                       //临时捕捉"最近点"，得到点 A
输入下一个点或 [起点切向(T)/公差(L)]：                           //相隔适当距离单击指定下一点
输入下一个点或 [端点相切(T)/公差(L)/放弃(U)]：                   //单击指定下一点
输入下一个点或 [端点相切(T)/公差(L)/放弃(U)/闭合(C)]：           //单击指定下一点
输入下一个点或 [端点相切(T)/公差(L)/放弃(U)/闭合(C)]：↙  //与最下面直线相交获得点 B，回车结束命令，完成波浪线 AB 的绘制。
```

继续执行"样条曲线"命令，在主视图和俯视图上，分别绘制两条波浪线，结果如图 24-10 所示。

（3）执行"修剪"、"删除"等命令，将多余的图线删去，如图 24-11 所示。

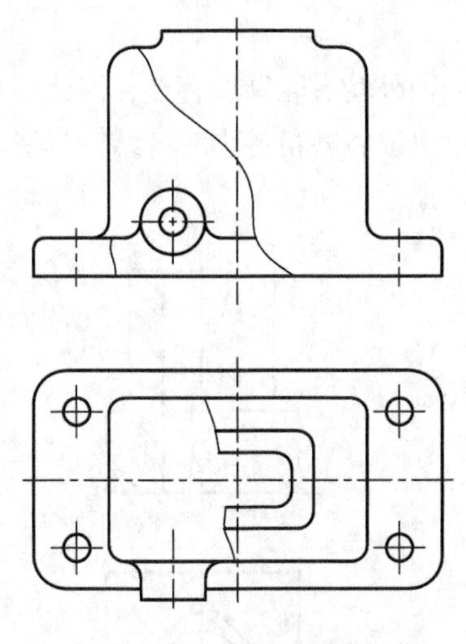

图 24-11　擦去多余图线

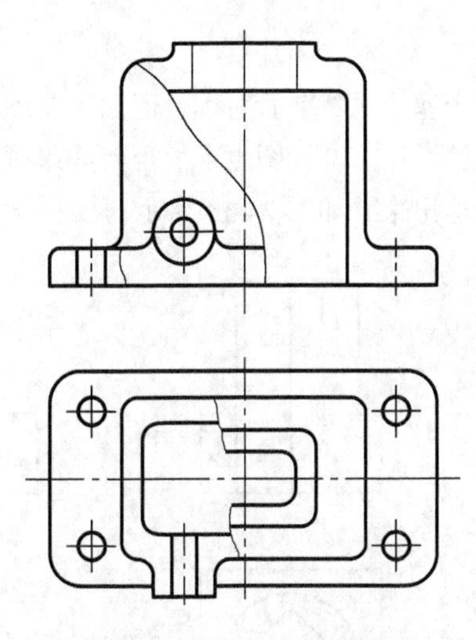

图 24-12　绘制内部可见轮廓线

（4）将"粗实线"设置为当前图层，执行"直线"、"圆角"、"修剪"、"删除"等命令，依据主俯视图"长对正"投影关系，画出剖切箱体后内部的可见轮廓线。其中，将主视图中的方形孔剖开，将俯视图轴承孔剖开，均可表达内部结构，如图 24-12 所示。

（5）将"剖面线"设置为当前图层。执行"图案填充"命令，分别在主俯视图上各个剖面区域绘制剖面线，完成箱体的局部剖视图，如图 24-7（b）所示。

（6）保存图形。执行"保存"命令，打开"图形另存为"对话框，在"文件名"中输入"箱体"，单击"保存"即可。

**※项目归纳※**

（1）局部剖视是一种灵活、便捷的表达方法，哪里需要就剖哪里。一般用于机件的局部内形需要表示，而又不宜采用全剖、半剖场合，能兼顾机件的内外形状。

（2）局部剖视图的视图部分和剖视部分以波浪线分界。波浪线不能与其他图线重合，要画在机件的实体部分，不能超出视图的轮廓线。局部剖视图的标注与全剖视图相同，对于剖切位置明显的局部剖视图，一般不予标注。

**※巩固拓展※**

图 24-13 所示为三个形体相近的塞子，试用恰当的剖视图表达。

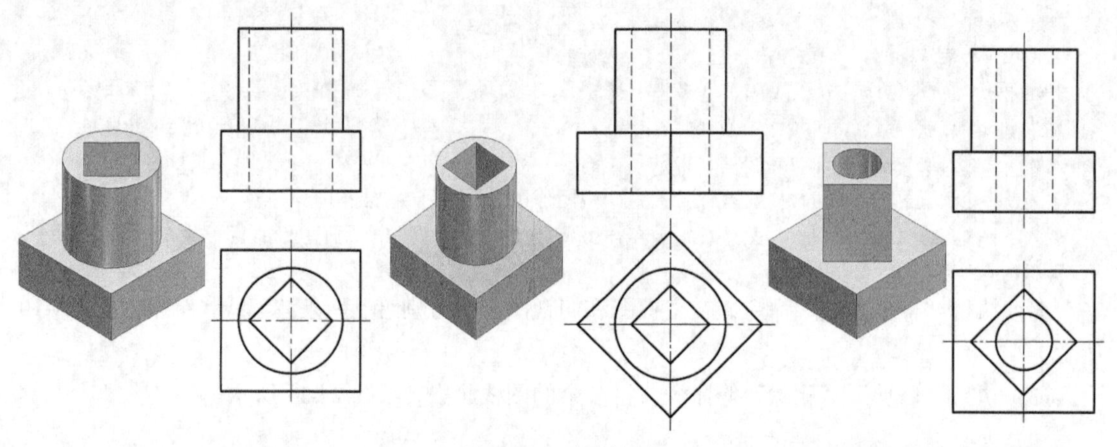

图 24-13　塞头视图

三个塞子虽然前后对称，但因主视图与对称中线重合处内外均有轮廓线存在，因此不宜采用半剖视图，用全剖视图也不恰当。如果画成局部剖视图，就可以将各机件内、外结构，清晰而明洁地表达出来，如图 24-14 所示。

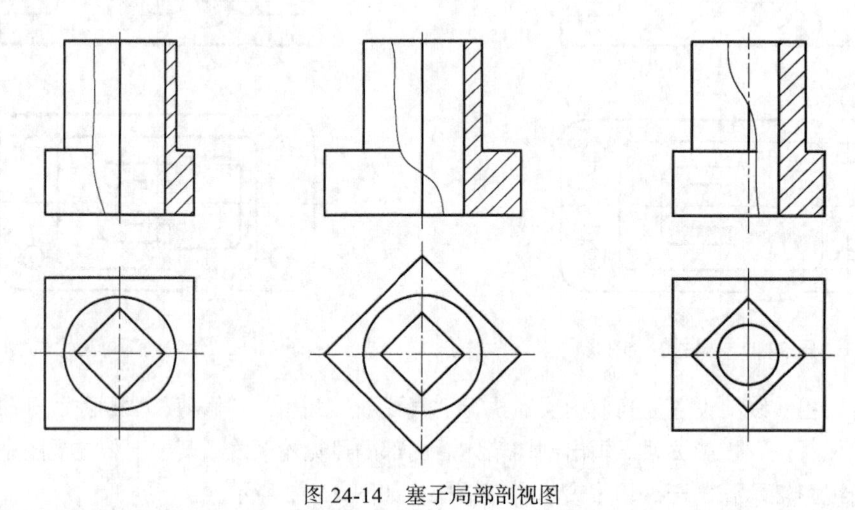

图 24-14　塞子局部剖视图

因此，当对称机件的轮廓线与中心线重合时，不宜采用半剖视图，而应采用局部剖视图。

# 项目二十五

# 学习断面图表达方法

尽管剖视图能反映机件内部结构，但如果要表达图 25-1（a）所示的主轴上键槽深度和宽度，若采用前述剖视图方法表达，都不恰当。为此，国家标准《机械制图》提出了断面图表达方法（GB/T 17452—1998、GB/T 4458.6—2002），用于表达机件某一部位断面形状，如机件上的键槽、肋板、轮辐、型材的截面形状等。

本项目主要介绍了移出断面图和重合断面图的画法、配置和标注。

**※学习目标※**

（1）掌握移出断面图的画法、配置与标注。

（2）掌握重合断面图的画法与标注。

**※项目描述※**

图 25-1（a）所示为主轴，用移出断面图表示键槽、圆孔、凹坑、平面等结构；图 25-1（b）所示为角钢，用重合断面图表示它的横截面形状。

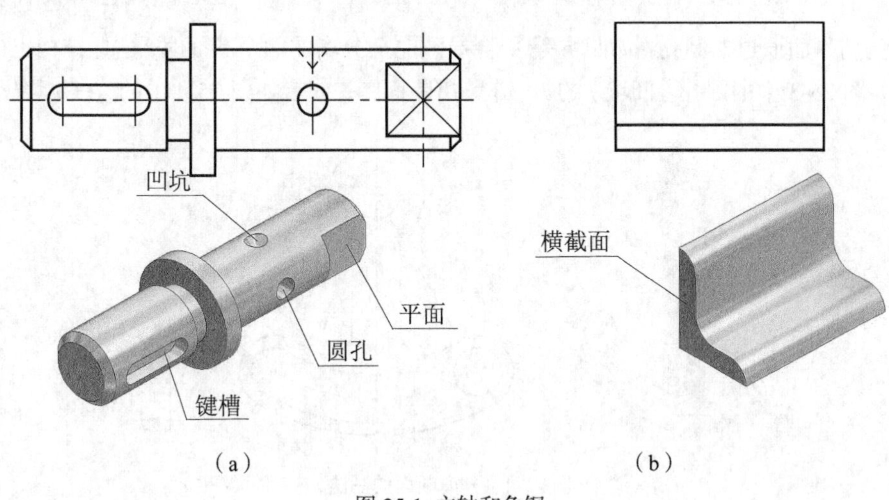


图 25-1 主轴和角钢

**※项目分析※**

为了表达主轴上键槽、圆孔、凹坑、平面的结构形状，假想用垂直于轴线的剖切平面切断主轴，在图形之外仅画出这些断面形状，使键槽、凹坑、平面、小孔等结构得到清晰简明的表达。

由于角钢形状比较简单，在不影响图形清晰的情况下，可采用重合断面图，表达其截面形状。

**※项目驱动※**

## 任务一 绘制主轴移出断面图

假想用剖切平面将物体某处切断，仅画出断面的图形，称为断面图，有时也称断面。由于该主轴有键槽、圆孔、凹坑、平面，因此可在键槽、圆孔（凹坑）和平面适当位置处用剖切平面切断，结果如图 25-2 所示。

国家标准规定，移出断面图的轮廓线用粗实线画出，且尽可能配置在剖切符号或剖切线的延长线上。如图 25-3 中平面的移出断面图，均配置于剖切符号的延长线上。必要时也可配置在其他位置，如图 25-3 所示键槽和圆孔（凹坑）的移出断面图，并用 *A*—*B*、*B*—*B* 标注。

移出断面图一般只画被切断表面的形状，后面的可见轮廓线不必画出，如图 25-3 所示键槽的移出断面图。

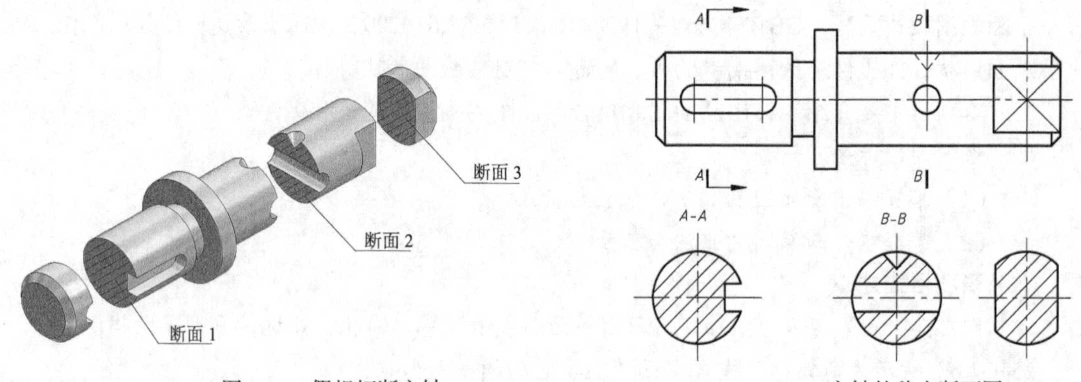


图 25-2 假想切断主轴

25-3 主轴的移出断面图

但当剖切平面通过非圆孔（如凹坑等），会导致完全分离的两个断面时，这些结构也应按剖视图绘制，如图 25-3 中的圆孔（凹坑）的 *B*—*B* 移出断面图；或者如图 25-4 中的 *A*—*A* 移出断面图。

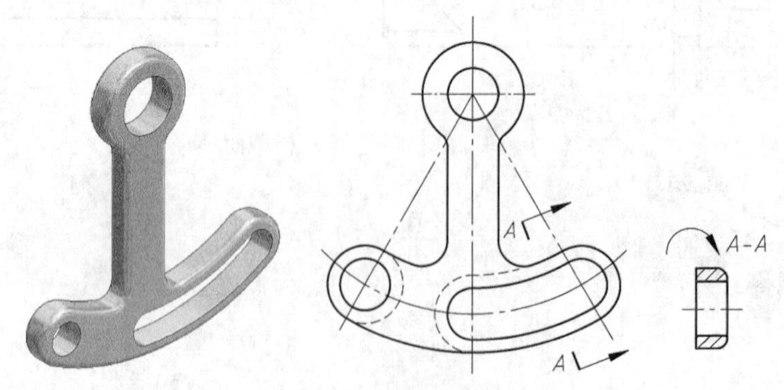


图 25-4 分离断面的画法

当由两个或多个相交的剖切平面剖切所得到的移出断面图，中间还应断开，如图 25-5 所示。

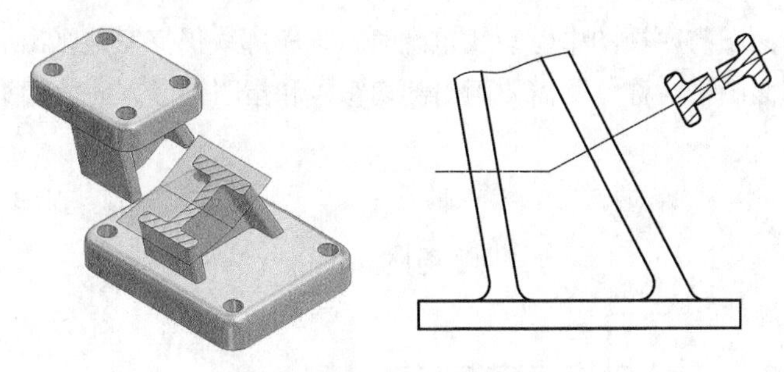

图 25-5　两个剖切平面的断面图

画出移出断面图后，应按国家标准规定进行标注。剖视图三要素同样适用于移出断面图。移出断面图的配置及标注方法见表 25-1 所示。

表 25-1　　　　　　　　　　　　移出断面图的配置与标注

| 配　置 | 对称的移出断面 | 不对称的移出断面 |
|---|---|---|
| 配置在剖切线<br>或剖切符号延长线上 | 剖切线（细点画线）<br>不必标出字母和剖切符号 | 不必标注字母 |
| 按投影关系配置 | A　A　A-A<br>不必标注箭头 | A　A　A-A<br>不必标注箭头 |
| 配置在其他位置 | A　A　A-A<br>不必标注箭头 | A　A　A-A<br>应标注剖切符号（含箭头）和字母 |

## 任务二　绘制角钢重合断面图

画在视图内的断面图，称为重合断面图。国家标准规定，重合断面图的轮廓线用细实线画出。当视图中的轮廓线与重合断面的图形重合时，视图中的轮廓线要连续画出，不可间断。

角钢的重合断面图，绘制比较简单，要注意下面两点。

（1）角钢重合断面图与原视图中轮廓线重叠时，该轮廓线仍需完整画出。

（2）由于重合断面图不对称，则需要画出剖切符号和指明投影方向的箭头。角钢重合断面图如图 25-6 所示。

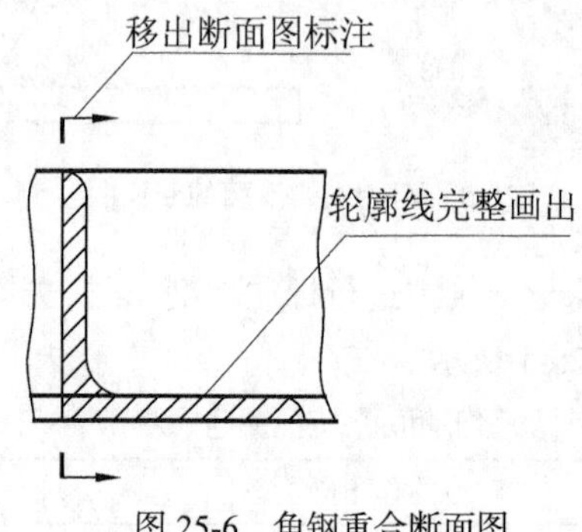


图 25-6　角钢重合断面图

如图 25-7 所示吊钩中，有三个重合断面图，就把吊钩外形轮廓的变化情况，表达得相当完整和清楚。

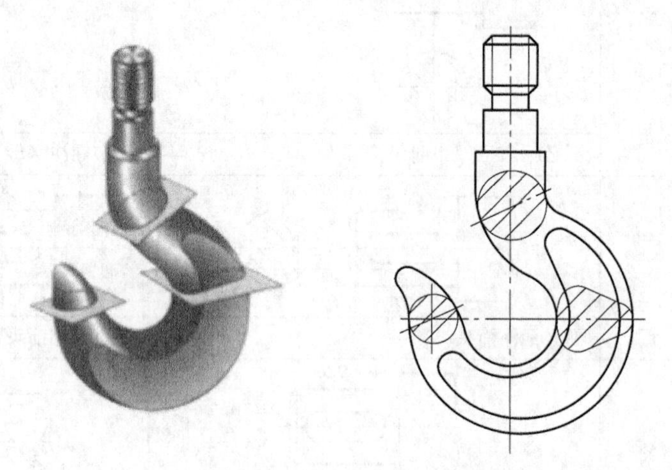

图 25-7　吊钩重合断面图

一般而言，对称的重合断面不需要标注，如图 25-7 所示的吊钩；不对称的重合断面需要标注，但可以省略字母，如图 25-6 所示的角钢。

**※项目归纳※**

断面图本质上是使剖切平面垂直于结构要素的中心线（轴线或主要轮廓线）进行剖切，然后将断面图形旋转 90°，使其与纸面重合而得到的视图。断面图仅画出其断面的形状，后面的可见轮廓线一般不必画出。

**※巩固拓展※**

如图 25-8 所示拨叉，画出连接板的移出断面图、加强筋的重合断面图。

拨叉有左侧的叉口、右侧圆筒和中间部位的连接板、加强筋等组合而成。连接板宜用移出断面图 *A—A* 表达，且标注可以省略箭头；用重合断面图来表达加强筋，它的主视图应采用纵向剖切绘制，将加强筋与其他部分分界开来，如图 25-8 所示。

采用这些表达方法，就能使拨叉各个部分的结构，得到合理而清晰的反映。

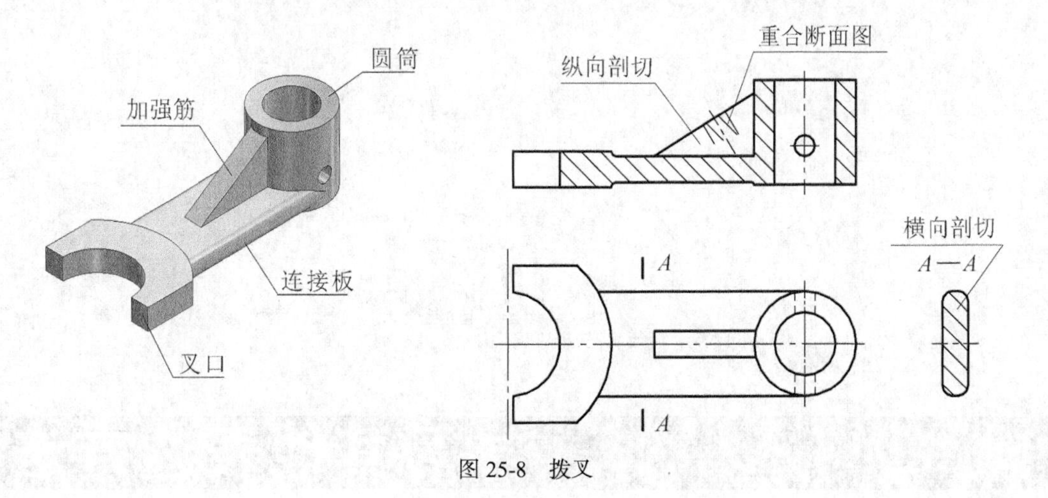


图 25-8　拨叉

# 项目二十六

## 学习其他表达方法

前面介绍了视图、剖视图、断面图等机件表达方法，每种方法都有其适用场合，但并不能面面俱到。例如，有的机件上一些细小结构，在原视图中表达不够清楚，标注尺寸也较困难，这时可以采用局部放大图。为了提高识图和绘图效益，增加图样的清晰度，加快设计进程，简化手工绘图（或计算机绘图）对图样的要求，国家标准还规定了简化画法。

本项目主要介绍局部放大图的画法，国家标准中关于简化画法的相关要求。

**※学习目标※**

（1）掌握局部放大图画法与标注。

（2）掌握国家标准提出的各种简化画法。

**※项目描述※**

（1）图 26-1 所示为直轴，完成Ⅰ、Ⅱ位置的局部放大图。

（2）学习国家标准《机械制图》中规定的简化画法。

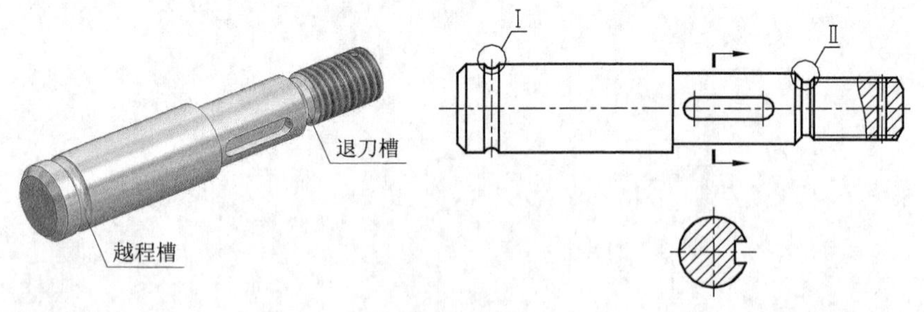


图 26-1　直轴

**※项目分析※**

直轴Ⅰ处为砂轮越程槽，Ⅱ处为加工螺纹的退刀槽，结构细小，形状难以表达清晰，标注尺寸也不方便。如将这些局部结构放大后再画图，就可避免以上不足。

简化画法形式多样，绘制时必须按照国家标准（GB/T 16675.1—1996）中相关要求执行。

**※项目驱动※**

## 任务一　绘制直轴局部放大图

当机件上某些细部结构在视图中表达不清或不便标注尺寸时，可将它们用大于原图的比例画出，用这种方法绘制的图形称为局部放大图。根据这一要求，绘制直轴两个局部放大图，具体步骤如下：

第一步，仔细分析被放大的结构形状，弄清楚比例关系。该轴中 I 处局部放大图采用 4:1 绘制，II 处采用 2:1 绘制。

第二步，在主视图附近，用 4:1 绘制圈出部位的图形，并在该局部放大图正上方标出 “$\frac{\text{I}}{4:1}$”，如图 26-2（a）所示。

第三步，用同样的方法，绘制Ⅱ处的局部放大图，并在其正上方用 “$\frac{\text{II}}{2:1}$” 进行标注，如图 26-2（b）所示。

由此，直轴总体表达方案如图 26-3 所示。

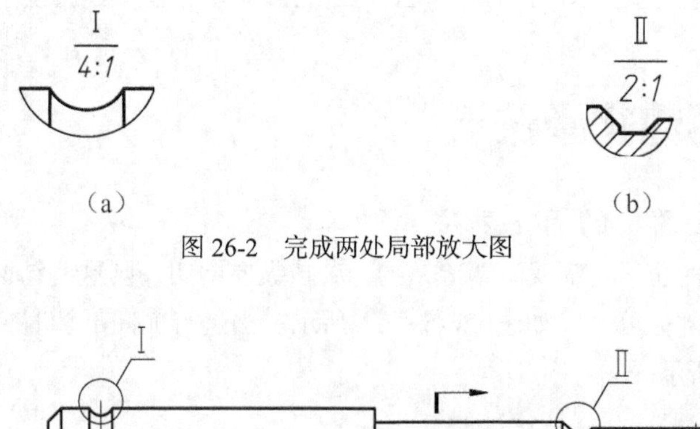


图 26-2　完成两处局部放大图

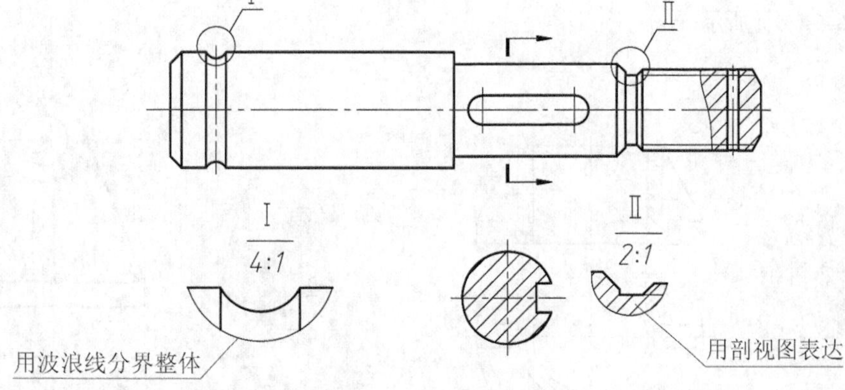


图 26-3　直轴的表达方案

绘制局部放大图，需要注意以下三点：

（1）局部放大图应尽量配置在被放大部位附近。

（2）可以画成视图、剖视图和断面图，与被放大部分的表达方式无关，如图 26-3 所示 II 处的局部放大图。

（3）局部剖视图的投影方向，应与别放大部位的投射方向一致，与整体相连的部分用波浪线画出，如图 26-3 所示 I 处的局部放大图。

**提示**

若机件上仅有一个被放大部位，则不必编号，只需注明所采用的比例。

同一机件不同部位的局部放大图，当图形相同或对称时，只需画出一个，如图 26-4 所示。

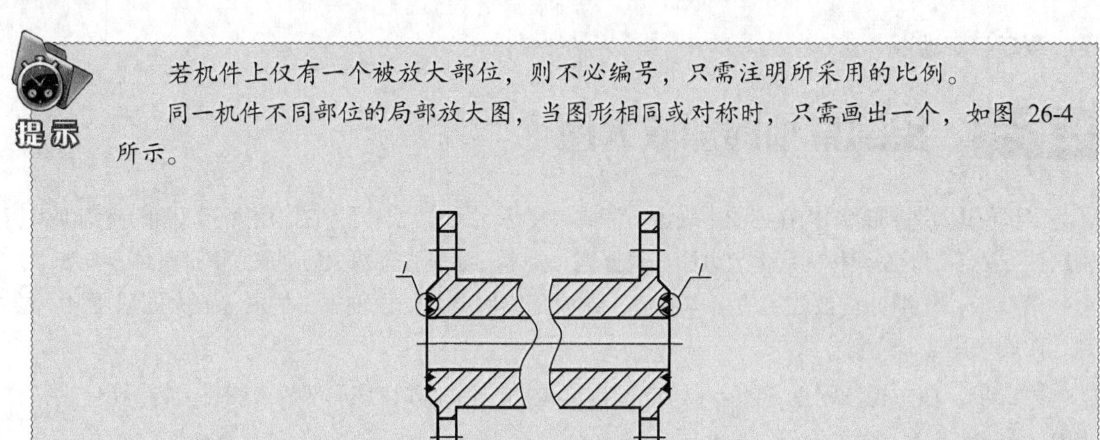


图 26-4　同一机件不同部位的局部放大图

## 任务二　学习简化画法

1. 剖视、断面图中的简化画法

（1）对于机件上的肋、轮辐及薄壁等结构，若按纵向剖切，则这些结构不画剖面符号，而用粗实线将它们与邻接部分分开，如图 26-5（a）所示。当进行横向剖切时，断面仍需画上剖面符号，如图 26-5（b）所示。

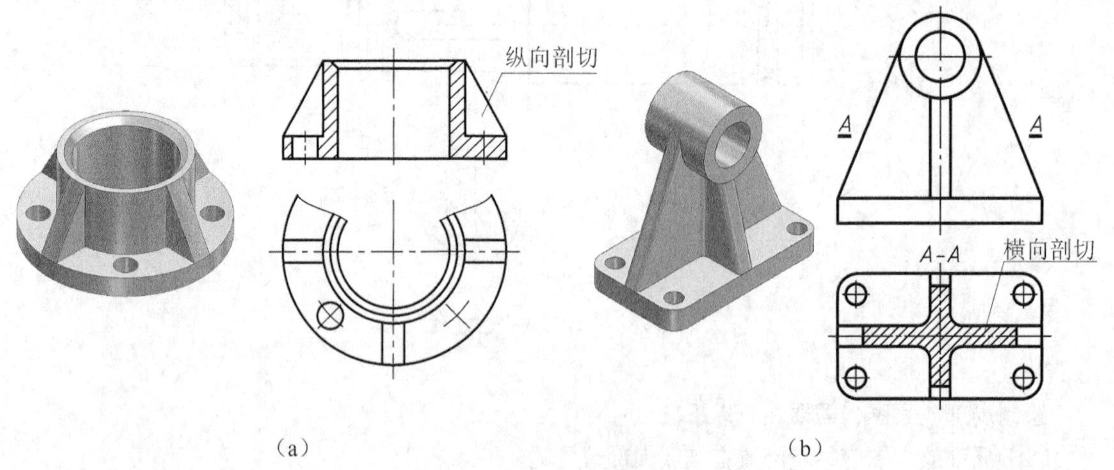


（a）　　（b）

图 26-5　纵向与横向剖切

（2）当回转体上有均布的肋、轮辐、孔等结构不处于剖切平面上时，可将这些结构假想旋转到剖切平面画出，且不需任何标注，如图 26-6（a）、（b）所示。

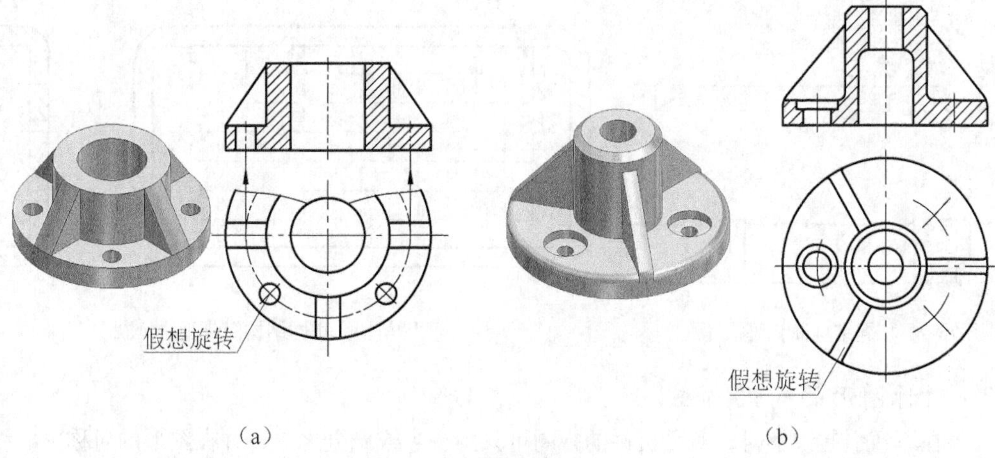


图 26-6　肋板等的简化画法

（3）在需要表示剖切之前剖去结构形状时，可按假想投影的轮廓线（一般用细双点画线表示）画出，如图 26-7 所示。

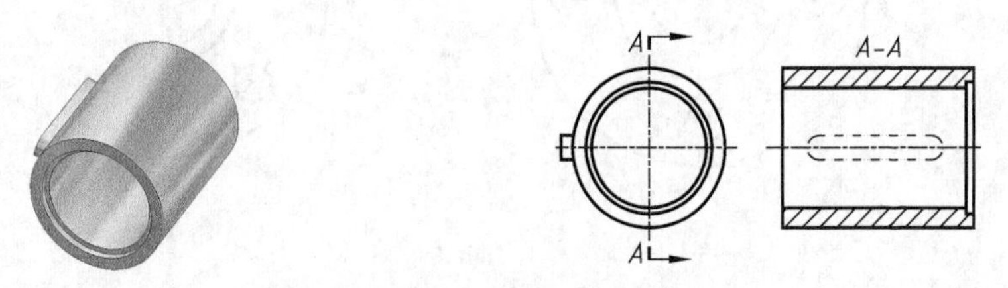


图 26-7　用细双点划线表示剖去的结构

（4）在不致引起误解时，机件的移出断面图允许省略剖面符号，但必须遵照有关标准完成其标注，如图 26-8 所示。

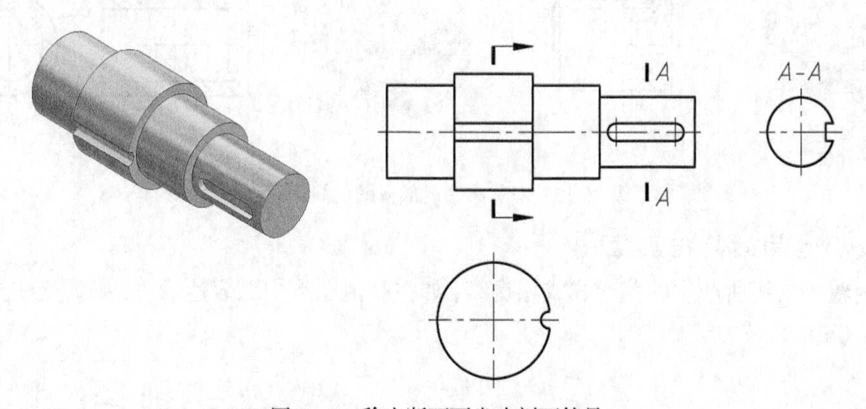


图 26-8　移出断面可省略剖面符号

2. 相同结构简化画法

（1）机件中按规律分布的相同结构形状只需画出几个完整的，其余可用细实线连接，但在图中必须标注该结构的总数，如图 26-9 所示。

（2）机件中按规律分布的等直径孔，可以只画出一个或几个，其余只需表示出孔的中心位置，并注明孔的总数，如图 26-10 所示。

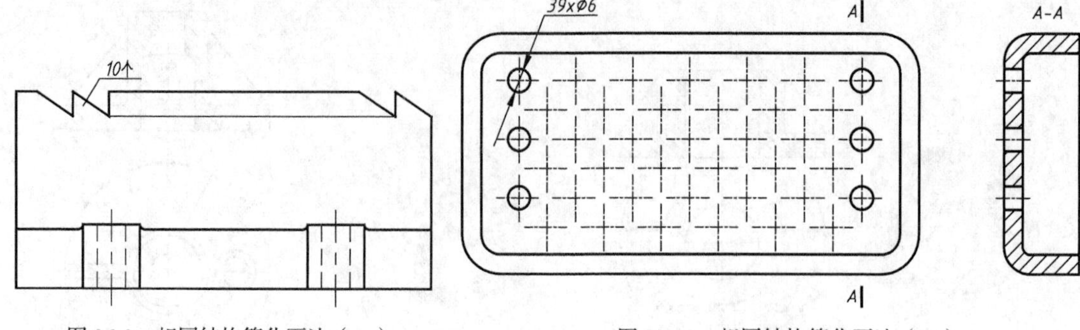


图26-9　相同结构简化画法（一）　　图26-10　相同结构简化画法（二）

### 3. 对称图形的简化画法

（1）在不致引起误解时，对称机件的视图可只画一半或四分之一，并在图形的对称中心线两端，分别用两条与其垂直的平行细实线画出，如图26-11（a）、（b）所示。

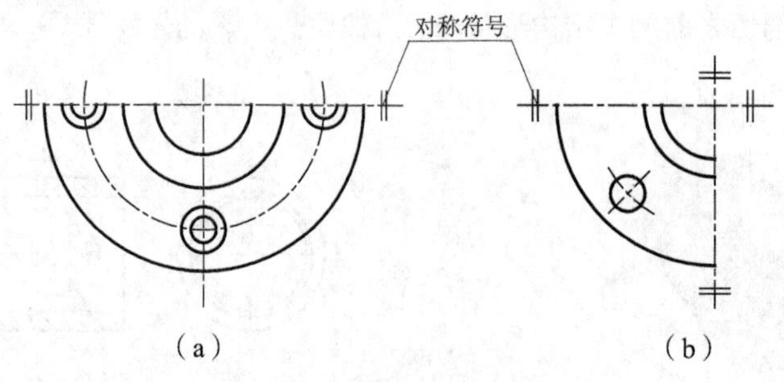


图26-11 对称图形简化画法

（2）机件上对称结构的局部视图（此处分别为键槽和方槽），可按27-12（a）、（b）所示方法表达。

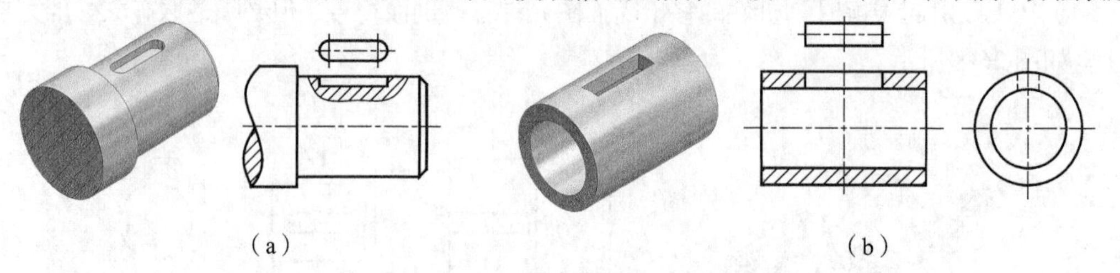


图26-12　对称结构局部视图的简化画法

### 4. 较小结构的简化画法

机件上较小结构所产生的截交线或相贯线，如在其他图形中已表达清楚，则该交线允许简化，如图26-13（a）、（b）所示。

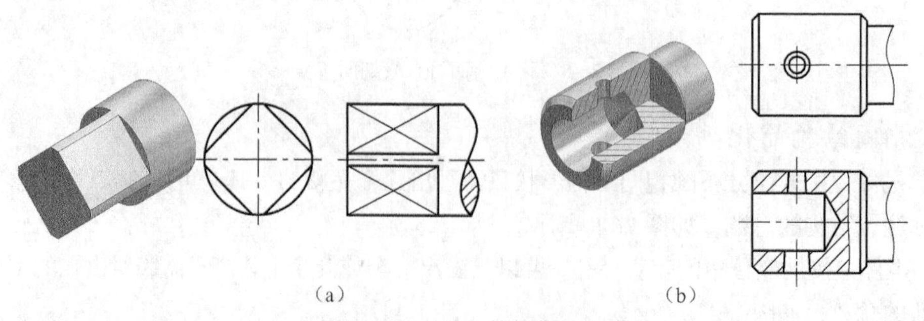


图26-13　较小结构简化画法

### 5. 较长机件的折断画法

对较长机件沿长度方向的形状相同或按一定规律变化时，可假想将机件折断后缩短绘制，如图 26-14（a）、（b）、（c）所示。

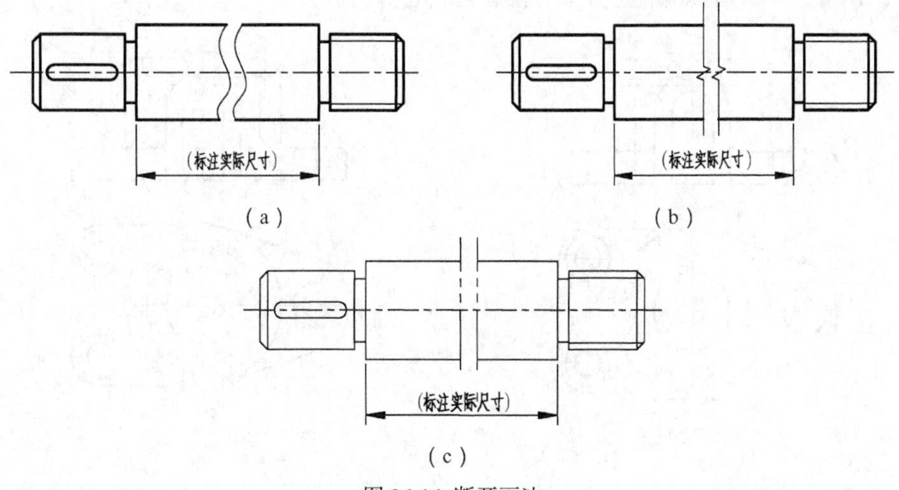


图 26-14 断开画法

**※项目归纳※**

（1）绘制局部放大图，要结合前面所述比例概念加以理解，不可理解为是放大后的图与原图对应线性尺寸的比值。

（2）为了更加清晰简便绘图，可在确保不引起误解的前提下，使用国家标准规定的简化画法。

**※巩固拓展※**

图 26-15 所示为滑块盖，下面为底板，中间有个箱盖，前面一个凸台。显然，需要采用合理的剖视图表达。

图 26-16（a）、（b）、（c）、（d）所示为该机件的四种表达方案，请仔细剖析，选择其中较佳方案。

图 26-15( a )方案采用主、俯视图，这对带有孔腔、凸台孔、底板孔的结构，显然是不清晰、不够合理的方案。

图 26-15（b）方案虽然视图数量少，但最大的不足是不便进行尺寸标注，此方案不够恰当。

图 26-15（c）方案用全剖视图的主视图和俯视图表达其内、外主要结构形状，再用局部视图 *A*，表达半圆拱形凸台的形状，比较清晰。但虚线太多，也难以标注尺寸。

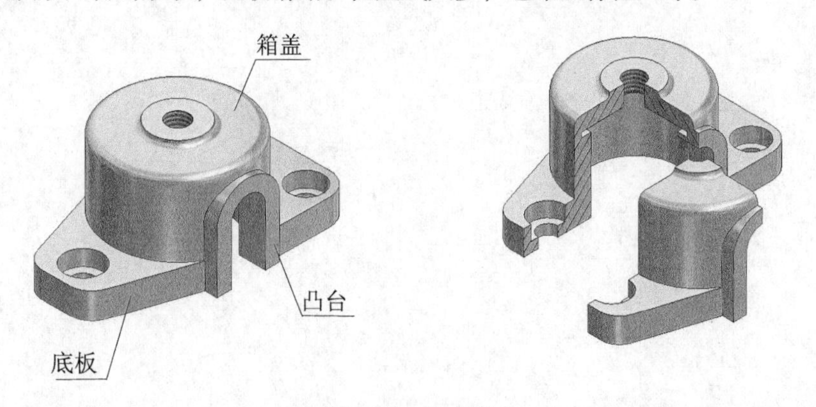


图 26-15　滑块盖

图 26-15（d）方案的左视图画成全剖视图，凸台和空腔的贯通情况比图 26-16（c）方案表达要清楚，主视图也因而省去了虚线，其视图数量与图 26-16（c）方案相同。该方案显得更加简洁、合理，故建议选用这种方案。

当然，还可以列举出其他表达方案，读者可自行分析。

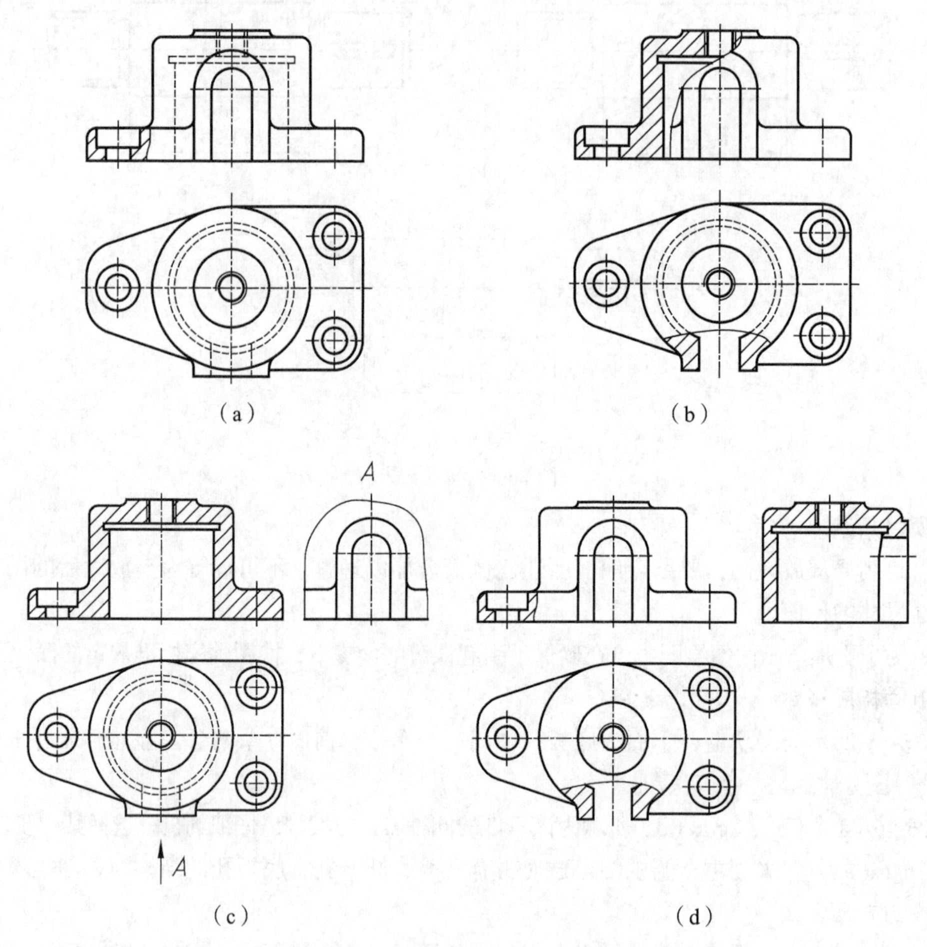


图 26-16　滑块盖四种表达方案比较

# 第四篇

# 零件装配

任何机器或部件都是由若干零件按一定的装配关系和技术要求装配而成。零件图是设计部门提交给生产部门的重要技术文件，它反映设计者的意图，是制造、检验、装配零件的依据；装配图用来表达机器、部件结构样图。零件图和装配图都是生产中不可缺少的机械样图。

本篇共设六个项目，通过学习，掌握识读零件图的方法和步骤；了解装配图的内容，能识读球阀等典型装配图；能正确使用常见测绘工具、学会测绘的方法；能用 CAD 绘制一般复杂程度的轴套类、盘盖类、支架类、箱体类零件图，进一步巩固软件绘图的技能，提高识读和绘制机械图样能力。

# 项目二十七

# 识读和绘制轴零件图

本项目通过识读减速器输出轴零件图，了解零件图的内容和轴类零件的特征，掌握轴套类零件图的视图选择、尺寸标注、技术要求等相关知识，为识读其他类型的零件图打下基础。同时介绍了键与销的型式、画法和标记，以及键连接和销连接的装配图画法。

**※学习目标※**

（1）了解轴的分类与结构特点。

（2）掌握尺寸公差、表面粗糙度、几何公差的标注在 CAD 中的标注，能较熟练抄画减速器输出轴零件图。

（3）掌握识读轴类零件图的方法与步骤。

（4）了解键与销型式、画法与标记，能读懂键连接与销连接装配图。

**※项目描述※**

识读图 27-1 所示的减速器输出轴零件图，并用 CAD 软件绘制该零件图。

**※项目分析※**

轴类零件是车削加工最多的一类零件，掌握它们的结构特点，学会识读轴类零件，包括视图分析，尺寸标注和技术要求等，从而培养识读零件的技能，提高读图能力，为实习实训和生产奠定专业基础。

识读零件图，应从看标题栏开始，然后分析各个视图，明确各个尺寸及尺寸公差，学会分析表面粗糙度、几何公差等技术性要求。通过上述这些分析，才能获得对零件图全面的认识，才能真正读懂图样。

利用 CAD 软件绘制零件图，能强化对零件图内容的理解，巩固 CAD 软件绘制机械图样的技能。

**※项目驱动※**

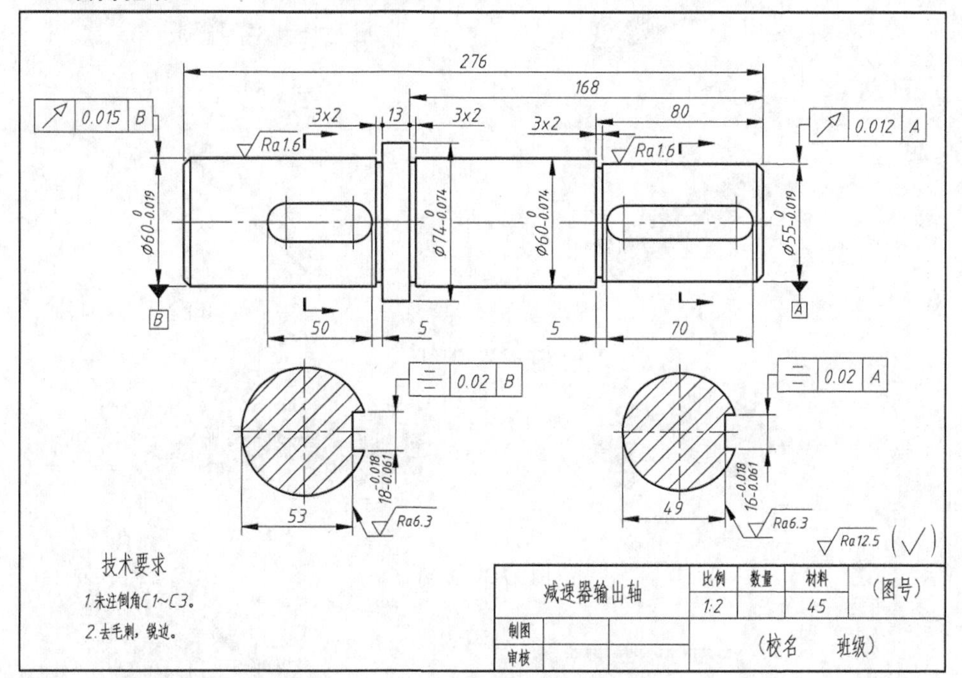


图 27-1　减速器输出轴零件图

# 任务一　了解零件图内容

由减速器输出轴零件图可知，一张完整的零件图，一般都包括以下四个方面。

1. 必要的图形

用必要的视图、剖视图、断面图及其他画法，正确、完整、清晰地表达零件各部分结构及其相对位置的一组图形。

2. 完整的尺寸

能正确、完整、清晰、合理地标注零件制造、检验时所需要的全部尺寸。

3. 技术要求

用符号、代号标注，或用文字说明零件在制造检验过程中应达到的各项技术要求，如表面粗糙度、几何公差、热处理等各项要求。

4. 标题栏

说明零件的名称、材料、比例以及设计、审核者的责任签名等。零件图上的标题栏要严格按国家标准规定画出并填写，教学中允许使用简单的标题栏。

另外，零件图的基本要求应遵循 GB/T 17451—2003 的规定。该标准明确指出：绘制技术图样时，应首先考虑看图方便，根据零件结构特点选用适当的表示法，力求做到图形少，绘图简单。

# 任务二　了解轴的分类和结构特点

轴的主要功用是支撑回转零件、传递运动和动力，对轴的一般要求是要有足够的强度、合理的结构和良好的工艺性。根据轴线形状不同，轴的类别较多，如果按轴线形状不同就可以分为直轴、曲轴和挠性轴，如图 27-2（a）~图 27-2（d）、图 27-3（a）~图 27-3（b）、图 27-4（a）~图 27-4（b）所示。

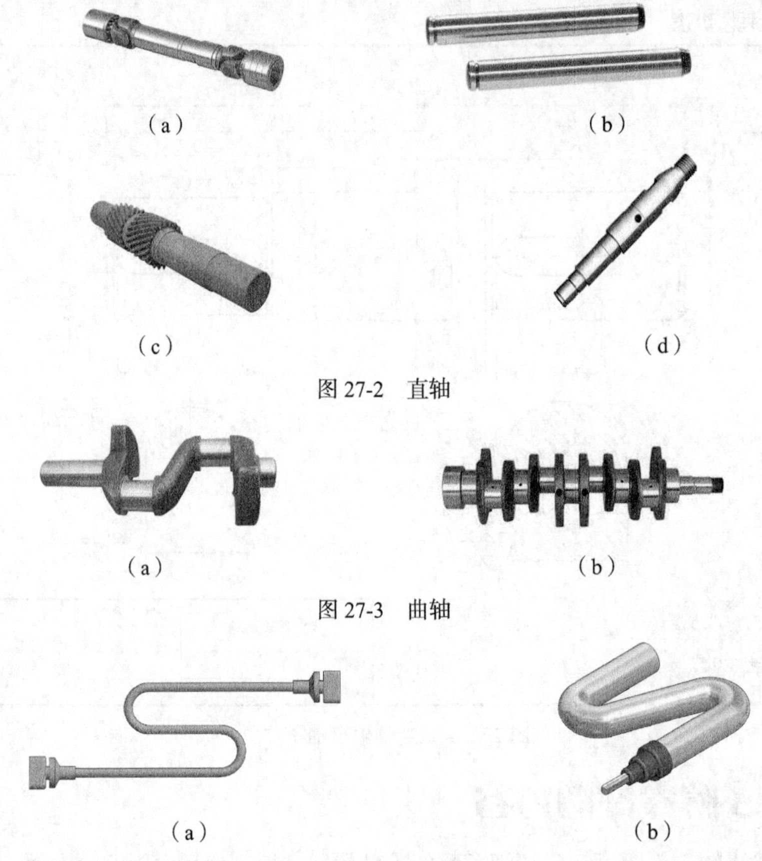

（a）　　（b）

（c）　　（d）

图 27-2　直轴

（a）　　（b）

图 27-3　曲轴

（a）　　（b）

图 27-4　挠性轴

轴类零件的基本形状是回转体，一般轴向尺寸大，径向尺寸小。轴上常有倒角、退刀槽、螺纹、中心孔、销孔、轴肩等结构。如果轴内是空心，侧称为轴套，如图 27-5 所示的花键套零件图。

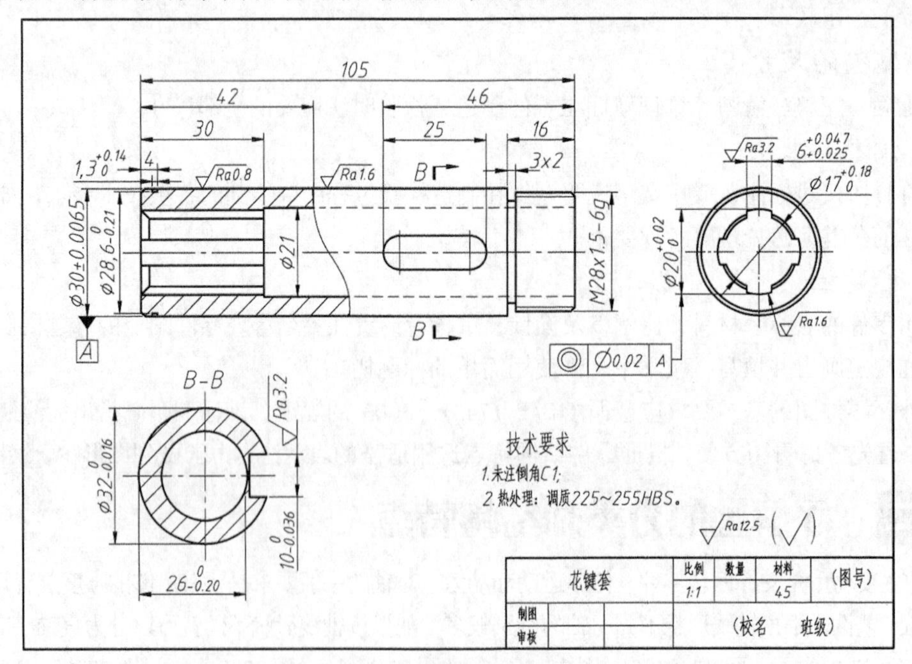


图 27-5　花键套零件图

# 任务三　识读减速器输出轴零件图

识读减速器输出轴零件图，按照标题栏、一组图形、完整的尺寸以及技术要求的顺序读图，具体步骤如下：

第一步，看标题栏，初步了解零件。

从标题栏得知，该零件的名称为减速器输出轴，材料为45钢，比例采用1.5:1。

提示　对较复杂的零件图，通常还要参考有关技术资料，如该零件所在部件的装配图，以便从中了解它在机器（部件）中的功用、结构特点和工艺要求，为识读零件图创造条件。

第二步，探究各图，明确表达方案。

先找到主视图，根据投影关系确定其他各图的表达方法。

减速器输出轴零件图共有三个图形，主视图采用视图表达，能将输出轴各段直径、两处键槽、退刀槽、倒角等的形状结构，得以充分反映；另外两个为移出断面图，用以表示键槽的宽度和深度等。

三个图形构成了减速器输出轴表达方案，各个图形各有侧重、相互补充，达到完整、清晰、简洁表达减速器输出轴的效果。

确定各种零件合理的表达方案，需从两个方面考虑，即主视图的选择和其他视图的选择。主视图是画图和读图的核心，能否合理选择主视图，将影响整个表达方案，影响设计效果。选择主视图时，一般应综合考虑两个因素。

1. 根据零件安放位置确定主视图

（1）依据零件加工位置。主视图的投影方向，应尽量与零件主要加工位置一致，便于加工时看图。例如，轴套类、盘盖类等回转体体零件，如图27-6所示，一般是按加工位置画主视图的。

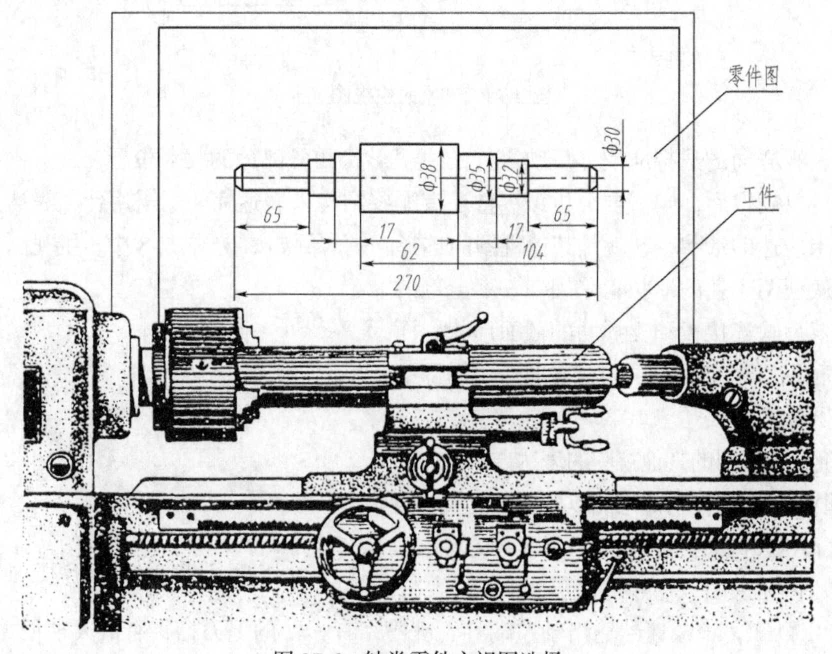


图27-6　轴类零件主视图选择

（2）依据零件工作位置。零件在机器或部件中都有一定的工作位置，选择主视图时，应尽量与它的工作位置一致，以便安装零件。例如，图 27-7 所示中的吊钩与拖钩，均以工作位置为主视图。

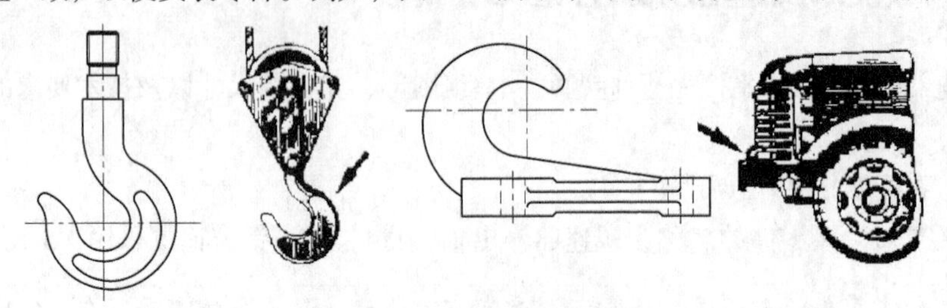

图 27-7　选工作位置为主视图

## 2. 确定主视图方向

主视图方向的选择，应最能反映零件的主要形状和各个部分的相对位置。图 27-8 所示的 *A*、*B*、*C* 三个投影方向，其中 *A* 向能清楚地显示出该支座各部分形状、大小及相互位置关系；而 *B*、*C* 两个方向，均满足不了这一要求。

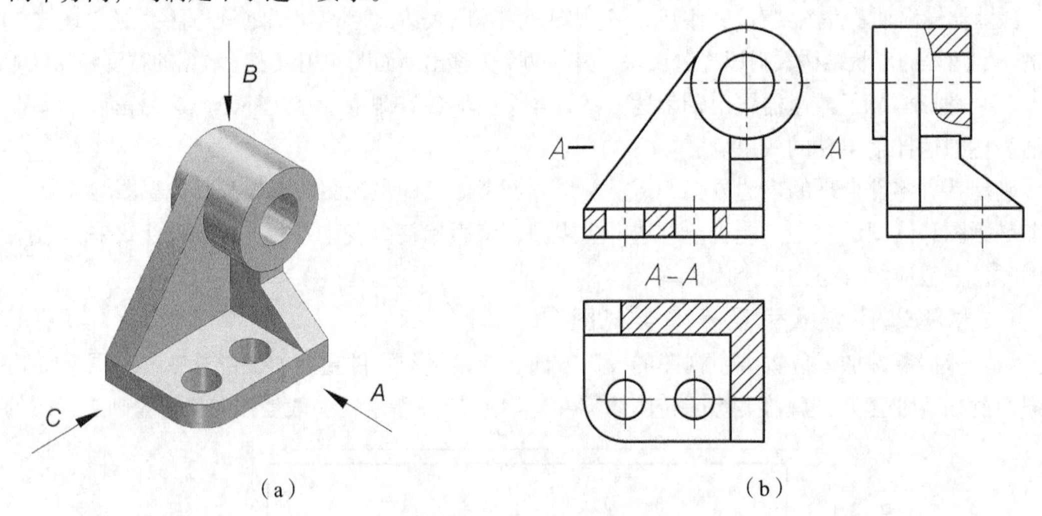


（a）　　（b）

图 27-8　支座的主视图选择

因此，主视方向的选择应明显反映零件的主要形状和各部分的相对位置。

主视图一旦确定后，则需要分析该零件还有哪些结构未表达完整，需用什么表达方法来补充主视图中尚未表达的形状，这就是其他视图的选择问题。例如，在图 27-8 中，主视图方向局部剖视图，表达底板两个孔的形状；采用 *A*—*A* 全剖的俯视图，不仅反映连接板和支撑肋的截面形状，而且还能表达底板的真实形状；侧视方向采用局部剖视图，可将圆筒内形表达。

总之，确定主视图的其他视图的表达方法，应从实际出发，根据具体情况全面地加以分析、比较，使零件的表达符合正确、完整、清晰而又简洁的要求。

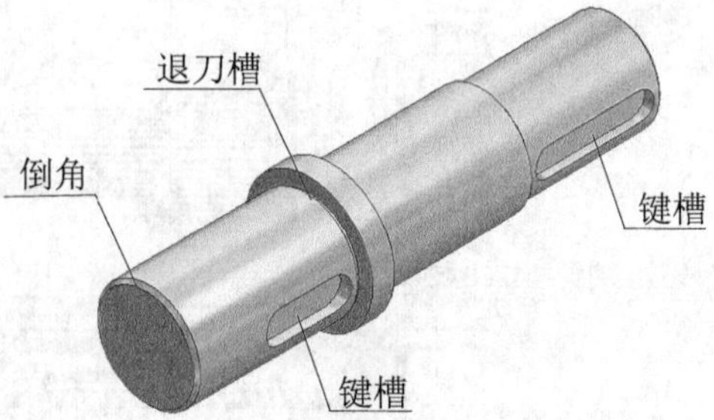

退刀槽　倒角　键槽　键槽

图 27-9　减速器输出轴

第三步，依据视图，构想零件形状。

由图 27-1 可知，该减速器输出轴左端有一键槽，有 3×2 的退刀槽，有最大轴径（称为轴肩）为$\phi$60，右端还有一处键槽；左、右两端进行倒角。该阶梯轴结构如图 27-9 所示。

第四步，分析尺寸，弄懂尺寸要求。

零件图上的尺寸是加工制造、检验、装配的重要依据。

零件图尺寸标注，除了要满足正确、齐全、清晰的基本要求外，还要做到合理标注尺寸。合理标注尺寸，是指所标尺寸既符合设计要求，又满足工艺要求，便于零件的加工、测量和检验。

合理标注零件尺寸，可以从以下几方面着手。

### 1. 正确选择尺寸基准

前面曾对尺寸基准有所阐述，这里结合零件的设计和工艺知识作进一步讨论。零件在长、宽、高三个方向都应有一个主要基准，如图 27-10 所示。有时，还可以设有若干辅助基准。

根据基准的不同作用，可分为设计基准和工艺基准。

（1）设计基准：确定零件在部件中工作位置的基准面或体，一般以对称平面、轴线等为设计基准。如图 27-10 所示，左、右对称平面、轴承座底面则为设计基准，便于标注 80、32 等长度尺寸和 32、58 等高度尺寸。

（2）工艺基准：零件在加工、测量时的基准面或线。如图 27-10 所示，主视图凸台顶面是工艺基准，以此为基准，测量螺孔的深度尺寸 8 比较方便。

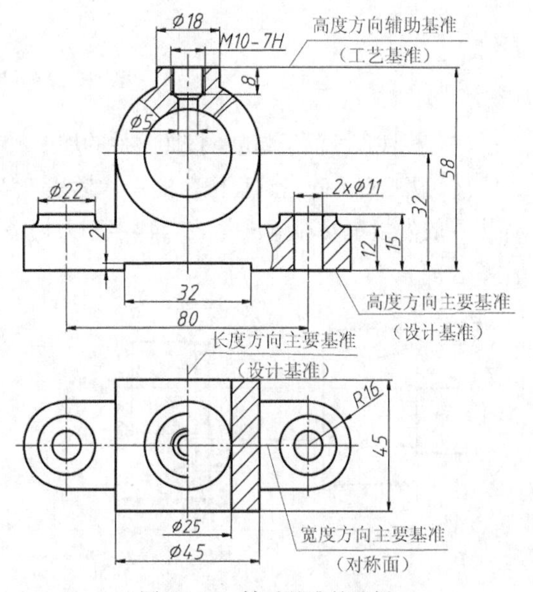


图 27-10　轴承基准的选择

### 2. 标注尺寸的几个准则

（1）主要尺寸直接注出。为保证设计精度要求，主要尺寸应直接注出。如图 27-11（a）所示，应直接注出长度方向的定位尺寸 32 和 80，高度尺寸定位尺寸 12 和 32；而不能用图 27-11（b）所示的 $A$、$B$、$C$、$D$ 尺寸来取代。

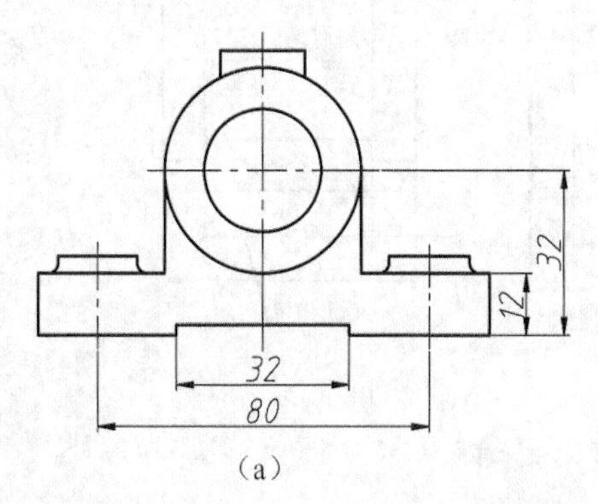


（a）

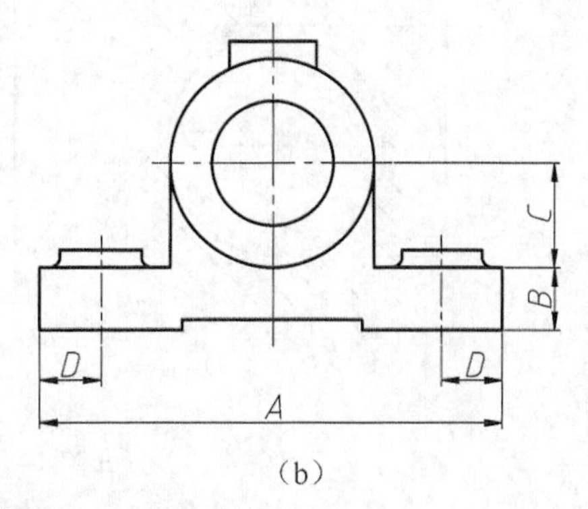


（b）

图 27-11 重要尺寸直接注出

（2）避免出现封闭尺寸链。图 27-12（a）中的尺寸 $l_1$，$l_2$，$l_3$，$l$ 构成封闭尺寸链，将导致加工各尺寸精度无法得到保证。为此，选择其中一个不重要的尺寸空出不注，称为开口环，使所有的尺寸误差都累积在这一段，如图 27-12（b）所示。

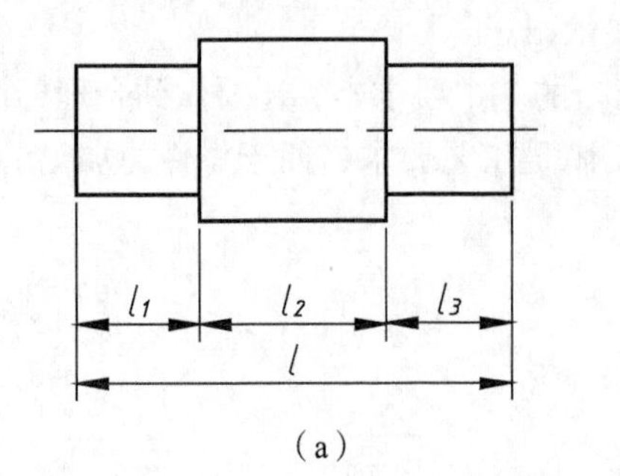


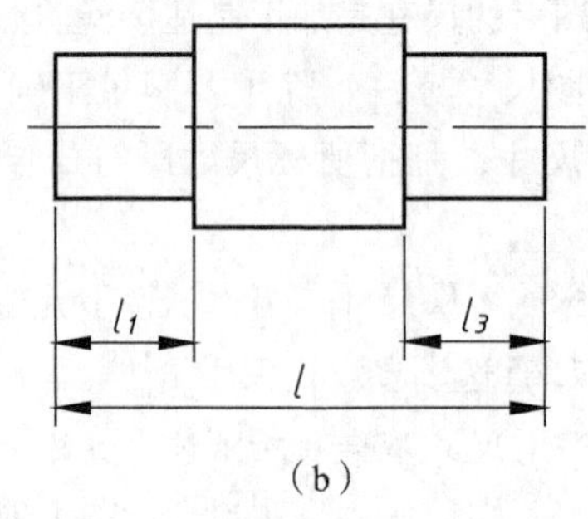


图 27-12 不要注成封闭尺寸链

（3）标注尺寸便于测量。按照零件的加工顺序标注尺寸，便于看图和测量，有利于保证加工精度。

① 退刀槽（砂轮越程槽）的尺寸标注。如图 27-13（a）所示，将退刀槽包含在长度 13 内，因为一般先粗车外圆至长度 13，再由割刀切槽，这种标注便于加工测量。图 27-13（b）所示的标注不合理。

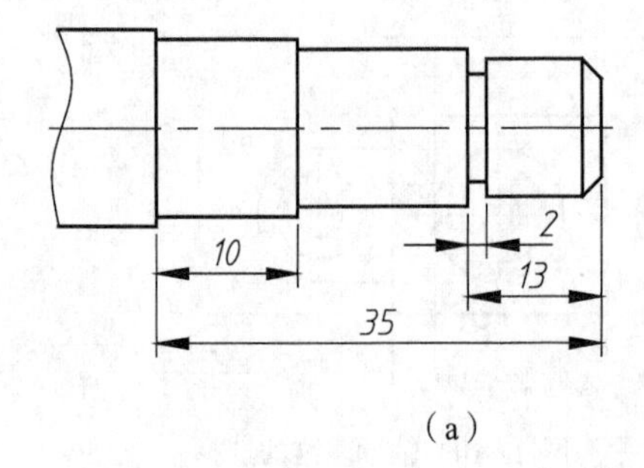


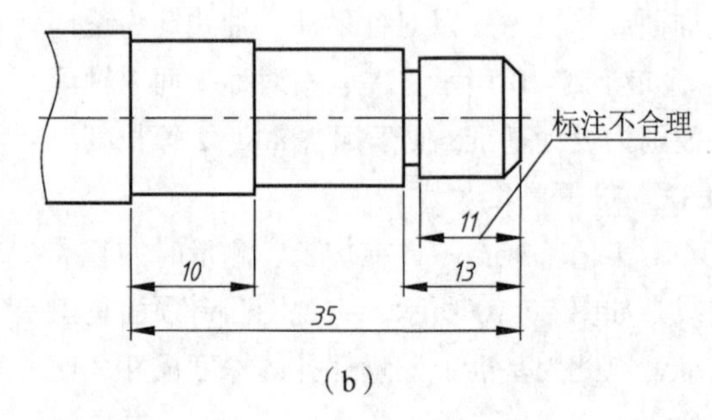


图 27-13 标注尺寸要便于加工测量

② 键槽深和阶梯孔的尺寸标注。图 27-14（a）所示为轴和轮毂上键槽深度的表示法；图 27-14（b）所示为阶梯孔深度表示法。

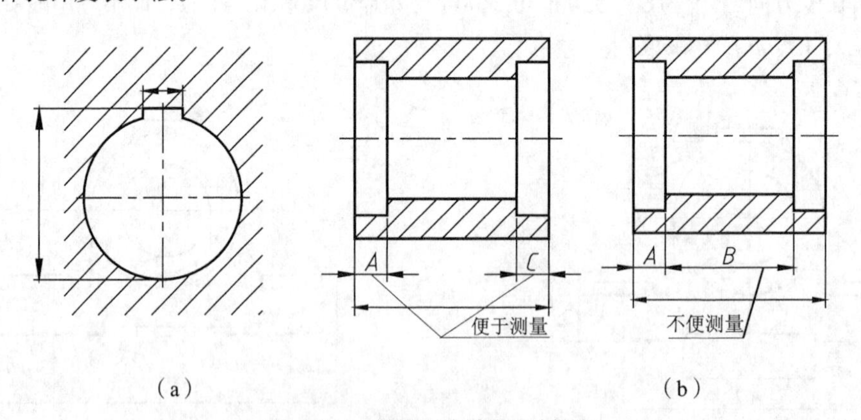


图 27-14 键槽和阶梯孔尺寸标注

3. 常见孔的尺寸注法

国家标准对各种孔的尺寸标注有规定注法，依据《技术制图 简化表示法》第二部分尺寸注法（GB/T 16675.2—1999）要求标注尺寸时，应使用符号和缩写词，如表 27-1 所示。

表 27-1　　　　　　　　　常见孔的尺寸注法

| 零件结构类型 | | 简化铸法 | 一般注法 | 说　明 |
|---|---|---|---|---|
| 光孔 | 一般孔 | 4×φ5↧10<br>4×φ5↧10 | 4×φ5<br>10 | ↧ 深度符号<br>4×$\phi$5 表示有规律分布的 4 个直径为 $\phi$5mm 的光孔。孔深可与孔径连注，也可分开标注 |
| | 精加工孔 | $4\times\phi5^{+0.012}_{0}$ ↧10<br>孔↧12<br>$4\times\phi5^{+0.012}_{0}$ ↧10<br>孔↧12 | $4\times\phi5^{+0.012}_{0}$<br>10<br>12 | 光孔深为 12mm，钻孔后需精加工至 $\phi5^{+0.012}_{0}$mm，深度为 10mm |
| | 锥孔 | 锥销孔φ5<br>配作<br>锥销孔φ5<br>配作 | 锥销孔φ5<br>配作 | $\phi$5 为与锥销孔相配的圆锥销小头直径（公称直径）。锥销孔通常是两零件装在一起后加工的 |
| 埋头孔 | | 4×φ7<br>⌵φ13×90°<br>4×φ7<br>⌵φ13×90° | 90°<br>φ13<br>4×φ7 | ⌵埋头孔符号<br>4×$\phi$7 表示 4 个有规律分布的直径为 $\phi$7mm 的孔。锥形部分尺寸可以旁注，也可以直接注出 |
| 沉孔 | | 4×φ7<br>⌴φ13↧3<br>4×φ7<br>⌴φ13↧3 | φ13<br>3<br>4×φ6 | ⌴沉孔及锪平孔符号<br>柱形沉孔的直径为 $\phi$13mm，深度为 3 mm，均需要注出 |
| 锪平 | | 4×φ7<br>⌴φ13<br>4×φ7<br>⌴φ13 | φ13<br>锪平<br>4×φ7 | 锪平直径 $\phi$13，锪平深度不必标注，一般锪平到不出现毛面为止 |
| 螺孔 | 通孔 | 2xM8<br>2xM8 | 2xM8-6H | 2×M8 表示公称直径为 $\phi$ 8 的两螺孔（中径和顶径的公差代号 6H 不注），可以旁注，也可直接注出 |
| | 不通孔 | 2xM8-6H ↧10<br>孔↧12<br>2xM8 ↧10<br>孔↧12 | 2xM8-6H<br>10<br>12 | 一般应分别注出螺纹和钻孔的深度尺寸（中径和顶径的公差代号 6H 不注） |

根据上述相关知识，在图 27-1 所示减速器输出轴的零件图中，可以判断其径向基准（即宽、高方向基准）是轴线，由此注出减速器输出轴同轴线的直径尺寸，如 $\phi$ 60，$\phi$ 74，$\phi$ 55 等；减速器输出轴的主要轴向基准（即长度方向基准）为右端面，由此标注了 70、80、168、276 等尺寸。

减速器输出轴零件图注有公差要求的尺寸有：$\phi60^{0}_{-0.019}$、$\phi74^{0}_{-0.074}$、$\phi60^{0}_{-0.074}$、$\phi55^{0}_{-0.019}$、$18^{-0.018}_{-0.061}$、$16^{-0.018}_{-0.061}$，其中 $\phi$60 外圆表面粗糙度 $Ra$ 值为 1.6μm，要求精加工。

第五步，抓住要求，综合看懂全图。

技术要求是制造零件的质量指标。读图时应根据零件在机器中的作用，分析零件的技术要求是否能在低成本的前提下保证产品质量。

零件图中的技术要求主要指零件几何精度方面的要求，如尺寸公差、几何公差、表面粗糙度等。从生产实践上讲，技术要求还包括材料的热处理和表面处理等。

1. 极限与配合

现代化大规模生产要求零件具有互换性，即从一把规格相同的零件中任取一件，不经修配就能立即装到机器或部件上，并能保证使用要求。互换性为批量和专门化生产创造条件，提高劳动效率和经济效益。为了满足零件的互换性，就必须制定和执行统一的标准，下面简要介绍国家标准《极限与配合》（GB/T 1800.1 ~ GB/T1800.4）的基本内容。

（1）尺寸公差。在实际生产中，零件的尺寸不可能加工得绝对准确，而是允许零件的实际尺寸在一个合理的范围内变动。这个允许尺寸的变动量就是尺寸公差，如图 27-15（a）、（b）所示。

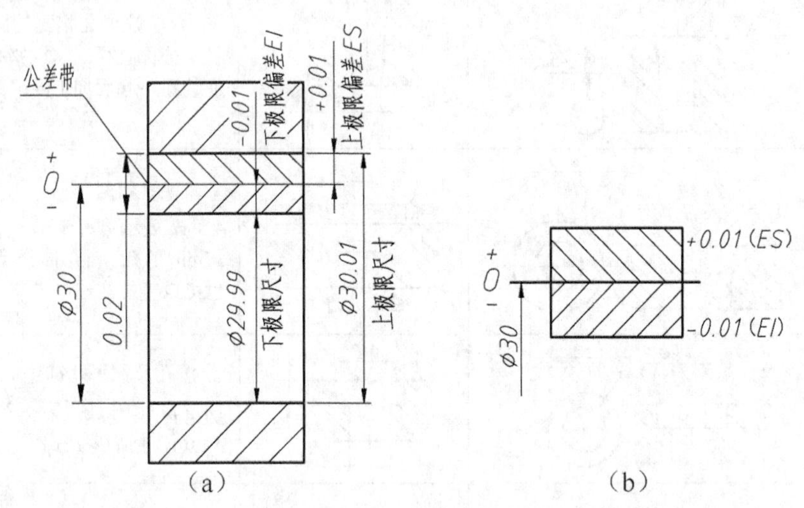


图 27-15　尺寸公差

① 公称尺寸。公称尺寸为设计给定的尺寸，如$\phi$30。

② 极限尺寸。尺寸允许变动的两个极限值：

上极限尺寸 30+0.01=30.01

下极限尺寸 30−0.01=29.99

③ 极限偏差。极限尺寸减基本尺寸所得的代数差，即上极限尺寸和下极限尺寸减公称尺寸所得的代数差，分别为上极限偏差和下极限偏差，统称极限偏差。孔的上、下极限偏差分别用大写字母 ES 和 EI 表示，轴的上、下极限偏差分别用小写字母 es、ei 表示。

上极限偏差 ES=30.01−30=+0.01

下极限偏差 EI=29.99−30=-0.01

④ 尺寸公差（简称公差）。允许尺寸的变动量，即上极限尺寸减下极限尺寸所得公差，也等于上极限偏差减下极限偏差所得的代数差。尺寸公差是一个没有符号的绝对值。

公差：30.01−29.99=0.02

或 | 0.01−（−0.01）|=0.02

⑤ 公差带和零线。公差带是由代表上偏差和下偏差的两条直线所限定的一个区域。为了简化起见，一般只画出上、下极限偏差围成的方框简图，称为公差带图，如图 27-15（b）所示。在公差

带图中，零线是表示公称尺寸的一条直线。零线上方的偏差为正值，零线下方的偏差为负值。公差带由公差大小及其相对零线的位置来确定。

（2）配合。公称尺寸相同的、相互结合的孔和轴公差带之间的关系，称为配合。由于孔和轴的实际尺寸不同，配合后会产生间隙或过盈。孔的尺寸减去相配合轴的尺寸之差为正时是间隙，为负时是过盈。

根据实际需要，配合分为三类，即间隙配合、过渡配合和过盈配合，如图 27-16 所示。

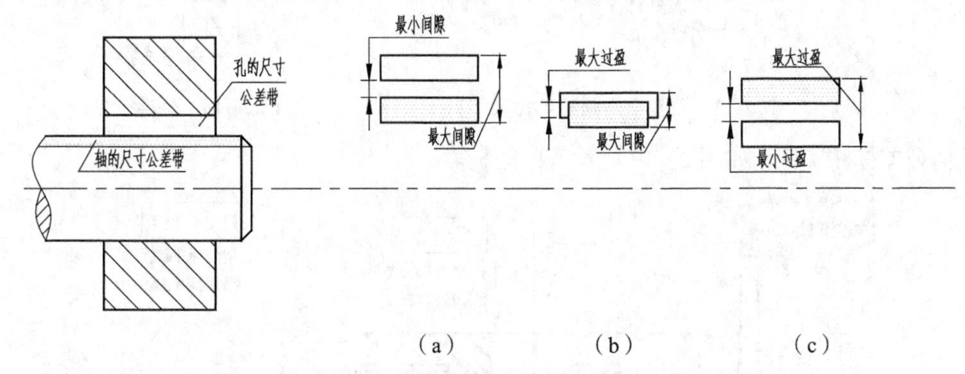


图 27-16　配合类型（间隙配合、过渡配合、过盈配合）

根据技术制图国家标准，零件图中的技术要求，主要有以下几个方面。

2. 几何公差（GB/T 4249—2009）

零件加工过程中，不仅会产生尺寸误差，也会出现形状和位置的误差。为保证零件的装配和使用要求，在图样上除给出尺寸及其公差要求外，还必须给出几何公差（含形状、方向、位置和跳动公差）要求。几何公差的几何特征和符号如表 27-2 所示。

表 27-2　　几何公差的几何特征和符号

| 公差类型 | 几何特征 | 符号 | 有无基准 | 公差类型 | 几何特征 | 符号 | 有无基准 |
|---|---|---|---|---|---|---|---|
| 形状公差 | 直线度 | ⏤ | 无 | 位置公差 | 位置度 | ⌖ | 有或无 |
| | 平面度 | ⏥ | 无 | | | | |
| | 圆度 | ○ | 无 | | 同心度（用于中心点） | ◎ | 有 |
| | 图柱度 | ⌭ | 无 | | 同轴度（用于轴线） | ◎ | 有 |
| | 线轮廓度 | ⌒ | 无 | | 对称度 | ⌯ | 有 |
| | 面轮廓度 | ⌓ | 无 | | 线轮廓度 | ⌒ | 有 |
| 方向公差 | 平行度 | // | 有 | | 面轮廓度 | ⌓ | 有 |
| | 垂直度 | ⊥ | 有 | 跳动公差 | 圆跳动 | ↗ | 有 |
| | 倾斜度 | ∠ | 有 | | | | |
| | 线轮廓度 | ⌒ | 有 | | 全跳动 | ⌰ | 有 |
| | 面轮廓度 | ⌓ | 有 | | | | |

图样中标注几何公差，常用公差框格表示，例如 ⊥ | Ø0.05 | A，其画法和意义如图 27-17 所示。基准符号用注写字母的基准方格和一个涂黑的三角形相连来表示，如图 27-18 所示。

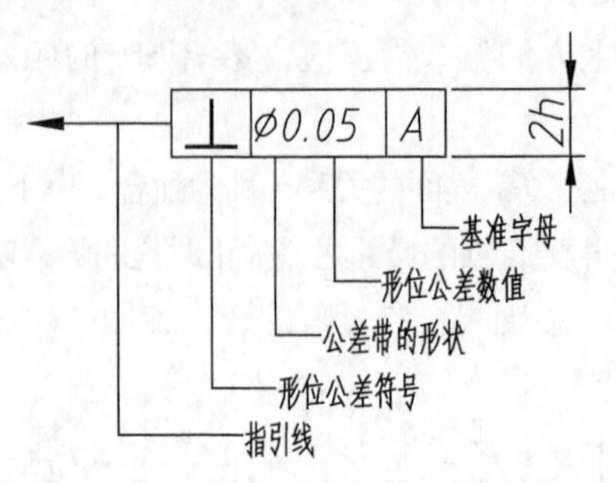


图 27-17　公差框格画法与含义

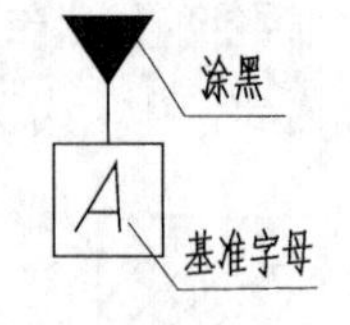


图 27-18　基准符号

几何公差标注实例，如图 27-19 所示气门阀杆。

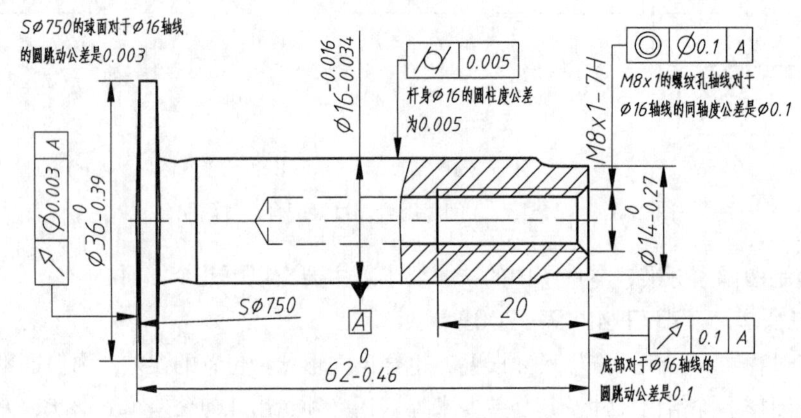


图 27-19　气门阀杆几何公差标注

3. 表面结构（GB/T 1031—2009）

为保证零件装配后的使用要求，除了对零件各部分结构绘出尺寸和几何公差外，还要对零件的表面质量——表面结构给出要求。

表面结构是表面粗糙度、表面波纹度、表面缺陷、表面纹理和表面几何形状的总称。本书主要介绍常用的表面粗糙度表示法。

（1）表面粗糙度基本知识。零件加工表面上具有较小间距与峰谷所组成的微观几何形状特性称为表面粗糙度，它与加工方法、切削刀刃形状和进给量等因素有密切关系。表面粗糙度常用轮廓算术平均偏差 *Ra* 和轮廓最大高度 *Rz* 来评定（*Ra* 较常用）。表 27-3 所示为表面粗糙度与加工方法应用比较。

表 27-3　表面粗糙度与加工方法比较

| *Ra*/μm | 表面特征 | 加 工 方 法 | 应 用 举 例 |
|---|---|---|---|
| 50<br>25<br>12.5 | 粗面 | 粗车、粗铣、粗刨、钻孔、锯断以及铸、锻、轧制等 | 多用于粗加工的非配合表面，如机座底面、轴的端面、倒角、钻孔、键槽非工作面，以及铸、锻件的不接触面等 |
| 6.3<br>3.2<br>1.6 | 半光面 | 精车、精铣、精刨、铰孔、刮研、拉削（钢丝）等 | 较重要的接触面和一般配合表面，如键槽和键的工作面、轴套及齿轮的端面、定位销的压入孔表面 |
| 0.8<br>0.4<br>0.2 | 光面 | 精铰、精磨、抛光等 | 要求较高的接触面和配合表面，如齿轮工作面、轴承的重要表面、圆锥销孔等 |
| 0.1<br>0.05<br>0.025 | 镜面 | 研磨、超级精密加工等 | 高精度的配合表面，如要求密封性能好的表面、精密量具的工作表面等 |

由表 27-3 可见，*Ra* 值越小，表面质量要求越高，加工成本也越高。

（2）表面粗糙度的图形符号，如表 27-4 所示。

表 27-4　　表面粗糙度的图形符号

| 符号名称 | 符　号 | 含　义 |
|---|---|---|
| 基本图形符号 |  | 未指定工艺方面的表面，当通过一个注释解释时可单独使用 |
| 扩展图形符号 |  | 用去除材料方法获得的表面，仅当其含义是“被加工表面”时可单独使用 |
|  |  | 不去除材料的表面，也可用于保持上道工序形成的表面，不管这种情况是通过去除或不去除材料形成的 |
| 完整图形符号 |  | 在以上各种符号的长边上加一横线，以便注写对表面粗糙度的各种要求 |

（3）表面粗糙度的标注，如表 27-5 所示。

表 27-5　　表面粗糙度符号、代号的画法及其在图样上的标注

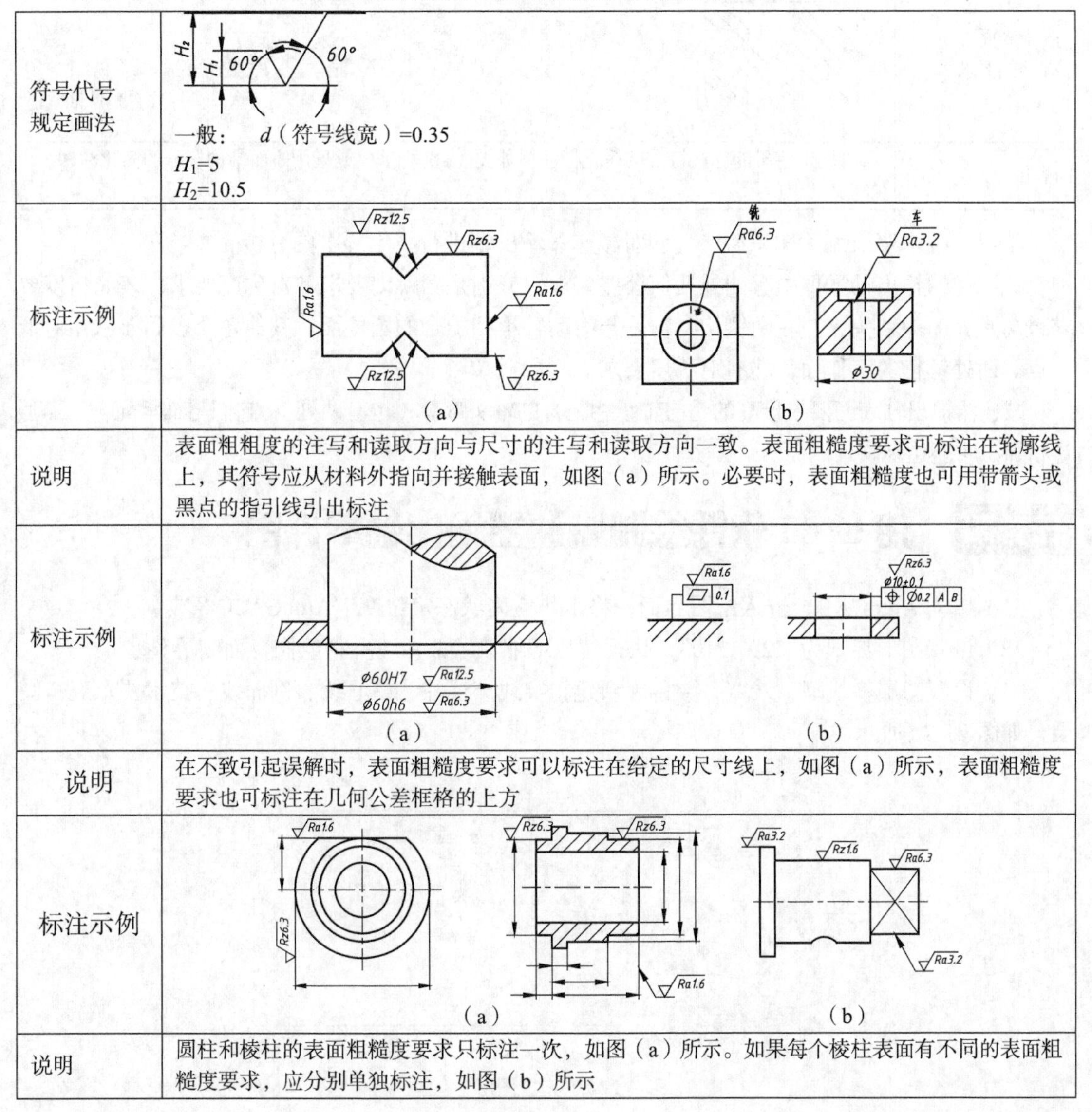

| 符号代号规定画法 | $H_2$　$H_1$　60°　60°<br>一般：　*d*（符号线宽）=0.35<br>$H_1$=5<br>$H_2$=10.5 |
|---|---|
| 标注示例 | Rz12.5　Rz6.3　Ra1.6　Ra1.6　Rz12.5　Rz6.3<br>（a）<br>铣　Ra6.3　车　Ra3.2　ϕ30<br>（b） |
| 说明 | 表面粗糙度的注写和读取方向与尺寸的注写和读取方向一致。表面粗糙度要求可标注在轮廓线上，其符号应从材料外指向并接触表面，如图（a）所示。必要时，表面粗糙度也可用带箭头或黑点的指引线引出标注 |
| 标注示例 | ϕ60H7　Ra12.5　ϕ60h6　Ra6.3<br>（a）<br>Ra1.6　0.1　Rz6.3　ϕ10±0.1　ϕ0.2　A　B<br>（b） |
| 说明 | 在不致引起误解时，表面粗糙度要求可以标注在给定的尺寸线上，如图（a）所示，表面粗糙度要求也可标注在几何公差框格的上方 |
| 标注示例 | Ra1.6　Rz6.3　Rz6.3　Rz6.3　Ra1.6<br>（a）<br>Ra3.2　Rz1.6　Ra6.3　Ra3.2<br>（b） |
| 说明 | 圆柱和棱柱的表面粗糙度要求只标注一次，如图（a）所示。如果每个棱柱表面有不同的表面粗糙度要求，应分别单独标注，如图（b）所示 |

（4）表面粗糙度简化注法，如表27-6所示。

表27-6　　表面粗糙度简化注法

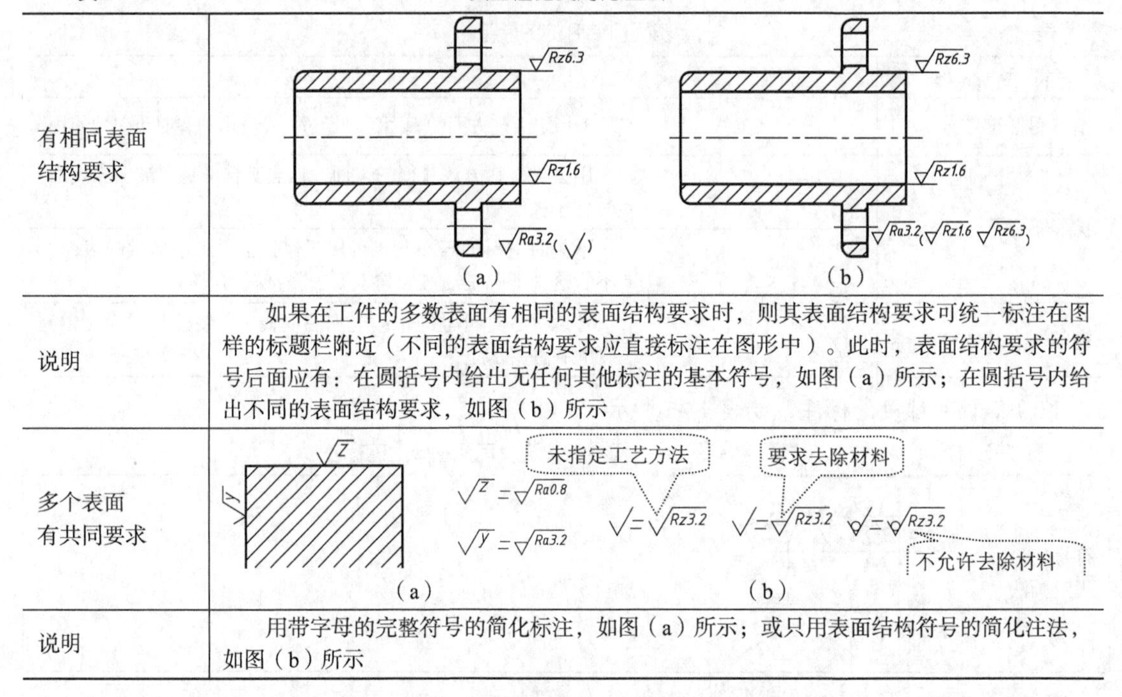

| | |
|---|---|
| 有相同表面结构要求 | Rz6.3　Rz1.6　Ra3.2（√）（a）　Rz6.3　Rz1.6　Ra3.2（Rz1.6　Rz6.3）（b） |
| 说明 | 如果在工件的多数表面有相同的表面结构要求时，则其表面结构要求可统一标注在图样的标题栏附近（不同的表面结构要求应直接标注在图形中）。此时，表面结构要求的符号后面应有：在圆括号内给出无任何其他标注的基本符号，如图（a）所示；在圆括号内给出不同的表面结构要求，如图（b）所示 |
| 多个表面有共同要求 | z　y　z = Ra0.8　y = Ra3.2（a）　未指定工艺方法　要求去除材料　= Rz3.2　= Rz3.2　= Rz3.2　不允许去除材料（b） |
| 说明 | 用带字母的完整符号的简化标注，如图（a）所示；或只用表面结构符号的简化注法，如图（b）所示 |

学习了技术要求相关知识后，我们对减速器输出轴进行技术要求的分析。

该减速器输出轴零件中有四处几何公差要求，分别是圆跳动要求和对称度要求；表面精度要求最高是$\phi$60 的轴头，左右两侧均有，是与滚动轴承相配合的圆柱面。其他各个表面要求相对低一点。两处键槽的工作面，均有对称度要求。

减速器输出轴表面要求最高的是与轴承相配合的轴头部位（也有两处），它们与轴承配合，需通过精加工才能达到。

## 任务四　用CAD软件绘制减速器输出轴零件图

（1）启动AutoCAD，进入绘图界面，将工作空间状态定位在“AutoCAD 经典”。

（2）设置图形界限为“297,210”，执行“全部缩放”命令，并将绘图界面满屏显示。

（3）设置图层、线型、线宽、颜色。新建粗实线、标注、中心线、剖面线、技术要求五个图层，如图27-20所示。

27-20 设置图层

（4）启用“极轴”、“对象捕捉”、“对象追踪”模式，并选定端点、圆心、交点、延长线为对象捕捉模式。

（5）按要求绘制 A4 图框和标题栏，如图 27-21 所示。

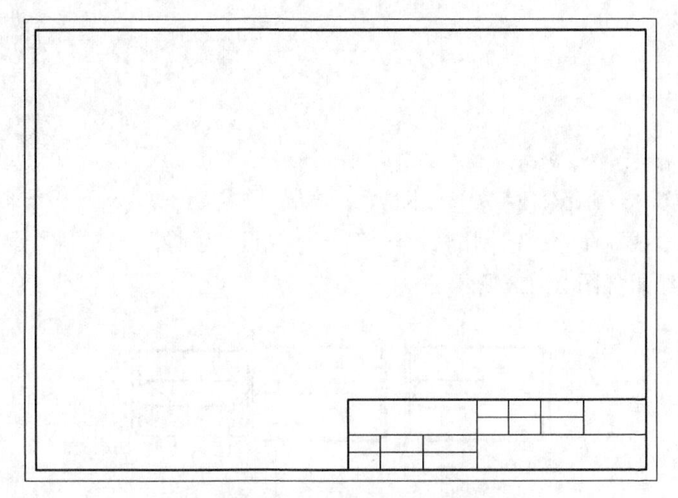

图 27-21　A4 图框和标题栏

（6）在 A4 图框外恰当位置，绘制图形。

① 执行“直线”命令，绘制轴半个轮廓，如图 27-22 所示。

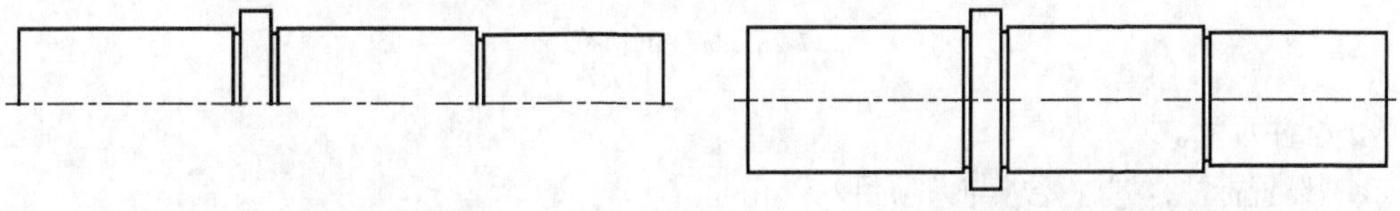

图 27-22　绘制轴半个轮廓　　图 27-23　绘制整个轮廓

② 执行“镜像”命令，完成轴的整个外轮廓，如图 27-23 所示。

③ 执行“圆”、“直线”、“修剪”、“删除”等命令，依次完成主视图左、右两侧键槽，如图 27-24 所示。

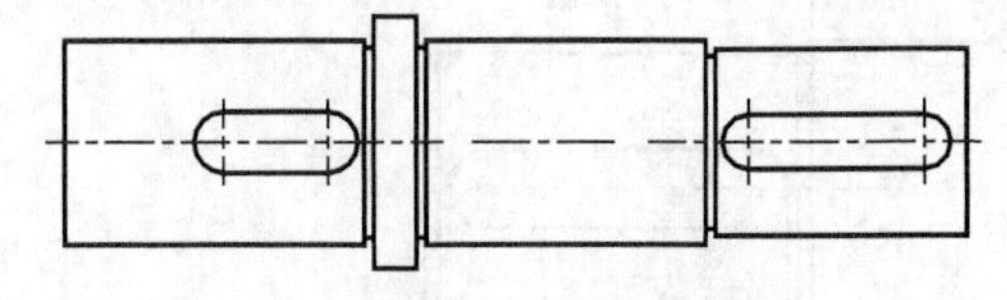

图 27-24　绘制键槽

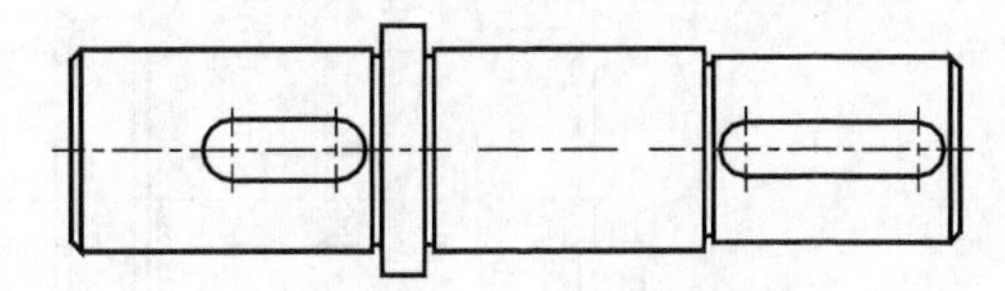

图 27-25　绘制倒角

④ 执行“倒角”、“直线”命令，完成倒角绘制，如图 27-25 所示。

⑤ 执行“圆”、“直线”、“修剪”命令，依次绘制两个移出断面图，如图 27-26 所示。

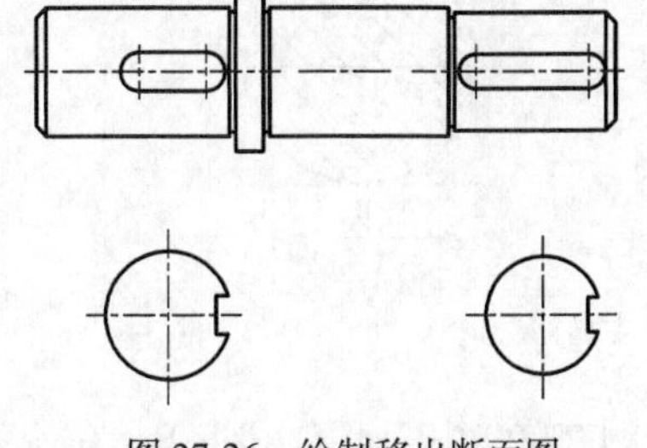

图 27-26　绘制移出断面图

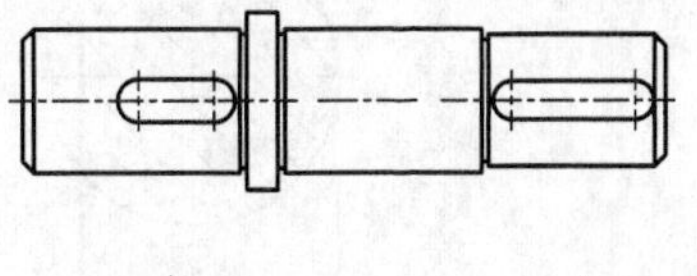

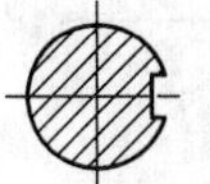

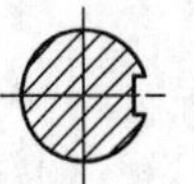

图 27-27　绘制剖面线

⑥ 执行“图案填充和渐变色”命令，绘制移出断面图的剖面线，如图 27-27 所示。

⑦ 将“标注”设为当前图层，单击“多段线”命令图标，命令行执行如下。

```
命令: _pline                                                    //执行命令
指定起点:当前线宽为 0.0000                                      //在恰当位置单击第一点
指定下一个点或 [圆弧(A)/半宽(H)/长度(L)/放弃(U)/宽度(W)]: w(回车)   //选择宽度模式
指定起点宽度 <0.0000>: 0.5↙                                     //输入起点的宽度
指定端点宽度 <0.5000>:↙                                         //确认端点宽度
指定下一个点或 [圆弧(A)/半宽(H)/长度(L)/放弃(U)/宽度(W)]: 5↙       //输入剖切符号长度
指定下一点或 [圆弧(A)/闭合(C)/半宽(H)/长度(L)/放弃(U)/宽度(W)]: ↙   //结束命令。
```

重复执行“多段线”命令，绘制剖切符号箭头；执行“镜像”、“复制”命令，完成两处断面图剖切记号标注，结果如图 27-28 所示。

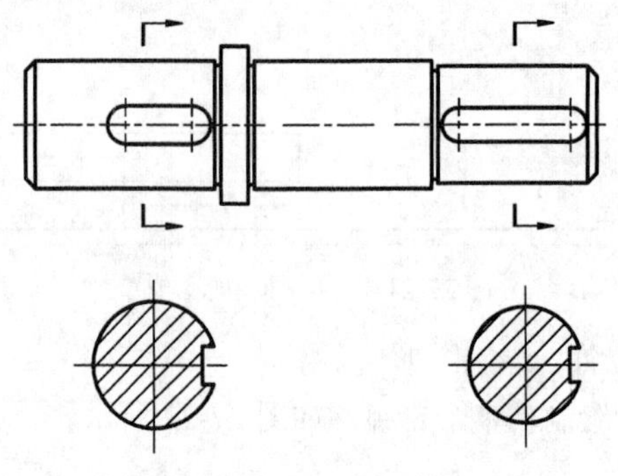

图 27-28 标注剖切符号

⑧ 标注尺寸。

（a）设置标注样式，要求与“项目八”相同。

（b）执行“线性”标注命令，标注图样中全部线性尺寸，如图 27-29 所示。

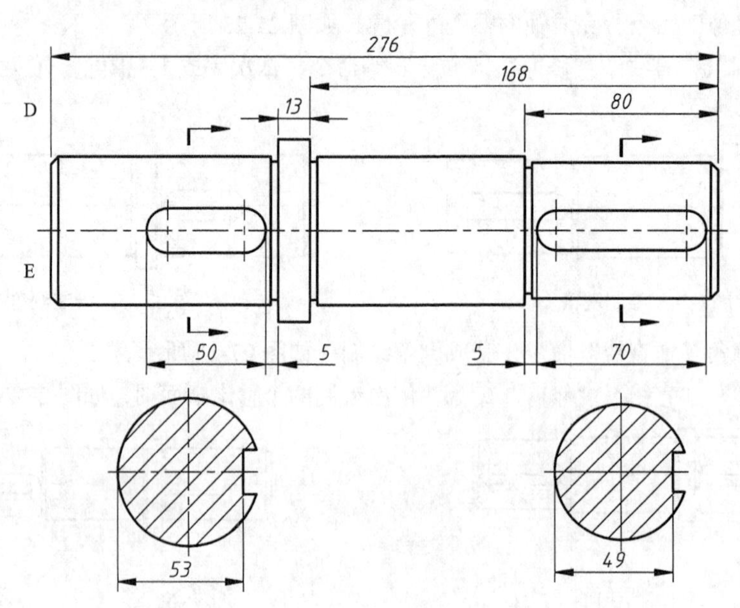


图 27-29 标注线性尺寸

（c）标注其他尺寸。执行“线性标注”命令，单击图 27-29 中的点 D 和点 E，在命令行提示

DIMLINEAR [多行文字(M) 文字(T) 角度(A) 水平(H) 垂直(V) 旋转(R)]:时，输入“M”，回车，即弹出“文字格式”对话框，如图 27-30 所示。使光标在“60”前，单击@图标，在它的下拉列表中选择“直径”，如图 27-31 所示，此时在 60 前将输入“$\phi$”；将光标移至“60”，输入“空格 0^–0.019”，用鼠标选中“空格 0^–0.019”后单击 图标（表示堆叠），如图 27-32 所示，单击“确定”按钮即可完成尺寸“$\phi 60^{\ 0}_{-0.19}$”的标注。

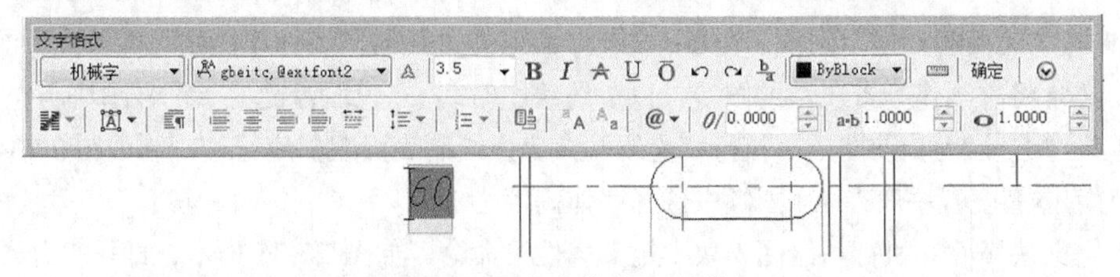


图 27-30 “文字格式”对话框

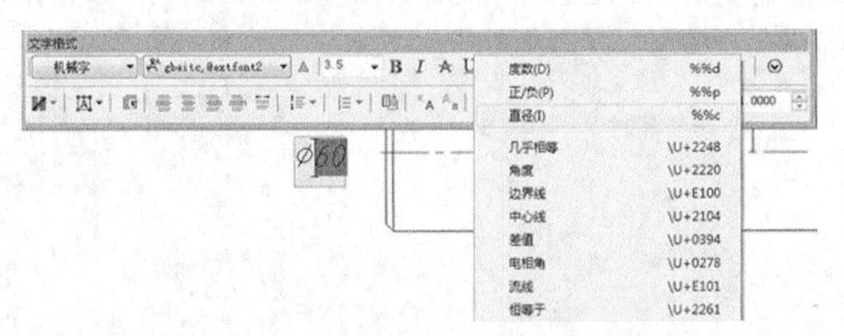


图 27-31 直径标注

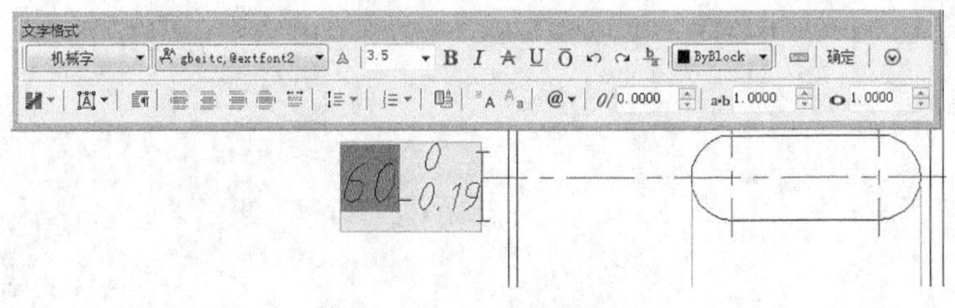


图 27-32 堆叠上下偏差

用同样的方法，将其他尺寸逐一进行标注，结果如图 27-33 所示。

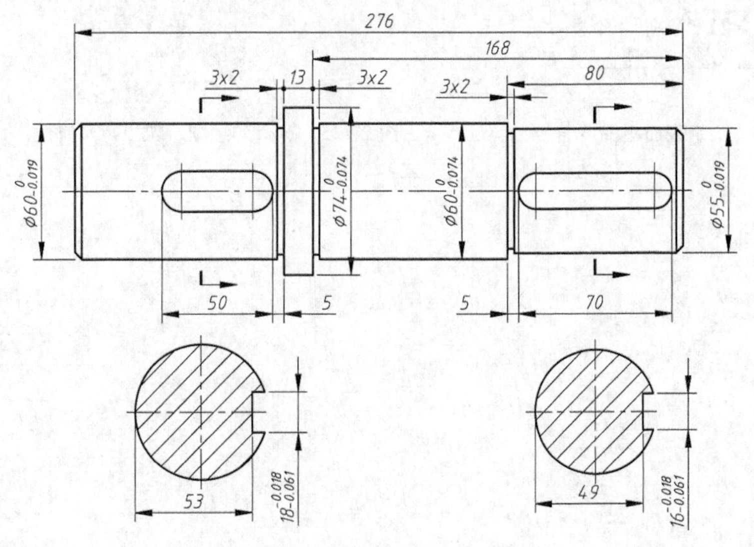


图 27-33 标注全部尺寸

CAD中几种常用符号的表示方法：

直径符号“$\phi$”，可以直接输入“%%d”；度数符号“°”，可以直接输入“%%c”；正/负符号“±”，可以直接输入“%%p”。

⑨ 制作“表面粗糙度”图块。在零件图上，经常重复出现“表面粗糙度”符号，为了提高绘图效率，经常将它制作为带属性的图块，以节约绘图时间。“表面粗糙度”符号图块制作如下。

（a）将“0”设为当前图层。执行“直线”命令，绘制表面粗糙度符号，制如图27-34所示。其中$H$为字体高度，一般在A4图纸中选择字体高度为3.5。

（b）定义块属性。执行“绘图｜块｜定义属性”命令，如图27-35所示，即可打开“定义属性”对话框。在该对话框中作如下设置：在“标记”中输入“CCD”，在“文字样式”中输入“机械字”，在“文字高度”中输入“3.5”，如图27-36所示。

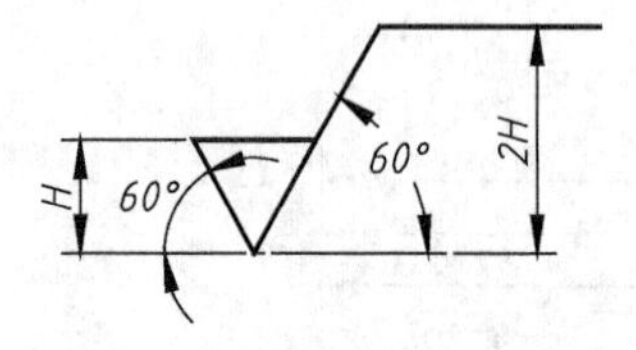


图27-34 绘制表面粗糙度符号

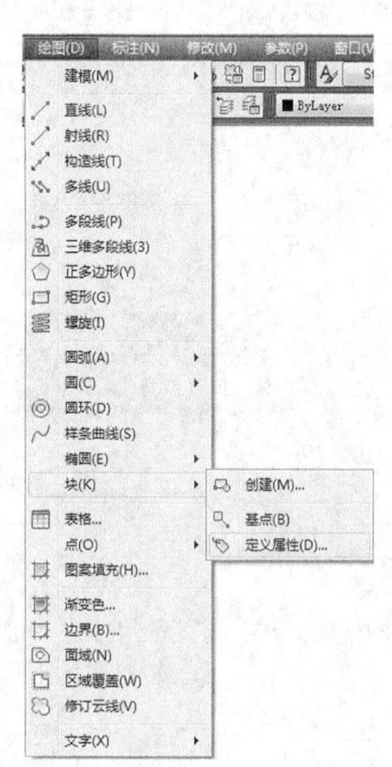


图27-35 执行“绘图｜块｜定义属性”命令

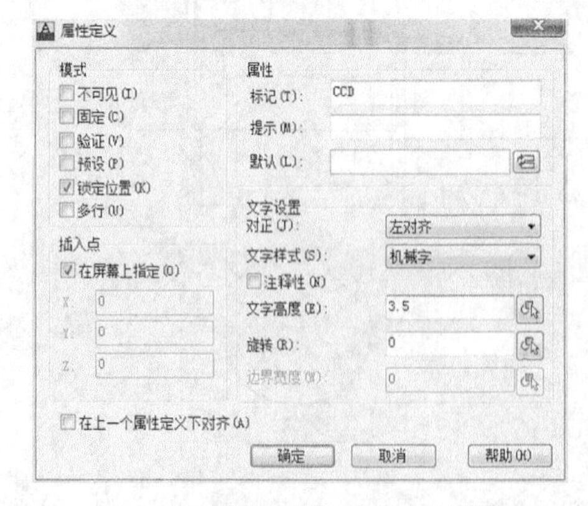


图27-36 设置“属性定义”对话框

图27-37 带有属性的符号

单击“确定”按钮后返回绘图区，用鼠标在“表面粗糙度符号”中指定正确位置，然后单击，则定义属性后的表面粗糙度符号如图 27-37 所示。

（c）执行“绘图｜块｜创建”命令，打开“块定义”对话框，如图 27-38 所示，进行相关设置。

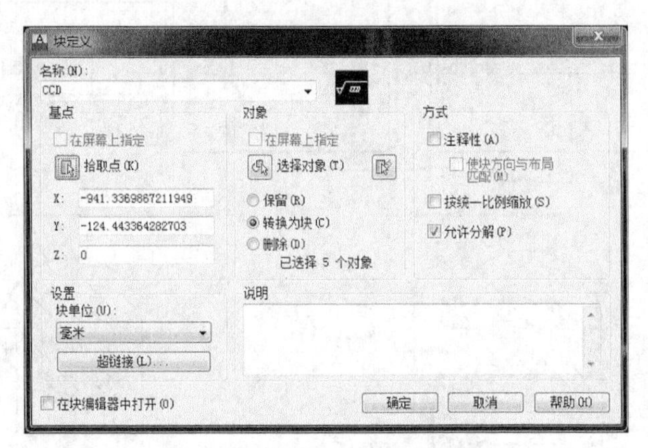


图 27-38　设置“块定义”对话框

“名称”中输入“CCD”；单击“基点”处的“拾取点”，返回绘图区，指定插入块的基点，如图 27-39 所示；继续在对话框中单击“选择对象”，返回绘图区选中表面粗糙度符号，确定后关闭对话框，随即弹出“编辑属性”对话框，输入“Ra12.5”后，单击确定，结果如图 27-40 所示。至此，完成带属性的表面粗糙度块的制作。

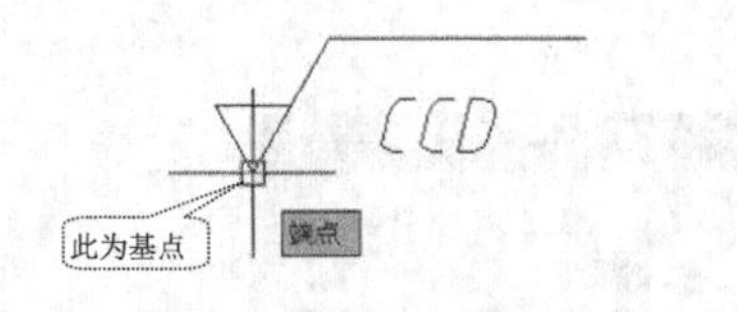


图 27-39　指定基点

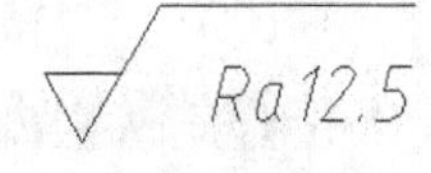


图 27-40　完成块的制作

⑩ 标注表面粗糙度。将“技术要求”设为当前图层。单击“插入块”命令图标，打开“插入”对话框，如图 27-41 所示。

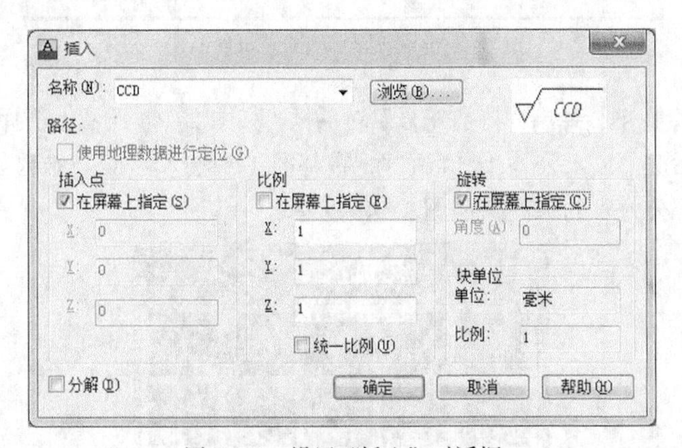


图 27-41　设置“插入”对话框

单击“确定”按钮后，然后在命令行输入粗糙度“Ra12.5”，确定即可。其他表面粗糙度采用同样的方法进行标注，结果如图 27-42 所示。

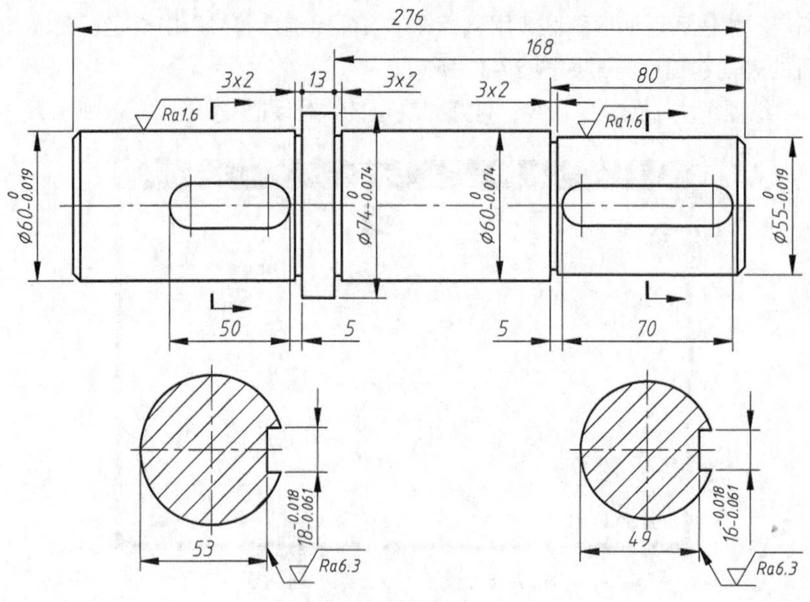


图 27-42　标注表面粗糙度

⑪ 标注几何公差。

① 单击快速引线命令图标，命令行提示“指定第一个引线点或 [设置(S)] <设置>:”时，单击“$\phi55_{-0.19}^{0}$”上端箭头，命令行继续提示“指定下一点”，光标向上一段长度后单击第二点，命令行继续提示“指定下一点”，光标向右一段长度单击第三点，弹出“形位公差”对话框，如图 27-43 所示。

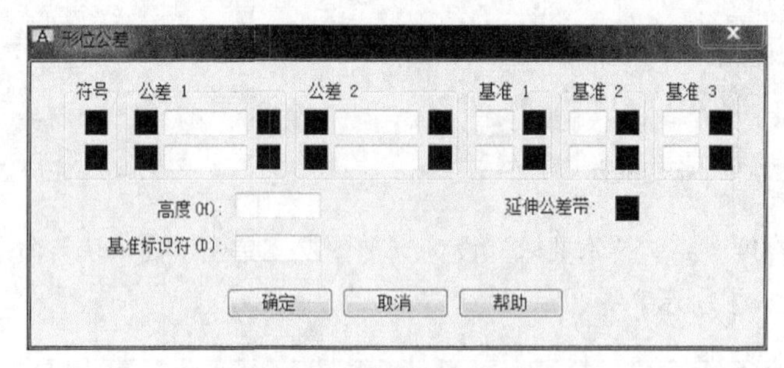


图 27-43　“形位公差”对话框

② 单击“符号”选项，弹出“特征符号”对话框，如图 27-44 所示，选择“圆跳动”符号；在“形位公差”对话框中输入公差 1“0.012”，在基准 1 中输入“A”，结果如图 27-45 所示，从而完成“圆跳动形位公差”的标注，如图 27-46 所示。

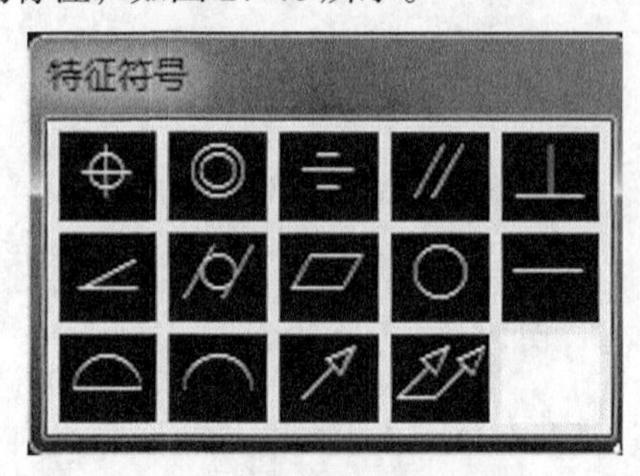


图 27-44　“特征符号”对话框

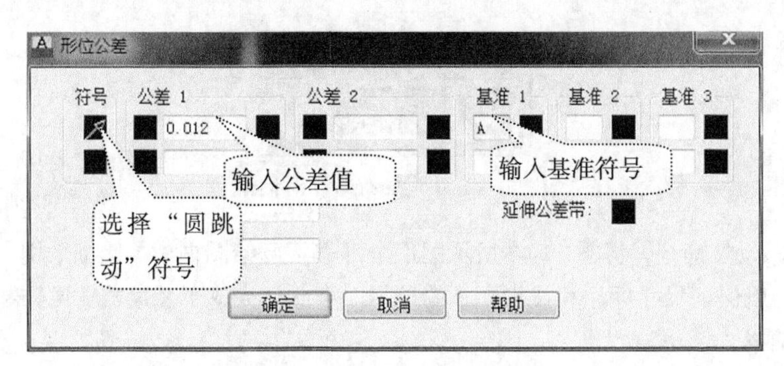


图 27-45　设置形位公差

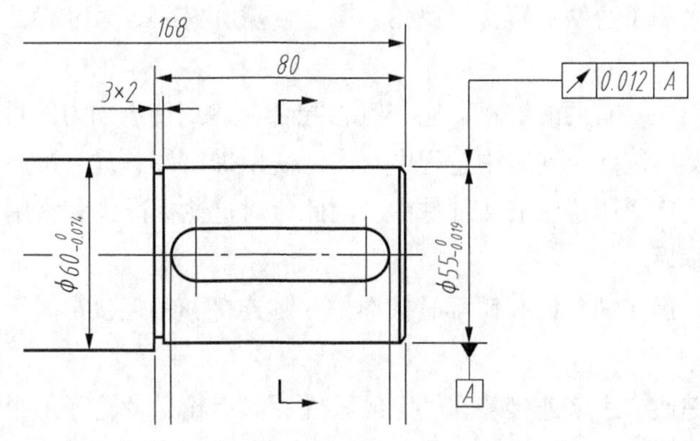


图 27-46　标注圆跳动

按照如上方法，将其他三处几何公差一一标注，结果如图 27-47 所示。

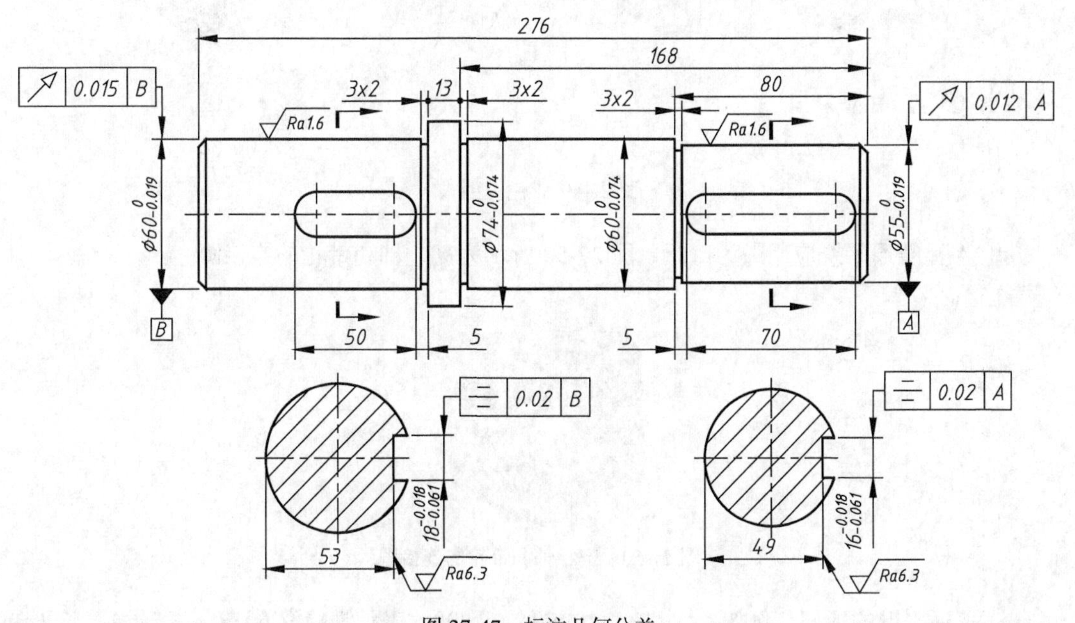


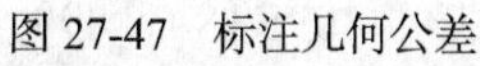
图 27-47　标注几何公差

提示

如单击公差后面的选项，则弹出“附加符号”对话框，如图 27-48 所示。

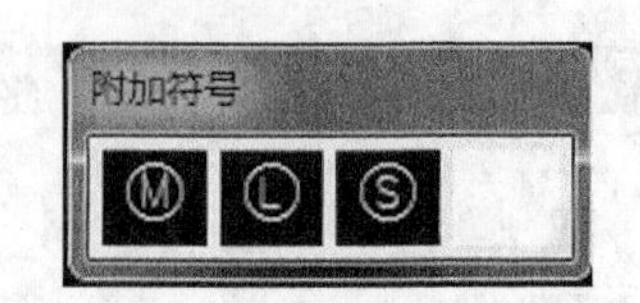


图 27-48 “附加符号”对话框

⑫ 执行“移动”命令，将图 27-47 所示图形全部移至已绘图框中（比例采用 1:1），并调整图形至合适位置，以保证尺寸标注和技术要求的填写。至此，完成了减速器输出轴零件图的绘制。

**※项目归纳※**

（1）零件图包括标题栏、一组图形、完整尺寸和技术要求，识读零件图。

（2）本项目主要采用了直线、镜像、倒角、圆、修剪和文字、尺寸标注等命令绘制。

**※巩固拓展※**

在减速器轴零件图中，有两处键槽，它与键相配合，达到传送动力的目的。

在机械设备和仪器的装配及安装中过程中，广泛使用螺纹件、键、销、滚动轴承等标准件；此外，齿轮等常用件也广泛用于机器或部件中。因此，对这些标准件和常用件的画法、标记规定等基本知识应了解和掌握。

首先，我们先探讨键与销。键和销都是标准件，键连接和销连接都属于可拆连接。

1. 键连接

（1）键的形式。键通常用来连接装在轴上的零件（如齿轮、带轮等），并通过它来传递转矩。图 27-49（a）所示为普通平键，图 27-49（b）所示为半圆键，图 27-49（c）所示为钩头楔键。

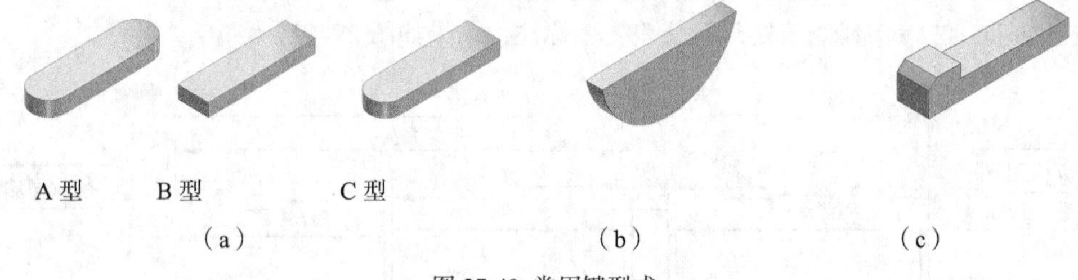


（a）　（b）　（c）

图 27-49 常用键型式

其中 A 型普通平键应用最为广泛，图 27-50 所示为键、轴和带轮的连接图。

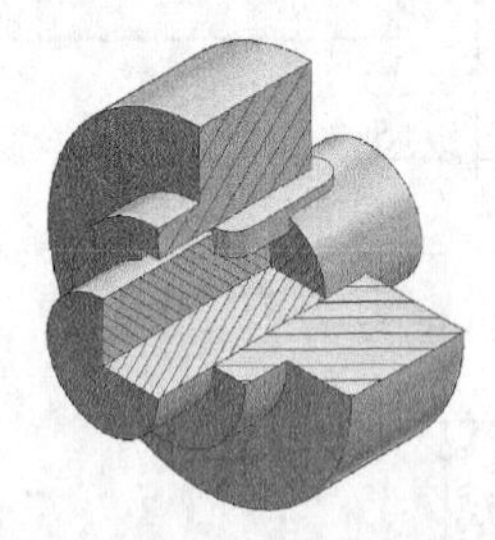

图 27-50 键、轴和带轮的连接图

（2）普通平键的标记。例如，键 GB/T 1096 18×11×90，表示键的宽 $b$=18，高 $h$=11，长 $L$=90 的普通 A 型平键。

（3）普通平键连接画法。绘制普通平键连接图，首先要根据轴的直径和键的形式，从有关标准查阅键及相应键槽尺寸，如表 27-7 所示。

表 27-7　　标准键的尺寸

| 轴 | 键 | | 键槽 | | | | | | | | | | | |
|---|---|---|---|---|---|---|---|---|---|---|---|---|---|---|
| | | | 宽度 b | | | | | | 深度 | | | | 半径 r | |
| | | | | 偏差 | | | | | | | | | | |
| 基本直径 d | 公称尺寸 b×h | 长度 L | 公称尺寸 b | 松连接 | | 正常连接 | | 紧密连接 | 轴 $t_1$ | | 毂 $t_2$ | | | |
| | | | | 轴 H9 | 毂 D10 | 轴 N9 | 毂 JS9 | 轴和毂 P9 | 基本 | 偏差 | 基本 | 偏差 | 最小 | 最大 |
| >10~12 | 4×4 | 8~45 | 4 | +0.0300 | +0.078<br>+0.030 | 0<br>-0.030 | ± 0.015 | -0.012<br>-0.042 | 2.5 | +0.10 | 1.8 | +0.10 | 0.08 | 0.16 |
| >12~17 | 5×5 | 10~56 | 5 | | | | | | 3.0 | | 2.3 | | 0.16 | 0.25 |
| >17~22 | 6×6 | 14~70 | 6 | | | | | | 3.5 | | 2.8 | | | |
| >22~30 | 8×7 | 18~90 | 8 | +0.0360 | +0.098<br>+0.040 | 0<br>-0.036 | ± 0.018 | -0.015<br>-0.051 | 4.0 | +0.20 | 3.3 | +0.20 | | |
| >30~38 | 10×8 | 22~110 | 10 | | | | | | 5.0 | | 3.3 | | 0.25 | 0.40 |
| >38~44 | 12×8 | 28~140 | 12 | +0.0430 | +0.120<br>+0.050 | 0<br>-0.043 | ±<br>0.0215 | -0.018<br>-0.061 | 5.0 | | 3.3 | | | |
| >44~50 | 14×9 | 36~160 | 14 | | | | | | 5.5 | | 3.8 | | | |
| >50~58 | 16×10 | 45~180 | 16 | | | | | | 6.0 | | 4.3 | | | |
| >58~65 | 18×11 | 50~200 | 18 | | | | | | 7.0 | | 4.4 | | | |
| >65~75 | 20×12 | 56~220 | 20 | +0.0520 | +0.149<br>+0.065 | 0<br>-0.052 | ± 0.026 | -0.022<br>-0.074 | 7.5 | | 4.9 | | 0.40 | 0.60 |
| >75~85 | 22×14 | 63~250 | 22 | | | | | | 9.0 | | 5.4 | | | |
| >85~95 | 25×14 | 70~280 | 25 | | | | | | 9.0 | | 5.4 | | | |
| >95~100 | 28×16 | 80~320 | 28 | | | | | | 10.0 | | 6.4 | | | |

注：

（1）$(d-t_1)$和$(d+t_2)$两组组合尺寸的极限偏差按相应的$t_1$和$t_2$的极限偏差选取，但$(d-t_1)$极限偏差的值应取负号（−）。

（2）L 系列：6~22（二进位）、25、28、32、36、40、45、50、56、63、70、80、90、100、125、140、160、180、200、220、250、280、320、360、400、450、500。

（3）轴的直径与键的尺寸的对应关系未列入标准，此表给出仅供参考。

（4）此表中数据单位为 mm。

该减速器输出轴、键槽所有轴的直径为$\phi 60$，则查阅上表得到的参数表 27-7 中底纹所示。图 27-51 所示为键连接画法。

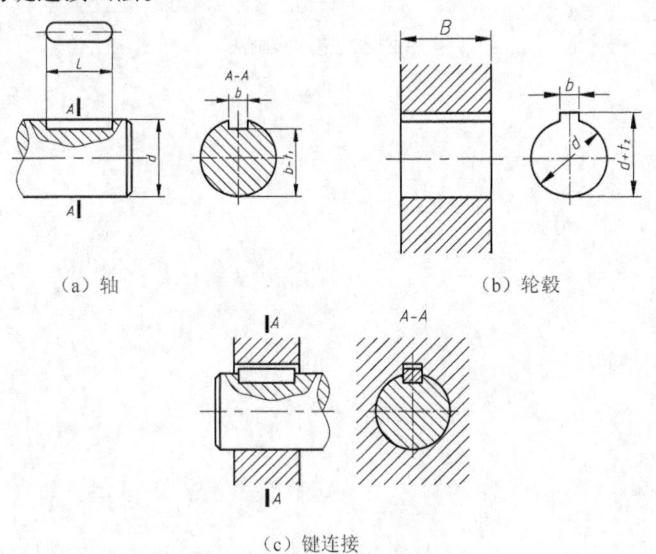


（a）轴　　（b）轮毂

（c）键连接

图 27-51　普通平键连接画法

2. 销连接

销是标准件，通常用于零件间的定位或连接。常用的有圆柱销、圆锥销和开口销。销连接的画法如图 27-52 所示。

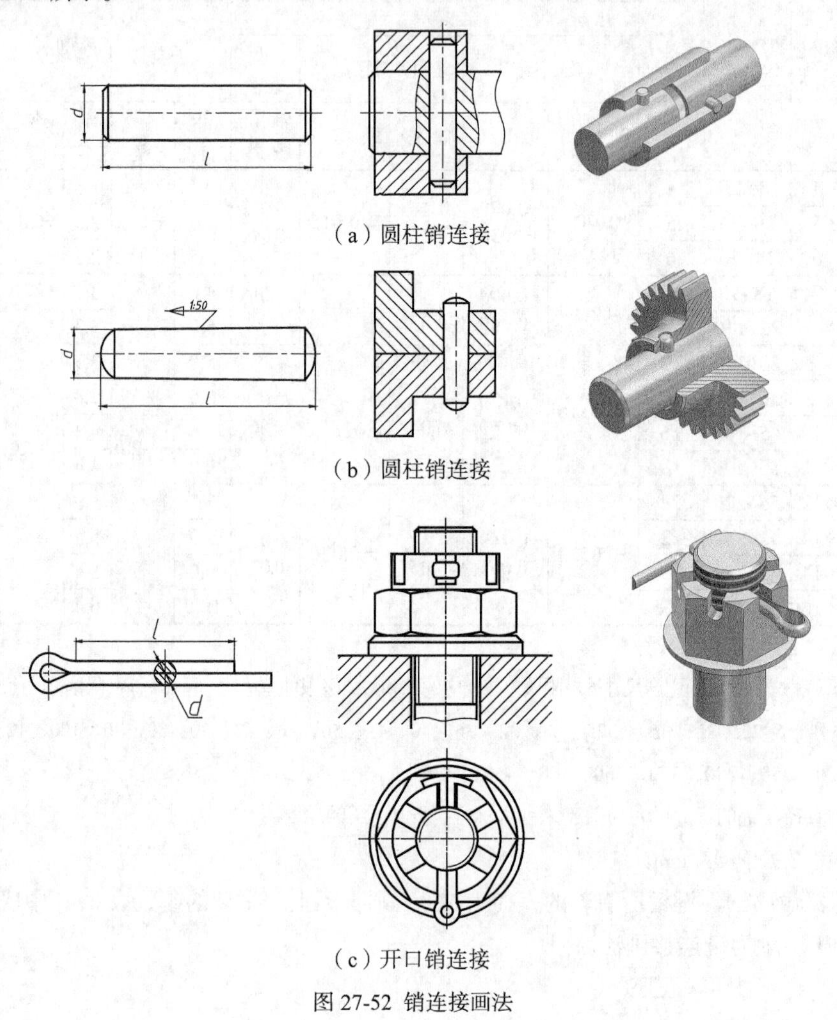


（a）圆柱销连接

（b）圆柱销连接

（c）开口销连接

图 27-52 销连接画法

# 项目二十八

## 绘制齿轮零件图

齿轮是机械传动中应用最广泛的一种传动件，它能将一根轴上的动力传递给另一根轴。齿轮的种类很多，轮齿部分已经标准化，常用的齿轮有圆柱齿轮、圆锥齿轮、蜗轮蜗杆等。

本项目主要介绍了直齿圆柱齿轮的几何要素和各部分尺寸计算公式，以及单个圆柱齿轮和两个圆柱齿轮啮合的画法；用CAD软件绘制齿轮零件图的方法和步骤；以法兰盘零件图为例，进一步巩固综合应用CAD绘图工具绘制机械零件图样的方法，提高绘图能力。

**※学习目标※**

（1）了解直齿圆柱齿轮的几何要素，学会齿轮各部分尺寸的计算。

（2）学会单个圆柱齿轮和两圆柱齿轮啮合的画法。

（3）能用CAD软件绘制盘盖类零件图。

**※项目描述※**

绘制图28-1所示的减速器从动齿轮零件图。

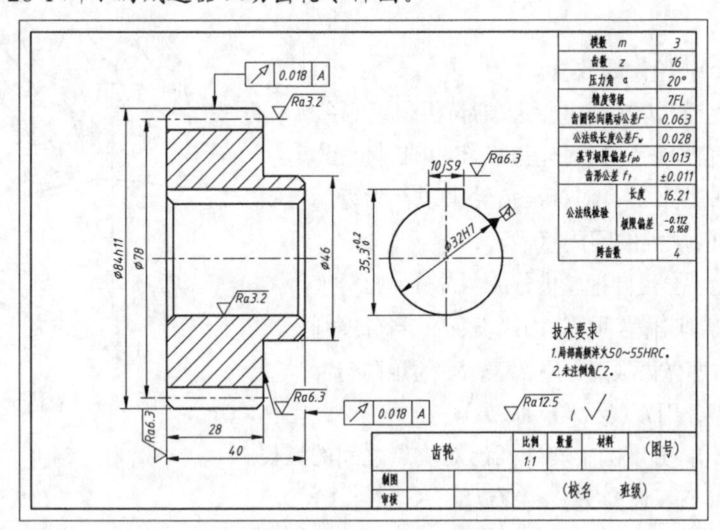


图28-1 减速器从动齿轮零件图

**※项目分析※**

齿轮属于较简单的盘类零件。该零件图仅由两个图形组成，一个为全剖视的主视图，反映了齿轮整体结构形状；另一个为局部视图，以反映键槽形状和大小。由于齿轮的轮齿部分已标准化，它的几何要素有一定的尺寸关系，需计算才能获得。因此，绘制齿轮零件图前，必须了解齿轮各部分的几何要素，并学会各部分尺寸的计算。根据国家标准中关于齿轮的规定画法，利用 CAD 相关命令，就可以完成该项目。

**※项目驱动※**

## 任务一　认识齿轮

齿轮是广泛用于机器或部件中的传动零件，它不仅可以用来传递动力，还能改变转速和回转方向。常见的齿轮有：

圆柱齿轮：用于两平行轴之间的传动，如图 28-2（a）所示。

圆锥齿轮：用于两相交（一般为正交）轴之间的传动，如图 28-2（b）所示。

蜗轮蜗杆：用于两交叉（一般是垂直交叉）轴之间的传动，如图 28-2（c）所示。

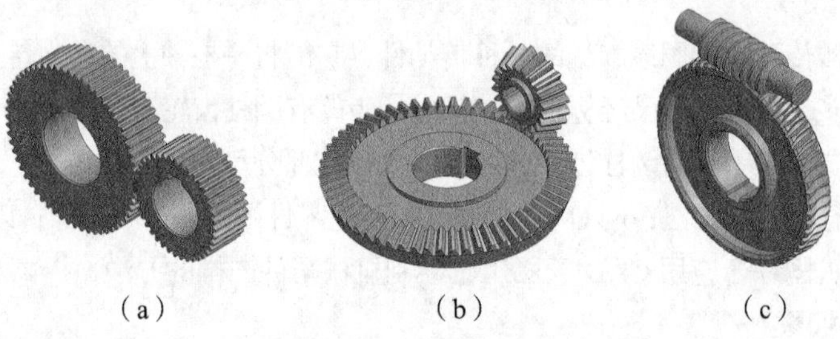

（a）　　（b）　　（c）

图 28-2　圆柱齿轮、圆锥齿轮和蜗轮蜗杆

齿轮齿廓曲线有多种，应用最广泛的是渐开线。本项目仅介绍渐开线齿廓的标准直齿圆柱齿轮的几何要素及其画法。

### 1. 直齿圆柱齿轮各部分名称

图 28-3 所示为标准直齿圆柱齿轮，各部分名称如下：

（1）齿数（$z$）：轮齿的数量。

（2）齿顶圆直径（$d_a$）：通过轮齿顶部的圆周直径。

（3）齿根圆直径（$d_f$）：通过轮齿根部的圆周直径。

（4）分度圆直径（$d$）：对标准齿轮来说，为齿厚（$s$）等于齿槽宽（$e$）处的圆周直径。

（5）齿高（h）：分度圆把轮齿分成两部分。自分度圆到齿顶圆的距离，叫做齿顶高，用 $h_a$ 表示；自分度圆到齿根圆的距离，叫做齿根高，用 $h_f$ 表示。齿顶高与齿根高之和称为齿高，用 $h$ 表示（$h=h_a+h_f$）。

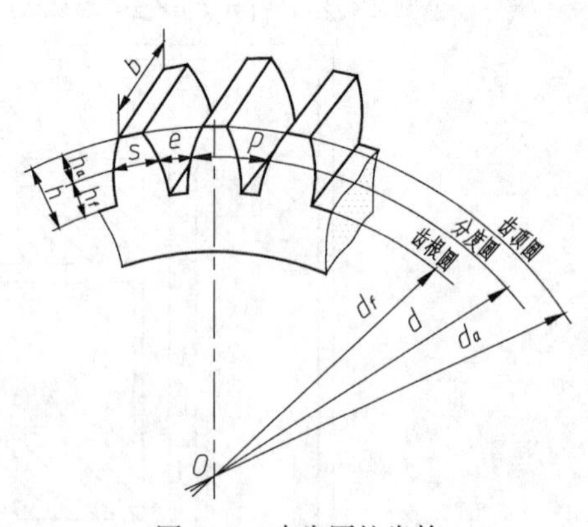


图 28-3　直齿圆柱齿轮

（6）齿距（$p$）：分度圆上相邻两齿对应点之间的弧长。

齿距与齿厚（$s$）、齿槽宽（$e$）有如下关系：

齿距=齿厚+齿槽宽

（7）模数（$m$）：如果齿轮有 $z$ 个齿，则

分度圆周长=$\pi d = zp$

$$d = \frac{p}{\pi} z$$

令

$$\frac{p}{\pi} = m$$

则

$$d = mz$$

式中，$m$ 称为齿轮的模数（单位：mm），它是齿轮设计、制造的一个重要参数。模数越大，轮齿各部分尺寸也随之成比例增大，轮齿上所能承受的力也越大。为了设计和制造的方便，模数的数值已经标准化了，标准模数如 28-1 所示。

表 28-1　　渐开线圆柱齿轮　模数（GB/T 1357-2008）　　(单位：mm)

| 第一系列 | 1　1.25　1.5　2　2.5　3　4　5　6　8　10　12　16　20　25　32　40　50 |
|---|---|
| 第二系列 | 1.125　1.375　1.75　2.25　2.75　3.5　4.5　5.5　(6.5)　7　9　11　14　18　22　28　35　45 |

直齿圆柱齿轮传动中还有一基本参数为压力角α，它是指通过齿廓曲线上与分度圆交点所作的切线与径向所夹的锐角，如图 28-4 所示。根据 GB/T 1356—2001 的规定，我国采用的标准压力角α为 20°。

两标准直齿圆柱齿轮正确啮合传动的条件是模数 m 和压力角α都相等。

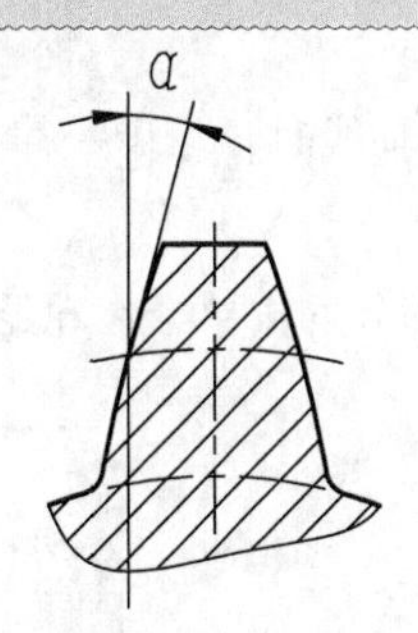


图 28-4　压力角

## 2. 直齿圆柱齿轮各部分尺寸的计算

齿轮的基本参数 $z$、$m$、$\alpha$ 确定后，齿轮各部分尺寸，可按表 28-2 所示的公式计算。

表 28-1　　标准直齿圆柱齿轮的几何尺寸计算公式

| 名称 | 代号 | 尺寸公差 | 名称 | 代号 | 尺寸公差 |
|---|---|---|---|---|---|
| 齿顶高 | $h_a$ | $h_a = m$ | 齿根圆直径 | $d_f$ | $d_f = d - h_f = m(z-2.5)$ |
| 齿根高 | $h_f$ | $h_f = 1.25m$ | 齿距 | $p$ | $p = \pi m$ |
| 齿高 | $h$ | $h = h_a + h_f = 2.25m$ | 齿厚 | $s$ | $s = p/2 = \pi m/2$ |
| 分度圆直径 | $d$ | $d = mz$ | 中心距 | $a$ | $a = \frac{d_1 + d_2}{2} = \frac{m}{2}(z_1 + z_2)$ |
| 齿顶圆直径 | $d_a$ | $d_a = d + 2h_a = m(z+2)$ | | | |

注：上表中 $d_1$、$d_2$ 分别是两个啮合齿轮分度圆直径；$z_1$ 、$z_1$ 分别是两个啮合齿轮的齿数。

# 任务二　学习齿轮画法

## 1. 单个齿轮的规定画法（GB/T 4459.2—2003）

单个齿轮一般有两种画法，一种采用两个视图表达，不作剖切，如图 28-5 所示；另一种采用一个全剖视图和一个局部视图共同表达，如图 28-6 所示。

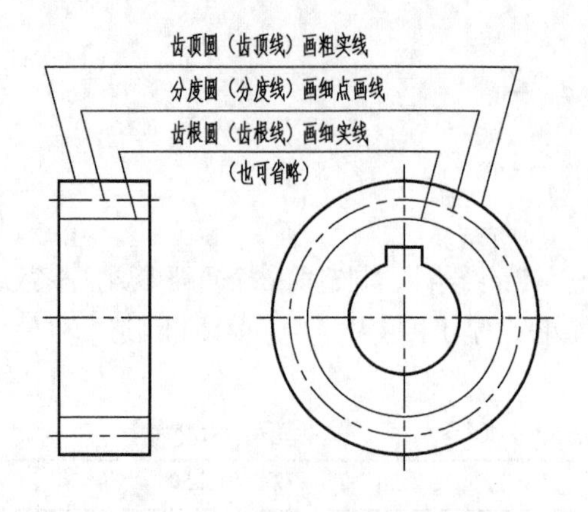


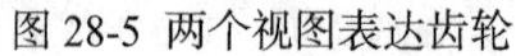
图 28-5 两个视图表达齿轮

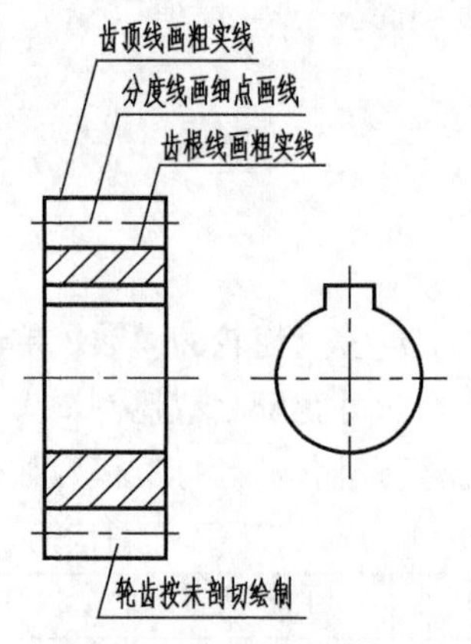


图 28-6 剖视表达齿轮

由图 28-5 和 28-6 所示可见，单个齿轮的画法主要在于轮齿部分的相关规定，具体如下：

（1）齿顶圆和齿顶线用粗实线绘制。

（2）分度圆和分度线用细点画线绘制。

（3）齿根圆和齿根线用细实线绘制，也可省略不画，如图 28-5 所示。在剖视图画法中，齿根线应用粗实线绘出，如图 28-6 所示。

在剖视图中，当剖切平面通过轮齿轴线时，轮齿一律按不剖画。

### 2. 两齿轮啮合的画法

两齿轮啮合时，除啮合区外，其余部分均按单个齿轮绘制，两齿轮啮合的画法如图 28-7 所示。

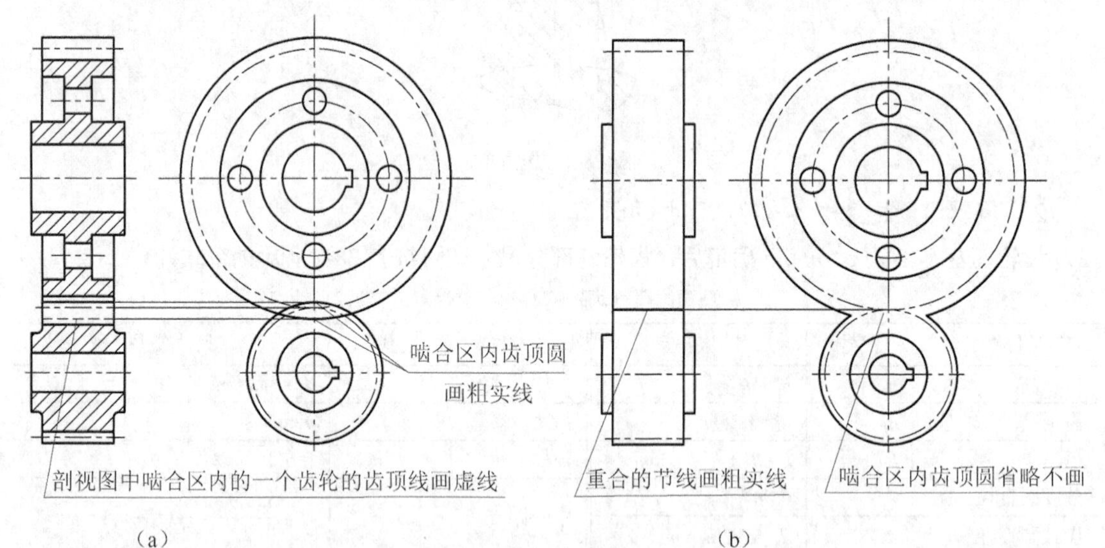


图 28-7 两齿轮啮合的画法

其中轮齿部分的画法要领：

如图 28-7（a）、（b）所示，垂直于齿轮轴线投影面的视图，也称为圆视图，两分度圆相切，齿顶圆均按粗实线绘制，齿根圆全部省略不画。

平行于齿轮轴线投影面的视图，也称轴向视图。在图 28-7（a）所示的轴向剖视图中，啮合

区齿顶线画法是将主动齿轮的轮齿作为可见，用粗实线绘制；从动轮轮齿看成被挡，采用虚线绘制（虚线有时也可省略）；两轮节线重合，应画细实线；两齿轮齿根线均用粗实线表达。

图 28-7（b）所示的两啮合齿轮没有剖开画，啮合区仅用粗实线绘出重合节线即可。

## 任务三　用 CAD 软件绘制齿轮零件图

该齿轮为减速器从动齿轮，由图可知该齿轮齿数 $z$ 为 16，模数 $m$ 为 3，具体尺寸和技术要求都已注明，绘制过程如下。

（1）启动 AutoCAD 2013，进入“AutoCAD 经典”空间状态；设置图形界限为“297，210”，并将绘图界面满屏显示；启用“对象捕捉”、“对象追踪”、“极轴模式等”；设置图层、线型、线宽、颜色，新建粗实线、尺寸标注、中心线、细实线、剖面线、技术要求六个图层，如图 28-8 所示。

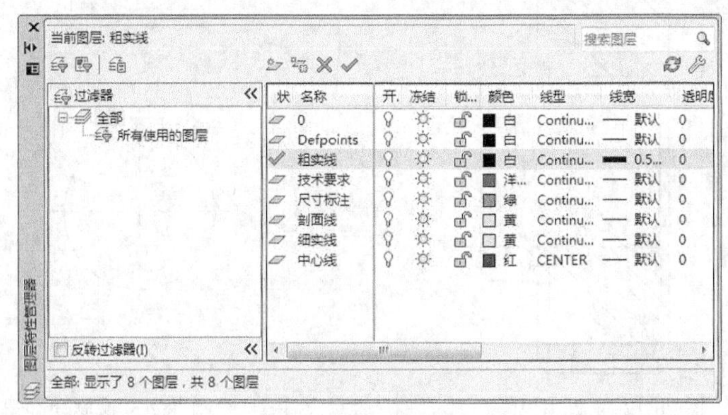


图 28-8　设置图层

（2）绘制图形。

① 绘制标准 A4 横放图框和标题栏，以及齿轮参数表格，如图 28-9 所示。

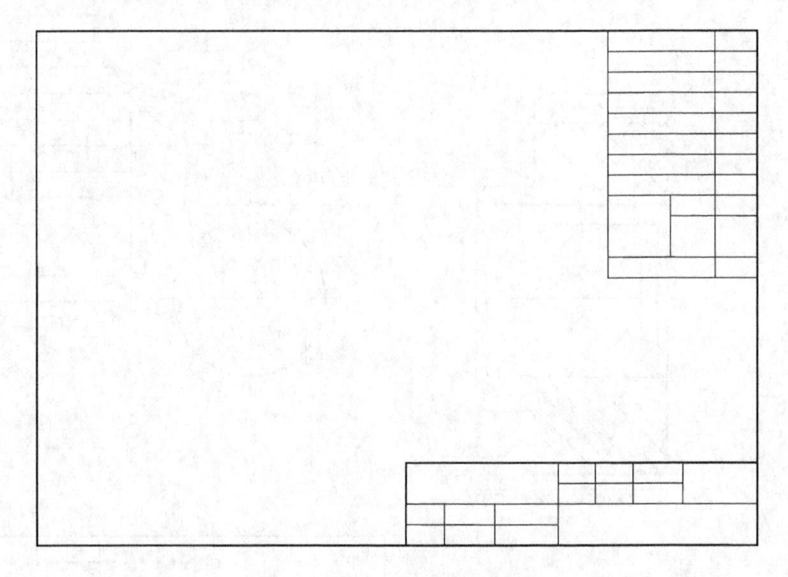

图 28-9　绘制图框和标题栏等

② 执行“直线”命令，在图框外恰当位置，绘制齿轮主视图上面半各轮廓图，如图 28-10 所示。

③ 执行“直线”、“偏移”、“倒角”、“修剪”等命令，结果如图 28-11 所示。

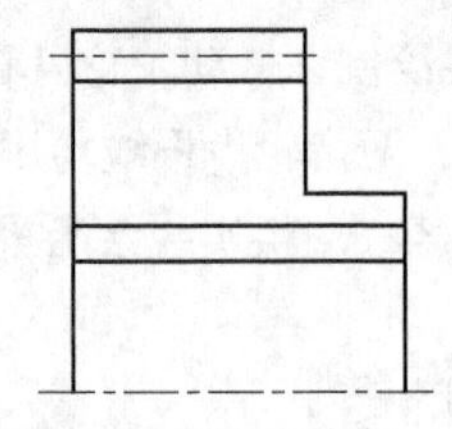

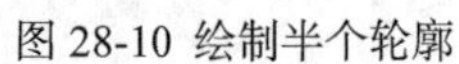

图 28-10 绘制半个轮廓

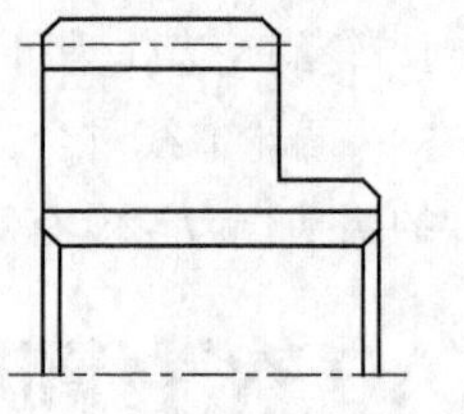

图 28-11 完成倒角

④ 执行“镜像”命令，完成齿轮主视图全轮廓图；执行“图案填充”命令，完成剖面线绘制，结果如图 28-12 所示。

⑤ 执行“圆”、“偏移”、“修剪”、“删除”等命令，绘制局部视图，如图 28-13 所示。

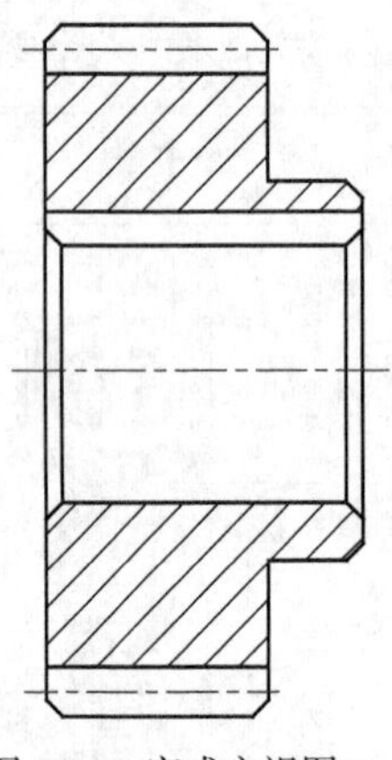

图 28-12 完成主视图

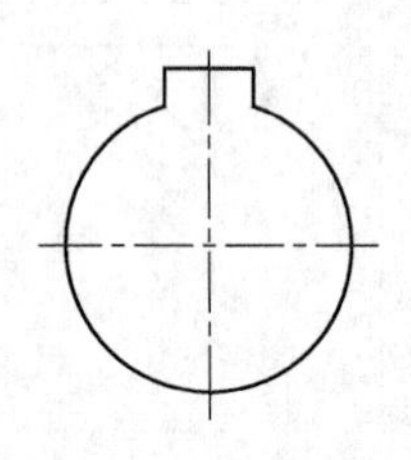

图 28-13 绘制局部视图

⑥ 执行“移动”命令，将主视图和局部视图调入 A4 图框中（比例采用 1:1），并调整图形至合适位置，以保证尺寸标注和技术要求的填写，如图 28-14 所示。

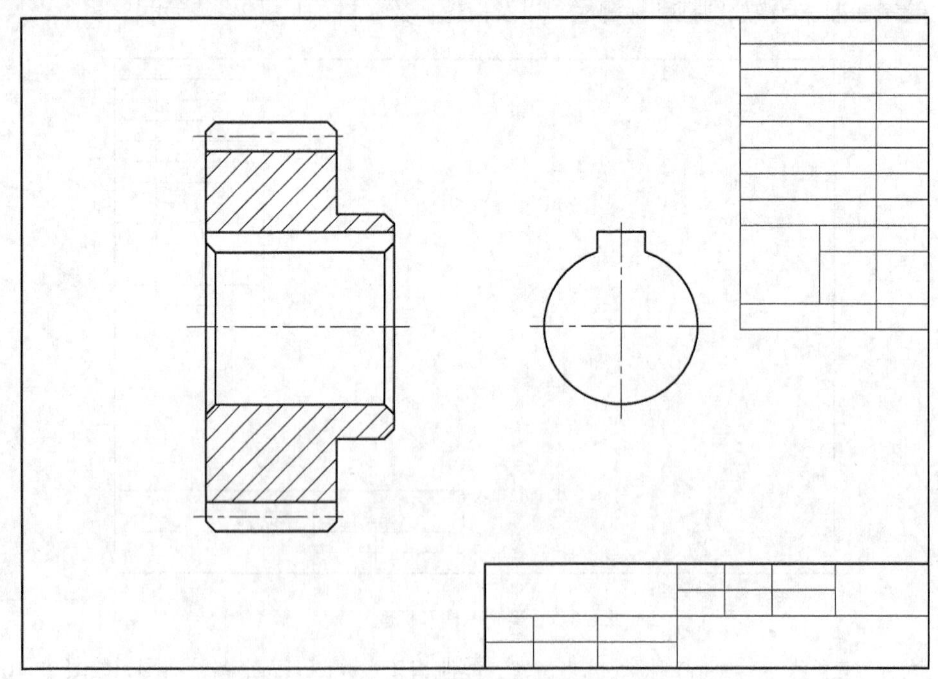

图 28-14 将视图调入图框内

⑦ 将“尺寸标注”设为当前图层。执行“尺寸标注”相关命令，逐一完成尺寸标注，并将尺寸调整到最佳位置，如图 28-15 所示。

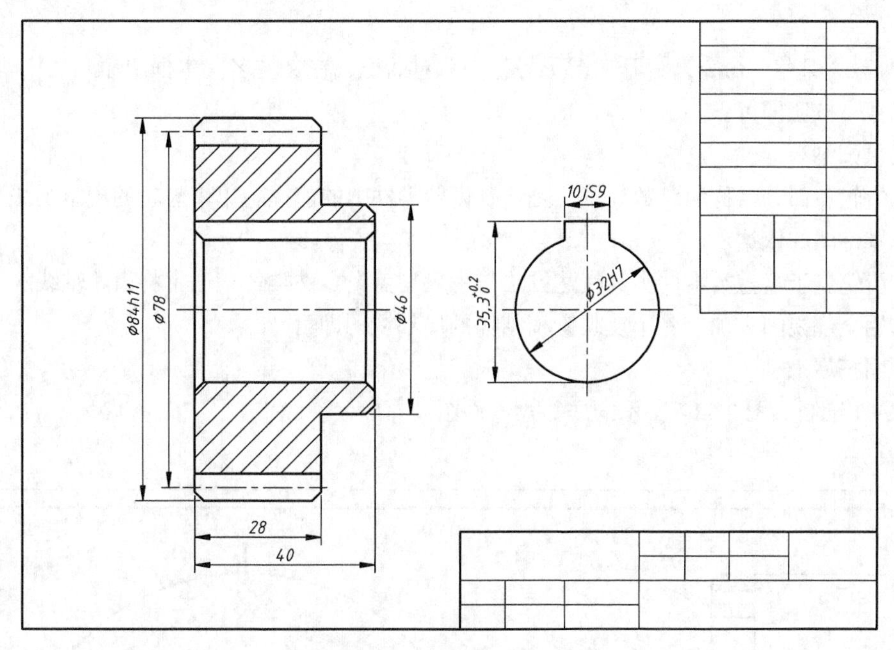


图 28-15　完成尺寸标注

⑧ 制作“表面粗糙度”块，方法如项目 27 中所示，分别标出表面粗糙度、几何公差；执行“多行文字”命令，撰写“技术要求”，如图 28-16 所示。

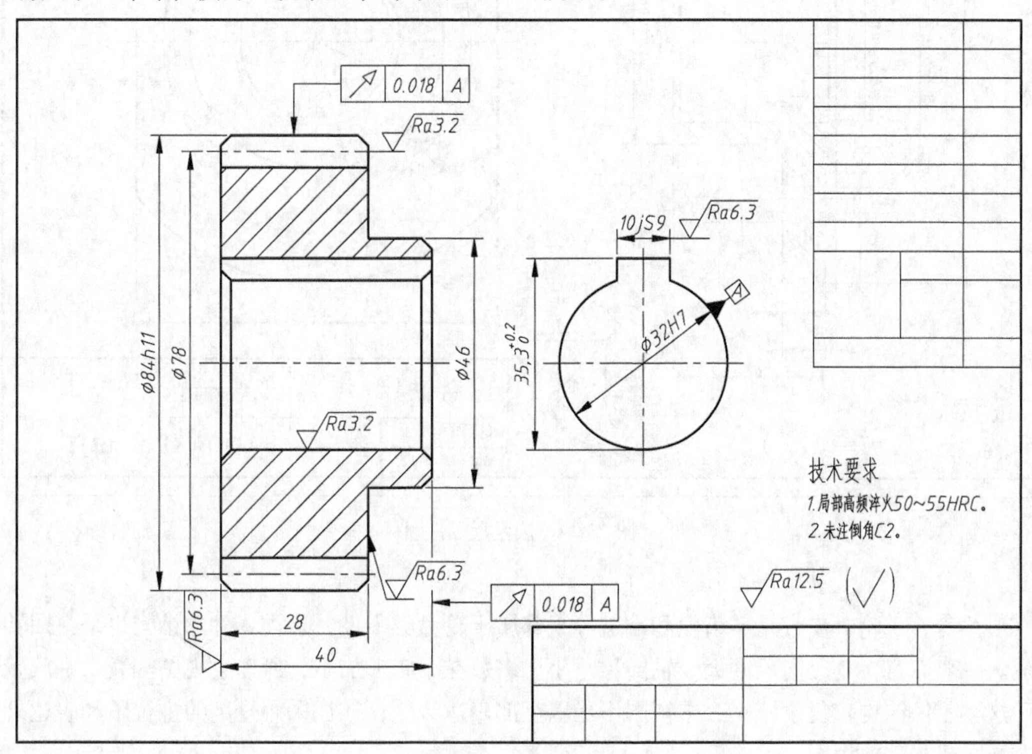


图 28-16 完成技术要求

⑨ 填写标题栏和齿轮参数表格。进行图样总体检查，执行“多行文字”命令，填写标题栏和齿轮参数表格；用“移动”命令调整图形在图框中的位置，确保整体布局更加合理。

⑩ 执行“保存”命令，打开“图形另存为”对话框，在文件名文本框中输入“从动齿轮”，单击“保存”按钮即可。

**※项目归纳※**

（1）齿轮各部分名称和参数计算，是绘制齿轮零件图的前提。单个齿轮的规定画法，是绘制齿轮工作零件图的依据。

（2）齿轮属于盘盖类零件，其表达方法与一般盘盖类零件类似。通常将齿轮轴线水平放置，主视图采用全部视图，加上一个反映键槽结构的局部视图即可。

**※巩固拓展※**

用CAD绘制如图28-17所示的法兰盘零件图。

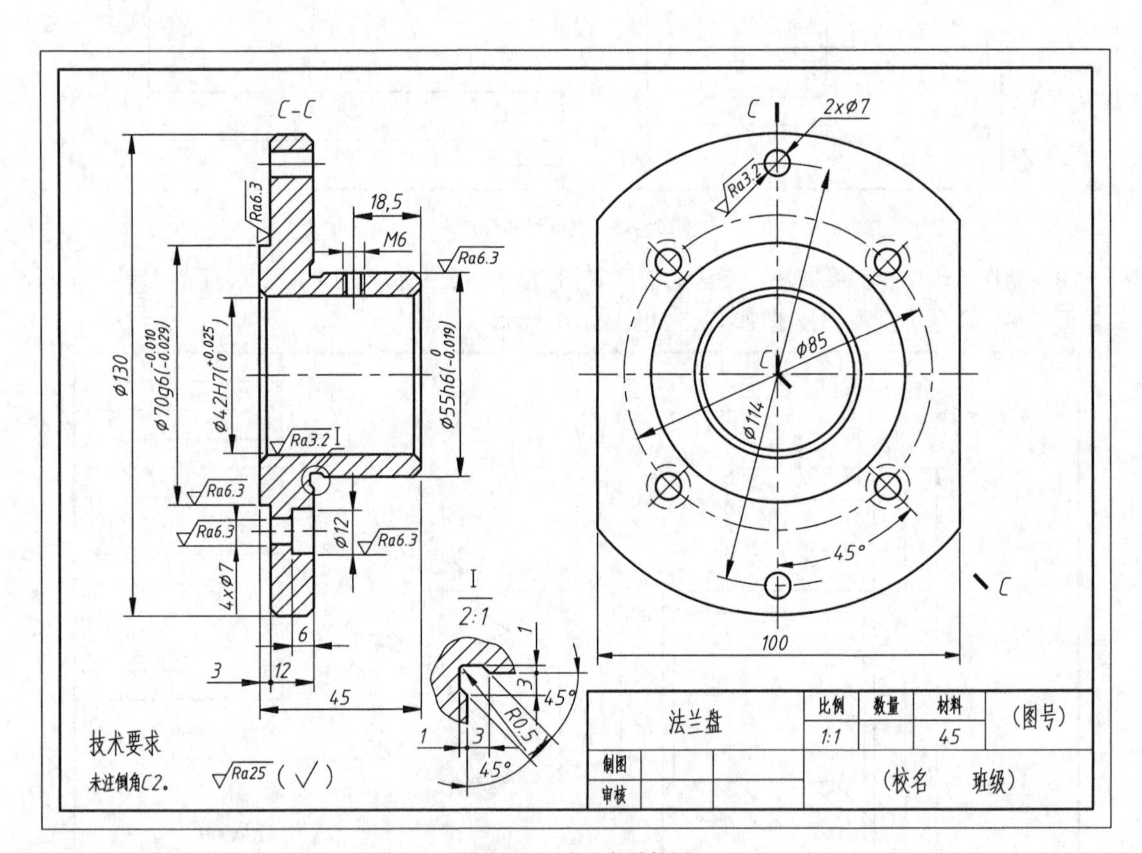


图28-17 法兰盘零件图

法兰盘、手轮、皮带轮、齿轮和端盖等，都属于轮盘类零件，这类零件的结构也是由回转体组成。一般而言，其径向尺寸大，轴向尺寸小，多数在车床上加工，所以主视图轴线水平放置。由于这类零件结构较复杂，一个主视图不足以全部表达清楚，往往采用全剖的主视图和表达外形的左视图或局部放大图。

法兰盘采用了两个相交平面剖开，在左视图中用“*C—C*”剖切符号进行标注；除了左视图外，还有一个为局部放大图，以表达退刀槽的形状和尺寸。表面质量要求最高的是法兰盘内孔$\phi$42H7和上、下两个定位孔，表面粗糙度 *Ra* 值为 3.2。

绘制法兰盘主要步骤如下：

第一步，设置绘制环境（包括图形界限、图层、对象捕捉模式等），图层设置如图 28-18 所示。

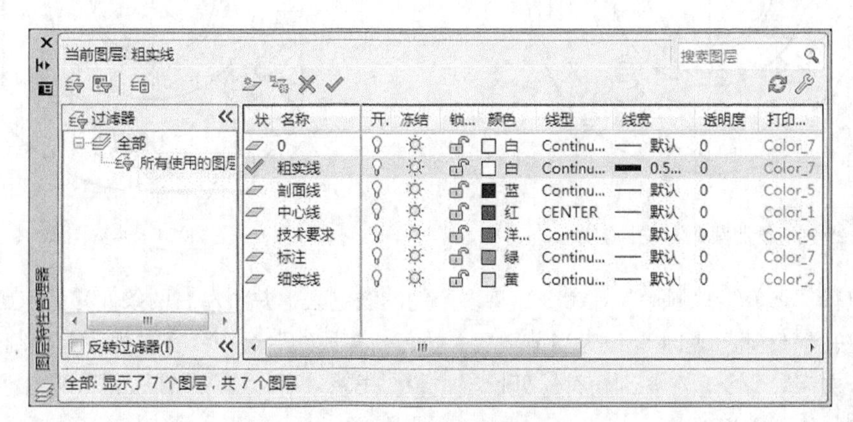

图 28-18　设置图层

第二步，绘制左视图

（1）执行　“直线”命令，绘制定位线；执行“圆”命令，绘制$\phi$130、$\phi$114、$\phi$85、$\phi$70、$\phi$46和$\phi$42 六个同心圆，并将图线放在不同图层中；执行“偏移”命令，偏移出两条对称的平行线，距离为 100，如图 28-19 所示。

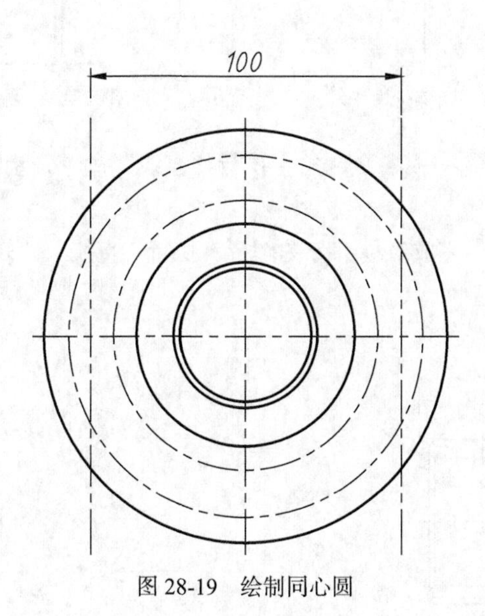

图 28-19　绘制同心圆

（2）执行“圆”、“阵列”命令，完成四个均布沉孔和上下两个销孔的绘制，如图 28-20 所示。

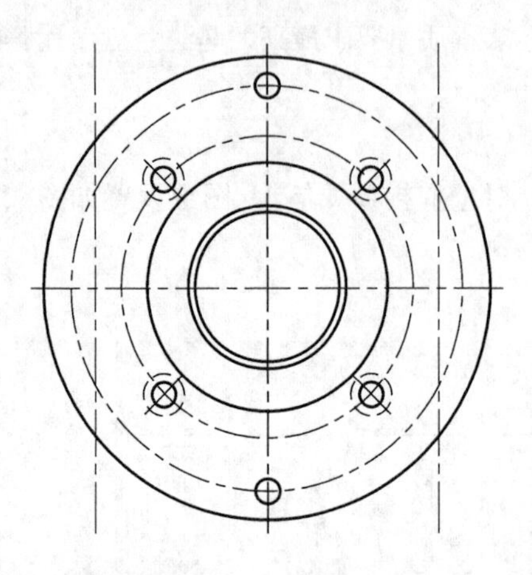

图 28-20　绘制圆并偏移中心线

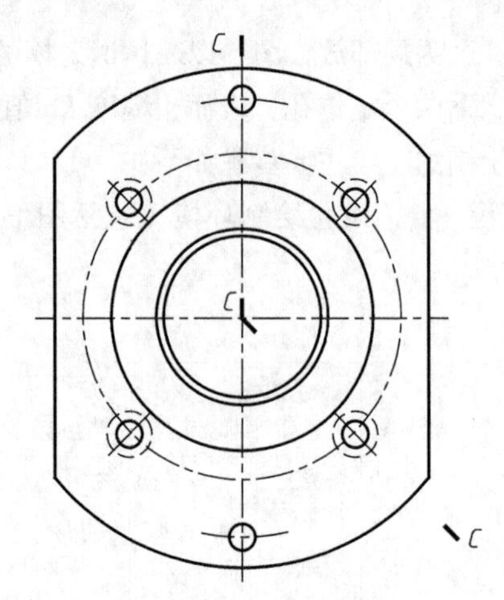


图 28-21　修剪图线

（3）执行“修剪”、“删除”等命令，将多余的图线删去，并将左右两条偏移的点画线放置到“粗实线”图层中；将“标注”设为当前图层，执行“多段线”命令，在左视图上绘制剖切符号；执行“多行文字”命令，在各剖切符号处恰当位置，书写字母“C”，结果如图 28-21 所示。

第三步，绘制主视图

（1）执行“直线”命令，绘制主视图上半个轮廓图，如图 28-22 所示。

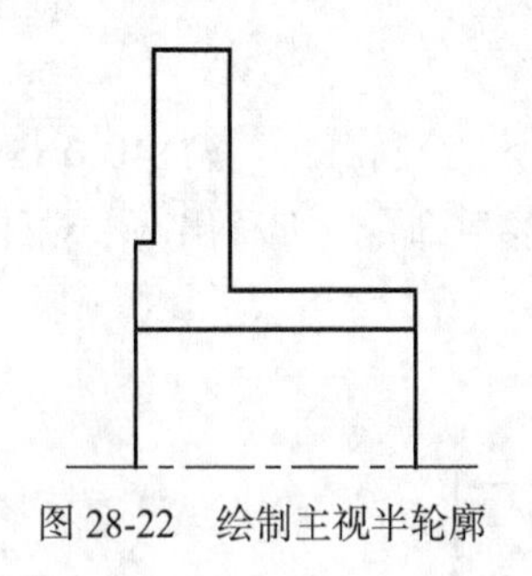

图 28-22　绘制主视半轮廓

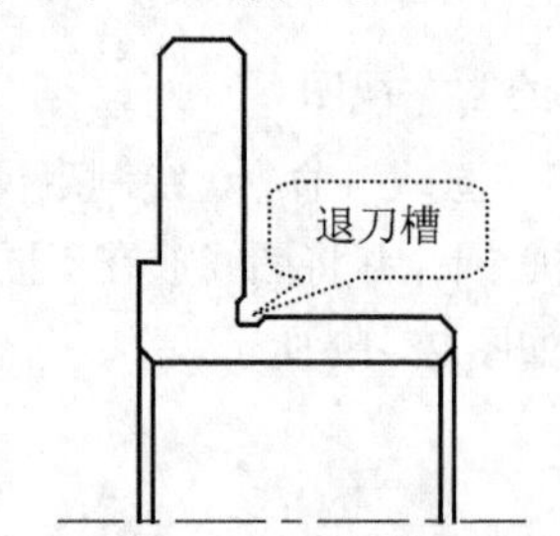


图 28-23　绘制倒角和退刀槽

（2）执行“倒角”命令，完成各个倒角；执行“直线”命令，绘制退刀槽，结果如图 28-23 所示的图形。

（3）执行“镜像”命令，完成对称部分的图形；执行“直线”、“修剪”命令，完成孔的绘制，结果如图 28-24 所示。

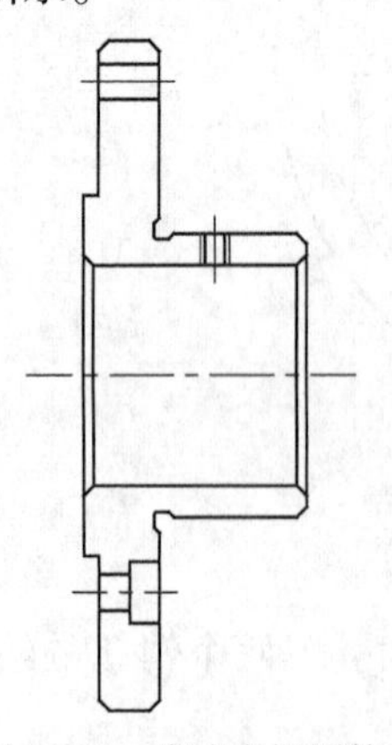

图 28-24　完成主视图轮廓

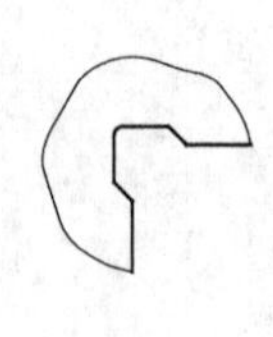

图 28-25　绘制局部放大图

第四步，执行“直线”、“圆”等命令，绘制局部放大图，如图 28-25 所示。

第五步，将“剖面线”设为当前图层，完成剖面线绘制；在主视图上方撰写“*C*—*C*”，如图 28-26 所示。

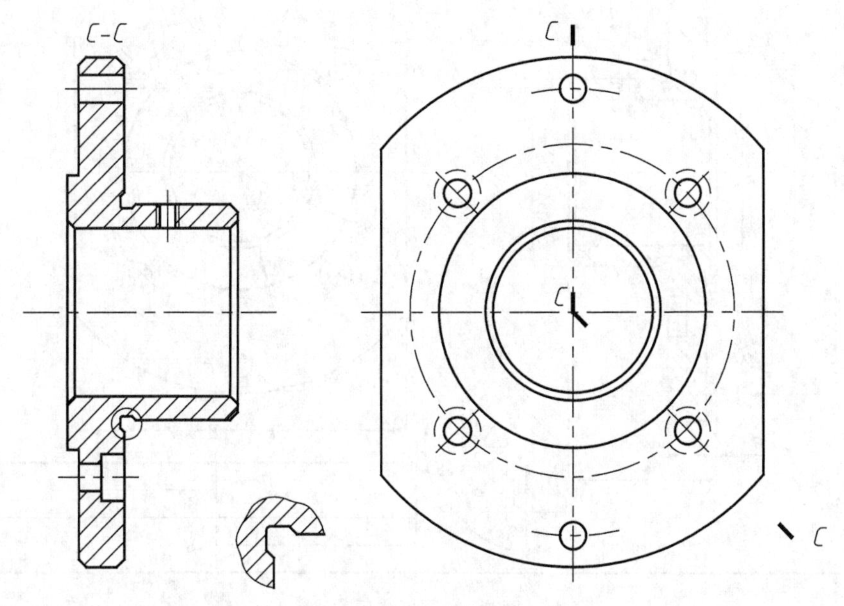


图 28-26　绘制剖面线

第六步，执行“移动”命令，将图 28-26 中的全部图形移至已绘图框中，并调整图形至合适位置，以保证尺寸标注和技术要求的填写，结果如图 28-27 所示。

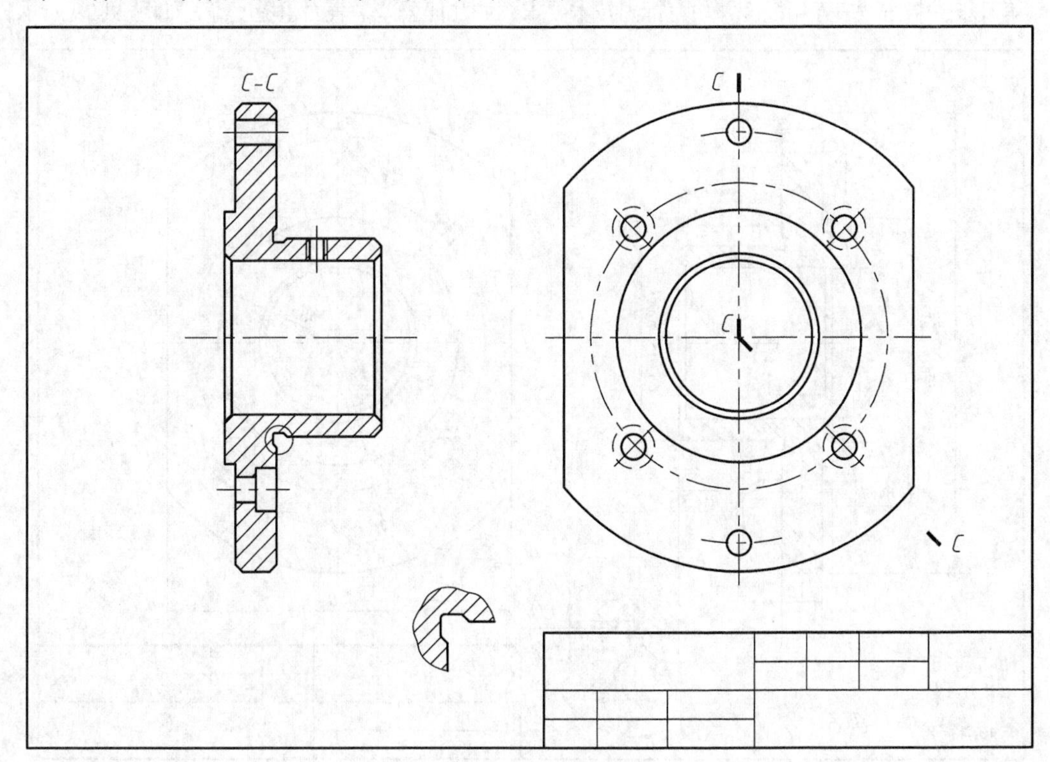


图 28-27　移动图样图框中

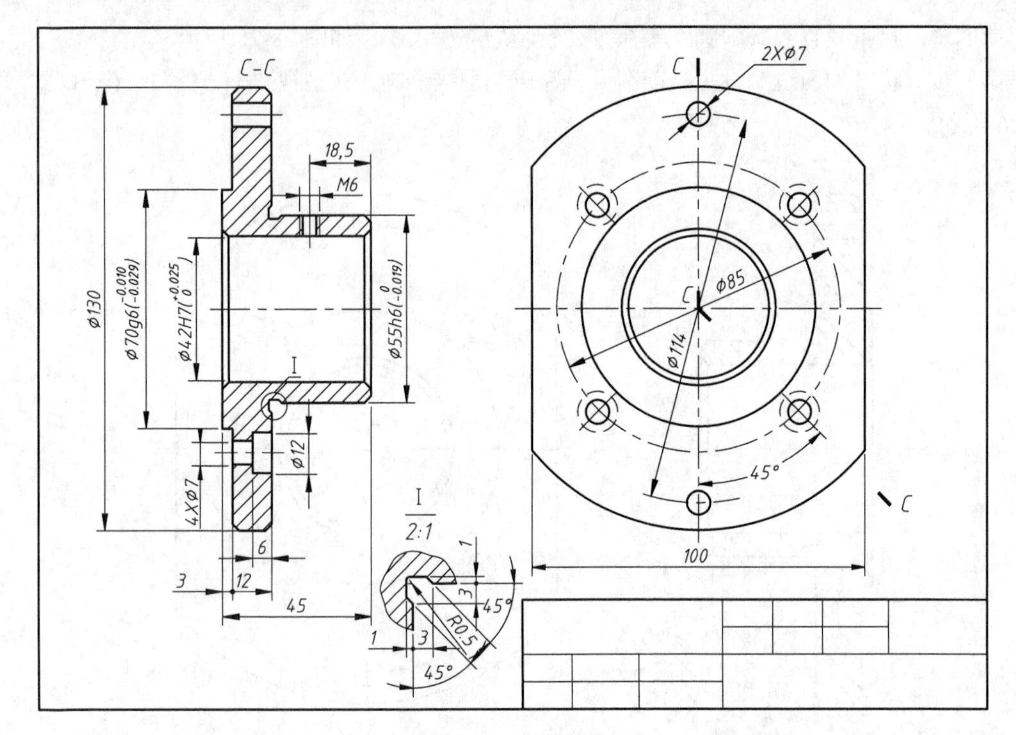


图 28-28　标注尺寸

第七步，将“尺寸标注”设为当前图层，执行“尺寸标注”相关命令，完成零件图全部尺寸的标注，如图 28-28 所示。

第八步，制作“表面粗糙度”块，标出技术要求，如几何公差，表面粗糙度等，如图 28-29 所示。

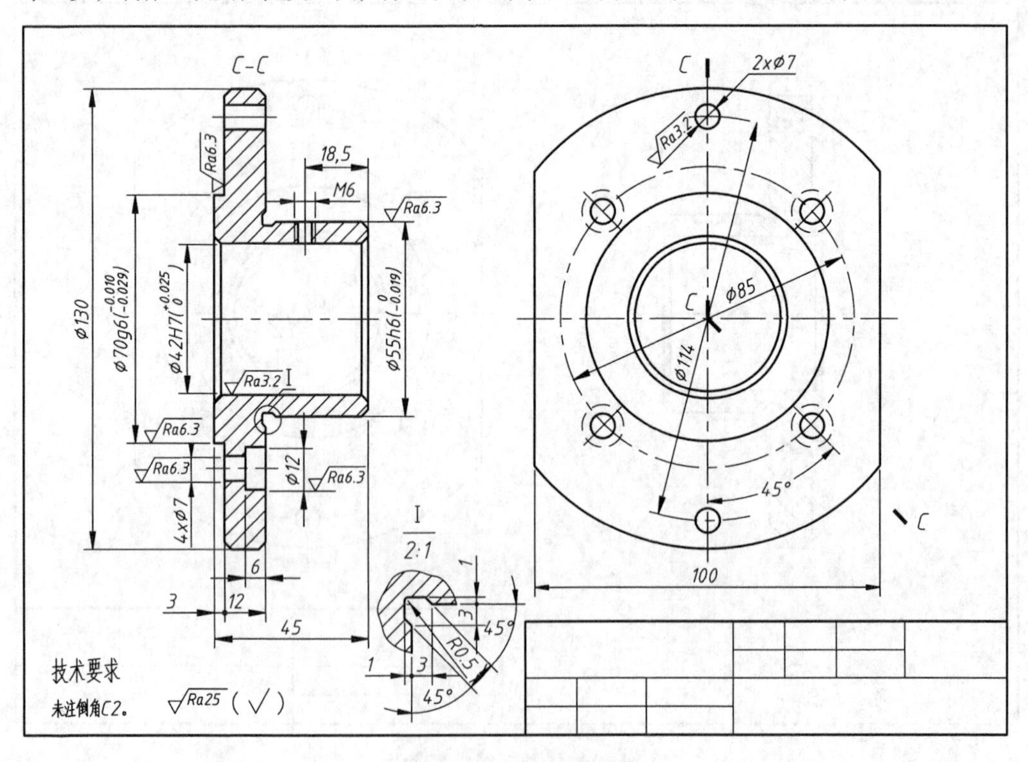


图 28-29　标注表面粗糙度

第九步，填写标题栏并保存文件

使用“多行文字”命令填写标题栏；用“移动”命令调整图形在图框中的位置，确保整体布局更加合理。执行“保存”命令，打开“图形另存为”对话框，在文件名文本框中输入“法兰盘”，单击“保存”按钮即可。

# 项目二十九

# 识读支架零件图

叉架类零件在机器或部件中主要是起操纵、连接、传动或支撑作用，零件毛坯多为铸、锻件，常见的叉架类零件有拨叉、连杆、摇杆、踏脚座等。

本项目列举了几种常见的叉架类零件，重点介绍识读叉架类零件图的方法和步骤；通过识读支架零件图，可提高对零件视图选择、尺寸和技术要求分析能力，强化制图技能；还介绍了机器、设备中应用广泛的螺纹及螺纹连接件的规定画法、标注等。

**※学习目标※**

（1）了解叉架类零件的结构特点，为识读支架零件图作好准备。

（2）掌握识读叉架类零件图的方法和步骤。

（3）掌握螺纹的规定画法，了解常用螺纹紧固件的标记和螺纹连接件及其画法。

**※项目描述※**

图 29-1 所示为支架零件图，通过分析读懂该零件图。

**※项目分析※**

支架零件结构形状较轴类、盘类零件复杂，仍需借助形体分析法。识读支架零件图，将围绕主视图和其他视图的表达、尺寸及尺寸公差分析、技术要求分析逐步展开，达到将已学知识综合运用的目的。

**※项目驱动※**

## 任务一 认识叉架类零件

根据零件结构形状和作用不同，叉架类零件结构一般可看成是由支承、连接和安装三个部分构成，如图 29-2 所示。

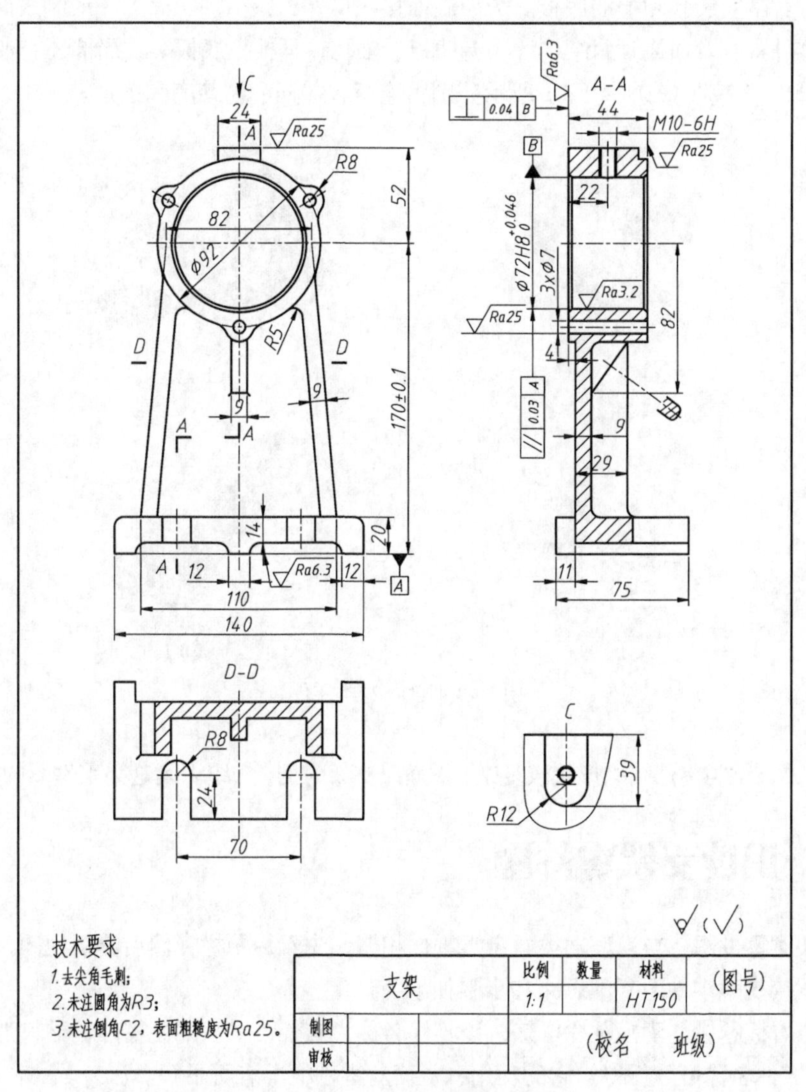


图 29-1　支架零件图

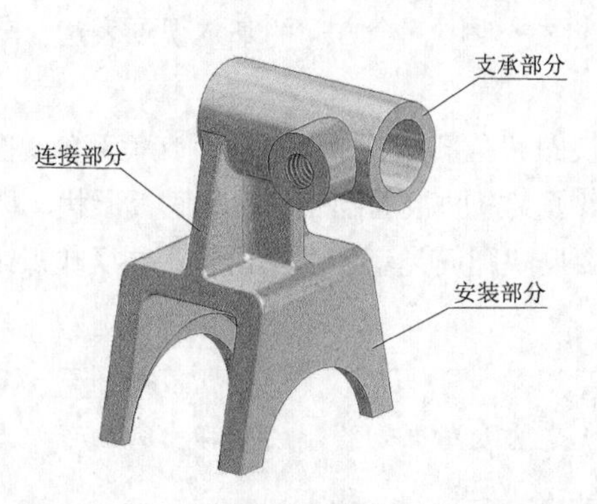


图 29-2　拨叉

支承部分：一般为带孔圆柱体，其上往往会有安装油杯的凸台和安装端盖的螺纹孔。

连接部分：带有加强肋的连接板，结构比较匀称。

安装部分：带安装孔和槽的底板。为使底面接触良好，减少加工面，一般制成凹槽结构。

叉架类零件常有弯曲或倾斜结构，还有肋板、轴孔、耳板、底板等，局部还有油槽、油孔、螺孔、沉孔等，图 29-3（a）~（d）所示分别为连杆、摇杆、脚踏座和拨叉。

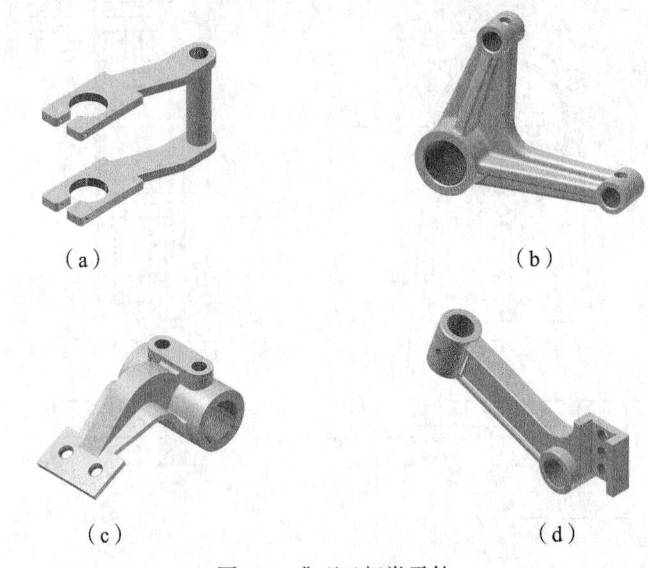

（a）　（b）　（c）　（d）

图 29-3 典型叉架类零件

由此可见，叉架类零件结构形状较复杂，下面以支架为例，介绍识读这类零件图的方法和步骤。

## 任务二 识读支架零件图

识读叉架类零件图，与识读轴类、盘类零件相似，先看标题栏，然后分析视图、尺寸标注和技术要求。识读支架零件图基本思路和步骤如下：

第一步，看标题栏。读标题栏可知，该零件名称为支架，属叉架类零件，材料为 HT150，比例为 1:2。从零件名称可分析得知它的功用，从而对零件概况有所了解。

第二步，分析视图。叉架类零件需经多种机械加工，因此支架的主视图是按工作位置和形状特征原则来选择。叉架类零件图一般用三个方向的基本视图表达，分别反映三个组成部分的结构特征。

由图 29-1 所示可知，主视图和全剖的左视图表达了支承部分、连接部分的相互位置关系和零件的大部分形状。俯视图突出了支撑肋板的剖面形状和底板形状，顶端凸台制有螺纹孔 M10，用局部视图 *C* 表示；左视图主要反映圆筒类型和肋板形状，并反映螺纹通孔。要注意的是肋板采用了移出断面图表示。

提示

左视图中的肋板是按纵向剖切绘制的，移出断面可以表达加强肋板的厚度。

根据以上视图分析，明确了支架零件的表达方案是：主视图、*D—D* 全剖的俯视图、*A—A* 剖的左视图，局部视图 *C* 以及表示加强筋的移出断面图，可将支架结构形状简洁明了表达清楚，由此可构思支架形状，如图 29-4 所示。

第三步，分析尺寸。支架的底面为高度基准，它也是装配基准，以此标注支承部分的中心高 170±0.1。由于支架左右对称，即选此对称面为长度方向尺寸基准，标出底板槽定位尺寸 70，还有 24、82、12、110、140 等尺寸。宽度方向基准为套筒后端面，标注肋板的定位尺寸 4，还有尺寸 44、22 等。

剩余尺寸，请读者逐一分析，辨明哪些是定形尺寸，哪些是定位尺寸。

第四步，分析技术要求。支架零件精度要求最高是孔 $\phi$72H6，其表面粗糙度 *Ra* 的值为 3.2μm。另外底面粗糙度 *Ra* 的上限值为 6.3μm，前、后面 *Ra* 的上限值分别为 25μm、6.3μm，这些平面均为接触面。

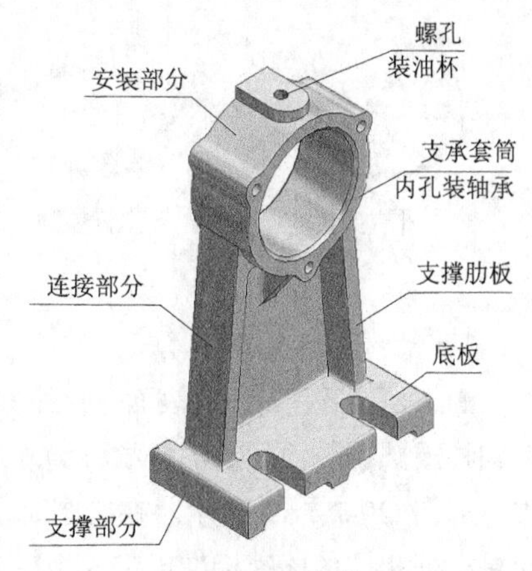

图 29-4　支架

通过以上分析可知，支架类零件一般需要三个视图主视图，按工作位置和结构形状来确定。以表达内外结构和相互关系，左视图一般采用剖视图。尺寸基准常选安装基准面或对称中心面。通过对该支架零件图的全面分析认识，进一步巩固识读零件图能力。

**※项目归纳※**

（1）识读叉架类零件图，仍遵循先看标题栏，再分析视图、尺寸和技术要求的读图规律。叉架类零件的结构特征，决定了它一般需采用局部剖视图，局部视图，断面图等表达方法。

（2）叉架类零件图的尺寸较多，可以按形体分析法找出各组成部分的定形、定位尺寸，深入了解基准之间、尺寸之间的相互关系。

**※巩固拓展※**

在支架零件顶端的凸台，有 M10-6H 的螺纹孔，如图 29-5 所示。螺纹及螺纹连接件在机械、电子设备中应用十分广泛，掌握螺纹的画法、螺纹件的标记以及螺纹连接件种类和画法，是绘制和识读机械图样的必备知识。

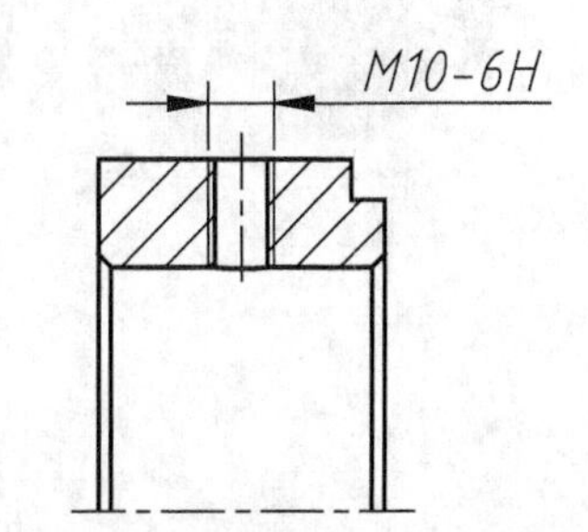

图 29-5　支架顶端 M10 螺纹孔

在机器设备和仪器仪表的装配和安装过程中，广泛使用螺栓、螺钉、螺母、键、销、滚动轴承等零件。由于这些零件应用广、用量大，国家标准对这些零件的结构、规格尺寸和技术要求作了统一规定，实行了标准化，所以统称标准件。

众多零件往往采用如螺栓那样的紧固件进行连接，如球阀中的阀体与阀盖，由四组螺栓连接起来。螺纹紧固件主要包括螺栓、螺柱、螺钉、螺母、垫圈等，如图 29-6 所示。

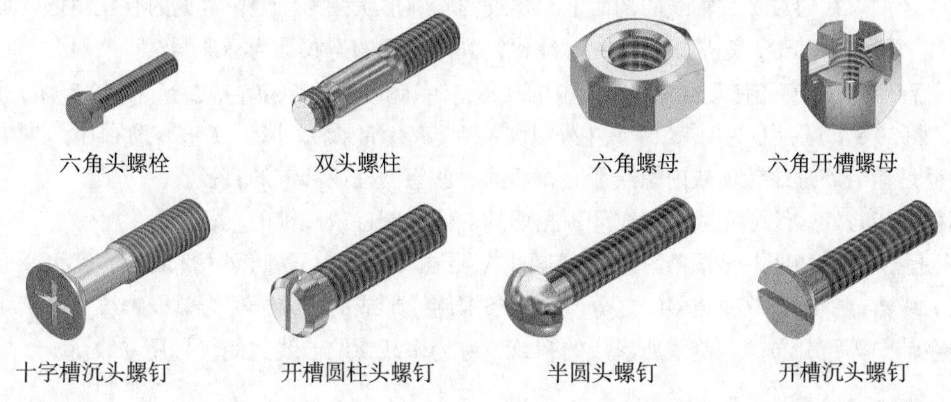

图 29-6　螺纹紧固件

1. 认识螺纹加工法

螺纹是在圆柱或圆锥表面上，经过机械加工而形成的具有规定牙型的螺旋线沟槽（俗称丝扣）。在圆柱或圆锥外面形成的螺纹称为外螺纹，如图 29-7（a）所示；在内表面形成的螺纹称为内螺纹，如图 29-7（b）所示。在绘图时，对这些标准件的结构与形状，不必按照其真实投影画出，而是根据相应的国家标准规定的画法、代号和标记进行绘图和标注。

螺纹加工方法可在车床上车削加工内、外螺纹；若加工直径较小的内螺纹，可采用钻头、丝锥进行加工，如图 29-7（c）所示。

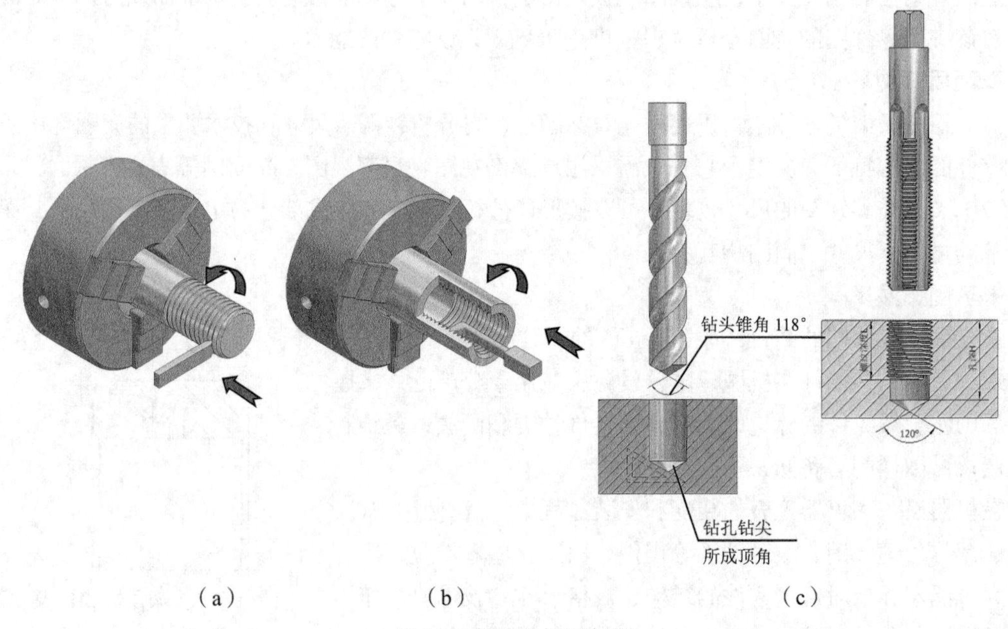


图 29-7　螺纹的加工方法

2. 了解螺纹要素（GB/T 14791—1993）

（1）牙型。在通过螺纹轴线的剖面上，螺纹的轮廓形状称为牙型，常见的有三角形、梯形、锯齿形和矩形等。其中，矩形螺纹尚无标准化，其余牙型的螺纹均为标准螺纹。

（2）直径。螺纹直径有大径（$d$、$D$）、中径（$d_2$、$D_2$）和小径（$d_1$、$D_1$）之分，图 29-8（a）所示为外螺纹，图 29-8（b）所示为内螺纹。其中外螺纹大径（$d_1$）和内螺纹小径（$D_1$）又称顶径，具体有：

大径是指与外螺纹牙顶或内螺纹牙底相切的、假想圆柱或圆锥的直径。

小径是指与外螺纹牙底或内螺纹牙顶相切的、假想圆柱或圆锥的直径。

中径是指一个假想圆柱或圆锥的直径，该圆柱或圆锥的母线通过牙型上沟槽和凸起宽度相等的地方。

（3）线数。螺纹有单线与多线之分。沿一条螺旋线形成的螺纹，称为单线螺纹；沿两条或两条以上在轴向等距分布的螺旋线所形成的螺纹，称为多线螺纹。线数的代号用 $n$ 表示。

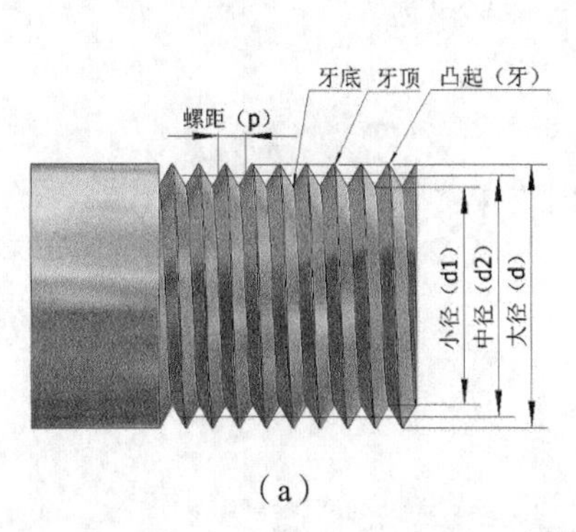


（a）

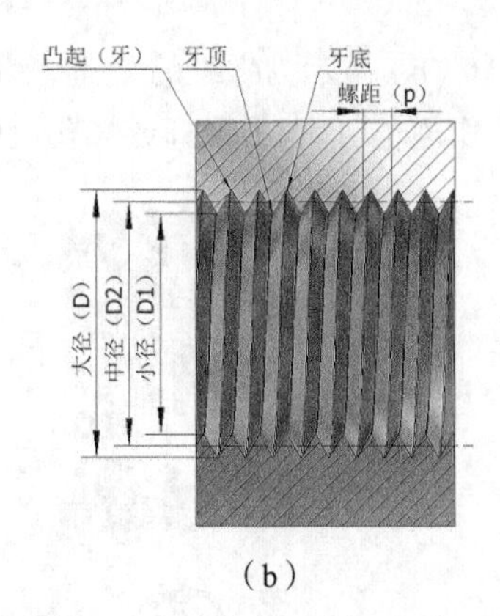


（b）

图 29-8　螺纹各部分名称及代号

（4）螺距和导程。螺距（*P*）是指相邻两牙在中径线上对应两点间的轴向距离，图 29-9（a）所示为单线螺纹；导程（$P_h$）是指同一条螺旋线上的相邻两牙，在中径线上对应两点间的轴向距离，图 29-9（b）所示为双线螺纹。螺距和导程是两个不同的概念。

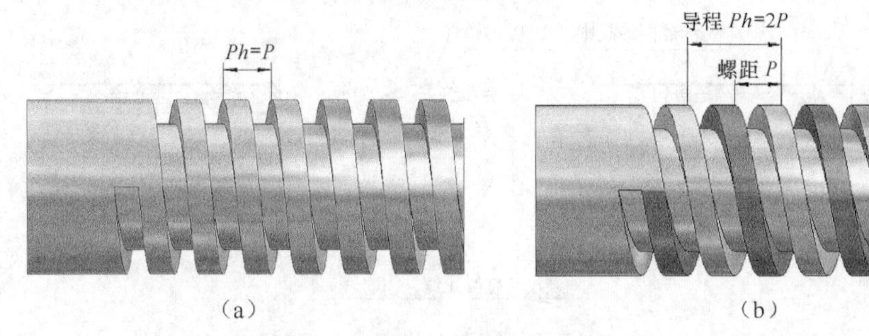


（a）　（b）

图 29-9　螺距与导程

螺距、导程、线数之间的关系是：$P=(P_h)/n$。对于单线螺纹，则 $P=P_h$。

即单线螺纹螺距与导程相等，多线螺纹的导程等于螺距的 *n* 倍。

（5）旋向。内、外螺纹旋合是的旋转方向称为旋向。螺纹的旋向有左、右之分；

顺时针旋转时旋入的螺纹，称为右旋螺纹；

逆时针旋转时旋入的螺纹，称为左旋螺纹。

旋向的判定方法如下：

将外螺纹轴线垂直放置，螺纹的可见部分是右高、左低者为右旋螺纹，如图 29-10（a）所示；左高、右低者为左旋螺纹，如图 29-10（b）所示。

对于螺纹来说，只有牙型、大径、螺距、线数和旋向等诸要素都相同时，内、外螺纹才能旋合在一起。

在螺纹的诸要素中，牙型、大径和螺距是决定螺纹结构规格的最基本的要素，称为螺纹三要素。凡螺纹三要素符合国家标准的，称为标准螺纹；牙型不符合国家标准的，称为非标准螺纹，实际生产中使用的大都为标准螺纹。

### 3. 螺纹的规定画法

（1）外螺纹。图 29-11（a）所示为螺纹的轴向视图。画法规定：外螺纹牙顶圆的投影用粗实线表示，牙底圆的投影用细实线表示（牙底圆的投影通常按牙顶圆投影的 0.85 倍绘制），在螺杆的倒角或倒圆部分也应画出；螺纹长度终止线用粗实线绘制；剖面线必须画到粗实线处，如图 29-11（c）所示。

图 29-11（b）所示为螺纹的为圆视图。画法规定：牙底圆的细实线只画约 3/4 圈（空出约 1/4 圈的位置不作规定）；省去螺杆或螺孔上倒角圆投影。

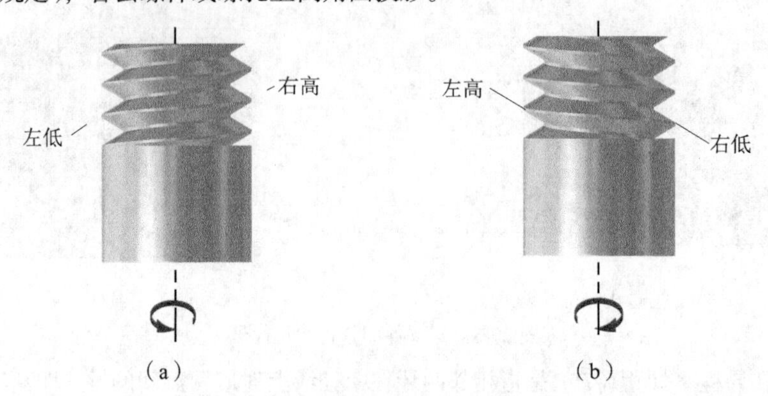


图 29-10 螺纹的旋向

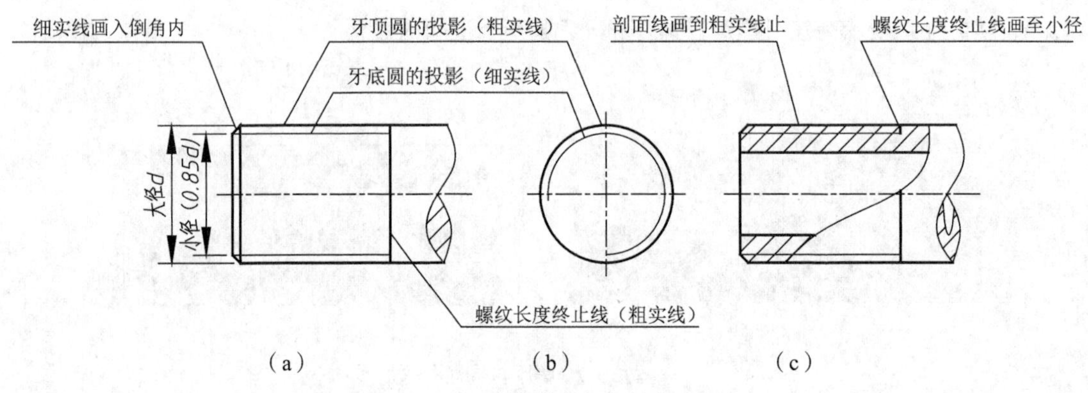


29-11　外螺纹的规定画法

（2）内螺纹的规定画法。图 29-12（a）所示为螺纹的轴向视图。画法规定：内螺纹牙顶圆的投影和螺纹长度终止线用粗实线所示，牙底圆的投影用细实线表示，剖面线必须画到粗实线。

图 29-12（b）所示为螺纹的为圆视图。画法规定：表示牙底圆的细实线仍画 3/4 圈，倒角圆的投影仍省略不画。

不可见螺纹的所有图线（轴线除外），均用细虚线绘制，如图 29-12（c）所示。

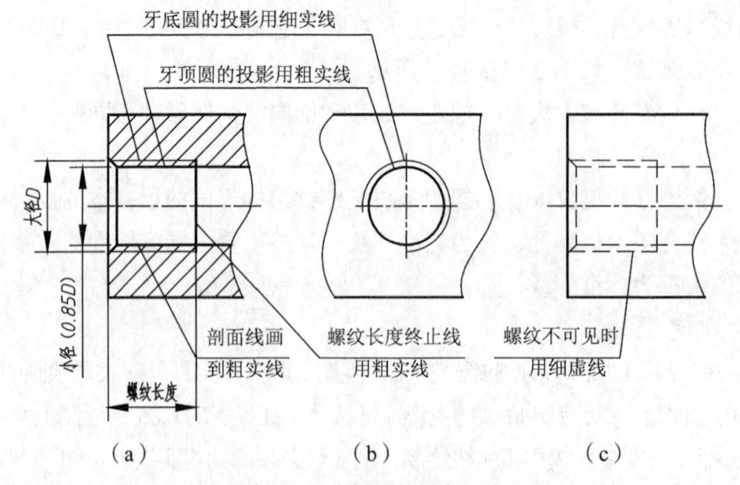


图 29-12 内螺纹的规定画法

对于不穿通的螺孔，应分别画出钻孔深度H和螺纹深度$L$，钻孔深度一般比螺纹深度深0.3$D$−0.5$D$（$D$为螺纹大经），如图29-13所示。由于钻头的尖角接近120°，用它钻出的不通孔，底部便有个顶角接近120°的圆锥面，其顶角要画成120°，但不必注出来。

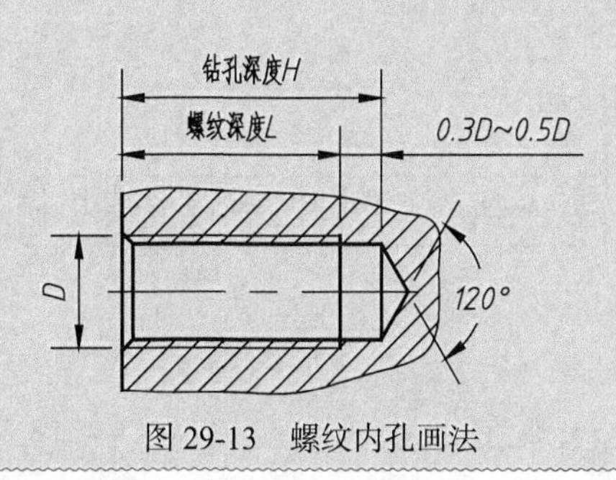


图29-13　螺纹内孔画法

（3）螺纹连接的规定画法。以剖视图表示内外螺纹的连接时，其旋合部分应按外螺纹的画法绘制，其余部分仍按各自的画法表示，如图29-14（a）、（b）所示。

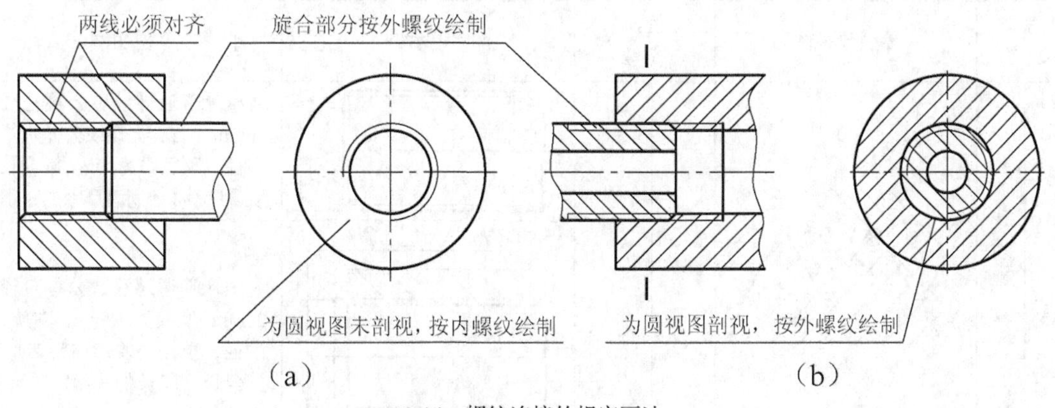


29-14　螺纹连接的规定画法

4. 常用螺纹的标注

螺纹按照规定画法简化画出后，在图上不能反映它的牙型、螺距、线数和旋向等结构要素，因此必须按规定的标记在图样中进行标注。

（1）常用螺纹的标记。针对普通螺纹、梯形螺纹、锯齿形螺纹的螺纹标记构成如下：

特征代号 公称直径 × 螺距 － 公差带代号 － 旋合长度代号 － 旋向

例如：

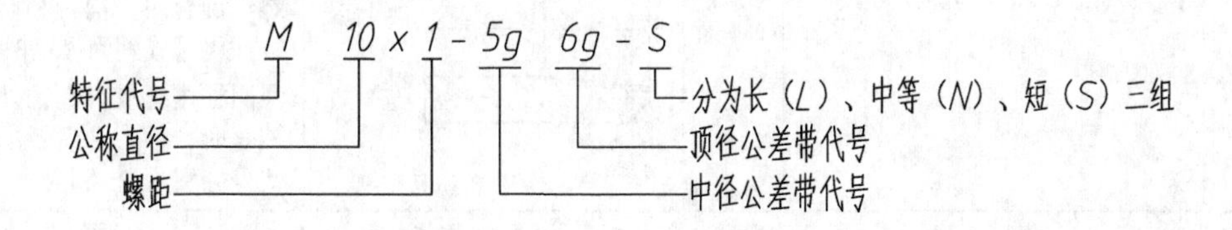

关于螺纹标记，还有几点需说明：

①粗牙螺纹不注螺距。

② 中径和顶径公差带代号只标注一次。

③ 旋合长度分为长、短、中三种，中等旋合长度可省略标注。

④ 右旋时不注旋向。

针对管螺纹，螺纹标记构成如下：

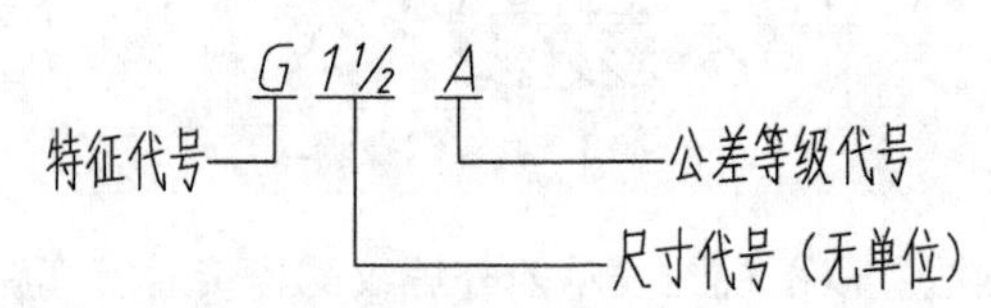


例如：

G 1½ A

特征代号——G；公差等级代号——A；尺寸代号（无单位）——1½

（2）常用螺纹的标注示例，如表 29-1 所示。

表 29-1` 常用螺纹的种类、代号和标注示例

| 螺纹种类 | | 牙型放大图 | 特征代号 | | 标记示例 | 说明 |
|---|---|---|---|---|---|---|
| 连接螺纹 | 普通螺纹 | 60° | M | 粗牙 | M20-6g | 粗牙普通螺纹，公称直径20mm，右旋。螺纹公差带：中径、顶径均为 6g，旋合长度属中等（不标注 N）的一组 |
| | | | | 细牙 | M20X1.5-7H-L | 细牙普通螺纹，公称直径20mm，螺距为 1.5mm，右旋，中径、顶径公差带均为 7H，旋合长度属长的一组 |
| | 管螺纹 | 55° | G | 55°非密封管螺纹 | G½A | 55°非密封圆柱外螺纹，尺寸代号 1/2，公差等级为 A 级，右旋，用引出标注 |
| | | | Rp<br>$R_1$<br>$R_c$<br>$R_2$ | 55°密封管螺纹 | Rc1½ | 55° 密封的与圆锥外螺纹旋合的圆锥内螺纹，尺寸代号1½，右旋，用引出标注<br>圆锥内螺纹旋合与圆锥外螺纹旋合时，前者和后者的特征代号分别为 *Rc* 和 *R2*<br>圆柱内螺纹与圆锥外螺纹旋合时，前者和后者的特征代号分别为 *Rp* 和 *R1* |

续表

| 螺纹种类 | | 牙型放大图 | 特征代号 | 标记示例 | 说明 |
|---|---|---|---|---|---|
| 传动螺纹 | 梯形螺纹 | 30° | r | Tr40X14(P7)LH-7H | 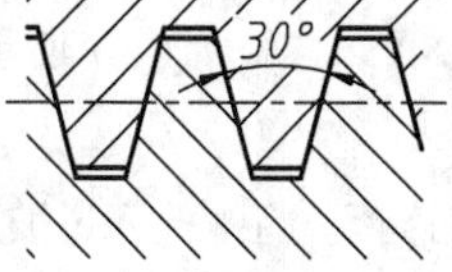 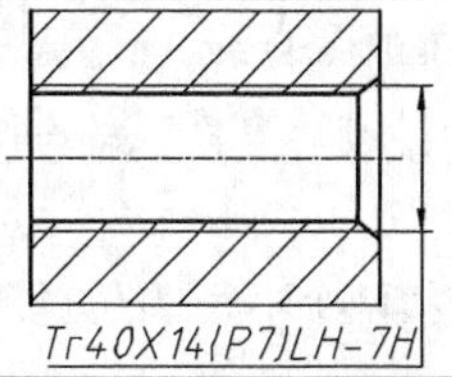 梯形螺纹，公称直径40mm，双线螺纹，导程14mm，螺距7mm，中径公差带为7H。旋合长度属中等的一组，左旋（代号为LH） |
| | 据齿形螺纹 | 3° 30° | | B32x6-7e | 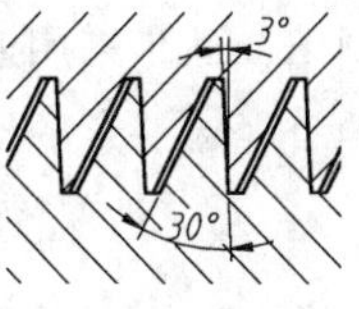 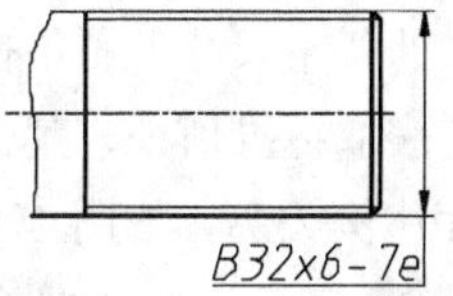 锯齿形螺纹，公称直径29mm，单线螺纹，螺距6mm。中径公差带为7e。旋合长度属中等的一组，右旋 |

5. *学习螺纹紧固件及画法*

（1）螺纹紧固件。常用的紧固件有螺栓、螺柱、螺钉、螺母、垫圈等，它们的结构、尺寸都已标准化，使用时可从相应的标准中查处所需的结构尺寸。常用螺纹紧固件的标记示例如表29-2所示。

表29-2　常用螺纹紧固件的标记示例

| 名称及标准编号 | 图例及标记示例 | 名称及标准编号 | 图例及标记示例 |
|---|---|---|---|
| 六角头螺栓 <br>GB/T 5782-200 | 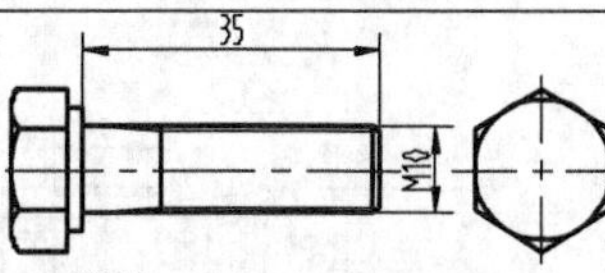 35 M10<br>螺栓 GB/T5782 M10X35 | 开槽沉头螺钉 <br>GB/T 68-2000 | 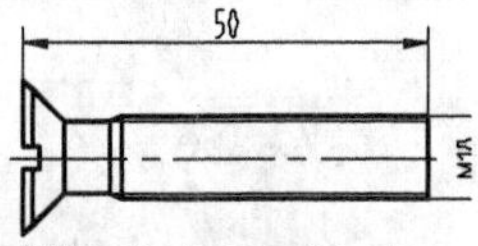 50 M10<br>螺钉 GB/T68 M10 × 50 |
| 螺柱<br>A型 <br>B型 <br>GB/T 897-1988（bm=1d）<br>GB/T 898-1988（bm=1.25d）<br>GB/T 899-1988（bm=1.5d）<br>GB/T 900-1988（bm=2d） | A型 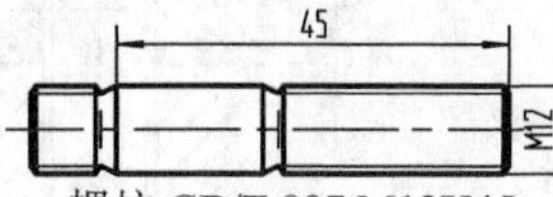<br>45 M12<br>螺柱 GB/T 897 M12X45<br>B型 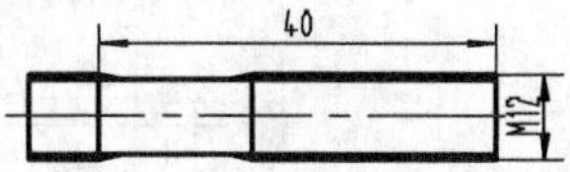<br>40 M12<br>螺柱 GB/T 898 M12X40 | 开槽锥端紧定螺钉 <br>GB/T 71-1985<br>1型六角螺母 <br>GB/T 6170-1986 |  45 M10<br>螺钉 GB/T 71 M10 × 45 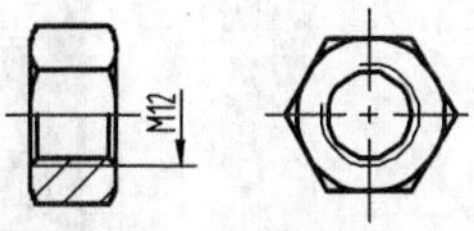<br>M12<br>螺母 GB/T 6170 M12 |
| 十字槽沉头螺钉 <br>GB/T 819.1-2000 | 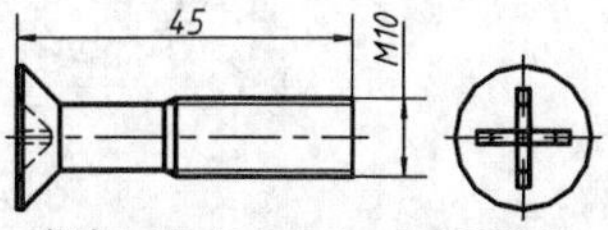 45 M10<br>螺钉 GB/T 819.1　M10X45 | 平垫圈 <br>GB/T 97.1-1985 | 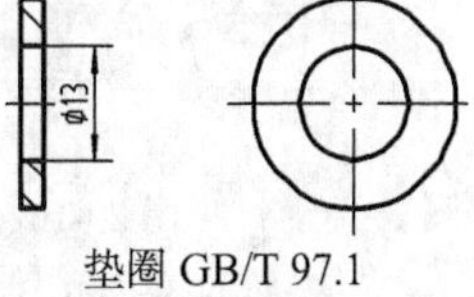 ϕ13<br>垫圈 GB/T 97.1 12-140HV |
| 开槽圆柱头螺钉 <br>GB/T 65-2000 | 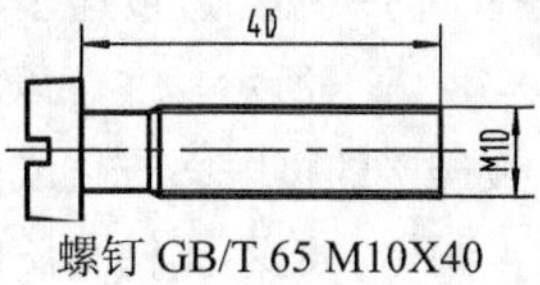 40 M10<br>螺钉 GB/T 65 M10X40 | 弹簧垫圈 <br>GB/T 93-1987 | 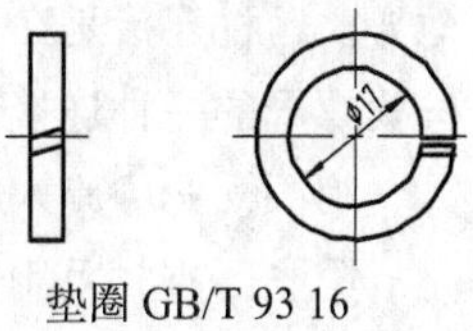 ϕ17<br>垫圈 GB/T 93 16 |

（2）螺纹紧固件的连接画法。螺纹紧固件的种类虽然很多，但其连接形式可归为螺栓连接、螺柱连接和螺钉连接三种。为了提高绘图效率，在绘制装配图时这些连接通常采用比例画法。国家标准关于螺纹紧固件的连接画法有如下规定：当剖切面通过螺栓、螺柱、螺钉、螺母、垫圈等轴线时，均按未剖切绘制；在剖视图上，两零件接触表面画一条线；不接触表面画两条线；相接触两零件的剖面线方向相反。

在装配体中，常用螺纹紧固件进行零件或部件间的连接。图 29-15（a）~（c）所示分别是螺栓连接、螺柱连接和螺钉连接。

① 螺栓连接。螺栓适合于连接两个不太厚的并能钻成通孔的零件连接。将螺栓穿过被连接两个零件的光孔（孔径比螺栓大经略大，一般可按 1.1$d$ 画出），套上垫圈，然后拧紧螺母，如图 29-16 所示。

为提高画图速度，对连接件的各个尺寸，可不按相应的标准数值画出，而是采用近似画法。除了螺栓长度按照计算后，再查表取标准值外，其他各部分都取与螺栓直径成一定的比例绘制。螺栓、螺母、垫圈的各部分尺寸比例关系，如图 29-17 所示。

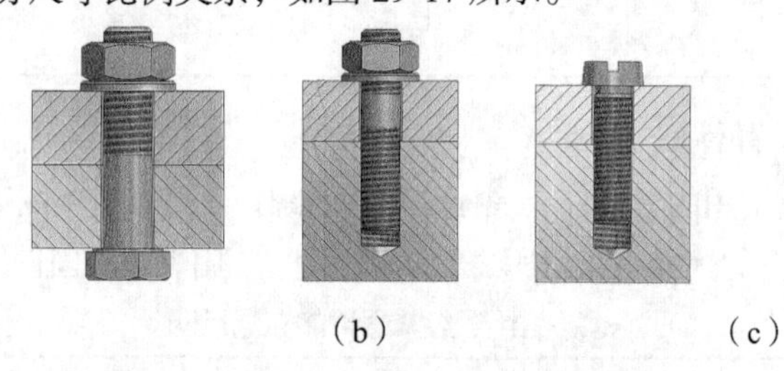

（a）　　（b）　　（c）

图 29-15　螺栓连接、螺柱连接和螺钉连接

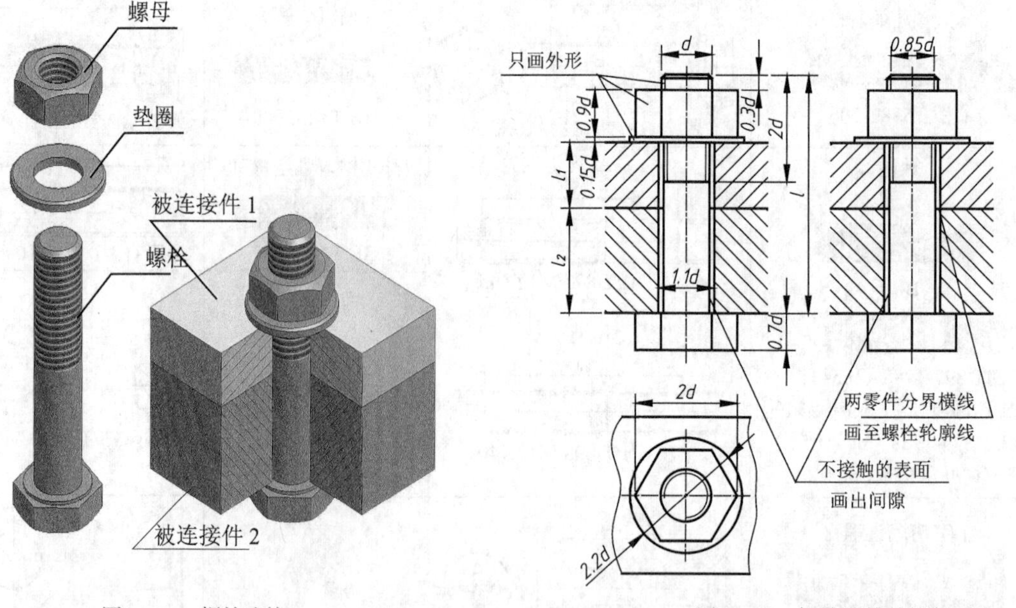


图 29-16　螺栓连接　　　　图 29-17　螺栓连接的近似画法

② 螺柱连接与螺钉连接简介。双头螺柱连接多用于被连接件之一较厚，不便使用螺栓连接的地方。这种连接是在机件上加工出不通的螺纹孔，另一端穿过被连接零件的通孔，放上垫圈后再拧紧螺母的一种连接方式，其连接画法如图 29-18（a）所示。注意以下两点：

第一，螺柱旋入的螺纹长度终止线与两个被连接的接触面应化成一条线。

第二，有时采用简化画法，即仅按螺孔深度画出，而不画钻孔深度。

螺钉连接用于受力不大和经常拆卸的地方。这种连接是在较厚的机件上加工出螺孔，而另一被连

接件上加工成通孔，用螺钉穿过通孔拧入螺孔，靠螺钉头部压紧被连接零件，如图 29-18（b）所示。

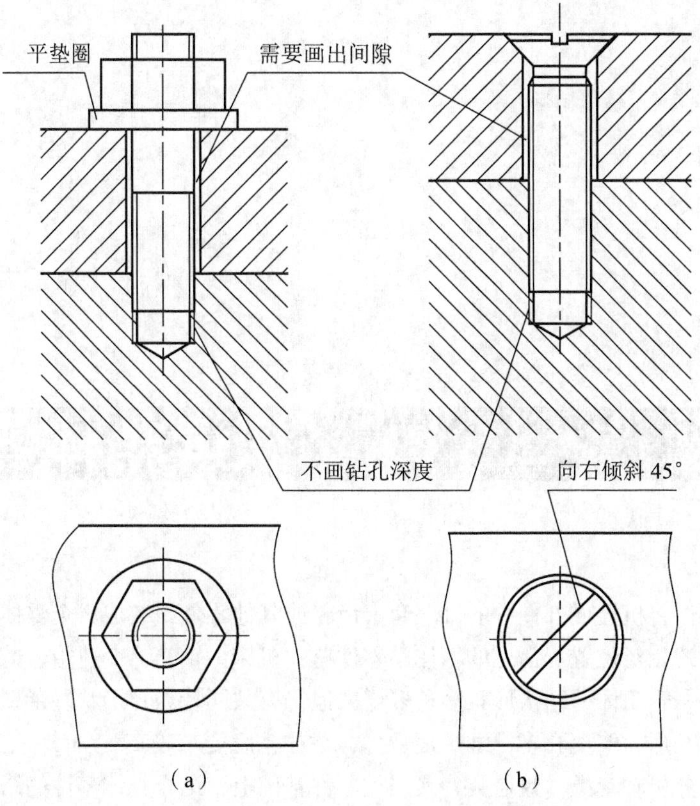


图 29-18　螺柱连接和螺钉连接的简化画法

# 项目三十

# 识读箱体零件图

箱体类零件将机器或部件中的轴、套、齿轮或其他零件组装成一个整体，使它们之间能保持正确的相对位置。常见的箱体类零件有：机床主轴箱、变速箱、减速器箱、缸体、机座等。尽管箱体的结构形状多种多样，但仍有共同特点：形状复杂、壁薄且不均匀，内部呈空腔形，壁上孔多，加工面也多，往往精度要求较高。

本项目在分析轴套类、盘盖类、叉架类零件基础上，结合壳体零件的结构分析、视图选择、尺寸标注和技术要求，进一步巩固识读零件图的方法和步骤，达到熟练识读零件图的目标，也是将所学知识综合应用和提升的实践性环节。

**※学习目标※**

（1）了解箱体类零件的结构特征，为识读箱体类零件图打下基础。

（2）掌握识读箱体零件图的方法和步骤。

（3）了解零件上常见的工艺结构和结构要素的标注方法。

**※项目描述※**

图 30-1 所示为壳体零件图，通过仔细分析，读懂该零件图。

**※项目分析※**

箱体类零件主要用来支撑、容纳、保护传动件，以及保护机器中其他零件的外壳。箱体类零件常为铸件，也有焊接件。

根据箱体类零件的结构形状特点，图形表达常常采用剖视图、视图、局部视图、断面图等方法。壳体零件图共有四个图形，主视图采用了全剖视图，反映壳体总体形状和各部分相对位置的特点，还有俯视方向的 B—B 全剖视图，左视图和局部视图 C。

壳体零件图尺寸较多，分析图形离不开尺寸，分析尺寸的同时又要结合技术要求。只要抓住“以分析视图、想象形状为核心，以联系尺寸和技术要求为主体”识读原则，再复杂的形体也能逐步分析清楚。

**※项目驱动※**

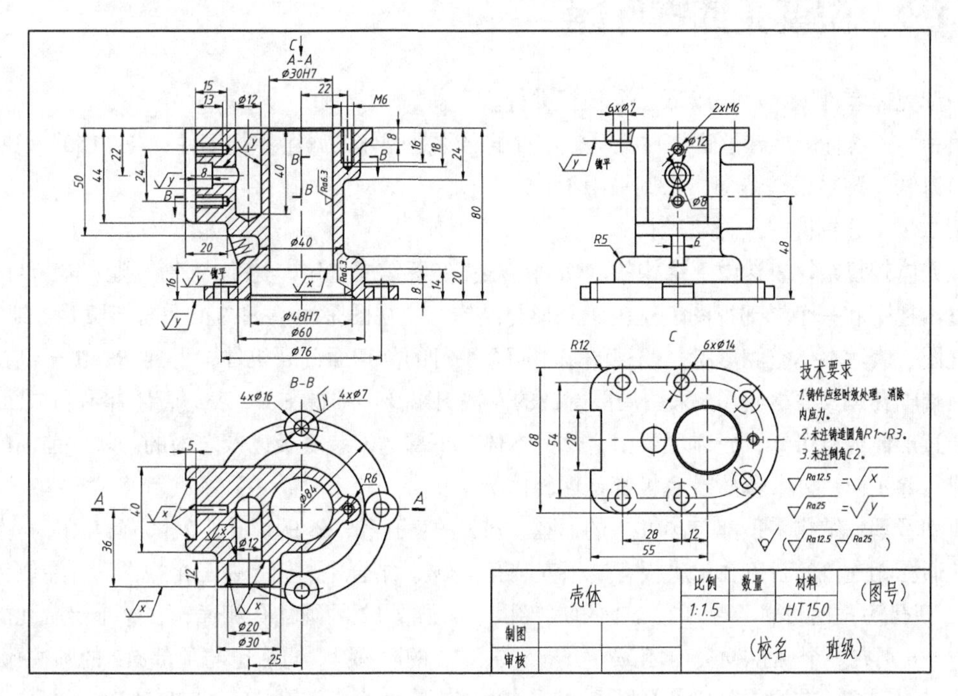


图 30-1　壳体零件图

## 任务一　认识箱体类零件

箱体类零件一般是机器的主体，起承载、容纳、定位、密封和保护等作用。它的结构形状复杂，均有内腔，以包容其他零件。此类零件多带有安装孔的底板，上面常有凹坑或凸台结构。支承孔处常设有加厚凸台或加强肋，表面过渡线较多。图 30-2（a）~（d）所示为蜗轮箱体、减速器箱体、打印机箱体等。

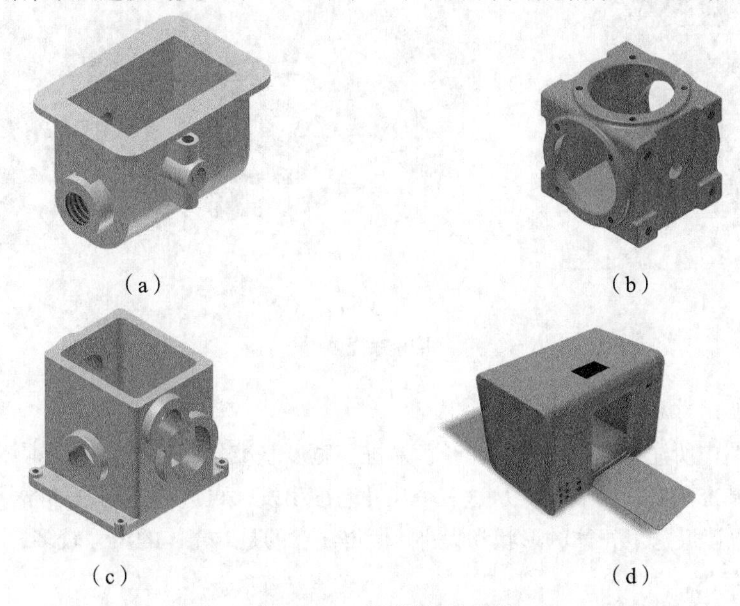

（a）　（b）　（c）　（d）

图 30-2　典型箱体类零件

# 任务二 识读壳体零件图

识读壳体零件图，可按以下三个步骤进行。

第一步，看标题栏，了解零件概况。零件的名称是壳体，属箱体类零件；“HT150”说明材料是灰口铸铁，该零件是铸件，比例采用1:1.5。

第二步，分析视图，想象形状。

该壳体较复杂，表达内部结构的剖切面应根据实际需要选定，达到内外兼顾。本零件图采用三个基本视图和一个局部视图表达内、外形与结构。主视图采用单一的正平面剖切后得到 *A—A* 全剖视图，表达本体空腔形状。俯视图采用两个平行的剖切面剖开机件，得到 *B—B* 全剖视图，反映前端轴孔以及底板实形。采用局部剖视的左视图以及局部视图 *C*，表达壳体外形和顶面形状。

通过形体分析可知，壳体主要由上部的本体、下部的安装底板以及左面的凸块、前面的轴孔等组成。除了凸块外，本体及底板都是回转体。

再细看零件结构：顶部有$\phi$30H7 的通孔、$\phi$12 的盲孔和 M6 的螺孔。底部有$\phi$48H7 与本体上$\phi$30H7 通孔相连接的台阶孔，底板有锪平安装孔 4×$\phi$7。结合主、俯、左三个视图看，左侧为带有凹槽 T 型凸块，在凹槽上有$\phi$12、$\phi$8 的阶梯孔，与顶部$\phi$12 的圆柱孔相通；在这个台阶孔的上方和下方，分别有一个螺孔 M6。轴孔$\phi$30 开有$\phi$20、$\phi$12 的阶梯孔，向后也与顶部$\phi$12 的圆柱孔贯通。从采用局部剖视的左视图和局部视图 C 可看出：顶部有六个安装孔$\phi$7，并在它们的下端分别锪平成$\phi$14 的平面。

通过以上分析，基本了解壳体的内、外形状与结构特点，由此构想出形体。图 30-3（a）所示为整体，图 30-3（b）所示为在 *A—A* 位置剖切后的形体，图 30-3（c）所示为在 *B—B* 位置剖切后的形体。

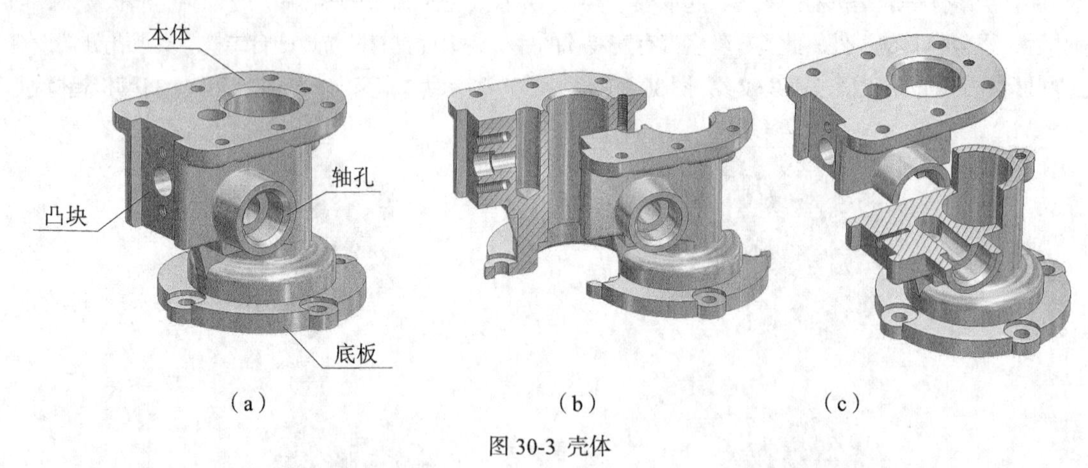


图 30-3 壳体

第三步，分析尺寸和技术要求

通过分析视图中所注尺寸，可以看出长度基准、宽度基准分别是通壳体的本体轴线的侧平面和正平面；高度基准是底板的底面。从这三个尺寸基准出发，再进一步看懂各部分的定位尺寸和定形尺寸，就可以读懂这个壳体的形状和大小。值得注意的是，壳体的尺寸较多，还有铸造圆角、倒角等工艺结构存在。

壳体的加工面主要有轴孔、安装孔、配合面、接合面等，外部表面一般不需加工。在图中可以看出，壳体顶板和安装底板中相连接贯通的台阶孔$\phi$48H7、$\phi$30H7都有公差要求，其极限偏差数值可由公差带代号H7查表获得。

再看表面粗糙度，除主要的圆柱孔$\phi$30H7、$\phi$48H7为$\sqrt{Ra6.3}$外，加工面大部分为$\sqrt{Ra25}$。少数是$\sqrt{Ra12.5}$；其余为铸件表面$\sqrt{\ }$（不去除材料）。由此可见，该零件对表面粗糙度要求并不太高。

用文字叙述的技术要求是：铸件要经过时效处理后，才能进行切削加工；图中未注尺寸的铸造圆角都是$R$1～$R$3。把上述各项内容综合起来，就能总体把握壳体零件图。

总的来说，由于像壳体这一类零件的结构比较复杂，因此在主视图选择上，一般要按照工作位置和结构形状相结合的原则综合考虑，选择最佳方案。因此，对初学者而言零件的表达方案、尺寸标注、技术要求的确定，往往有一定困难，需要按照从概括了解到深入分析的读图思路，多看多练，既要有扎实的基础知识，还需要一定的实践经验，才能培养较强的制图能力。

**※项目归纳※**

（1）箱体类零件用来支撑、包容其他零件，形体比较复杂，常带有工艺结构，一般为铸件。识读箱体零件图，首先要弄懂视图表达，一般以底面、对称平面、重要端面为尺寸基准，然后依次分析尺寸和技术要求。

（2）识读零件图，要根据零件图形想象出零件的结构形状，同时弄清零件在机器中的作用、零件的自然概况、尺寸类别、尺寸基准和技术要求等，以便在制造零件时采用合理的加工方法。

**※巩固拓展※**

识读壳体零件图时，我们意识到，该零件上有铸造圆角、倒角、凸台、凹槽等诸多工艺结构，这是由于零件通过铸造和机械加工制成的。因此，在设计零件和绘制零件图时，就必须考虑制造工艺的特点，使零件图能正确反映工艺要求，以免加工困难，造成不良后果。

下面介绍零件上常见的工艺结构和结构要素的标注。

### 1. 铸造工艺结构

（1）拔模斜度。零件在铸造过程中，为便于将模型从砂型中拔出，需要在沿拔出的方向做成斜度，称拔模斜度，如图30-4所示。这一数值可在有关手册中查到，当拔模方向高度为25～500mm时，通常取1:10～1:20，或3°～6°。拔模斜度可以不在图上标注，如果需要，可在技术要求中加以说明。

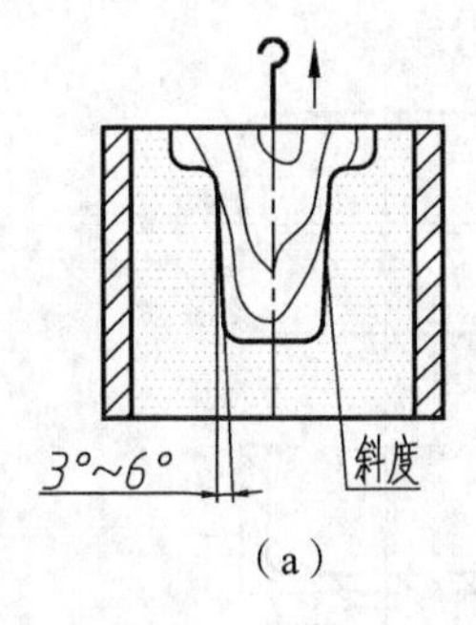


（a）

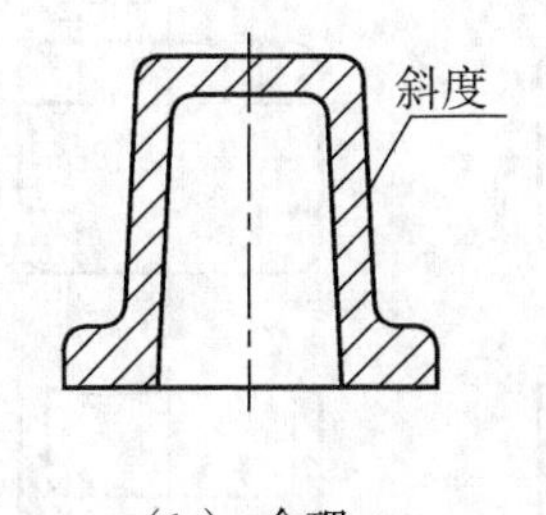


（b）合理

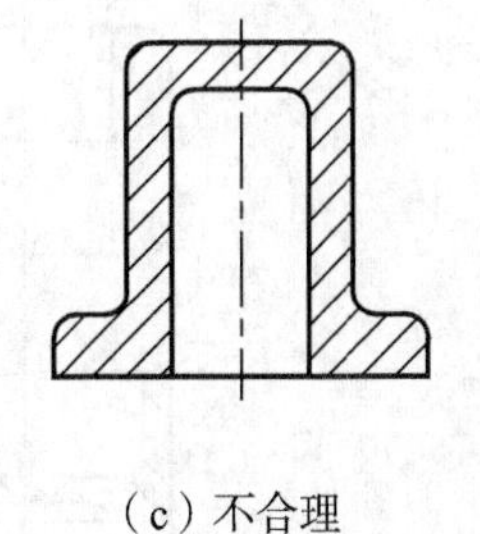

（c）不合理

图30-4　拔模斜度

（2）铸造圆角。为防止在浇铸时金属液将砂型的尖角冲毁和避免铸件在凝固过程中产生裂纹或缩孔，所以，在铸件的各表面相交处做成圆角，称为铸造圆角，如图30-5所示。铸造圆角的半径一般为 3 ~ 5mm，一般不在图上注出而在技术要求中统一说明。

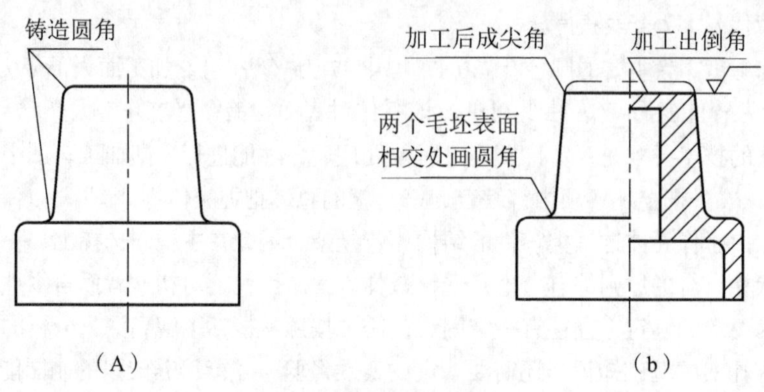


图 30-5 铸造圆角

（3）铸件壁厚。零件铸造时，为防止各部分因冷却速度不同而产生缩孔或裂纹，所以铸件的壁厚要尽量设计成等厚度或厚度逐渐过渡，有关数值可在手册中查出，如图 30-6 所示。

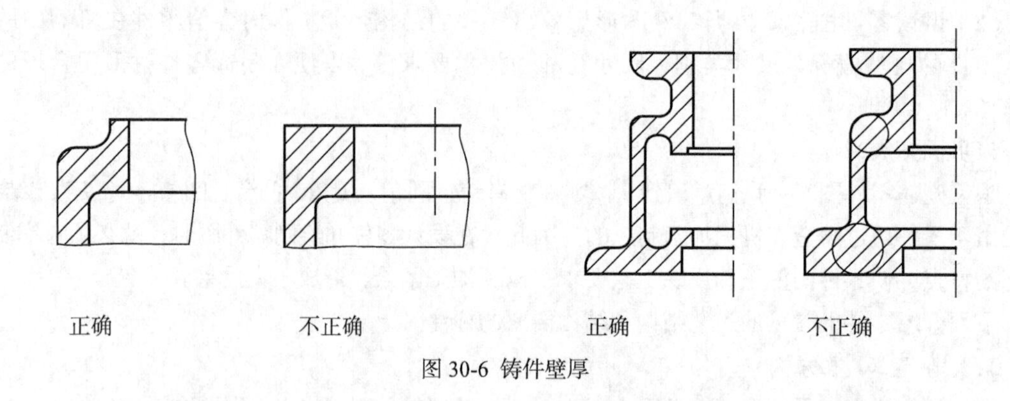


图 30-6 铸件壁厚

## 2. 机械加工对零件的工艺要求

（1）减少加工面积。为减少加工面积，保证零件表面之间有较好的接触，常在零件上设计凸台、凹坑，如图 30-7 所示。

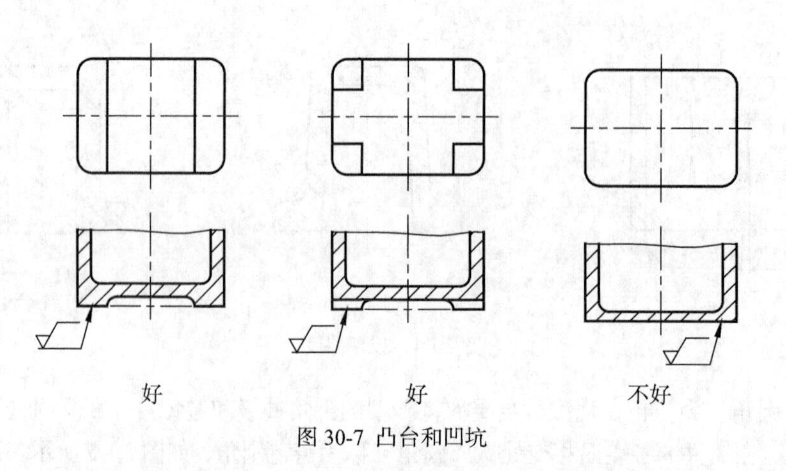


图 30-7 凸台和凹坑

（2）退刀槽、越程槽和工艺槽（孔）。车螺纹、磨削外圆或内孔以及插槽时，应预先在零件有关部位制出退刀槽、越程槽和工艺槽孔，以便刀具能顺利地进入或退出加工表面，如图30-8所示。

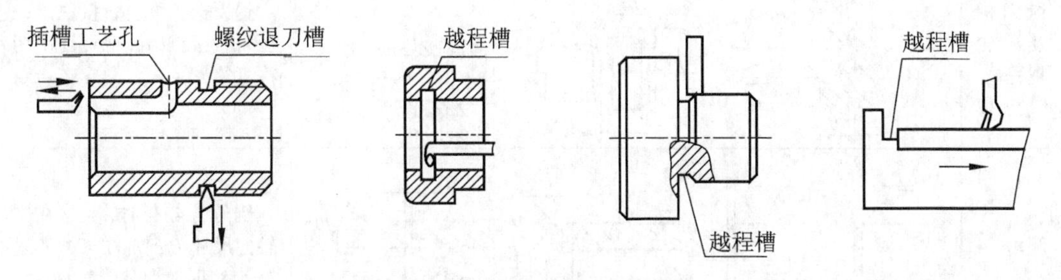


图30-8　退刀槽、越程槽和工艺槽（孔）

（3）钻孔处零件的结构。在零件表面上钻孔时，钻头进入及钻出的表面应垂直于孔的轴线，以避免孔洞不直及防止钻头折断。当钻孔轴线与水平面所成夹角≥60° 时，允许直接钻孔，其结构如图30-9所示。

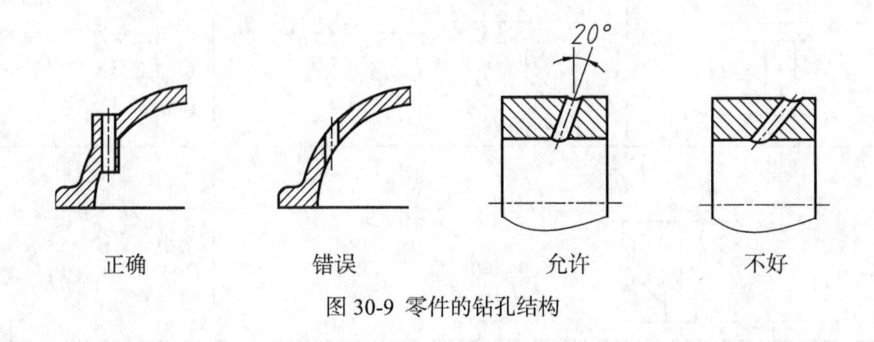


图30-9 零件的钻孔结构

（4）避免内壁加工。零件内壁加工比较困难，设计时应尽量避免内部凸台，如图30-10所示。

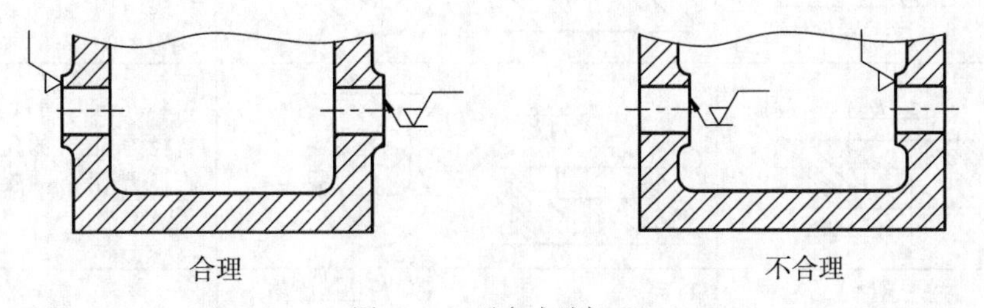


图30-10　避免内壁加工

3. 工艺结构的标注

常见工艺结构，一般都采用表30-1所示的标注方法。

表 30-1　　　　零件上常见结构要素的标注

| 零件结构类型 | | 标注方法 | 简化标注 | 说明 |
|---|---|---|---|---|
| 退刀槽及砂轮越程槽 | | I 2:1；45°；R0.5；45°；b；a；a；b | I；b×a；D；b | 退刀槽宽度应直接注出；直径可直接注出，也可注出切入深度 |
| 倒角 | | $C_L$；$C_L$ | $C_L$；L；30° | 倒角为 45º 时，直接在倒角轴向尺寸 $L$ 前加注 $C$，如果不是 45º 时，要分开标注 |
| 光孔 | 一般孔 | 4×Ø5；10 | 4×Ø5-6H↧10；4×Ø5-6H↧10 | 4×Φ5 表示有规律分布的 4 个直径为 5mm 的光孔。孔深可与孔径连注，也可分开标注 |
| | 精加工孔 | $4\times\phi5^{+0.012}_{0}$；10；12 | $4\times\phi5^{+0.012}_{0}$↧10 钻孔↧12；$4\times\phi5^{+0.012}_{0}$↧10 钻孔↧12 | 光孔深为 12mm，钻孔后需精加工至 $\phi5^{+0.012}_{0}$ mm，深度为 10 mm |
| | 锥销孔 | 锥销孔Ø5 配作 | 锥销孔Ø5 配作 | $\phi5$ 为与锥销孔相配的圆锥销小头直径。锥销孔通常是相邻两零件装配后一起加工的 |
| 沉孔 | 锥形沉孔 | 90°；Ø13；6×Ø7 | 6×Ø7 ⌵Ø13×90°；6×Ø7 ⌵Ø13×90° | 6 × $\phi7$ 表示 6 个有规律分布的直径为 7mm 的孔。锥形部分尺寸可以旁注，也可以直接注出 |
| | 柱形沉孔 | Ø10；3.5；4×Ø6 | 4×Ø6 ⌴Ø10↧3.5；4×Ø6 ⌴Ø10↧3.5 | 4×$\phi6$ 表示有规律分布的 4 个直径为 6mm 的孔。柱形沉孔的直径为 10mm，深度为 3.5mm，均需要注出 |
| | 锪平孔 | ⌴Ø16；4×Ø7 | 4×Ø7⌴Ø16；4×Ø7⌴Ø16 | 锪平孔 $\phi16$ 的深度不需标注，一般锪平到不出现毛面为止 |

# 项目三十一

# 识读球阀装配图

一台机器或一个部件，都是由若干个零件按照一定的装配关系和技术要求组装起来完成相应的工作任务。装配图是表达机器或部件的图样，表示一台完整机器的图样，称为总装配图；表示一个部件的图样，称为部件装配图。

装配图主要表达机器或部件的工作原理、装配关系、结构形状和技术要求，用以指导机器或部件的装配、检验、安装等。因此，装配图是机械设计、制造、使用、维修以及进行技术交流的重要技术文件。

本项目从认识球阀着手，弄懂它的工作原理，了解装配过程；通过识读球阀装配图，掌握识读装配图的方法与步骤，尤其对装配图的内容、画法规定、尺寸注法、零部件序号与明细表等，要有一个完整清晰的认识，最终能识读一些典型部件的装配图；最后还介绍了弹簧的画法与尺寸计算，滚动轴承的结构，标记的表示方法。

**※学习目标※**

（1）了解装配图功能和基本内容。

（2）熟悉装配图画法规定、尺寸标注、明细表、技术要求等。

（3）掌握识读装配图的方法与步骤。

（4）了解弹簧各部分名称、代号和画法；滚动轴承的结构和标记。

**※项目描述※**

识读图 31-1 所示球阀装配图，主要了解构成球阀各零件间的相互关系，即它们在球阀中的位置、作用、固定或连接方法、运动情况及装拆顺序等，从而进一步了解球阀的性能、工作原理及各零件的主要结构形状，由此完成以下学习任务。

（1）了解该装配体的名称、用途、性能、结构，共有多少零件组成。

（2）认识各主要零件的结构形状、装配关系、连接方式，了解在装配体中的作用。

（3）了解球阀工作原理及其装配过程。

（4）掌握识读装配图的方法与步骤。

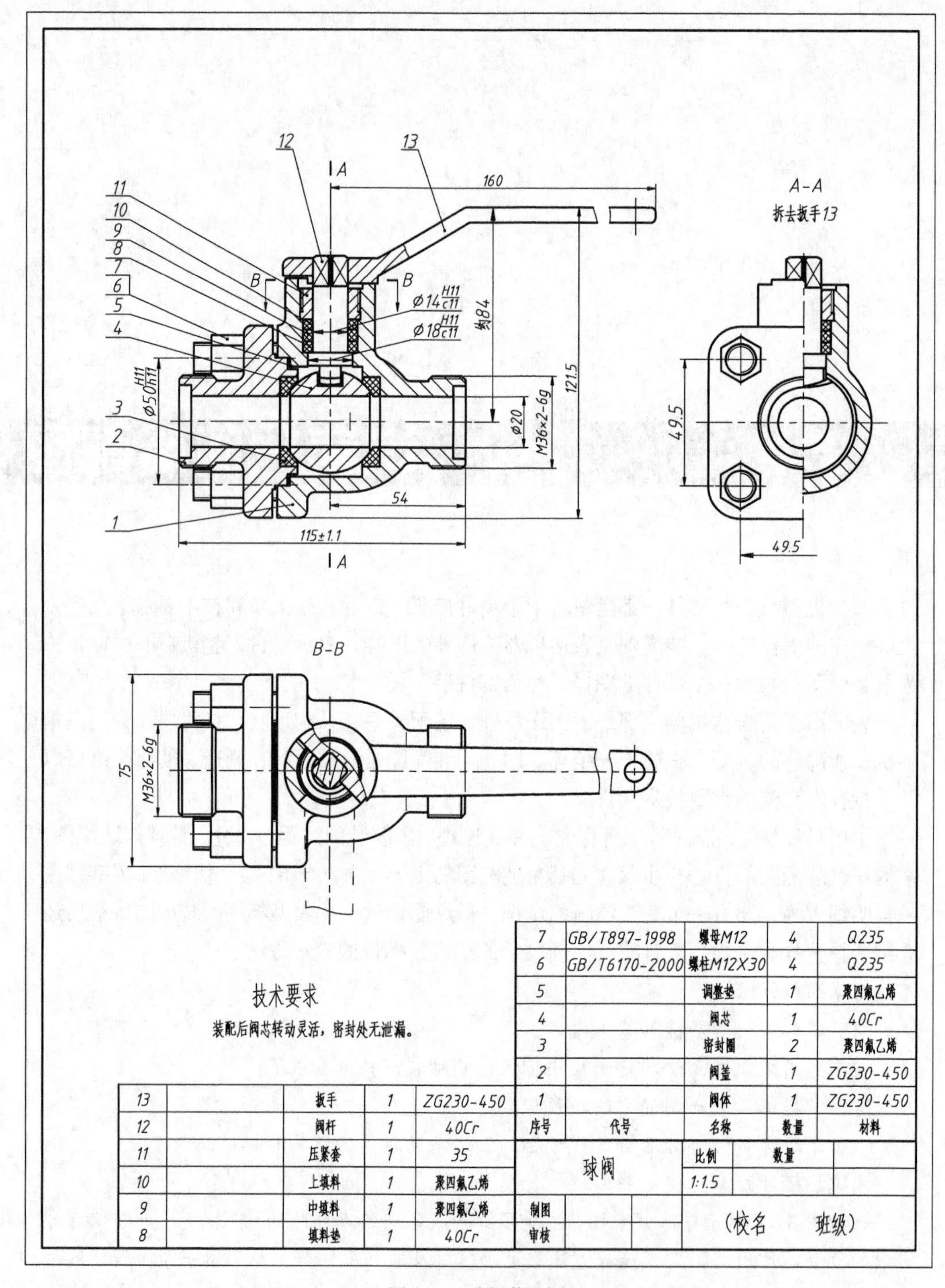


| 序号 | 代号 | 名称 | 数量 | 材料 |
|---|---|---|---|---|
| 13 | | 扳手 | 1 | ZG230-450 |
| 12 | | 阀杆 | 1 | 40Cr |
| 11 | | 压紧套 | 1 | 35 |
| 10 | | 上填料 | 1 | 聚四氟乙烯 |
| 9 | | 中填料 | 1 | 聚四氟乙烯 |
| 8 | | 填料垫 | 1 | 40Cr |
| 7 | GB/T897-1998 | 螺母M12 | 4 | Q235 |
| 6 | GB/T6170-2000 | 螺柱M12X30 | 4 | Q235 |
| 5 | | 调整垫 | 1 | 聚四氟乙烯 |
| 4 | | 阀芯 | 1 | 40Cr |
| 3 | | 密封圈 | 2 | 聚四氟乙烯 |
| 2 | | 阀盖 | 1 | ZG230-450 |
| 1 | | 阀体 | 1 | ZG230-450 |

图 31-1 球阀装配图

**※项目分析※**

在管道系统中，球阀是管路系统中的一个开关，用于切断、分配和改变介质。识读球阀装配图，要从了解与认识球阀形状结构着手，分析各零件在装配体中的位置。有了对装配体和各零件实体的感性认识，才有利于掌握球阀的表达方法、配合关系、尺寸标注和技术要求，为全面识读球阀装配图服务。

※项目驱动※

## 任务一　了解球阀工作原理

1. 认识球阀

球阀的阀芯是球形，所以称为球阀，图 31-2（a）所示为球阀外形图。明显可见的是扳手、阀体和左侧阀盖（有四组螺栓连接）。

图 31-2（b）所示为球阀剖开后的形体图。它的内部有阀杆、阀芯、调整垫片、填料和填料压紧套等，但零件的实际形状难以分辨清楚。

组成球阀各零件的装配位置，如图 31-2（c）所示。球阀共有 13 种零件。

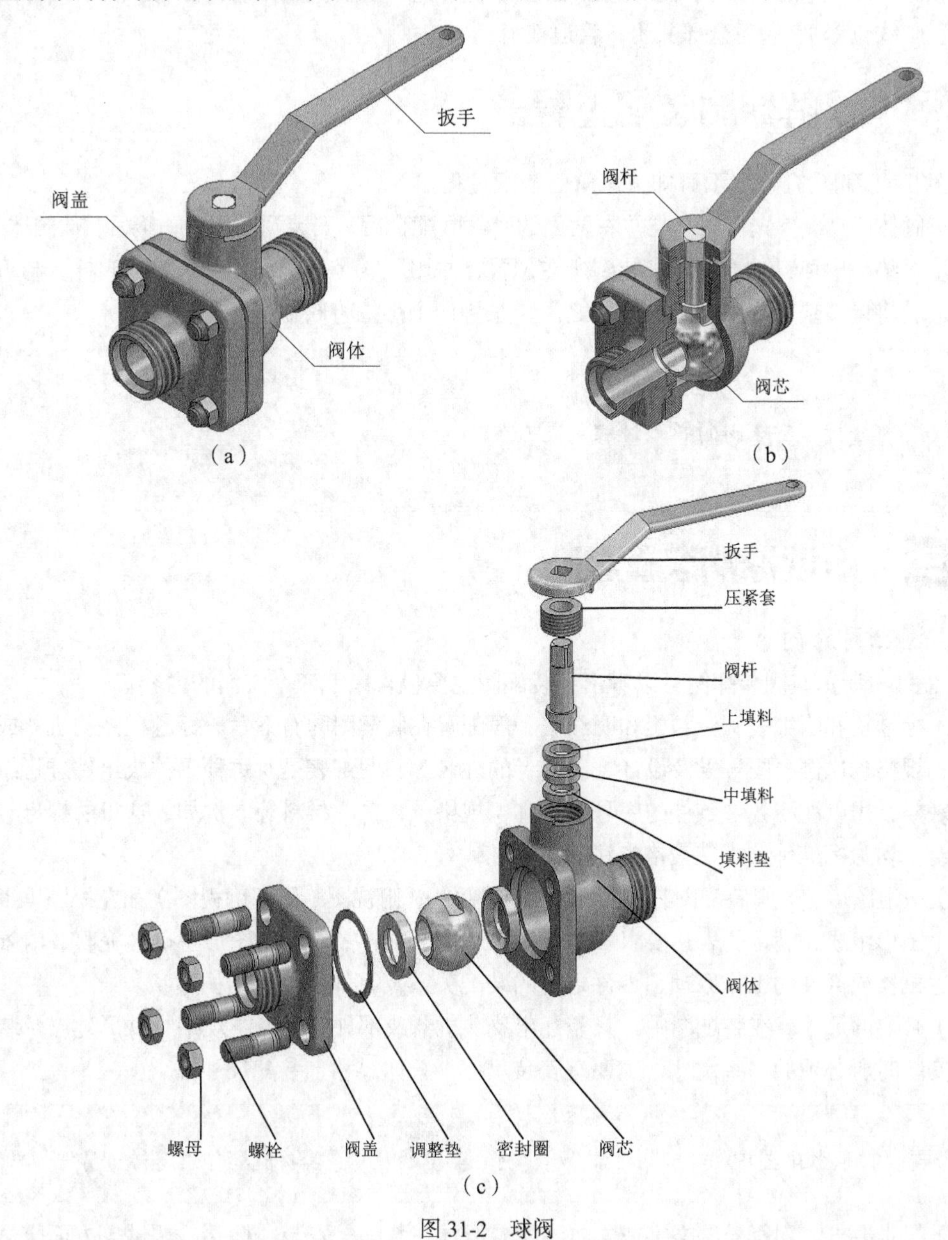


图 31-2　球阀

提示

球阀分解图，可帮助读者更加清楚地认识球阀零件的结构形状，安装位置，便于理解球阀工作原理，读懂球阀装配图。

2. 弄懂球阀工作原理

由上各图可知，阀体 1 和阀盖 2 均带有方形的凸缘，用四个双头螺柱 6 和螺母 7 连接，并用合适的调整垫 5 调节阀芯 4 与密封圈 3 之间的松紧程度，可使阀芯转动灵活。在阀体上有阀杆 12，阀杆下部有凸块，榫接阀芯 4 上的凹槽中。为了密封，在阀体与阀杆之间先后放进填料垫 8、中填料 9 和上填料 10，旋入填料压紧套 11 压紧。

根据以上结构特征，由此获得球阀工作原理：扳手 13 的方孔套进阀杆 12 上部的四棱柱。当扳手处于图 31-1 所示的位置时，阀门全部开启，管道畅通；当扳手按顺时针方向旋转 90° 时（图 31-1 所示双点画线位置），阀门全部关闭，管道断流。

## 任务二 了解球阀装配过程

由图 31-1 和图 31-2 所示可知，球阀的装配过程如下。

保持阀体不动，首先将阀芯与左右两侧的密封圈配合后，安装到阀体内；然后，从阀体上端，顺次将填料垫、中填料、下填料安装到所在位置，并用压紧套拧紧；接着，放入阀杆，与扳手孔连接；最后将调整垫片放在阀盖与阀体之间，采用四个螺柱将阀盖与阀芯连接。

举一反三

分析一下球阀的拆卸过程又是如何？

## 任务三 识读球阀装配图

1. 装配图的内容

从图 31-1 所示球阀装配图可以看出，装配图主要包含以下四个方面的内容。

（1）标题栏和明细表。标题栏和明细表一般配置在装配图的右下角。标题栏注明机器或部件的名称、规格、比例、图号以及设计、制图者的姓名等；明细表是对每种零件或组件进行编号后制成的表格，用以注明各种零件的序号、名称、规格、数量、材料等。例如，这里的螺母、螺栓共有四组，均为标准件，需在表格中注明“标准代号”。

（2）一组图形。球阀装配图有主视图（全剖视图）、俯视图（局部剖视图）和左视图（半剖视图）三个图形组成，满足了表达要求。因此，在装配图中，需用一组图形正确、完整、清晰、简便地表达机器或部件的工作原理、零件之间的装配关系及零件的主要结构形状。

（3）必要的尺寸。在装配图中，只需标出反映机器或部件的性能、规格、外形建议及装配、检验、安装时所必须的一些尺寸，主要有安装尺寸、总体尺寸、装配尺寸等。

提示

球阀装配图中的“12”尺寸，属于何种类型的尺寸，其功能和作用怎样？请仔细思考。

（4）技术要求。用符号、文字或文本说明装配体在装配、安装、检验、调试等方面应达到的

技术指标。在图 31-1 中，除了三处注明配合要求外，还用文字说明了装配后的技术要求。

## 2. 装配图的常见画法

在图 31-1 所示的俯视图中，出现“细双点画线”的，这是在装配图中特有的表达方法。由于扳手具有两个极限位置，所以将运动件画在一个极限位置，另一个极限位置则用细双点画线表示，这种表达方法称为“假想画法”。

除此之外，装配图与零件图相比，还有一些规定（或特殊）画法。

（1）相邻零件的画法。相邻零件轮廓线的画法，其接触面或配合面只画一条公共轮廓线，如图 31-1 主视图中，扳手 13 底部表面与阀体表面的配合、阀芯 4 与密封圈 3 之间配合等，均只绘制一条线。

如果两相邻零件的工程尺寸不相同时，即使间隙很小，也应画两条线，以表示各自轮廓。如图 31-1 所示主视图中，阀杆 12 与阀芯 4 的槽口为非配合面，应画两条线。

相邻两个零件，剖面线的倾斜方向应相反，或者方向一致但间隔不等，应加以区别，如图 31-3 所示。

间隔不等

图 31-3　剖面线间隔不等

（2）夸大画法。如图 31-1 所示，调整垫片 7 的厚度采用了夸大画法。在装配图中，对无法按其实际尺寸绘制的薄片零件或微小间隙，允许不按比例而放大画出。

（3）拆卸画法。为了避免某些零件遮住需要表达的内部结构或零件的构造，假想拆去某些零件，但它必须是在其他视图上已表达清楚其装配关系、连接关系的零件。当需要说明时，可在相应的视图上方注写“拆去××件”字样，如图 31-1 左视图中“拆去扳手 13”所示。

（4）纵向剖切画法。在装配图中，对紧固件以及轴、键、销等实心零件，若按照纵向剖切，且剖切平面通过其对称平面或轴线时，这些零件均按不剖绘制，如图 31-1 所示的螺母 7、螺栓 8 和阀杆 12 等。

（5）简化画法。

①在装配图中，零件的工艺结构如倒角、圆角、退刀槽等，允许省略不画，如图 31-4 所示。

②装配图中对于规格相同的零件组（如螺钉连接），可详细画出一处，其余用细点表示其装配位置，如图 31-4 中所示。

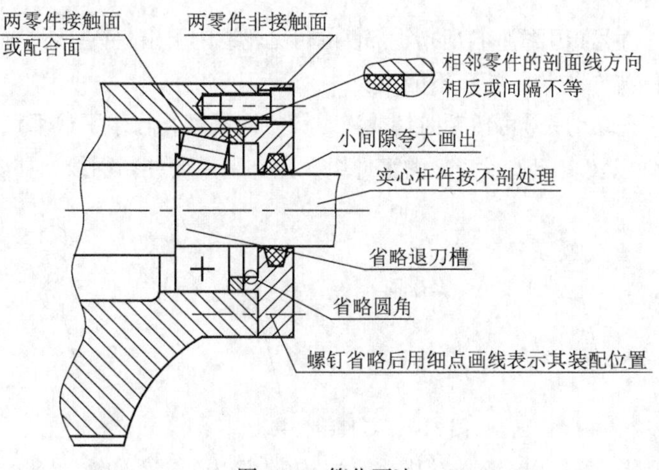


图 31-4　简化画法

③在装配图中，当剖切平面通过的某些标准产品的组合件，允许只画出外形轮廓，例如，滑动轴承中的油杯，减速器中的标尺等。

3．识读球阀装配图

（1）细看标题栏和明细表。从标题栏和明细表，可以更加清楚了解到组成球阀的零件种类，了解其大致的组成情况及复杂程度。球阀由13种零件组成，其中标准件有两种——螺栓和螺母；采用1:2比例绘制；按照序号依次查明各零件的名称和所在位置。

（2）学会分析装配关系。球阀装配图有三个基本视图表达，主视图采用全剖视图，表达各零件之间装配关系；左视图采用拆去扳手后的半剖视图，表达球阀的内部结构及阀盖方形凸缘的外形；俯视图采用局部剖视图，主要表达球阀的外形。

掌握各零件之间的装配关系，就能正确识读装配图。由于阀芯是球阀的关键零件，需重点分析阀芯与有关零件的关系，主要有：

① 连接关系。阀体和阀盖都有方形凸缘，它们之间用四个双头螺柱和螺母连接，填料压紧套与阀体中的螺纹旋合，将三层填料固定于阀体中，形成一个整体。扳手与阀杆配合下，起到打开和关闭的作用。

② 密封关系。由于阀类零件至关重要的技术要求是密封性，因此，确保零件之间的密封关系十分重要，具体有：阀芯通过两个密封圈定位于阀体空腔内，并用合适的调整垫调节阀芯与密封圈之间的松紧程度；三层填料置于阀体中，通过填料压紧套与阀体内的螺纹旋合，达到密封作用。

（3）认识装配图中零、部件序号。在球阀装配图中，各零件周围有不同的编号，这样便于读懂各零件，也便于管理、备料和组织生产。这些编号就是装配图序号，它与明细表是一一对应关系。同一装配图中每种零、部件只编一个序号，只需标注一次。

① 序号编排。一般采用在指引线的横线（用细实线绘制）上或者圆圈内注写序号，如图31-5所示。

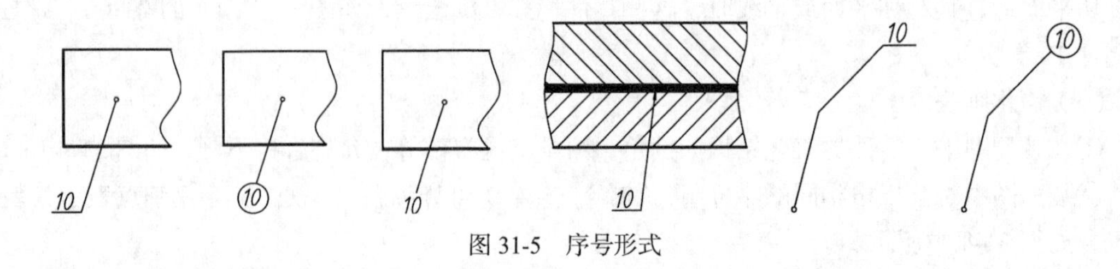


图31-5　序号形式

② 序号指引线。序号指引线应自所指零部件的可见轮廓内引出，并在末端画一小圆点，如图31-5所示。指引线尽可能排布均匀，相互不能相交。

③ 序号的排列形式。序号可按顺时针或逆时针方向排列，在水平或垂直方向都要排列整齐。

对于一组紧固件以及装配关系清楚的零件组，允许采用公共指引线，如图31-6所示。

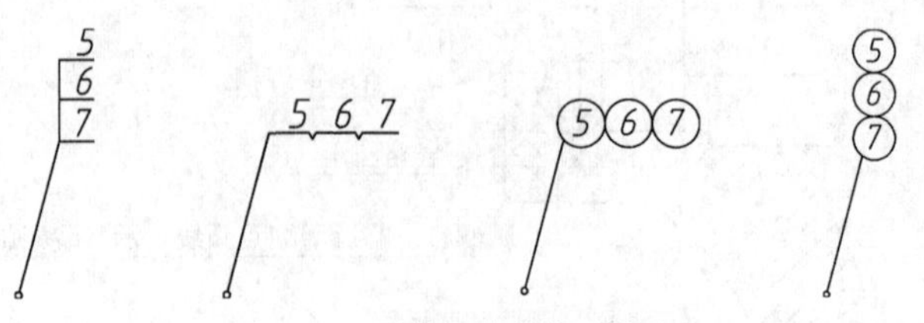


图31-6　零件组公共指引线法

（4）构思零件形状。根据以上逐步分析，就能想象勾画出各零件的结构形状，图31-7（a）～（i）

所示为球阀各零件（标准件除外）。

（a）阀体　（b）阀盖　（c）阀芯

（d）阀杆　（e）扳手　（f）压紧套

（g）三层填料　（h）调整垫　（i）密封圈

图 31-7　球阀主要零件

（5）学会分析尺寸，了解技术要求。装配图中，只需标注必要的尺寸，主要指规格、装配、安装和总体等方面，其中装配尺寸与技术要求有着密切关系，应仔细分析。球阀尺寸与技术要求分析如下。

总体尺寸——总长（拆去扳手）为 115，总宽 75，总高 121.5。

安装尺寸——如阀体中心到扳手顶面的高度为 84，还有其他安装尺寸，读者自己分析。

装配尺寸——球阀装配尺寸有三处。50H11/h11 是阀体与阀盖的配合尺寸；14H11/c11 是阀杆与填料压紧套的配合尺寸；18H11/h11 是阀杆下部凸缘与阀体的配合尺寸。

为了便于装拆，三处均采用基孔制间隙配合。此外，技术要求还包括部件在装配过程中或装配后必须达到的技术指标（如装配的工艺和精度要求），以及对部件的工作性能、调试与试验方法、外观等的要求。

**※项目归纳※**

（1）识读部件（机器）装配图，应从标题栏和明细表开始，大致了解装配体名称、零件种类，哪些是标准件或常用件，然后按序号找到相应零件；通过零件配合关系，构思零件形状；所标尺寸可与技术要求对照分析，便于掌握其工作原理。

（2）识读装配图的要领有“四看四明”归纳如下。

看标题，明概况；看视图，明方案；看投影，明结构；看配合，明原理。

**※巩固拓展※**

弹簧和滚动轴承，均是标准件，它们在机器或部件中应用广泛，下面逐一介绍。

1. 弹簧

弹簧的用途很广，主要用于减震、储能和测力等，其特点是去掉外力后能立即恢复原状。弹簧是标准件，种类较多如图31-8所示，分别为压缩弹簧、拉伸弹簧、扭转弹簧、涡卷弹簧，现仅介绍圆柱螺旋压缩弹簧。

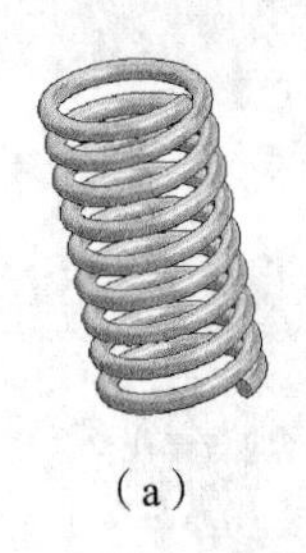
（a）

（b）
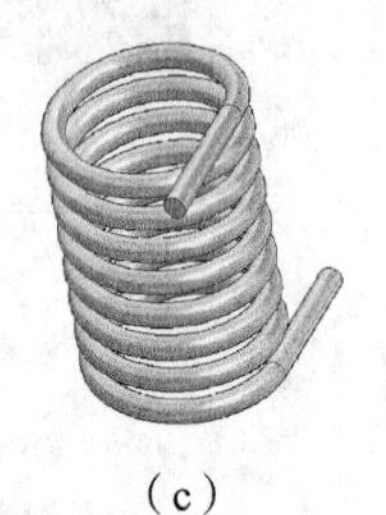
（c）

（d）

图31-8　弹簧种类

圆柱螺旋压缩弹簧最为常用，它是标准件，在国家标准中对其标记作了规定。但在实际工程设计中往往买不到合适的标准弹簧，所以需要绘制其零件图，便于加工制造。

（1）圆柱螺旋压缩弹簧各部分的名称、代号及尺寸关系。如图31-9（a）所示，圆柱螺旋压缩弹簧各部分的名称、代号及尺寸关系为：

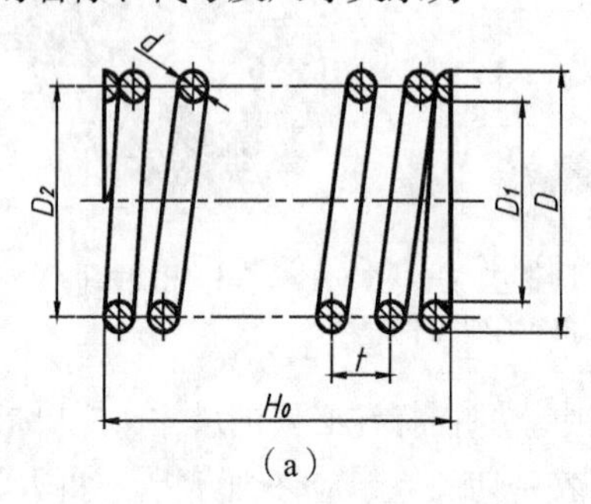

（a）
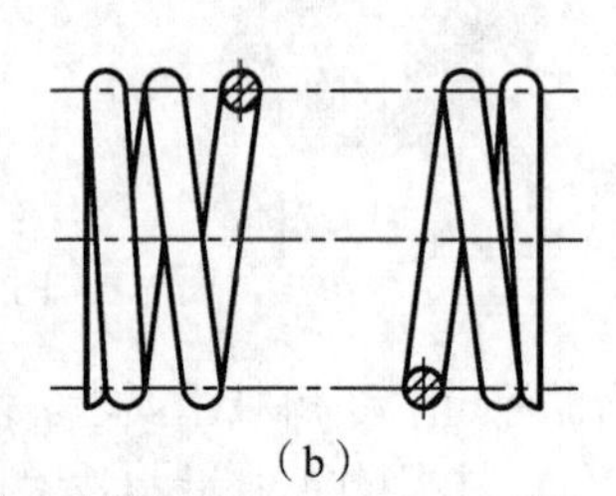
（b）

图31-9　圆柱螺旋压缩弹簧各部分的代号及画法

① 簧丝直径 $d$：弹簧钢丝的直径。

② 弹簧外径 $D$：弹簧的最大直径。

③ 弹簧内径 $D_1$：弹簧的最小直径，$D_1 = D - 2d$。

④ 弹簧中径 $D_2$：弹簧外径与内径之和的平均值，$D_2 = D - d$。

⑤ 有效圈数 $n$、支承圈数 $n_2$ 和总圈数 $n_1$：为了使螺旋压缩弹簧工作时受力均匀，增加稳定性，弹簧两端需要并紧、磨平，这些并紧、磨平的圈仅起支撑作用，称为支承圈，多数弹簧的支承圈数为 $n_2 = 2.5$。除了支承圈外，能进行有效工作的圈称为有效圈，有效圈数与支承圈数之和为总圈数，即 $n_1 = n + n_2$。

⑥ 节距 $t$：除支承圈外，相邻两圈对应点之间的轴向距离。

⑦ 自由高度 $H_0$：弹簧不受外力作用时的高度（或长度），$H_0 = n \cdot t + (n_2 - 0.5)\, d$。

⑧ 展开长度 $L$：制造一个弹簧所用簧丝的长度，$L \approx n_1 + \sqrt{(\pi D_2)^2 + t^2}$

（2）圆柱螺旋压缩弹簧的规定画法。

① 单个弹簧的画法。圆柱螺旋压缩弹簧的真实投影较复杂，为了画图方便，国家标准对圆柱

螺旋压缩弹簧的画法作了如下规定。

（a）在平行于螺旋弹簧轴线的视图上，各圈轮廓画成直线。

（b）圆柱螺旋压缩弹簧均可画成右旋，左旋弹簧只需在图中注出“左”字。

（c）不论支承圈数多少和并紧情况如何，均可按图 31-9 所示绘制。

（d）有效圈数四圈以上的螺旋弹簧中间部分可以省略，当中间部分省略后，可适当缩短图形的长度。

单个弹簧的画图步骤如下。

第一步，根据 $D_2$ 和 $H_0$ 画出弹簧的中径线和自由高度的两端线，如图 31-10（a）所示。

第二步，根据 $d$ 画出弹簧的支承圈，如图 31-10（b）所示。

第三步，根据 $t$ 画出有效圈，如图 31-10（c）所示。

第四步，按右旋方向作相应圈的公切线，并画剖面线，整理加深，完成全图，如图 31-10（d）所示。

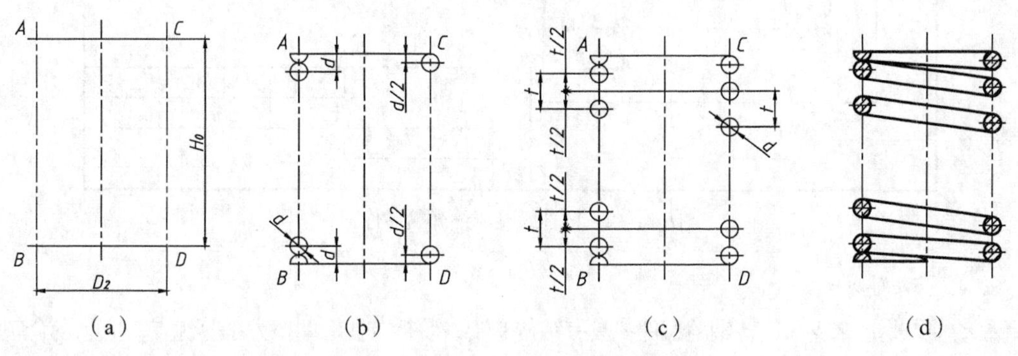


图 31-10　圆柱螺旋压缩弹簧的画图步骤

② 弹簧在装配图中的画法。

（a）被弹簧挡住的结构一般不画，可见部分从弹簧的外轮廓线或从簧丝断面的中心线画起，如图 31-11（a）所示。

（b）簧丝直径在图形上≤2mm 时，可以用涂黑表示其剖面，如图 31-11（b）所示；也允许用示意图表示，如图 31-11（c）所示。

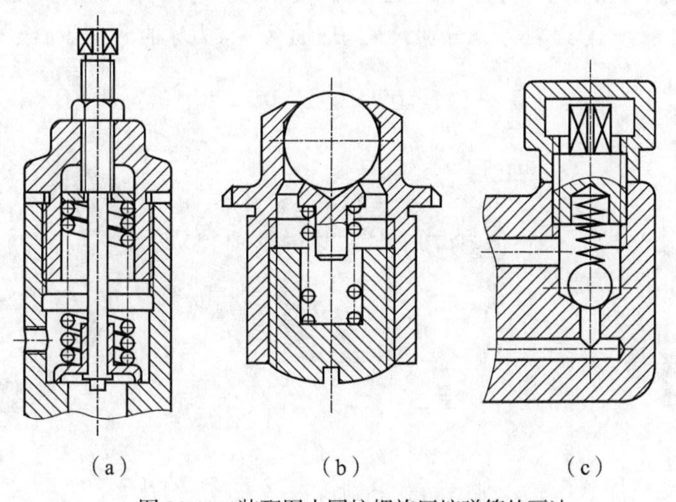


图 31-11　装配图中圆柱螺旋压缩弹簧的画法

（3）圆柱螺旋压缩弹簧的零件图。图31-12所示为圆柱螺旋压缩弹簧的零件图，供参考。

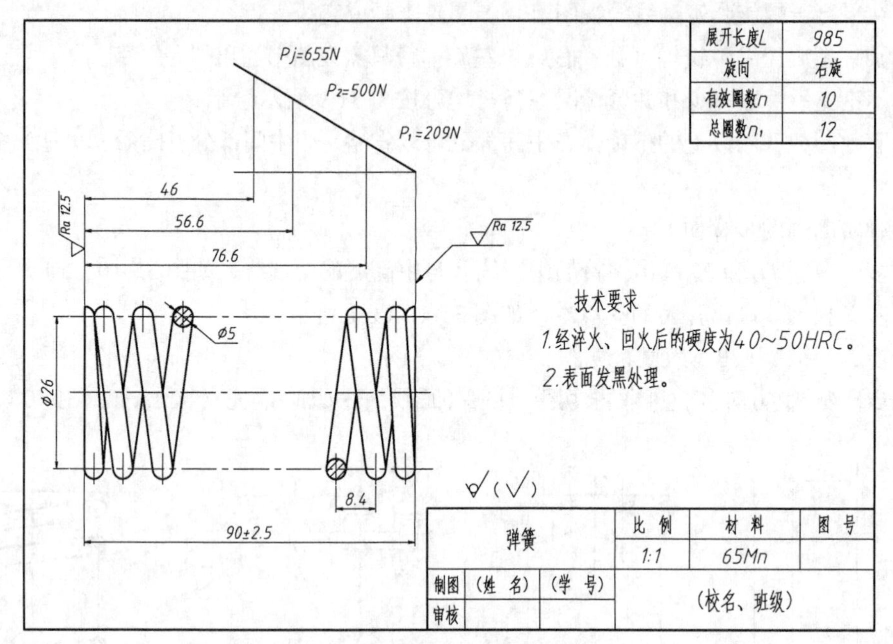


图31-12　圆柱螺旋压缩弹簧零件图

## 2. 滚动轴承

滚动轴承是用来支承旋转轴的部件，具有结构紧凑、装拆方便、摩擦力小等优点，应用场合颇多。

滚动轴承的种类很多，常见的与以下三类。

向心轴承：承受径向载荷，如深沟球轴承。

推力轴承。承受轴向载荷，如推力球轴承。

向心推力轴承：同时承受径向和轴向两个垂直方向的载荷，如圆锥滚子轴承。

（1）滚动轴承的结构。结构滚动轴承一般由外圈（座圈）、内圈（轴圈）、滚动体、保持架（隔离架）四部分构成。外圈装在机座的孔内，固定不动；内圈套在转动轴上，随轴转动；滚动体处在内外圈之间，由保持架将它们隔开，防止其相互之间的摩擦和碰撞。滚动体的形状有球形、圆柱形、圆锥形等，如图31-13（a）～（c）所示，分别为深沟球轴承、推力球轴承、圆锥滚子轴承的结构图。

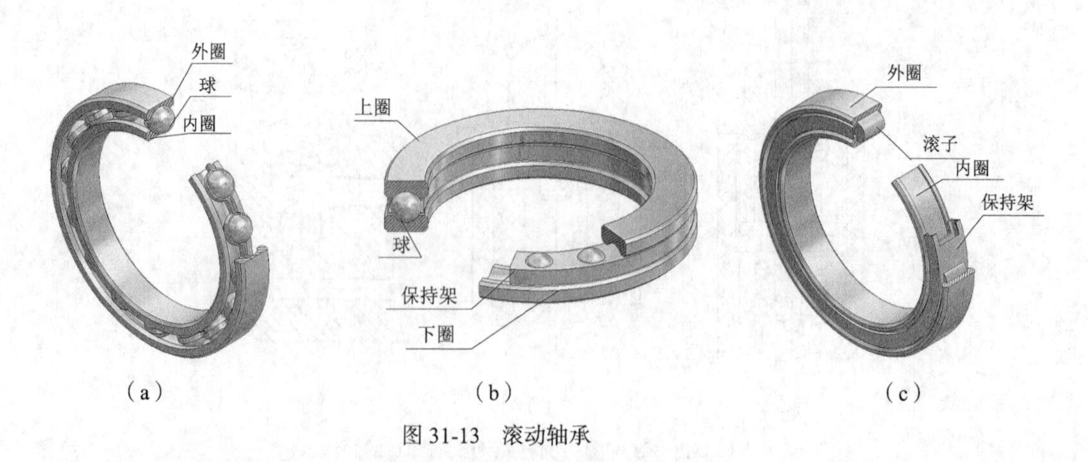


图31-13　滚动轴承

（2）滚动轴承的画法。滚动轴承大多是标准件，不必画出各部分真实形状。在装配图中，只需根据轴承的几个主要外形尺寸，即外径、内径、宽度，便可画出外形轮廓，轮廓内用规定画法或特征画法绘制。GB/T 4459.7—1998 规定了标准滚动轴承的规定画法和特征，如表 31-1 所示。

表 31-1　　常用滚动轴承的规定画法和特征画法

| 轴承类型 | 标准号、结构、代号 | 规 定 画 法 | 特 征 画 法 |
|---|---|---|---|
| 深沟球轴承 | GB/T 276—1994<br>6000 型 | | |
| 圆锥滚子轴承 | GB/T 297—1994<br>30000 型 | | |
| 推力球轴承 | GB/T 301—1995<br>51000 型 | | |

（3）滚动轴承的代号（这里仅介绍基本代号）。

① 基本代号。滚动轴承的标记由名称、代号、标准编号三部分组成。轴承代号分基本代号和补充代号两种。基本代号表示滚动轴承的基本结构、尺寸、公差等级、技术性能等特征。滚动轴承（除滚针轴承外）基本代号由轴承类型代号、尺寸系列代号、内径代号构成。

例如：

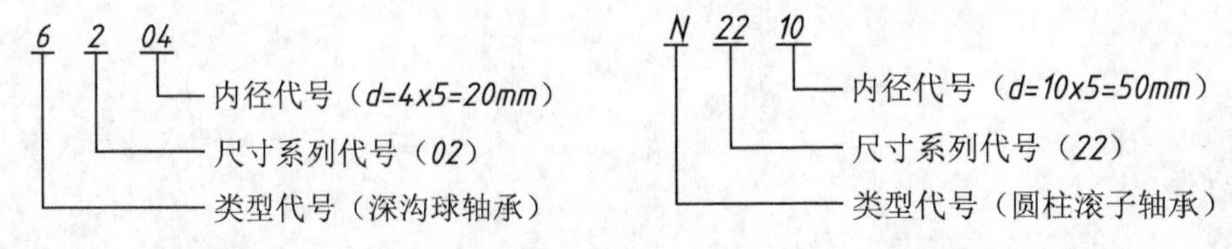


（a）轴承类型代号。轴承类型代号用数字或字母表示，如表 31-2 所示，如“6”表示深沟球轴承。类型代号如果是“0”（双列角接触球轴承），按规定可以省略不注。

表31-2 滚动轴承类型代号（摘自GB/T 272-1993）

| 代号 | 轴 承 类 型 | 代号 | 轴 承 类 型 |
|---|---|---|---|
| 0 | 双列角接触球轴承 | 6 | 深沟球轴承 |
| 1 | 调心球轴承 | 7 | 角接触球轴承 |
| 2 | 调心滚子轴承和推力调心滚子轴承 | 8 | 推力圆柱滚子轴承 |
| 3 | 圆锥滚子轴承 | N | 圆柱滚子轴承（双列或多列用字母NN表示） |
| 4 | 双列深沟球轴承 | U | 外球面球轴承 |
| 5 | 推力球轴承 | QJ | 四点接触球轴承 |

注：在表中代号后或前加字母或数字表示该类轴承中的不同结构。

（b）尺寸系列代号。为适应不同的工作（受力）情况，在内径相同时，有各种不同的外径尺寸，它们构成一定的系列，称为轴承尺寸系列，用数字表示。例如，数字“1”和“7”为特径系列，“2”为轻窄系列，“3”为中窄系列，“4”为重窄系列等。

（c）内径代号。内径代号表示滚动轴承的内圈孔径，是轴承的公称内径，用两位数表示。

当代号数字为00、01、02、03时，分别表示内径$d$=10、12、15、17。

当代号数字为04~96时，代号数字乘以“5”，即为轴承内径（22、28、33除外）。

尺寸大于或等于500，以及为22、28、32时，用公称内径毫米数直接表示，但与尺寸系列代号之间用“/”分开。

② 滚动轴承标记示例如下。

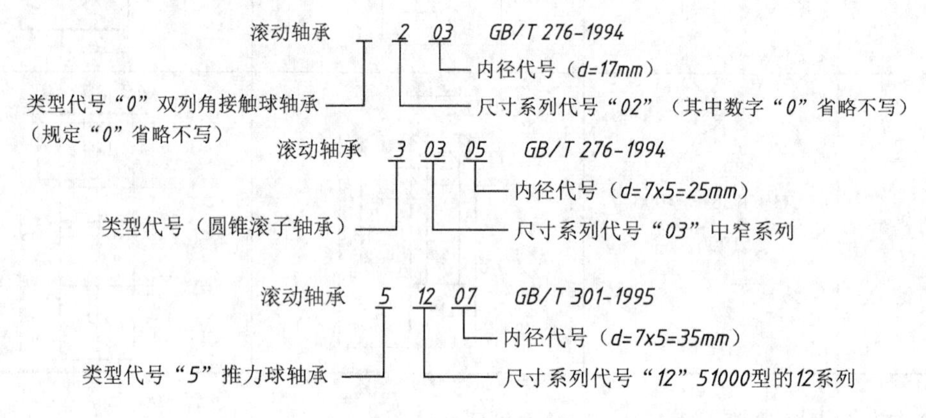

# 项目三十二

# 测绘球阀

生产实践中，维修机器设备或技术改造时，在没有现成技术资料的情况下，就需要对机器或部件进行测绘，以得到有关技术资料；有时机器设备的某个零件被损坏，在无备件又无图样的情况下，也需要测绘零件，画出图样，以满足修配需要。根据实际零件，通过分析选定表达方案，画出它的图形，测量并标注尺寸，确定必要的技术要求，从而完成零件图绘制的过程，称为零件测绘。部件测绘是根据现有部件或机器，先画出零件图，再画出装配图和零件工作图的过程。

测绘是工程技术人员必须掌握的一项重要的基本技能。对学生而言，零部件测绘的实践，是对机械制图课程学习的综合运用和全面训练，培养学生实际制图能力的有效途径。

本项目将以球阀为测绘对象，阐述零部件测绘的全过程，共设计五个学习任务：学会测绘方法；学习测量工具的正确使用；以阀体为例，介绍了测绘零件的过程和方法；根据球阀装配示意图和测绘后的各零件草图，完成球阀装配图；最后是球阀零件工作图的绘制。

**※学习目标※**

（1）熟悉零部件测绘的方法和步骤，掌握零件草图、部件装配图的画法与要求。

（2）学会使用测量工具，掌握常用的测量方法。

（3）通过零部件测绘，加深对工艺结构和装配结构的感性认识，培养自主探究和实际能力。

**※项目描述※**

图 32-1 所示为球阀，对照如下项目任务，完成球阀的测绘：

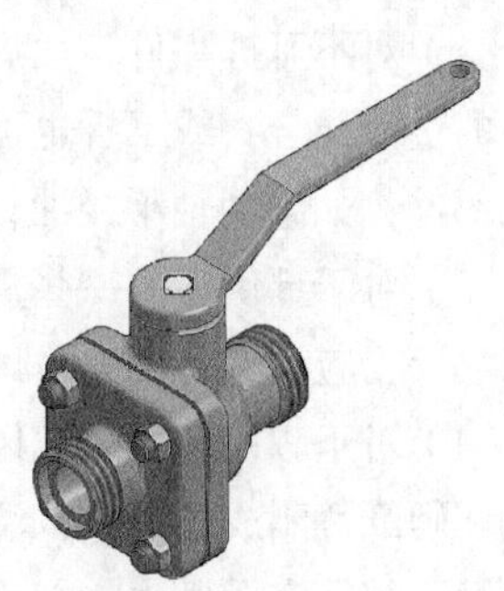

图 32-1　球阀

（1）学会测绘方法和步骤；学会测绘工具的正确使用。

（2）测绘球阀所有零件（标准件除外），绘制各零件草图。

（3）学习拆卸球阀的基本步骤与要领，能绘制球阀装配示意图。

（4）根据装配示意图和零件草图，绘制球阀装配图。

**※项目分析※**

前面已经学习了零件图的绘制与识读方法和步骤，对球阀工作原理和识读球阀装配图有了充分的了解和掌握，为测绘球阀储备了基础。

测绘球阀，首先要学会测量工具的正确使用，学会测绘的基本方法；分别绘制球阀装配示意图、各零件草图和装配图，最后完成各零件工作图。

**※项目驱动※**

## 任务一 学习测绘方法

1. 分析测绘对象

这是测绘前准备工作之一。测绘前要对球阀仔细观察和分析，了解零件之间的连接关系，并参照有关资料、说明书或同类产品的图样，以便对它的性能、用途、工作原理、功能结构特点以及部件中各零件间的装配关系等有概括了解。

2. 拆卸测绘部件

为了不损坏零件和影响装配精度，应在分析装配体结构特点的基础上，选用合适的工具逐步拆卸。因此，必须了解常用的拆卸工具，如扳手、台虎钳、螺钉旋具、钳工锤等，如图 32-2 所示。

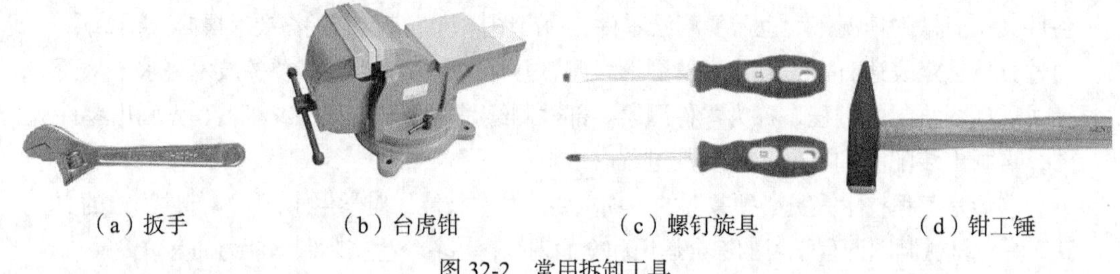

（a）扳手　（b）台虎钳　（c）螺钉旋具　（d）钳工锤

图 32-2　常用拆卸工具

拆卸部件时，应注意以下几点。

（1）拆卸部件前要仔细分析装配体的结构特点、装配关系和连接方式，根据连接情况采用合理的拆卸方法，并注意拆卸顺序。对精密或重要的零件，拆卸时应避免重击。

（2）对不可拆零件，如焊接件、铆接件、镶嵌件或过盈配合连接等，不应拆开；对于精度要求高的过渡配合，或不拆也可测绘的零件，应尽量不拆，以免降低机器的精度或损坏零件；对于标准部件，如滚动轴承或油杯等，也不用拆卸，查有关标准即可。

（3）对于部件中的一些重要尺寸，如零件间的相对位置尺寸、装配间隙和运动零件的极限位置尺寸等，应先进行测量，以便重新装配部件时，保持原来的装配要求。

（4）对于较复杂的装配体，拆卸零件时，应边拆边登记编号，并按顺序排列零件，套上用细铁丝和硬纸片制成的号签，注写编号和零件名称，妥善保管，避免零件损坏、生锈和丢失。对螺钉、键、销等容易散失的细小零件，拆卸后仍装在原来的孔、槽中，以免丢失和装错位置。标准件应列出具体的类别名称。

3. 拆卸球阀顺序

首先用扳手将阀盖与阀体拆开，注意四组螺栓要依次拆开；然后将其顶端扳手拆下，再依次拆除阀杆、填料垫、中填料和下填料。

### 4. 绘制球阀装配示意图

为了便于部件拆卸后装配复原，在拆卸零件的同时，画出部件装配示意图，并编上序号，记录零件的名称、数量、装配关系和拆卸顺序。绘制装配示意图还需要注意以下几点。

（1）通常仅画出一个投射方向的图形作为装配示意图，使其尽可能集中反映全部零件；如果一个图形表达不清，允许增加图形，但必须满足投影规律。

（2）在绘制装配示意图时，仅用简单的符号和线条表达部件中各零件的轮廓形状，以及装配关系即可。例如，球阀中的阀芯零件，只用特粗线绘制（2d）。

（3）相邻两零件的接触面之间最好留出空隙，以便区分零件。零件的通孔可画成开口，以便清楚表达装配关系。

（4）装配示意图中的零件按拆卸次序编号，并注明零件名称、数量、材料等。不同位置的同一种零件只编一个号。由于标准件不必画出零件草图，因此，只要测得几个主要尺寸，产品能够从相应的标准中查出规定标记，将这些标准件的名称、数量和规定标记注写在装配示意图上或列表说明。

（5）有些零件（如轴、轴承、齿轮、弹簧等）应参照国家标准中的规定符号表示，如图 32-3 所示。若无规定符号则该零件用单线条画出其大致轮廓，以显示其形体的基本特征。

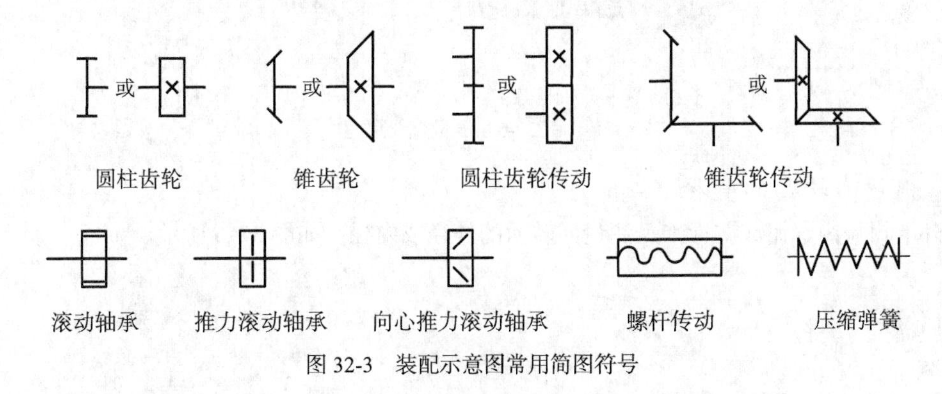


图 32-3 装配示意图常用简图符号

根据上述分析和要求，针对球阀装配图，绘制球阀装配示意图，如图 32-4 所示。

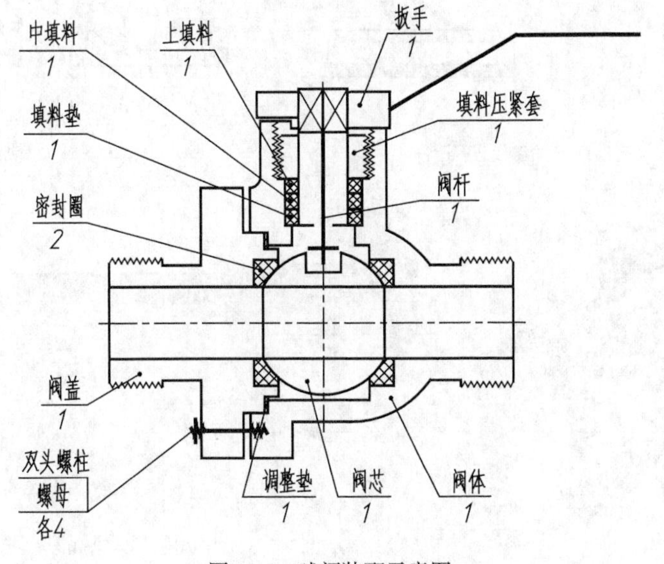


图 32-4 球阀装配示意图

# 任务二 学会使用测量工具

尺寸测量是测绘零件过程中的重要环节，测量工具能否正确使用，直接影响到测绘质量。常用的测量工具有金属直尺、外卡钳和内卡钳、游标卡尺以及螺纹样板和半径样板等。测量精密的零件时，还要用千分尺或其他工具。

1．测量直线尺寸

直线尺寸一般用金属直尺测量，也可用三角板与金属直尺配合测量，如图 32-5（a）所示；如果要求精确，则用游标卡尺测量，如图 32-5（b）所示。

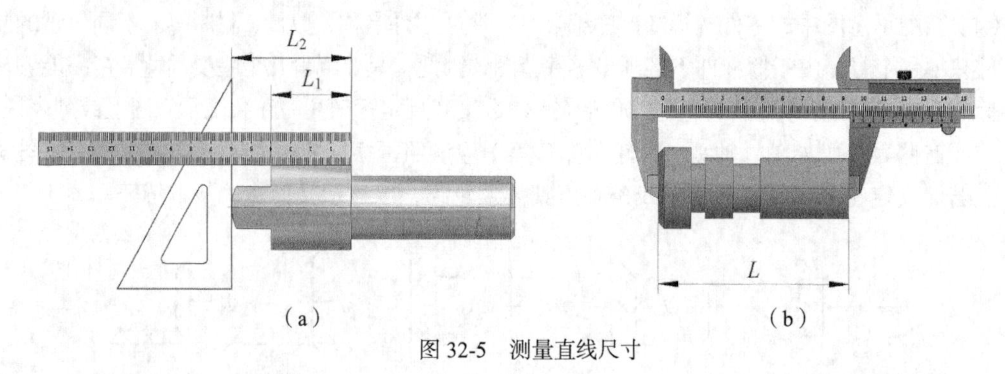


图 32-5 测量直线尺寸

2．测量回转面的直径

用外卡钳、内卡钳或游标卡尺测量回转面的外径或内径，如图 32-6 所示。

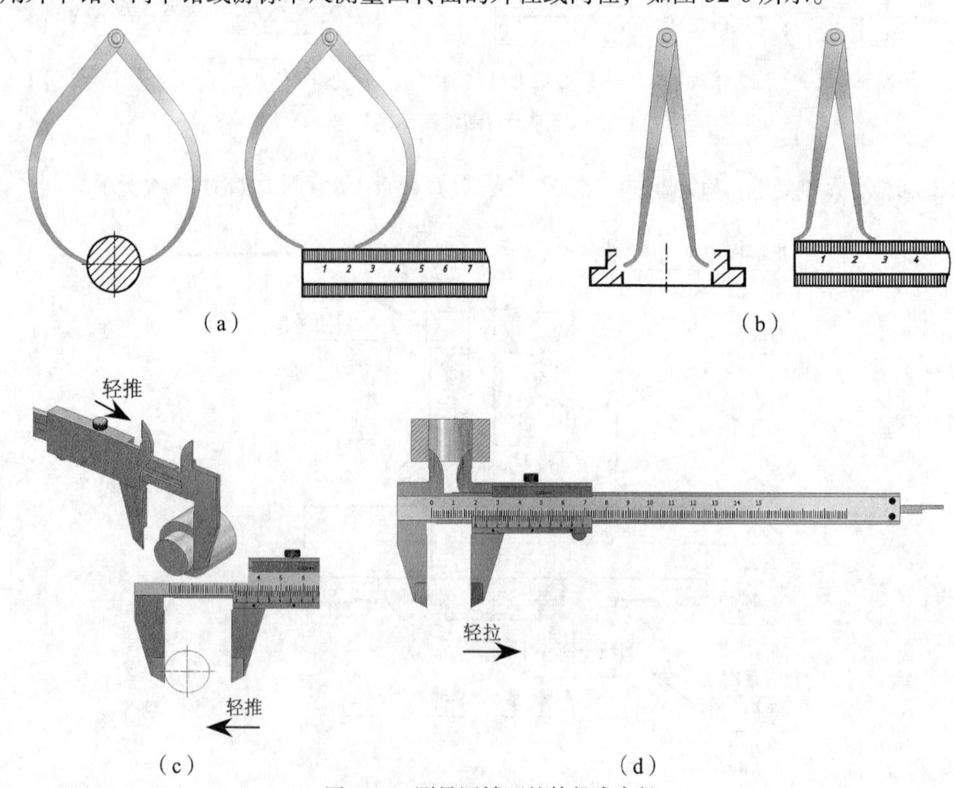


图 32-6 测量回转面的外径或内径

3. 测量壁厚

一般可用金属直尺测量，如图 32-7（a）所示。孔径较小时，可用深度游标卡尺测量，如图 32-7（b）所示。

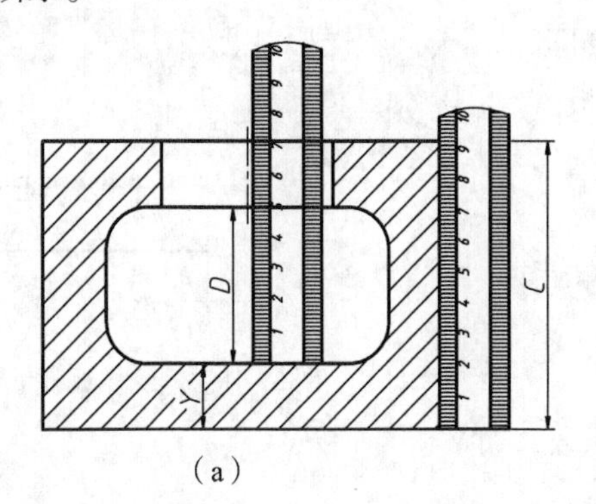


图 32-7 测量壁厚

4. 测量两孔中心距

可将内、外卡钳与金属直尺配合使用，如图 32-8 所示。

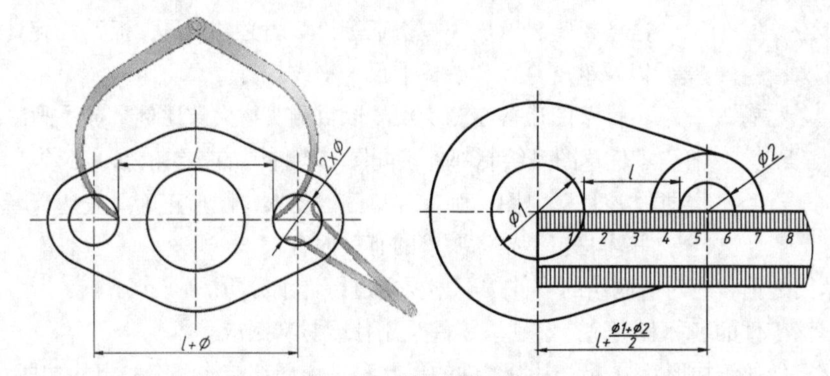


图 32-8 测量两孔中心距

测量两孔中心距，如果用游标卡尺测量，该如何进行操作？请试一试。

5. 测量中心高

用卡钳与金属直尺配合测量，如图 32-9 所示，中心高计算公式为 $H=A+D/2=B+d/2$。

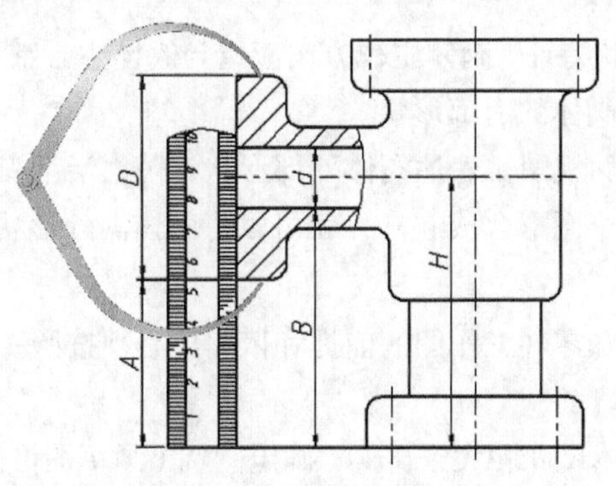


图 32-9 测量中心高

6. 测量螺纹

螺纹的线数和旋向，可以通过目测的方法；游标卡尺可以测量螺纹的大径，内螺纹的大径可通过与之旋合的外螺纹大径确定；螺距的测量可以用螺纹样板，也称为螺纹规测量。螺纹样板由刻有不同螺距数值的若干钢片组成，测量时选出与被测螺纹压型完全吻合的某一钢片，读取该片上的数值即为实际螺纹，如图32-10所示，螺距计算方法是：$4 \times P$（螺距）$=L$。

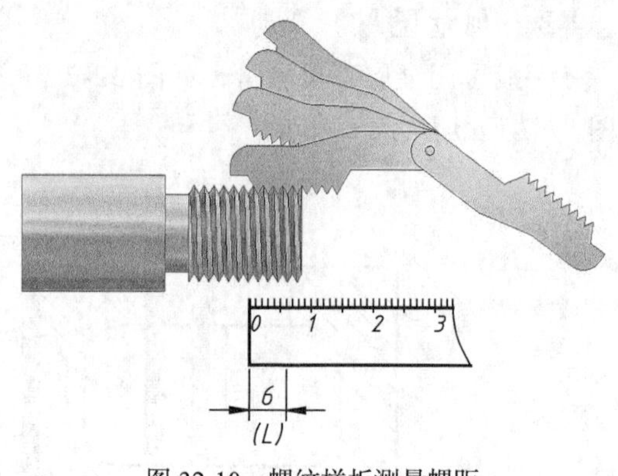

图32-10　螺纹样板测量螺距

## 任务三　测绘阀体

零件测绘，一般先画零件草图（即徒手绘图），再根据整理后的零件草图绘制出零件工作图。下面以图32-11所示的阀体为例，学习测绘零件的方法和步骤。

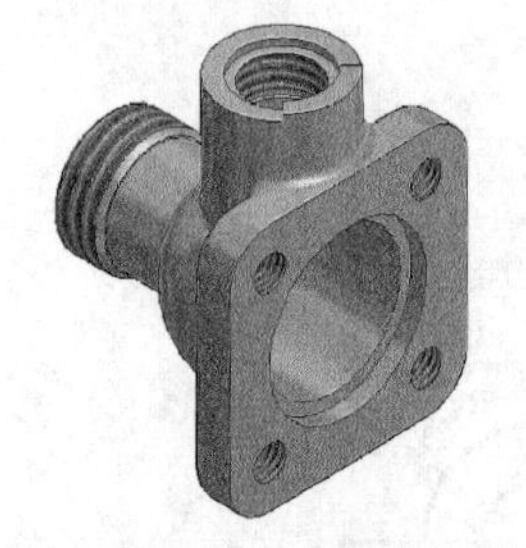
图32-11　阀体

1. 准备工作

准备铅笔、橡皮和方格纸等绘草图必备工具，扳手、旋具等拆卸工具，以及钢皮直尺、游标卡尺、螺纹规等。

零件草图通常在测绘现场以目测实物大致比例、徒手画出的零件图样。零件草图是绘制部件装配图和零件图的重要依据，必须认真、仔细，绝非“潦草”之图。画零件草图的要求：图形正确、表达清晰、尺寸齐全，并注写包括技术要求的有关内容。

画零件草图之前，应对所测绘的零件按下列要求进行详细分析。

（1）了解该零件的名称和用途，鉴别该零件是用什么材料制成。

（2）对该零件的结构形状分析。因为零件的形状和每个局部结构都有一定的功能，所以必须看清楚它们在部件中的功能以及与其他零件间的装配连接关系。

（3）对该零件进行必要的工艺分析。因为同一零件可用不同的加工顺序或加工方法制造，所以其结构形状的表达、基准的选择和尺寸的标注也不完全相同。

（4）拟定该零件的表达方案。通过上述分析，考虑确定零件的安放位置、主视图投射方向以及视图数量等。

2. 确定零件表达方案

先选择主视图。考虑形状特征，阀体主视方向应选与阀体中心轴线平行，并按工作位置安放，需绘制成全部视图，来反映阀体的内部形状。

再选择其他视图。采用俯视图，表达阀体外部形状；采用半剖视图，既可表达阀体左端盖实形，又可表达内孔结构。三个图形合成起来，就可以将阀体内外形状清晰、完整地表达。

3. 绘制草图

零件草图是绘制装配图和零件工作图的前提和依据，必须按照一定的操作步骤展开，具体步骤如下。

第一步，根据零件的总体尺寸和大致比例，确定图幅（画草图可使用淡色方格纸）；画边框线

和标题栏；布置图形，定出各视图的位置，画主要轴线、中心线或作图基准线，如图 32-12（a）所示。布置图形应考虑各视图有足够位置标注尺寸。

第二步，目测徒手画图形。先画零件主要轮廓，再画次要轮廓和细节，每部分应几个视图对应起来画，依据投影规律，逐步画出零件的全部结构形状，如图 32-12（b）所示。

第三步，仔细检查，擦去多余图线；画剖面线；确定尺寸基准，依次画出所有尺寸界线、尺寸线和箭头，如图 32-12（c）所示。阀体长度方向基准为垂直中心线；宽度方向基准为前后对称线；高度方向基准为水平中心线。

第四步，测量尺寸，协调联系尺寸。查有关标准校对标准结构要素尺寸，填写尺寸数值和必要的技术要求，填写标题栏，完成零件草图全部工作，如图 32-12（d）所示。

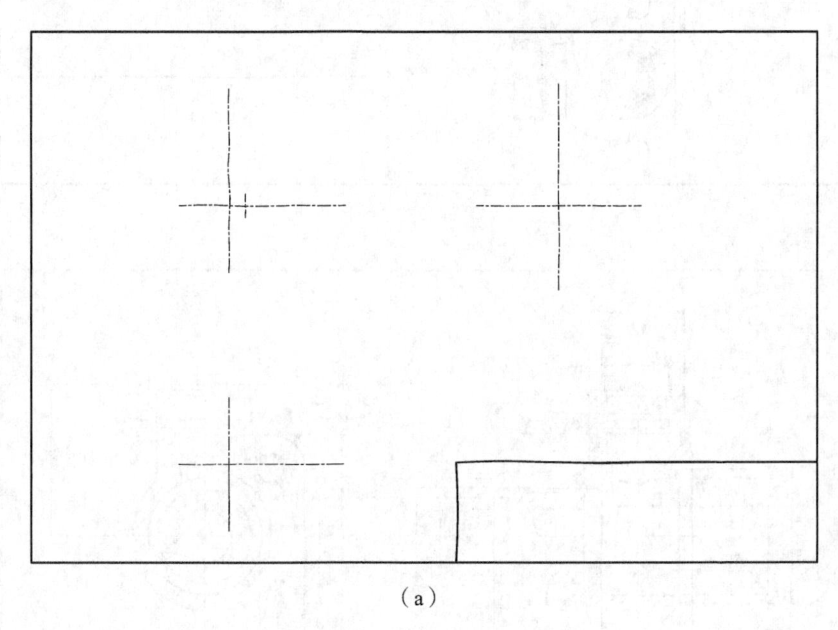

（a）

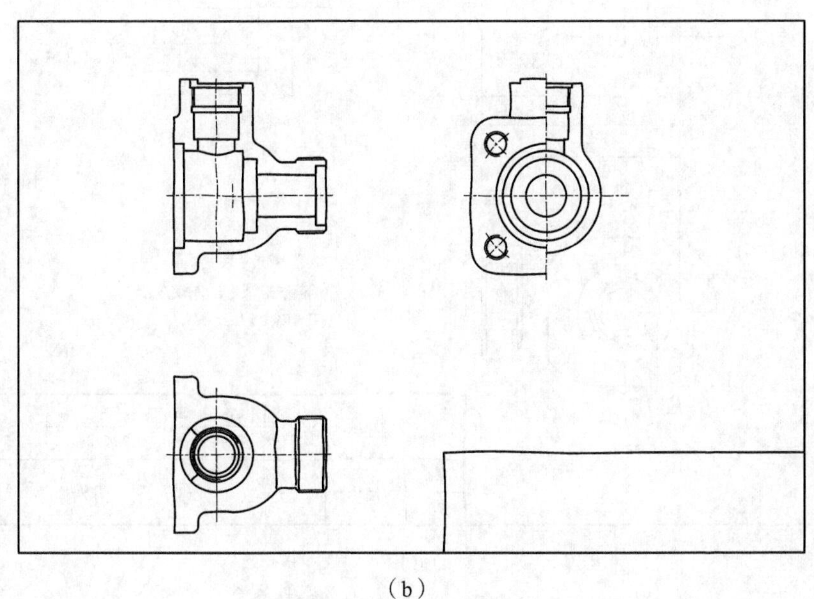

（b）

图 32-12　阀体草图的绘制步骤

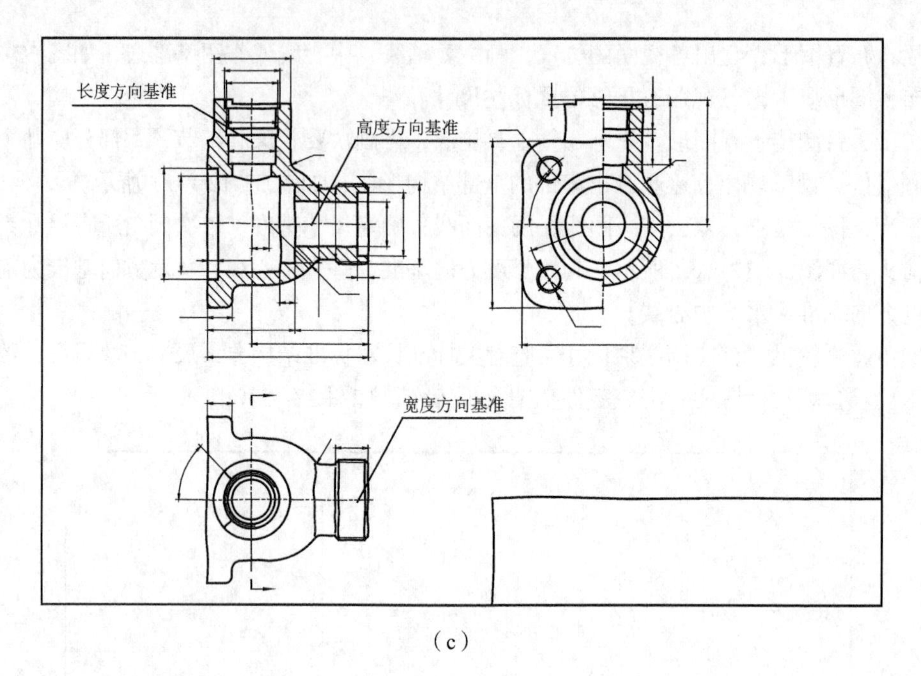


（c）

技术要求

1.铸件应经时效处理，消除内应力。

2.未注铸造圆角R1~R3。

| 阀体 | | 比例 | 数量 | 材料 | （图号） |
| --- | --- | --- | --- | --- | --- |
| | | 1:1.5 | | ZG230-450 | |
| 制图 | | | （校名、班级） | | |
| 审核 | | | | | |

（d）

图 32-12　阀体草图的绘制步骤（续）

关于技术要求，可根据零件的性能和工作要求确定，参照类似图样和有关资料，用类比法确定后查有关标准复核。

测绘对象主要指一般性零件，凡属标准件，不必画它的零件草图和零件工作图，只需测量主要尺寸，查有关标准定出规定标记，并注明材料、数量。

其他如阀杆、阀芯等零件，按照以上所述步骤，逐一画出它们的零件草图，这里不再赘述。

4．注意事项

测绘零件时，还必须注意以下几点。

（1）零件的制造缺陷，如砂眼、气孔、刀痕，以及长期使用所产生的磨损等，测绘时不必画出，应予省略。

（2）零件上的工艺结构，如铸造圆角、倒角、凸台、凹坑以及退刀槽、越程槽等，都必须画出，不得省略。

（3）测量尺寸时应在画好视图、注全尺寸界线和尺寸线后集中进行。切忌每画一个尺寸线便测量一个尺寸，填写一个尺寸数字。

（4）零件上的标准结构要素，如螺纹、键槽、齿形等，应将测得的数值与相应标准核对，使尺寸符合标准系列。

（5）对相邻零件有配合功能要求的尺寸，公称尺寸只需测量一个。当测得的非配合尺寸为小数时，应圆整为整数。

## 任务四　绘制球阀装配图

根据球阀装配图示意图、所有零件草图和确定的标准件，即可绘制球阀装配图。

1．确定表达方案

主视图是最能反映球阀装配关系的视图。确定表达方案，首先要使主视图能较清楚地表达部件的工作原理、传动方式、零件间主要的装配关系，以及主要零件的结构形状特征。

假想通过球阀前后中心线的正平面将球阀打开，选择由前向后作为主视图投射方向，画出主视图，以反映球阀的装配关系，也符合球阀的正常工作位置。采用半剖的左视图，既反映了球阀的工作原理，又表达了阀体、阀盖等主要零件形状及所有的配合、相对位置关系。

针对主视图尚未表达清楚的装配关系和零件之间的相对位置，还应选用其他视图予以补充。为了表达球阀外形结构，可采用俯视图表达，同时能表达扳手的另一个极限位置。

画装配图时，应注意发现并修正零件草图中不合理的结构，注意调整不合理的公差取值以及测得的尺寸，以便为绘制零件图时提供正确的依据。

2．绘制装配图步骤

第一步，确定图样的比例（尽可能采用 1:1 比例），画出三个视图的主要轴线、中心线和基准线，如图 32-13（a）所示。

第二步，由主视图入手，配合俯视图、左视图，按照装配的路径，从阀体开始，由里到外逐个画出阀盖、阀芯、阀杆、填料、压紧套、扳手、调整圈等，并注意预留标注尺寸、零件序号的适当位置，由此完成装配图的底稿，如图 32-13（b）～（d）所示。

第三步，校对底稿，擦去多余作图线，确认无误后，既可加深加粗图线，画出剖面线，标注必要的尺寸，注写技术要求等，如图32-13（e）所示。

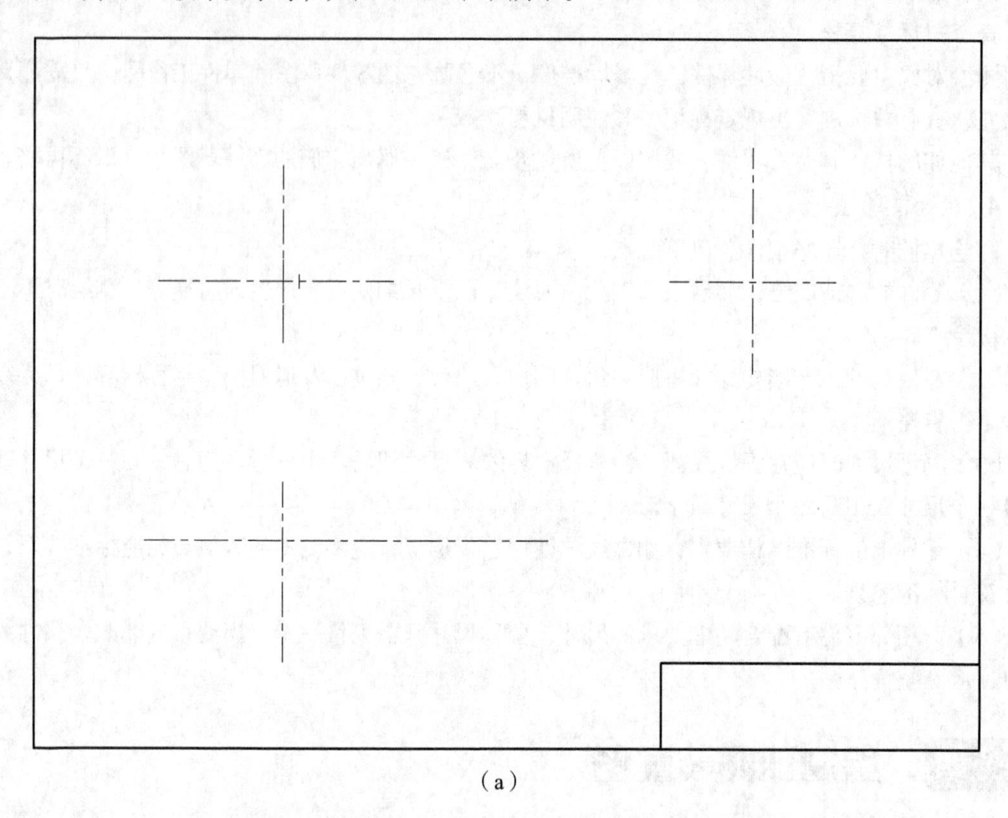

（a）

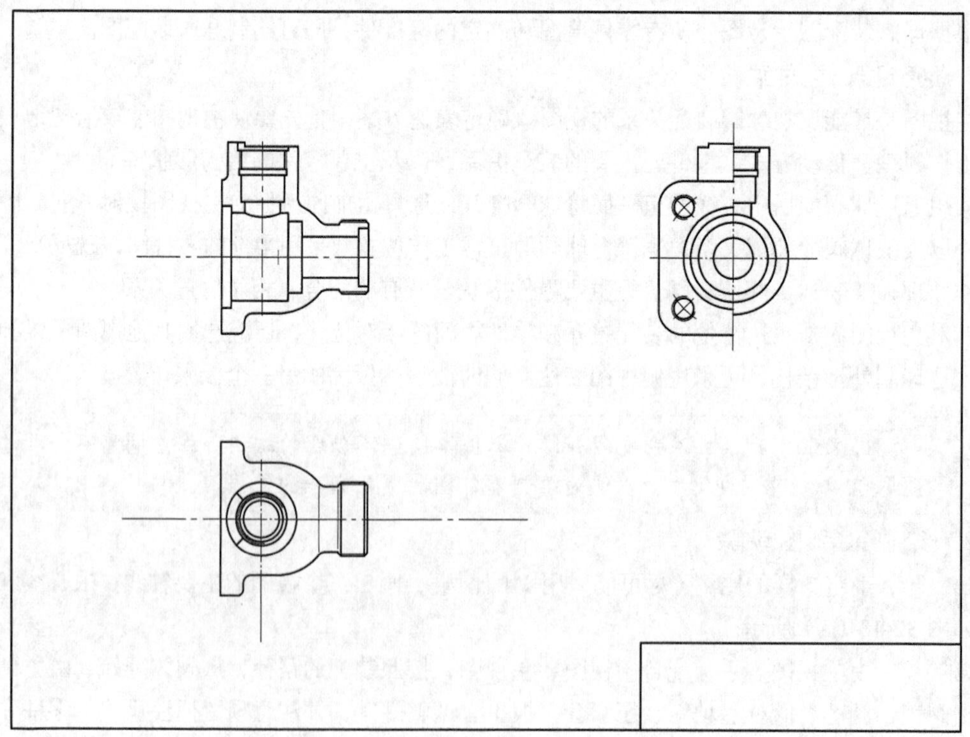

（b）

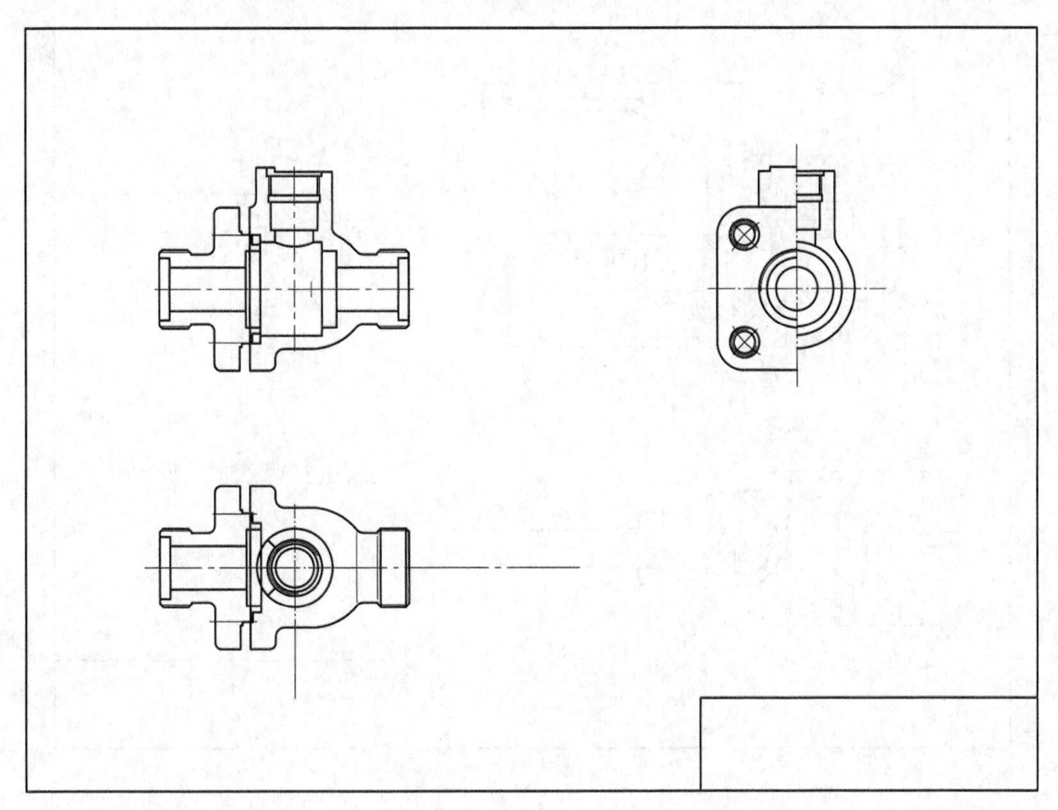

（c）

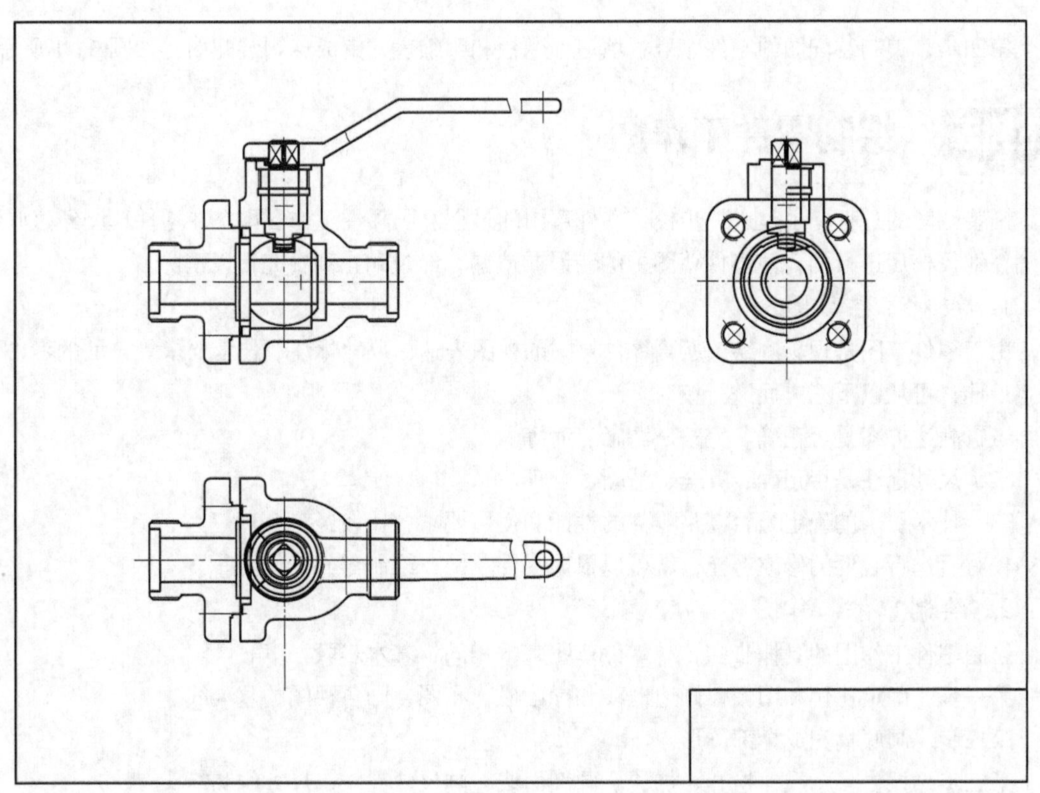

（d）

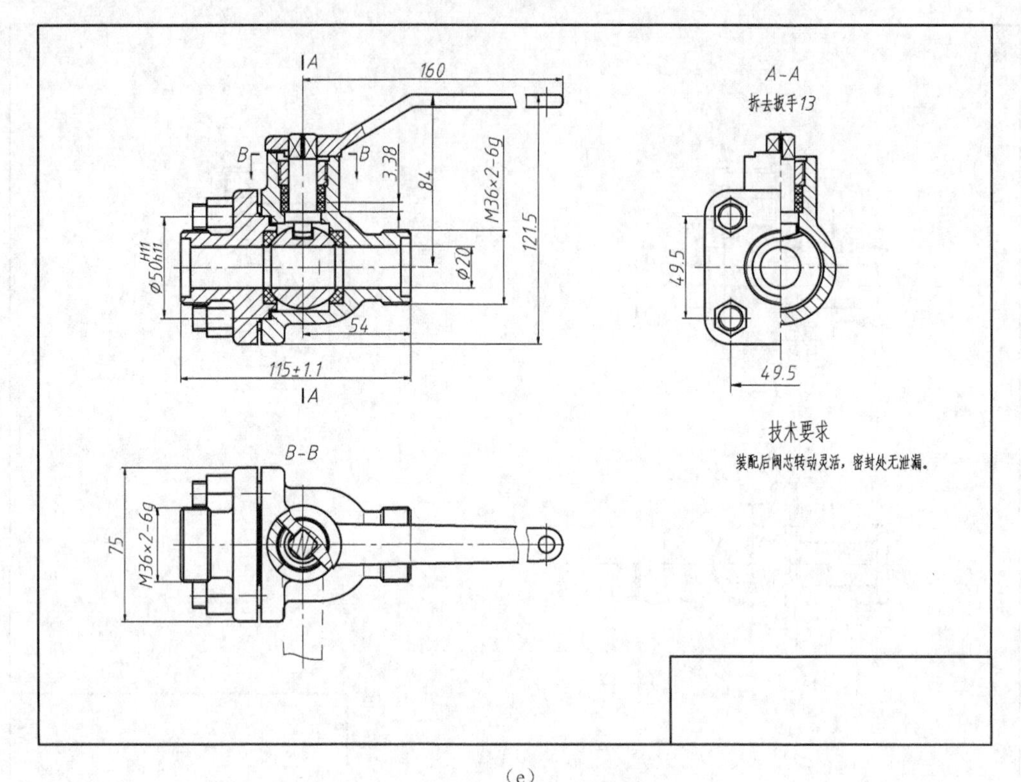


（e）

图 32-13 球阀装配图画法步骤

第四步，编制装配图的零件序号，填写标题栏和明细表，完成球阀装配图，如图 31-1 所示。

## 任务五 绘制零件工作图

画装配图的过程，也是进一步校核零件草图的过程。画零件工作图则是在零件草图经过画装配图仔细校核后进行的，使零件草图中的错误或遗漏，经过纠正和补充得以消除。

1. 校对零件草图

由于零件草图是现场测绘，所画零件草图的视图表达、尺寸标注、技术要求等方面的考虑不一定最佳，可从以下三方面进行校对。

（1）表达方案是否正确、完整、清晰、简练。

（2）尺寸标注是否正确、齐全、清晰、合理。

（3）技术要求的确定是否满足零件的性能和使用要求，比较经济合理。

校对后进行必要的修改补充，就可以根据零件草图，绘制零件工作图。

2. 绘制零件工作图

绘制零件工作图的具体步骤，与零件草图基本相同，基本步骤如下。

第一步，确定比例和图幅，画边框线和标题栏，布图，画各视图的基准线。

第二步，画底稿完成全部图形。

第三步，擦去多余线，检查、加深、画剖面线，画尺寸界线、尺寸线和箭头。

第四步，注写尺寸数值、技术要求代（符）号和文字说明，填写标题栏。

第五步，校核全图，即完成零件工作图。

除各个标准件外，球阀各零件工作如图 32-14（a）～（d）所示。注意：阀体零件工作图可参照图 32-12（d）零件草图绘制，这里不再重复。

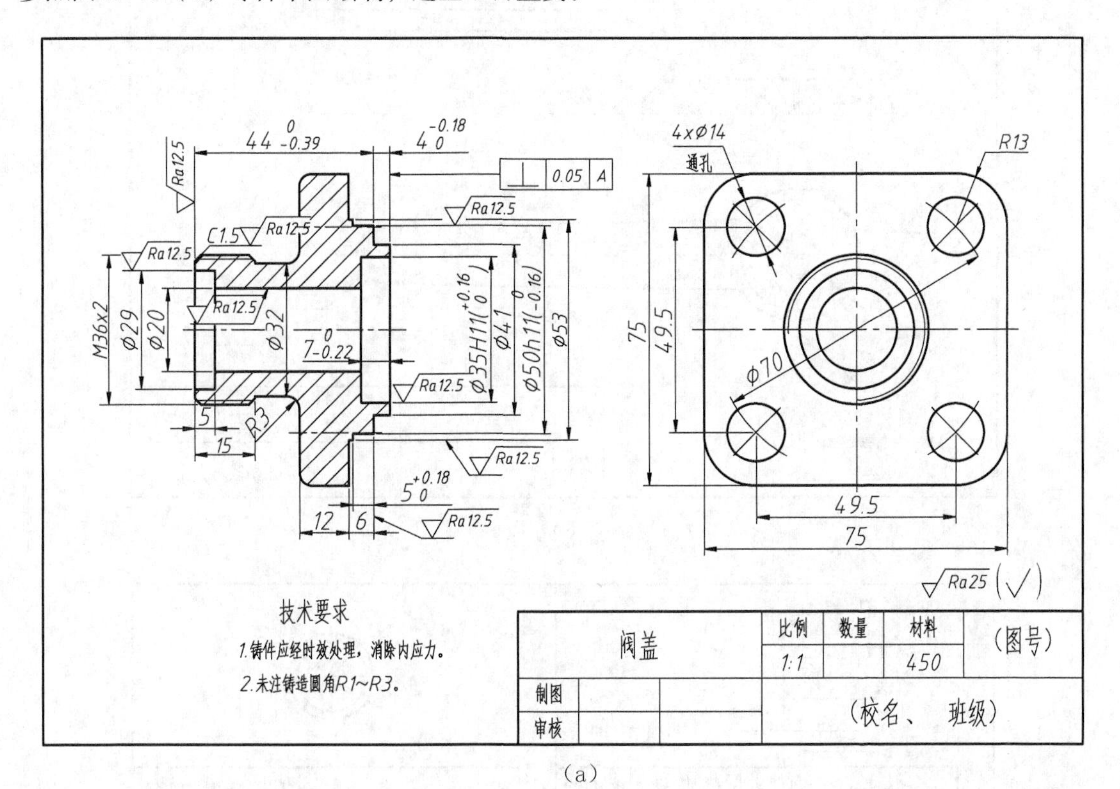


（a）

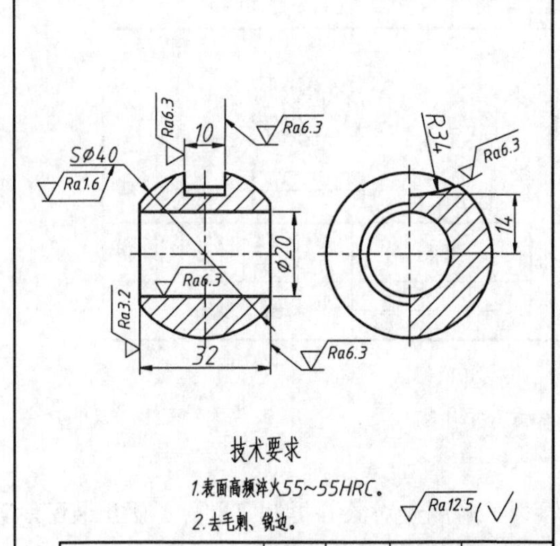


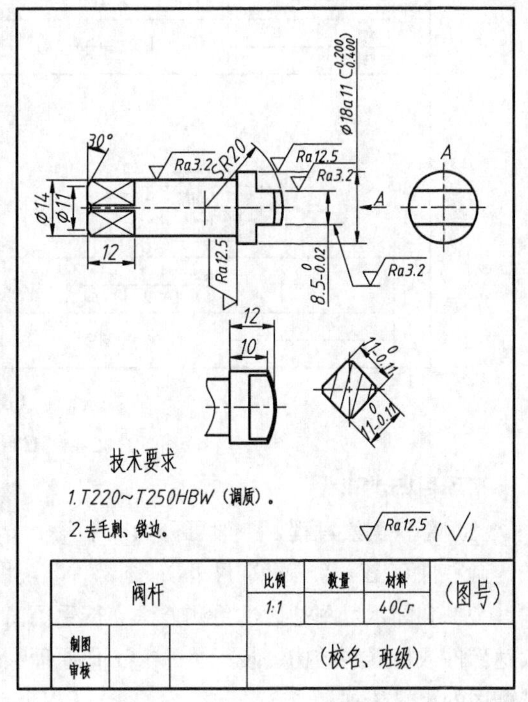


（b）

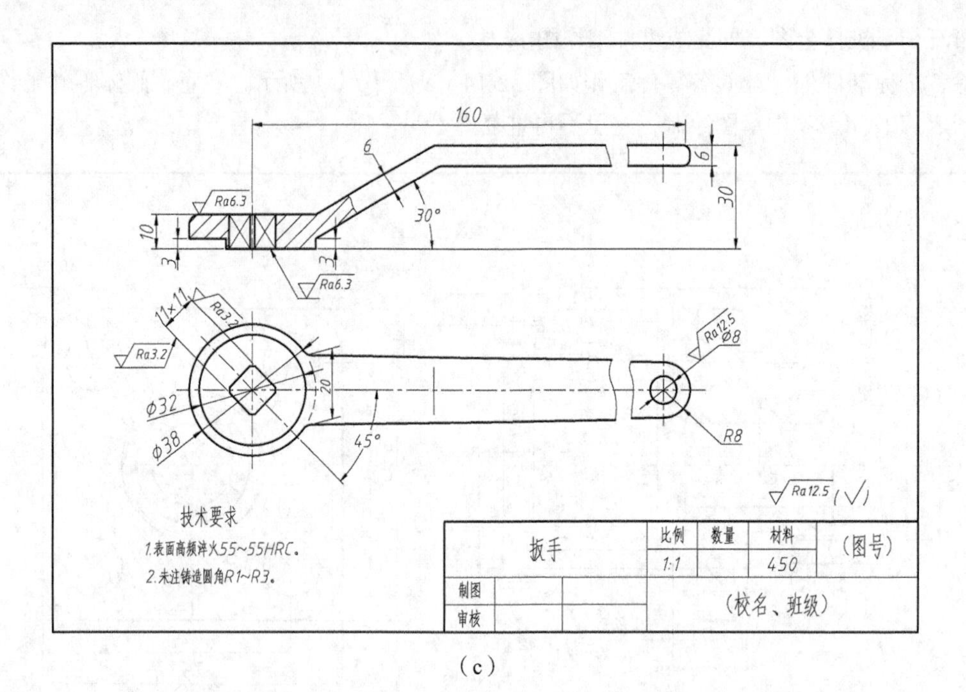


(c)

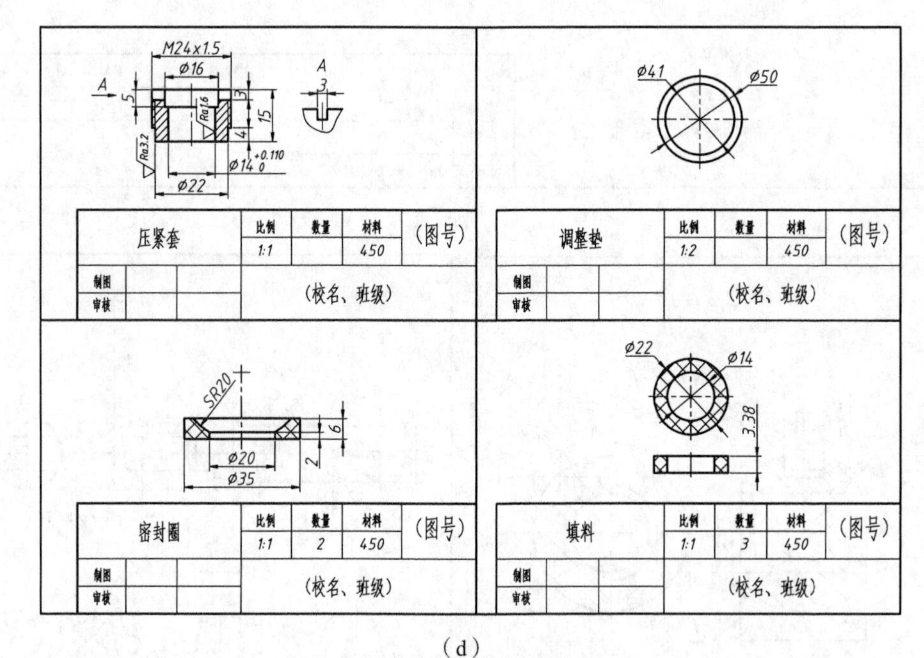


(d)

图 32-14　球阀各零件工作图

**※项目归纳※**

（1）部件测绘过程，一般可分为以下几个步骤：了解测绘对象并拆卸零部件；画出装配示意图；画零件草图（除了标准件外）；画部件装配图；最后完成零件工作图。

（2）装配示意图是通过目测方法，徒手用简单的线条示意性画出部件或机器的图样。它用来表达部件或机器的结构、装配关系、工作原理和传动路线等，作为重新装配部件（或机器）和画装配图的可靠依据。

**※巩固拓展※**

图 32-15 所示为联动夹持杆接头的装配图，分析识读该装配图，拆画其中夹头零件图。

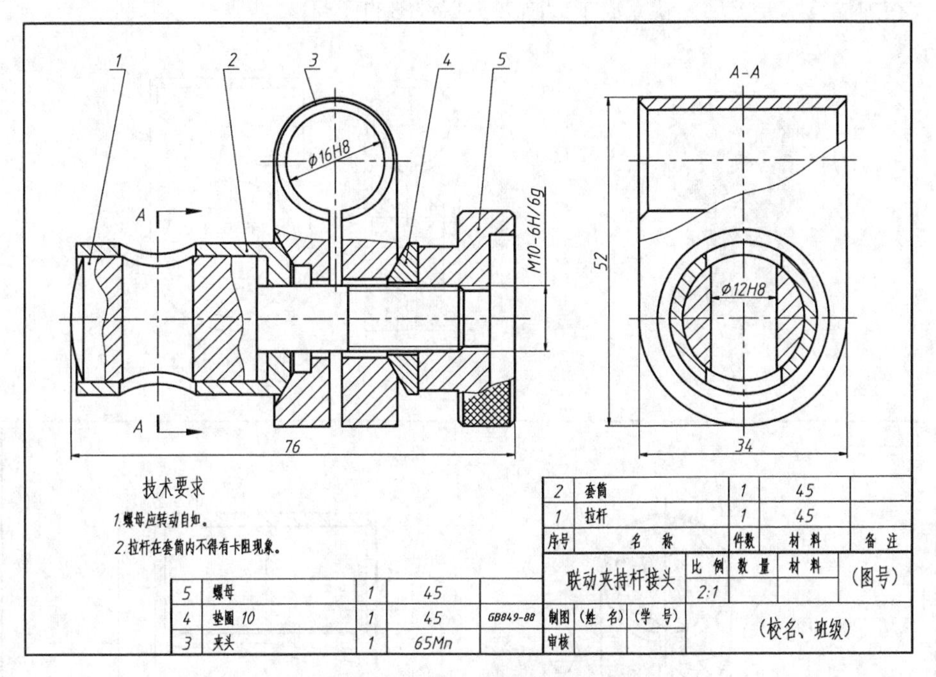


图 32-15　联动夹持杆接头装配图

在设计部件时，需要根据装配图拆画零件图，简称拆图。拆图时，应对所拆零件的作用进行分析，然后分离该零件（即把该零件从与其组装的其他零件中分离出来）。具体方法是在各视图的投影轮廓中画出该零件的范围，结合分析，补齐所缺的轮廓线。有时还需要根据零件图视图表达的要求，重新安排视图。选定和画出视图以后，应按零件图的要求注写尺寸及技术要求。

通过阅读图 32-15 所示的标题栏、明细栏以及其他有关资料或调查研究可知：联动夹持杆接头是检验用夹具中的一个通用标准部件，用来连接检测用仪表的表杆，由四种非标准零件和一种标准零件组成。装配图中的基本视图有两个，其中主视图采用局部剖视，可以清晰地表达各组成零件的装配连接关系和工作原理；左视图采用 *A—A* 剖视及上部的局部剖视，进一步反映左方和上方两个夹持部位的结构和夹头零件的内、外形状。

夹头是这个联动夹持杆接头部件的主要零件之一，由装配图中主视图可见它的大致结构形状：上部是一个半圆柱体；下部左右为两块平板，左平板上有阶梯形圆柱孔，右平板上有同轴线的圆柱孔，左、右平板孔口外壁处都有圆锥形沉孔；在半圆柱体与左右平板相接处，还有一个前后贯通的下部开口的圆柱孔，圆柱孔的开口与左右平板之间的缝隙相连通。由装配图左视图中可见夹头左右平板的上端为矩形板，其前后壁与上顶部半圆柱的前、后端面平齐；平板的下端是与上端矩形板相切的半圆柱体。

分析夹头的结构形状后，就可拆画它的零件图。先从装配图的主、左视图中区分出夹头的视图轮廓，它是一幅不完整的图形，如图 32-16（a）所示的粗轮廓线所示，接着，结合上述的分析，就可补画出图中所缺的诸图线，如图 32-16（a）所示的细实线（图中暂画细实线，待正式成图时再用规定线型绘制）所示。观察图 32-16（a）所示的两视图可以确定，该表达方案，加注尺寸以后，就可以完整地表示夹头零件的形状。其中左视图上部的局部剖视的范围可适当扩大，以更为

清晰地表达两平板间槽口的结构，如图 32-16（b）所示的图形。在图 32-16（b）中按照零件图的要求，正确、完整、清晰和尽可能合理地标注了尺寸，包括装配图中的已注出的夹头圆柱孔尺寸及公差，在加注技术要求后，就完成了拆画夹头零件图的任务。

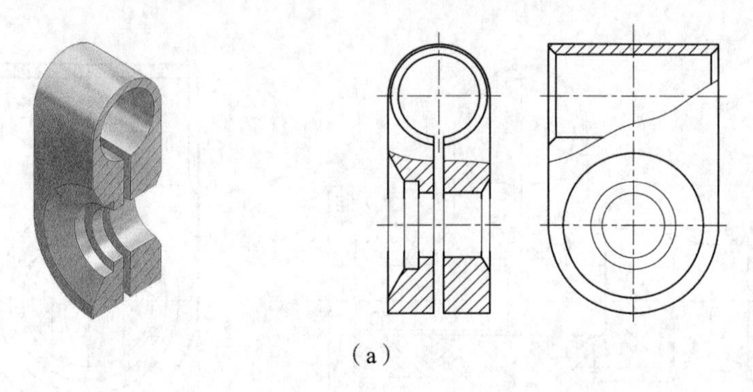

（a）

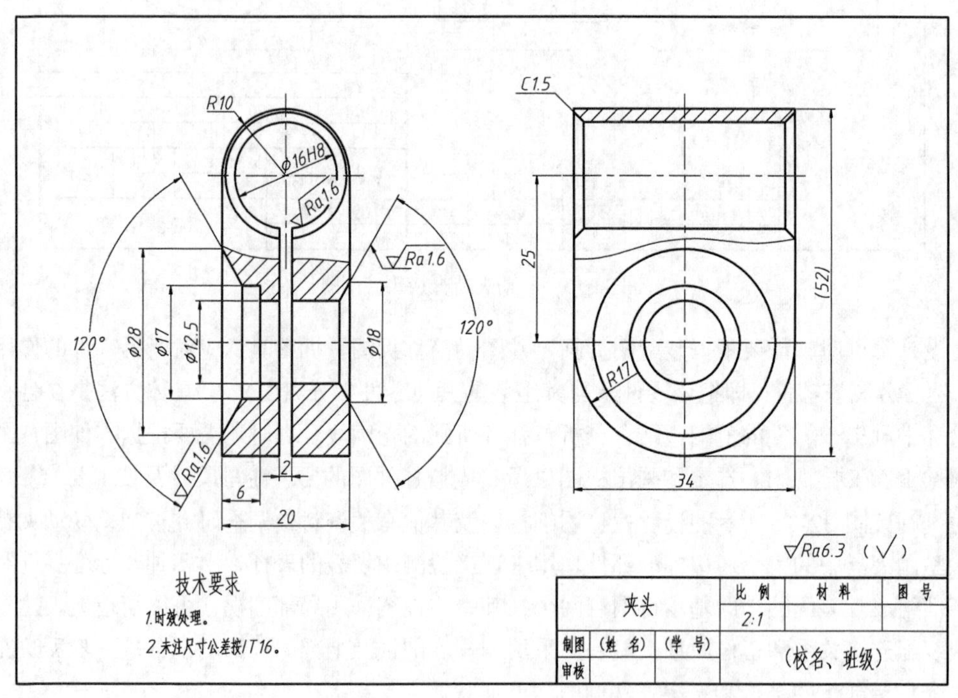


（b）

图 32-16　由联动夹持杆接头装配图拆画夹头的零件图

# 附录一

## 机械标准

### 一、螺纹

附表1　　普通螺纹直径与螺距（摘自GB/T 192、193、196—2003）　　单位：mm

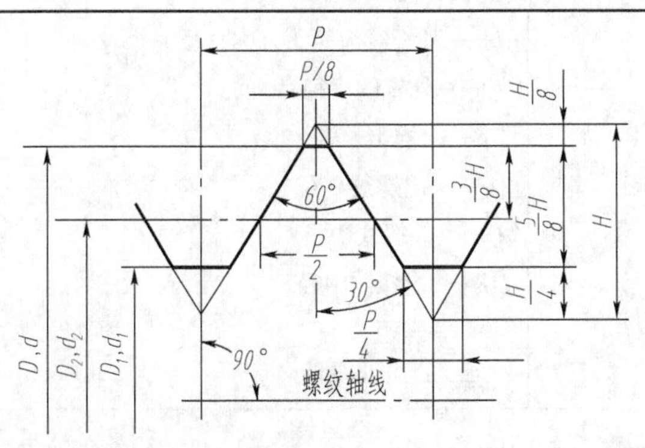


*D*——内螺纹大径
*d*——外螺纹大径
$D_2$——内螺纹中径
$d_2$——外螺纹中径
$D_1$——内螺纹小径
$d_1$——外螺纹小径
*P*——螺距

标记示例：

M10—6g（粗牙普通外螺纹、公称直径*d*=M10、右旋、中径及大径公差带均为6g、中等旋合长度）

M10×1LH—6H（细牙普通内螺纹、公称直径*D*=10、螺距*P*=1、左旋、中径及小径公差带均为6H、中等旋合长度）

| 公称直径（*D*、*d*） | | | 螺距（*P*） | | 粗牙螺纹小径（$D_1$、$d_1$） |
|---|---|---|---|---|---|
| 第一系列 | 第二系列 | 第三系列 | 粗牙 | 细牙 | |
| 4 | — | — | 0.7 | 0.5 | 3.242 |
| 5 | — | — | 0.8 | | 4.134 |
| 6 | — | — | 1 | 0.75、（0.5） | 4.917 |
| | — | 7 | | | 5.917 |
| 8 | — | — | 1.25 | 1、0.75、（0.5） | 6.647 |
| 10 | — | — | 1.5 | 1.25、1、0.75、（0.5） | 8.376 |

续表

| | | | | | |
|---|---|---|---|---|---|
| 12 | — | — | 1.75 | 1.5、1.25、1、(0.75)、(0.5) | 10.106 |
| — | 14 | — | 2 | | 11.835 |
| — | — | 15 | | 1.5、(1) | *13.376 |
| 16 | — | — | 2 | 1.5、1、(0.75)、(0.5) | 13.835 |
| — | 18 | — | 2.5 | 2、1.5、1、(0.75)、(0.5) | 15.294 |
| 20 | — | — | | | 17.294 |
| — | 22 | — | | | 19.294 |
| 24 | — | — | 3 | 2、1.5、1、(0.75) | 20.752 |
| — | — | 25 | — | 2、1.5、(1) | *22.835 |
| — | 27 | — | 3 | 2、1.5、1、(0.75) | 23.752 |
| 30 | — | — | 3.5 | (3)、2、1.5、1、(0.75) | 26.211 |
| — | 33 | — | | (3)、2、1.5、(1)、(0.75) | 29.211 |
| — | — | 35 | — | 1.5 | *33.376 |
| 36 | — | — | 4 | 3、2、1.5、(1) | 31.670 |
| — | 39 | — | 4 | 3、2、15、(1) | 34.670 |

注：① 优先选用第一系列，其次是第二系列，第三系列尽可能不用。

② 括号内尺寸尽可能不用。

③ M14×1.25 仅用于火花塞，M35×1.5 仅用于滚动轴承锁紧螺母。

附表 2　　梯形螺纹（摘自 GB/T 5796.1～4—1986）　　单位：mm

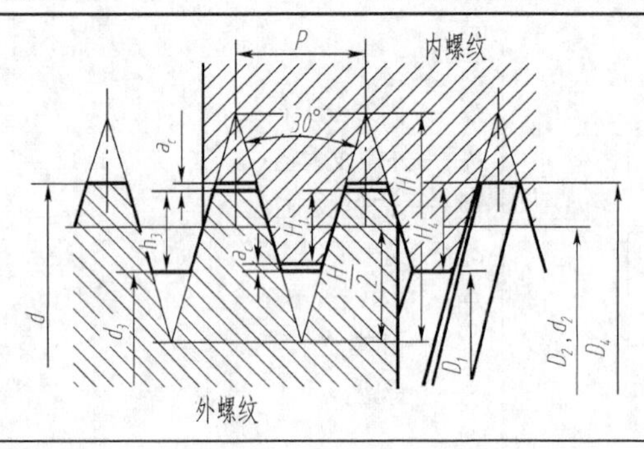


$d$——外螺纹大径（公称直径）

$d_3$——外螺纹小径

$D_4$——内螺纹大径

$D_1$——内螺纹小径

$d_2$——外螺纹中径

$D_2$——内螺纹中径

$P$——螺距

$a_c$——牙顶间隙

标记示例：

Tr40×7—7H（单线梯形内螺纹、公称直径 $d$=40、螺距 $P$=7、右旋、中径公差带为 7H、中等旋合长度）

Tr60×18（P9）LH—8e—L（双线梯形外螺纹、公称直径 $d$=60、导程 $S$=18、螺距 $P$=9、左旋、中径公差带为 8e、长旋合长度）

**梯形螺纹的基本尺寸**

| d 公称系列 | | 螺距 $P$ | 中径 $d_2=D_2$ | 大径 $D_4$ | 小径 | | d 公称系列 | | 螺距 $P$ | 中径 $d_2=D_2$ | 大径 $D_4$ | 小径 | |
|---|---|---|---|---|---|---|---|---|---|---|---|---|---|
| 第一系列 | 第二系列 | | | | $d_3$ | $D_1$ | 第一系列 | 第二系列 | | | | $d_3$ | $D_1$ |
| 8 | — | 1.5 | 7.25 | 8.3 | 6.2 | 6.5 | 32 | — | 6 | 29.0 | 33 | 25 | 26 |
| — | 9 | 2 | 8.0 | 9.5 | 6.5 | 7 | — | 34 | | 31.0 | 35 | 27 | 28 |
| 10 | — | | 9.0 | 10.5 | 7.5 | 8 | 36 | — | | 33.0 | 37 | 29 | 30 |
| — | 11 | | 10.0 | 11.5 | 8.5 | 9 | — | 38 | 7 | 34.5 | 39 | 30 | 31 |

续表

| *d* 公称系列 | | 螺距 $P$ | 中径 $d_2=D_2$ | 大径 $D_4$ | 小　径 | | *d* 公称系列 | | 螺距 $P$ | 中径 $d_2=D_2$ | 大径 $D_4$ | 小　径 | |
|---|---|---|---|---|---|---|---|---|---|---|---|---|---|
| 第一系列 | 第二系列 | | | | $d_3$ | $D_1$ | 第一系列 | 第二系列 | | | | $d_3$ | $D_1$ |
| 12 | — | 3 | 10.5 | 12.5 | 8.5 | 9 | 40 | — | | 36.5 | 41 | 32 | 33 |
| — | 14 | | 12.5 | 14.5 | 10.5 | 11 | — | 42 | | 38.5 | 43 | 34 | 35 |
| 16 | — | 4 | 14.0 | 16.5 | 11.5 | 12 | 44 | — | | 40.5 | 45 | 36 | 37 |
| — | 18 | | 16.0 | 18.5 | 13.5 | 14 | — | 46 | 8 | 42.0 | 47 | 37 | 38 |
| 20 | — | | 18.0 | 20.5 | 15.5 | 16 | 48 | — | | 44.0 | 49 | 39 | 40 |
| — | 22 | 5 | 19.5 | 22.5 | 16.5 | 17 | — | 50 | | 46.0 | 51 | 41 | 42 |
| 24 | — | | 21.5 | 24.5 | 18.5 | 19 | 52 | — | | 48.0 | 53 | 43 | 44 |
| — | 26 | | 23.5 | 26.5 | 20.5 | 21 | — | 55 | 9 | 50.5 | 56 | 45 | 46 |
| 28 | — | | 25.5 | 28.5 | 22.5 | 23 | 60 | — | | 55.5 | 61 | 50 | 51 |
| — | 30 | 6 | 27.0 | 31.0 | 23.0 | 24 | — | 65 | 10 | 60.0 | 66 | 54 | 55 |

注：① 优先选用第一系列的直径。

② 表中所列的螺距和直径，是优先选择的螺距及与之对应的直径。

附表 3　　管螺纹

55° 密封管螺纹(摘自 GB/T 7306.1、7306.2—2000)

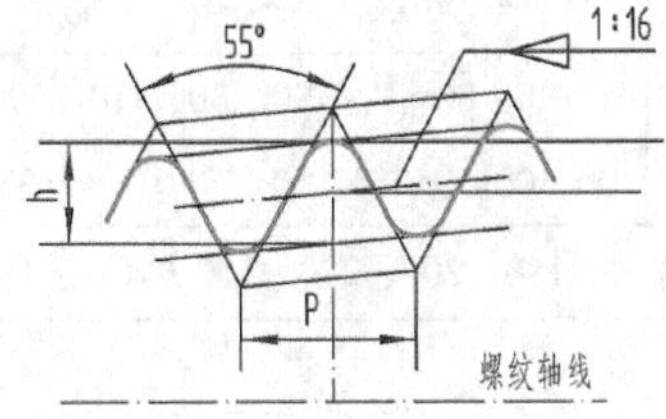


标记示例：

R1/2（尺寸代号 1/2，右旋圆锥外螺纹）

Rc1/2LH（尺寸代号 1/2，左旋圆锥内螺纹）

55° 非密封管螺纹(摘自 GB/T 7307—2001)

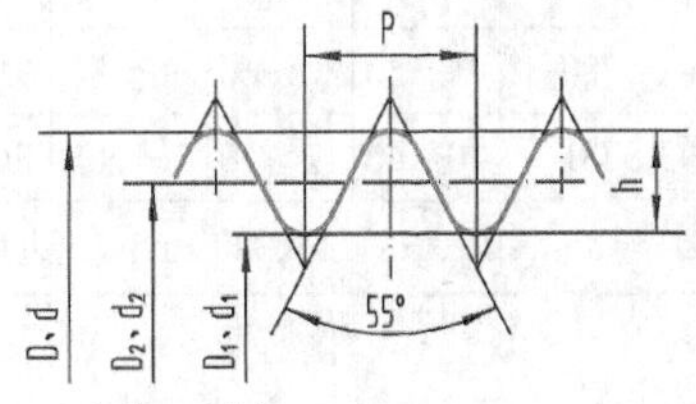


标记示例：

G1/2LH（尺寸代号 1/2，左旋内螺纹）

G1/2A（尺寸代号 1/2，A 级右旋外螺纹）

| 尺寸代号 | 大径 $d$、$D$（mm） | 中径 $d_2$、$D_2$（mm） | 小径 $d_1$、$D_1$（mm） | 螺距 $P$（mm） | 牙高 $h$（mm） | 每 25.4 mm 内的牙数 $n$ |
|---|---|---|---|---|---|---|
| 1/4 | 13.157 | 12.301 | 11.445 | 1.337 | 0.856 | 19 |
| 3/8 | 16.662 | 15.806 | 14.950 | | | |
| 1/2 | 20.955 | 19.793 | 18.631 | 1.814 | 1.162 | 14 |
| 3/4 | 26.441 | 25.279 | 24.117 | | | |
| 1 | 33.249 | 31.770 | 30.291 | 2.309 | 1.479 | 11 |
| 1¼ | 41.910 | 40.431 | 38.952 | | | |
| 1½ | 47.803 | 46.324 | 44.845 | | | |
| 2 | 59.614 | 58.135 | 56.656 | | | |
| 2½ | 75.184 | 73.705 | 72.226 | | | |
| 3 | 87.884 | 86.405 | 84.926 | | | |

# 二、螺栓

附表4　　六角头螺栓　　单位：mm

六角头螺栓　C级（摘自GB/T 5780—2000）　　六角头螺栓　全螺纹　C级（摘自GB/T 5781—2000）

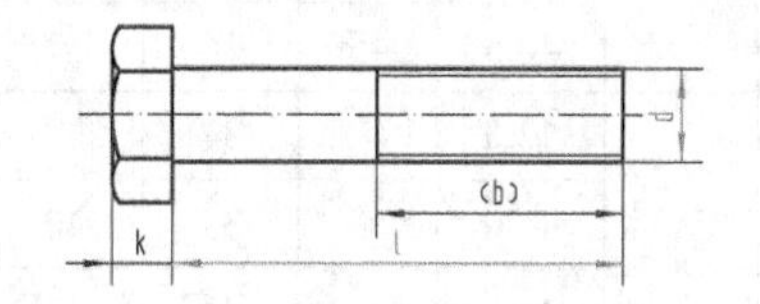


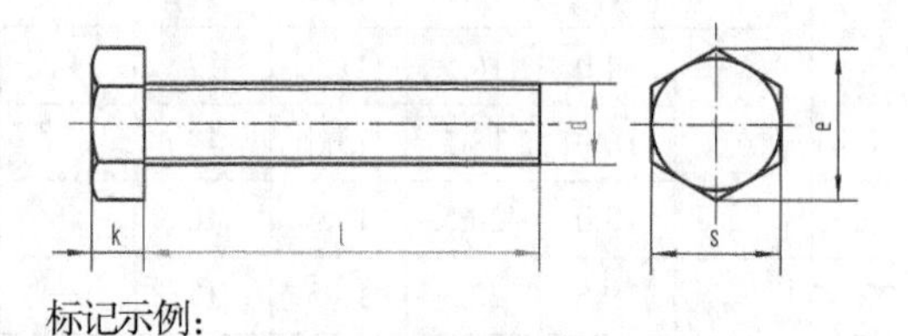


标记示例：

螺栓　GB/T 5780—2000　M20×100（螺纹规格 $d$=M20、公称长度 $l$=100 mm、性能等级为4.8级、不经表面处理、杆身半螺纹、产品等级为C级的六角头螺栓）

| 螺纹规格 $d$ | | M5 | M6 | M8 | M10 | M12 | M16 | M20 | M24 | M30 | M36 | M42 |
|---|---|---|---|---|---|---|---|---|---|---|---|---|
| $b_{参考}$ | $l_{公称}$≤125 | 16 | 18 | 22 | 26 | 30 | 38 | 46 | 54 | 66 | — | — |
| | 125＜$l_{公称}$≤200 | 22 | 24 | 28 | 32 | 36 | 44 | 52 | 60 | 72 | 84 | 96 |
| | $l_{公称}$＞200 | 35 | 37 | 41 | 45 | 49 | 57 | 65 | 73 | 85 | 97 | 109 |
| $k_{公称}$ | | 3.5 | 4.0 | 5.3 | 6.4 | 7.5 | 10 | 12.5 | 15 | 18.7 | 22.5 | 26 |
| $s_{max}$ | | 8 | 10 | 13 | 16 | 18 | 24 | 30 | 36 | 46 | 55 | 65 |
| $e_{min}$ | | 8.63 | 10.9 | 14.2 | 17.6 | 19.9 | 26.2 | 33.0 | 39.6 | 50.9 | 60.8 | 71.3 |
| $l_{范围}$ | GB/T 5780 | 25～50 | 30～60 | 35～80 | 40～100 | 45～120 | 55～160 | 65～200 | 80～240 | 90～300 | 110～300 | 160～420 |
| | GB/T 5781 | 10～40 | 12～50 | 16～65 | 20～80 | 25～100 | 35～100 | 40～100 | 50～100 | 60～100 | 70～100 | 80～420 |
| $l_{公称}$ | | 10、12、16、20～65（5进位）、70～160（10进位）、180、200、220～500（20进位） | | | | | | | | | | |

# 三、螺柱

附表5　　双头螺柱　　单位：mm

$b_m$=1$d$（GB/T 897—1988）　$b_m$=1.25$d$（GB/T 898—1988）　$b_m$=1.5$d$（GB/T 899—1988）　$b_m$=2$d$（GB/T 900—1988）

A型

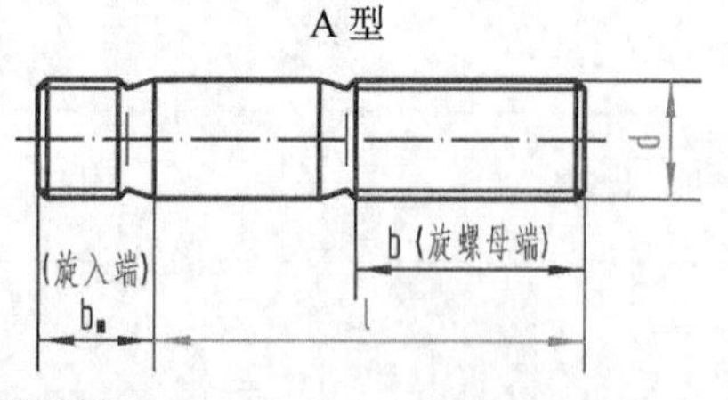


B型

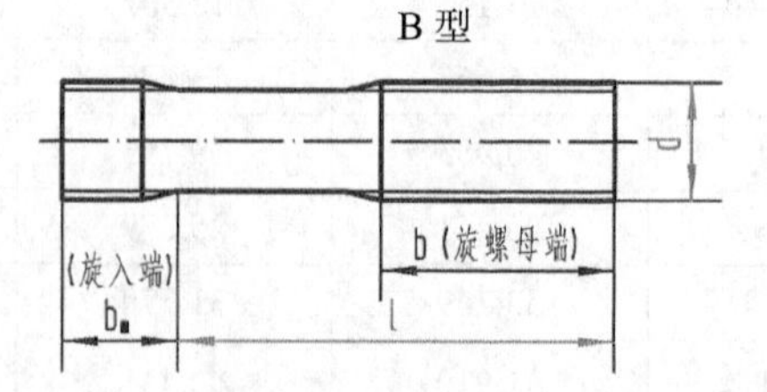


标记示例：

螺柱　GB/T 900—1988　M10×50（两端均为粗牙普通螺纹、$d$=M10、$l$=50mm、性能等级为4.8级、不经表面处理、B型、$b_m$=2$d$的双头螺柱）

螺柱　GB/T 900—1988　AM10-10×1×50（旋入机体一端为粗牙普通螺纹、旋螺母端为螺距 $P$=1mm的细牙普通螺纹、$d$=M10、$l$=50mm、性能等级为4.8级、不经表面处理、A型、$b_m$=2$d$的双头螺柱）

| 螺纹规格（$d$） | $b_m$（旋入机体端长度） | | | | $\frac{l（螺柱长度）}{b（旋螺母端长度）}$ |
|---|---|---|---|---|---|
| | GB/T 897 | GB/T 898 | GB/T 899 | GB/T 900 | |
| M4 | — | — | 6 | 8 | $\frac{16\sim22}{8}$　$\frac{25\sim40}{14}$ |
| M5 | 5 | 6 | 8 | 10 | $\frac{16\sim22}{10}$　$\frac{25\sim50}{16}$ |
| M6 | 6 | 8 | 10 | 12 | $\frac{20\sim22}{10}$　$\frac{25\sim30}{14}$　$\frac{32\sim75}{18}$ |
| M8 | 8 | 10 | 12 | 16 | $\frac{20\sim22}{12}$　$\frac{25\sim30}{16}$　$\frac{30\sim90}{22}$ |
| M10 | 10 | 12 | 15 | 20 | $\frac{25\sim28}{14}$　$\frac{30\sim38}{16}$　$\frac{40\sim120}{26}$　$\frac{130}{32}$ |
| M12 | 12 | 15 | 18 | 24 | $\frac{25\sim30}{16}$　$\frac{32\sim40}{20}$　$\frac{45\sim120}{30}$　$\frac{130\sim180}{36}$ |
| M16 | 16 | 20 | 24 | 32 | $\frac{30\sim38}{20}$　$\frac{40\sim55}{30}$　$\frac{30\sim120}{38}$　$\frac{130\sim200}{44}$ |
| M20 | 20 | 25 | 30 | 40 | $\frac{35\sim40}{25}$　$\frac{45\sim65}{35}$　$\frac{70\sim120}{46}$　$\frac{130\sim200}{52}$ |
| M24 | 24 | 30 | 36 | 48 | $\frac{45\sim50}{30}$　$\frac{55\sim75}{45}$　$\frac{80\sim120}{54}$　$\frac{130\sim200}{60}$ |
| M30 | 30 | 38 | 45 | 60 | $\frac{60\sim65}{40}$　$\frac{70\sim90}{50}$　$\frac{95\sim120}{66}$　$\frac{130\sim200}{72}$　$\frac{210\sim250}{85}$ |
| M36 | 36 | 45 | 54 | 72 | $\frac{60\sim75}{45}$　$\frac{80\sim110}{60}$　$\frac{120}{78}$　$\frac{130\sim200}{84}$　$\frac{210\sim300}{97}$ |
| M42 | 42 | 52 | 63 | 84 | $\frac{70\sim80}{50}$　$\frac{85\sim110}{70}$　$\frac{120}{90}$　$\frac{130\sim200}{96}$　$\frac{210\sim300}{109}$ |
| M48 | 48 | 60 | 72 | 96 | $\frac{80\sim90}{60}$　$\frac{95\sim110}{80}$　$\frac{120}{102}$　$\frac{130\sim200}{108}$　$\frac{210\sim300}{121}$ |
| $l_{公称}$ | 12、（14）、16、（18）、20、（22）、25、（28）、30、（32）、35、（38）、40、45、50、（55）、60、（65）、70、75、80、85、90、95、100～260（10 进位）、280、300 | | | | |

注：1. 尽可能不采用括号内的规格。末端按 GB/T 2—2001 规定。

2. $b_m=1d$，一般用于钢对钢；$b_m=（1.25\sim1.5）d$，一般用于钢对铸铁；$b_m=2d$，一般用于钢对铝合金。

# 四、螺母

附表 6　　六角螺母　C 级（摘自 GB/T 41—2000）　　单位：mm

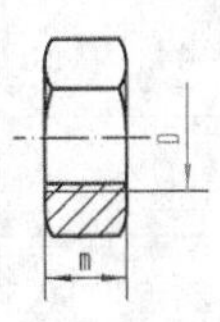


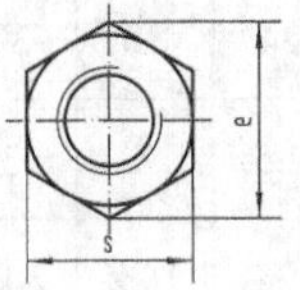


标记示例：
螺母　GB/T 41—2000　M10
（螺纹规格 $D$=M10、性能等级为 5 级、不经表面处理、产品等级为 C 级的六角螺母）

| 螺纹规格 $D$ | M5 | M6 | M8 | M10 | M12 | M16 | M20 | M24 | M30 | M36 | M42 | M48 | M56 |
|---|---|---|---|---|---|---|---|---|---|---|---|---|---|
| $s_{max}$ | 8 | 10 | 13 | 16 | 18 | 24 | 30 | 36 | 46 | 55 | 65 | 75 | 85 |
| $e_{min}$ | 8.63 | 10.89 | 14.20 | 17.59 | 19.85 | 26.17 | 32.95 | 39.55 | 50.85 | 60.79 | 72.3 | 82.6 | 93.56 |
| $m_{max}$ | 5.6 | 6.4 | 7.9 | 9.5 | 12.2 | 15.9 | 19 | 22.3 | 26.4 | 31.9 | 34.9 | 38.9 | 45.9 |

# 五、垫圈

附表 7　　垫圈　　单位：mm

平垫圈　A 级（摘自 GB/T 97.1—2002）
平垫圈　倒角型　A 级（摘自 GB/T 97.2—2002）

平垫圈　C 级（摘自 GB/T 95—2002）
标准型弹簧垫圈（摘自 GB/T 93—1987）

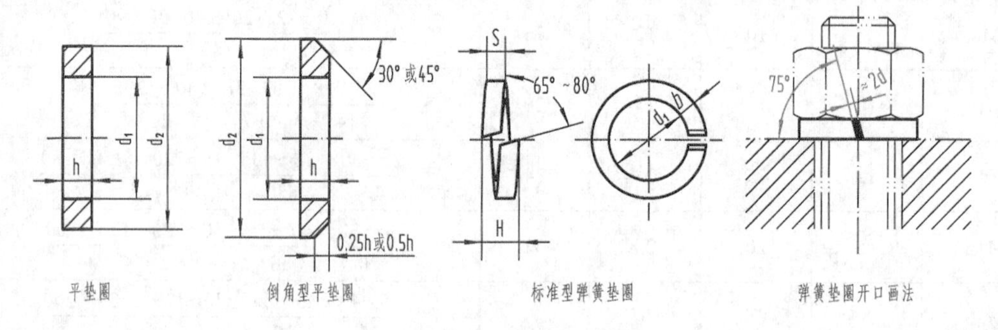


平垫圈　　倒角型平垫圈　　标准型弹簧垫圈　　弹簧垫圈开口画法

标记示例：

垫圈　GB/T 95—2002　8-100HV（标准系列、规格 $d$=M8、性能等级为 100HV 级、不经表面处理，产品等级为 C 级的的平垫圈）

垫圈　GB/T 93—1987　10（规格 $d$=M10、材料为 65Mn、表面氧化的标准型弹簧垫圈）

| 公称尺寸 $d$(螺纹规格) | | 4 | 5 | 6 | 8 | 10 | 12 | 16 | 20 | 24 | 30 | 36 | 42 | 48 |
|---|---|---|---|---|---|---|---|---|---|---|---|---|---|---|
| GB/T 97.1—2002 (A 级) | $d_1$ | 4.3 | 5.3 | 6.4 | 8.4 | 10.5 | 13 | 17 | 21 | 25 | 31 | 37 | 45 | 52 |
| | $d_2$ | 9 | 10 | 12 | 16 | 20 | 24 | 30 | 37 | 44 | 56 | 66 | 78 | 92 |
| | $h$ | 0.8 | 1 | 1.6 | 1.6 | 2 | 2.5 | 3 | 3 | 4 | 4 | 5 | 8 | 8 |
| GB/T 97.2—2002 (A 级) | $d_1$ | — | 5.3 | 6.4 | 8.4 | 10.5 | 13 | 17 | 21 | 25 | 31 | 37 | 45 | 52 |
| | $d_2$ | — | 10 | 12 | 16 | 20 | 24 | 30 | 37 | 44 | 56 | 66 | 78 | 92 |
| | $h$ | — | 1 | 1.6 | 1.6 | 2 | 2.5 | 3 | 3 | 4 | 4 | 5 | 8 | 8 |
| GB/T 95—2002 (C 级) | $d_1$ | 4.5 | 5.5 | 6.6 | 9 | 11 | 13.5 | 17.5 | 22 | 26 | 33 | 39 | 45 | 52 |
| | $d_2$ | 9 | 10 | 12 | 16 | 20 | 24 | 30 | 37 | 44 | 56 | 66 | 78 | 92 |
| | $h$ | 0.8 | 1 | 1.6 | 1.6 | 2 | 2.5 | 3 | 3 | 4 | 4 | 5 | 8 | 8 |
| GB/T 93—1987 | $d_1$ | 4.1 | 5.1 | 6.1 | 8.1 | 10.2 | 12.2 | 16.2 | 20.2 | 24.5 | 30.5 | 36.5 | 42.5 | 48.5 |
| | $S$=$b$ | 1.1 | 1.3 | 1.6 | 2.1 | 2.6 | 3.1 | 4.1 | 5 | 6 | 7.5 | 9 | 10.5 | 12 |

注：1. A 级适用于精装配系列，C 级适用于中等装配系列。

2. C 级垫圈没有 $Ra$3.2 和去毛刺的要求。

# 六、螺钉

附表 8　　　　螺钉　　　　单位：mm

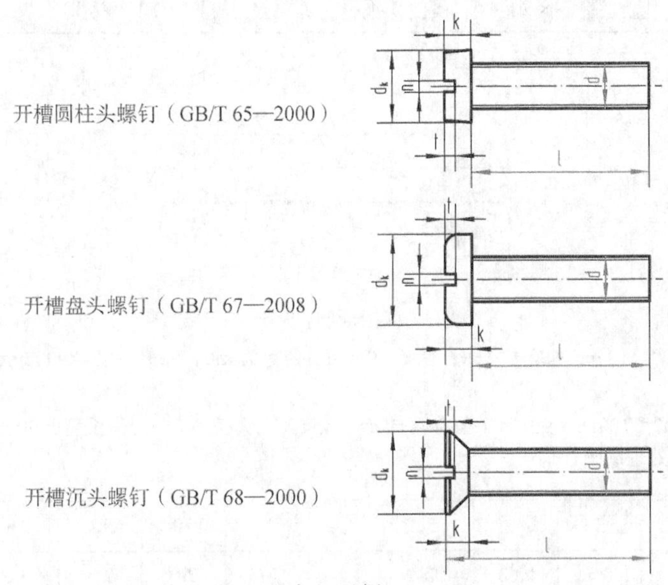


标记示例：

螺钉　GB/T 65—2000　M5×20（螺纹规格 $d$=M5、$l$=50mm、性能等级为 4.8 级、不经表面处理的开槽圆柱头螺钉）

| 螺纹规格 $d$ | | M 1.6 | M2 | M2.5 | M3 | （M3.5） | M4 | M5 | M6 | M8 | M10 |
|---|---|---|---|---|---|---|---|---|---|---|---|
| $n$ 公称 | | 0.4 | 0.5 | 0.6 | 0.8 | 1 | 1.2 | 1.2 | 1.6 | 2 | 2.5 |
| GB/T 65 | $d_k$ max | 3 | 3.8 | 4.5 | 5.5 | 6 | 7 | 8.5 | 10 | 13 | 16 |
| | $k$ max | 1.1 | 1.4 | 1.8 | 2 | 2.4 | 2.6 | 3.3 | 3.9 | 5 | 6 |
| | $t$ min | 0.45 | 0.6 | 0.7 | 0.85 | 1 | 1.1 | 1.3 | 1.6 | 2 | 2.4 |
| | $l_{范围}$ | 2～16 | 3～20 | 3～25 | 4～30 | 5～35 | 5～40 | 6～50 | 8～60 | 10～80 | 12～80 |
| GB/T 67 | $d_k$ max | 3.2 | 4 | 5 | 5.6 | 7 | 8 | 9.5 | 12 | 16 | 20 |
| | $k$ max | 1 | 1.3 | 1.5 | 1.8 | 2.1 | 2.4 | 3 | 3.6 | 4.8 | 6 |
| | $t$ min | 0.35 | 0.5 | 0.6 | 0.7 | 0.8 | 1 | 1.2 | 1.4 | 1.9 | 2.4 |
| | $l_{范围}$ | 2～16 | 2.5～20 | 3～25 | 4～30 | 5～35 | 5～40 | 6～50 | 8～60 | 10～80 | 12～80 |
| GB/T 68 | $d_k$ max | 3 | 3.8 | 4.7 | 5.5 | 7.3 | 8.4 | 9.3 | 11.3 | 15.8 | 18.3 |
| | $k$ max | 1 | 1.2 | 1.5 | 1.65 | 2.35 | 2.7 | 2.7 | 3.3 | 4.65 | 5 |
| | $t$ min | 0.32 | 0.4 | 0.5 | 0.6 | 0.9 | 1 | 1.1 | 1.2 | 1.8 | 2 |
| | $l_{范围}$ | 2.5～16 | 3～20 | 4～25 | 5～30 | 6～35 | 6～40 | 8～50 | 8～60 | 10～80 | 12～80 |
| $l_{系列}$ | | 2、2.5、3、4、5、6、8、10、12、（14）、16、20、25、30、35、40、45、50、（55）、60、（65）、70、（75）、80 | | | | | | | | | |

注：1. 尽可能不采用括号内的规格。

2. 商品规格 M1.6～M10。

# 七、销

附表9　　圆柱销　不淬硬钢和奥氏体不锈钢（摘自GB/T 119.1—2000）　　单位：mm

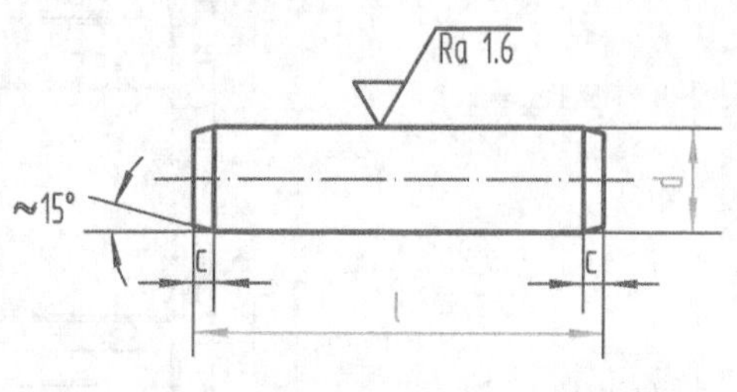


标记示例：

销　GB/T 119.1—2000　10 m6×90（公称直径 $d$=10 mm、公差为m6、公称长度 $l$=90 mm、材料为钢、不经表面处理的圆柱销）

销　GB/T 119.1—2000　10 m6×90-A1（公称直径 $d$=10 mm、公差为m6、公称长度 $l$=90 mm、材料为A1组奥氏体不锈钢、表面简单处理的圆柱销）

| $d$ 公称 | 2 | 2.5 | 3 | 4 | 5 | 6 | 8 | 10 | 12 | 16 | 20 | 25 |
|---|---|---|---|---|---|---|---|---|---|---|---|---|
| $c$≈ | 0.35 | 0.4 | 0.5 | 0.63 | 0.8 | 1.2 | 1.6 | 2.0 | 2.5 | 3.0 | 3.5 | 4.0 |
| $l$ 范围 | 6～20 | 6～24 | 8～30 | 8～40 | 10～50 | 12～60 | 14～80 | 18～95 | 22～140 | 26～180 | 35～200 | 50～200 |
| $l$ 公称 | 2、3、4、5、6～32（2进位）、35～100（5进位）、120～200（20进位）（公称长度大于200，按20递增） | | | | | | | | | | | |

附表10　　圆锥销（摘自GB/T 117—2000）　　单位：mm

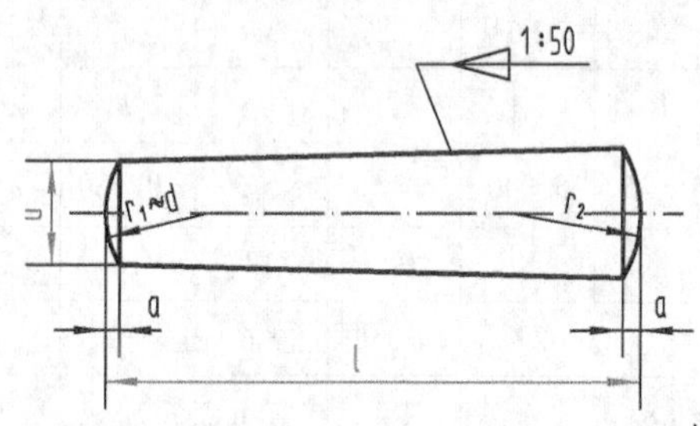


A型（磨削）：锥面表面粗糙度 $Ra$=0.8 μm

B型（切削或冷镦）：锥面表面粗糙度 $Ra$=3.2 μm

$$r_2 \approx \frac{a}{2}+d+\frac{0.021^2}{8a}$$

标记示例：

销　GB/T 117—2000　6×30（公称直径 $d$=6 mm、公称长度 $l$=30 mm、材料为35钢、热处理硬度28～38HRC、表面氧化处理的A型圆锥销）

| $d$ 公称 | 2 | 2.5 | 3 | 4 | 5 | 6 | 8 | 10 | 12 | 16 | 20 | 25 |
|---|---|---|---|---|---|---|---|---|---|---|---|---|
| $a$≈ | 0.25 | 0.3 | 0.4 | 0.5 | 0.63 | 0.8 | 1.0 | 1.2 | 1.6 | 2.0 | 2.5 | 3.0 |
| $l$ 范围 | 10～35 | 10～35 | 12～45 | 14～55 | 18～60 | 22～90 | 22～120 | 26～160 | 32～180 | 40～200 | 45～200 | 50～200 |
| $L$ 公称 | 2、3、4、5、6～32（2进位）、35～100（5进位）、120～200（20进位）（公称长度大于200，按20递增） | | | | | | | | | | | |

# 八、键

附表 11　　平键及键槽各部尺寸（摘自 GB/T 1095、1096—2003）　　单位：mm

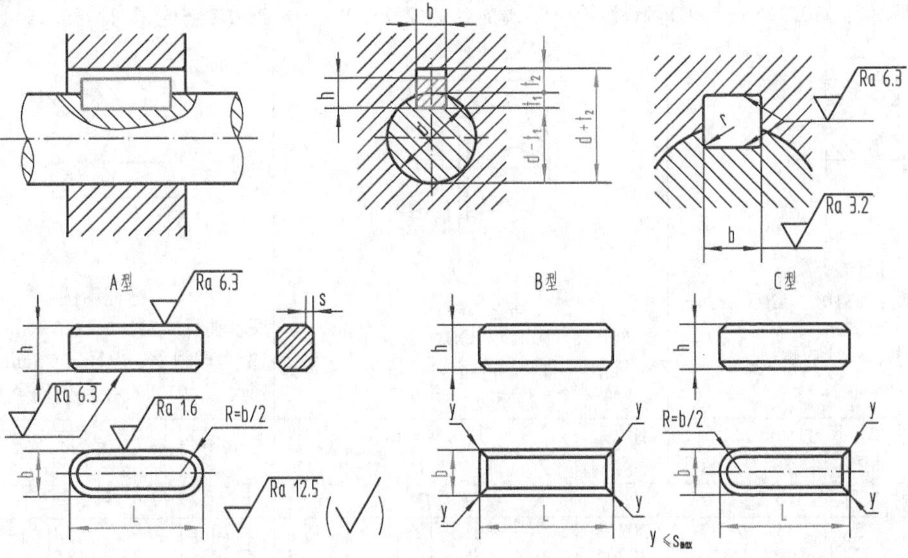


标记示例：

GB/T 1096—2003　键 16×10×100（普通 A 型平键、$b$=16 mm、$h$=10 mm、$L$=100 mm）

GB/T 1096—2003　键 B16×10×100（普通 B 型平键、$b$=16 mm、$h$=10 mm、$L$=100 mm）

GB/T 1096—2003　键 C16×10×100（普通 C 型平键、$b$=16 mm、$h$=10 mm、$L$=100 mm）

| 键 | | 键槽 | | | | | | | | | | | |
|---|---|---|---|---|---|---|---|---|---|---|---|---|---|
| 键尺寸 $b\times h$ | 标准长度范围 $L$ | 宽度 $b$ | | | | | | 深度 | | | | 半径 $r$ | |
| | | 公称尺寸 $b$ | 极限偏差 | | | | | 轴 $t_1$ | | 毂 $t_2$ | | | |
| | | | 正常连接 | | 紧密连接 | 松连接 | | | | | | | |
| | | | 轴 N9 | 毂 JS9 | 轴和毂 P9 | 轴 H9 | 毂 D10 | 公称尺寸 | 极限偏差 | 公称尺寸 | 极限偏差 | 最小 | 最大 |
| 4×4 | 8～45 | 4 | 0<br>−0.030 | ±0.015 | −0.012<br>−0.042 | +0.030<br>0 | +0.078<br>+0.030 | 2.5 | +0.1<br>0 | 1.8 | +0.1<br>0 | 0.08 | 0.16 |
| 5×5 | 10～56 | 5 | | | | | | 3.0 | | 2.3 | | 0.16 | 0.25 |
| 6×6 | 14～70 | 6 | | | | | | 3.5 | | 2.8 | | | |
| 8×7 | 18～90 | 8 | 0<br>−0.036 | ±0.018 | −0.015<br>−0.051 | +0.036<br>0 | +0.098<br>+0.040 | 4.0 | +0.2<br>0 | 3.3 | +0.2<br>0 | 0.25 | 0.40 |
| 10×8 | 22～110 | 10 | | | | | | 5.0 | | 3.3 | | | |
| 12×8 | 28～140 | 12 | 0<br>−0.043 | ±0.0215 | −0.018<br>−0.061 | +0.043<br>0 | +0.120<br>+0.050 | 5.0 | | 3.3 | | | |
| 14×9 | 36～160 | 14 | | | | | | 5.5 | | 3.8 | | | |
| 16×10 | 45～180 | 16 | | | | | | 6.0 | | 4.3 | | | |
| 18×11 | 50～200 | 18 | | | | | | 7.0 | | 4.4 | | | |
| 20×12 | 56～220 | 20 | 0<br>−0.052 | ±0.026 | −0.022<br>−0.074 | +0.052<br>0 | +0.149<br>+0.065 | 7.5 | | 4.9 | | 0.40 | 0.60 |
| 22×14 | 63～250 | 22 | | | | | | 9.0 | | 5.4 | | | |
| 25×14 | 70～280 | 25 | | | | | | 9.0 | | 5.4 | | | |
| 28×16 | 80～320 | 28 | | | | | | 10 | | 6.4 | | | |
| $L_{系列}$ | 6～22（2 进位）、25、28、32、36、40、45、50、56、63、70～110（10 进位）、125、140～220（20 进位）、250、280、320、360、400、450、500 | | | | | | | | | | | | |

# 九、滚动轴承

附表 12　　　　滚动轴承

## 深沟球轴承(摘自 GB/T 276—1994)

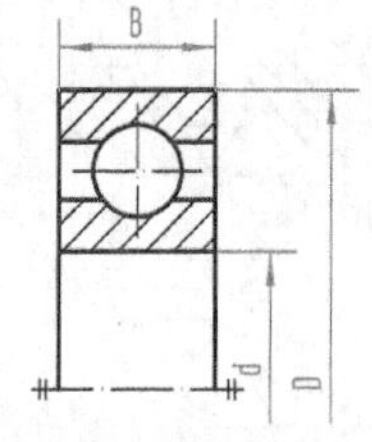


标记示例：

滚动轴承　6310　GB/T 276—1994

（深沟球轴承、内径 $d$=50mm、直径系列代号为 3）

| 轴承型号 | 尺寸（mm） | | |
|---|---|---|---|
| | $d$ | $D$ | B |
| 尺寸系列〔（0）2〕 | | | |
| 6202 | 15 | 35 | 11 |
| 6203 | 17 | 40 | 12 |
| 6204 | 20 | 47 | 14 |
| 6205 | 25 | 52 | 15 |
| 6206 | 30 | 62 | 16 |
| 6207 | 35 | 72 | 17 |
| 6208 | 40 | 80 | 18 |
| 6209 | 45 | 85 | 19 |
| 6210 | 50 | 90 | 20 |
| 6211 | 55 | 100 | 21 |
| 6212 | 60 | 110 | 22 |
| 尺寸系列〔（0）3〕 | | | |
| 6302 | 15 | 42 | 13 |
| 6303 | 17 | 47 | 14 |
| 6304 | 20 | 52 | 15 |
| 6305 | 25 | 62 | 17 |
| 6306 | 30 | 72 | 19 |
| 6307 | 35 | 80 | 21 |
| 6308 | 40 | 90 | 23 |
| 6309 | 45 | 100 | 25 |
| 6310 | 50 | 110 | 27 |
| 6311 | 55 | 120 | 29 |
| 6312 | 60 | 130 | 31 |
| 尺寸系列〔（0）4〕 | | | |
| 6403 | 17 | 62 | 17 |
| 6404 | 20 | 72 | 19 |
| 6405 | 25 | 80 | 21 |
| 6406 | 30 | 90 | 23 |
| 6407 | 35 | 100 | 25 |
| 6408 | 40 | 110 | 27 |
| 6409 | 45 | 120 | 29 |
| 6410 | 50 | 130 | 31 |
| 6411 | 55 | 140 | 33 |
| 6412 | 60 | 150 | 35 |
| 6413 | 65 | 160 | 37 |

## 圆锥滚子轴承(摘自 GB/T 297—1994)

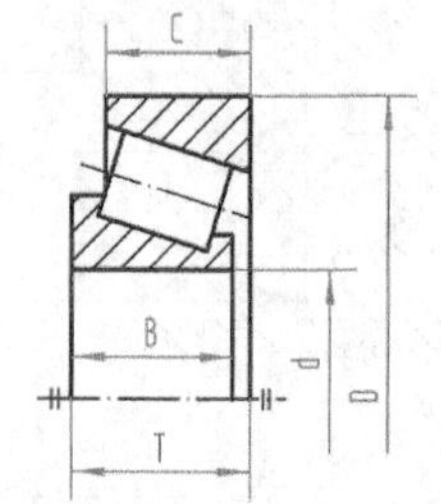


标记示例：

滚动轴承　30212　GB/T 297—1994

（圆锥滚子轴承、内径 $d$=60mm、宽度系列代号 0，直径系列代号为 3）

| 轴承型号 | 尺寸（mm） | | | | |
|---|---|---|---|---|---|
| | $d$ | $D$ | $B$ | C | $T$ |
| 尺寸系列〔02〕 | | | | | |
| 30203 | 17 | 40 | 12 | 11 | 13.25 |
| 30204 | 20 | 47 | 14 | 12 | 15.25 |
| 30205 | 25 | 52 | 15 | 13 | 16.25 |
| 30206 | 30 | 62 | 16 | 14 | 17.25 |
| 30207 | 35 | 72 | 17 | 15 | 18.25 |
| 30208 | 40 | 80 | 18 | 16 | 19.75 |
| 30209 | 45 | 85 | 19 | 16 | 20.75 |
| 30210 | 50 | 90 | 20 | 17 | 21.75 |
| 30211 | 55 | 100 | 21 | 18 | 22.75 |
| 30212 | 60 | 110 | 22 | 19 | 23.75 |
| 30213 | 65 | 120 | 23 | 20 | 24.75 |
| 尺寸系列〔03〕 | | | | | |
| 30302 | 15 | 42 | 13 | 11 | 14.25 |
| 30303 | 17 | 47 | 14 | 12 | 15.25 |
| 30304 | 20 | 52 | 15 | 13 | 16.25 |
| 30305 | 25 | 62 | 17 | 15 | 18.25 |
| 30306 | 30 | 72 | 19 | 16 | 20.75 |
| 30307 | 35 | 80 | 21 | 18 | 22.75 |
| 30308 | 40 | 90 | 23 | 20 | 25.25 |
| 30309 | 45 | 100 | 25 | 22 | 27.25 |
| 30310 | 50 | 110 | 27 | 23 | 29.25 |
| 30311 | 55 | 120 | 29 | 25 | 31.50 |
| 30312 | 60 | 130 | 31 | 26 | 33.50 |
| 尺寸系列〔13〕 | | | | | |
| 31305 | 25 | 62 | 17 | 13 | 18.25 |
| 31306 | 30 | 72 | 19 | 14 | 20.75 |
| 31307 | 35 | 80 | 21 | 15 | 22.75 |
| 31308 | 40 | 90 | 23 | 17 | 25.25 |
| 31309 | 45 | 100 | 25 | 18 | 27.25 |
| 31310 | 50 | 110 | 27 | 19 | 29.25 |
| 31311 | 55 | 120 | 29 | 21 | 31.50 |
| 31312 | 60 | 130 | 31 | 22 | 33.50 |
| 31313 | 65 | 140 | 33 | 23 | 36.00 |
| 31314 | 70 | 150 | 35 | 25 | 38.00 |
| 31315 | 75 | 160 | 37 | 26 | 40.00 |

## 推力球轴承(摘自 GB/T 301—1995)

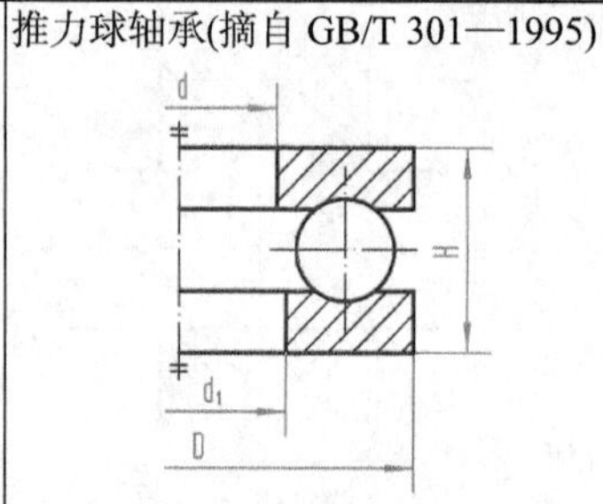


标记示例：

滚动轴承　51305　GB/T 301—1995

（推力球轴承、内径 $d$=25mm、高度系列代号为 1，直径系列代号为 3）

| 轴承型号 | 尺寸（mm） | | | |
|---|---|---|---|---|
| | $d$ | $D$ | $T$ | $d_1$ |
| 尺寸系列〔12〕 | | | | |
| 51202 | 15 | 32 | 12 | 17 |
| 51203 | 17 | 35 | 12 | 19 |
| 51204 | 20 | 40 | 14 | 22 |
| 51205 | 25 | 47 | 15 | 27 |
| 51206 | 30 | 52 | 16 | 32 |
| 51207 | 35 | 62 | 18 | 37 |
| 51208 | 40 | 68 | 19 | 42 |
| 51209 | 45 | 73 | 20 | 47 |
| 51210 | 50 | 78 | 22 | 52 |
| 51211 | 55 | 90 | 25 | 57 |
| 51212 | 60 | 95 | 26 | 62 |
| 尺寸系列〔13〕 | | | | |
| 51304 | 20 | 47 | 18 | 22 |
| 51305 | 25 | 52 | 18 | 27 |
| 51306 | 30 | 60 | 21 | 32 |
| 51307 | 35 | 68 | 24 | 37 |
| 51308 | 40 | 78 | 26 | 42 |
| 51309 | 45 | 85 | 28 | 47 |
| 51310 | 50 | 95 | 31 | 52 |
| 51311 | 55 | 105 | 35 | 57 |
| 51312 | 60 | 110 | 35 | 62 |
| 51313 | 65 | 115 | 36 | 67 |
| 51314 | 70 | 125 | 40 | 72 |
| 尺寸系列〔14〕 | | | | |
| 51405 | 25 | 60 | 24 | 27 |
| 51406 | 30 | 70 | 28 | 32 |
| 51407 | 35 | 80 | 32 | 37 |
| 51408 | 40 | 90 | 36 | 42 |
| 51409 | 45 | 100 | 39 | 47 |
| 51410 | 50 | 110 | 43 | 52 |
| 51411 | 55 | 120 | 48 | 57 |
| 51412 | 60 | 130 | 51 | 62 |
| 51413 | 65 | 140 | 56 | 68 |
| 51414 | 70 | 150 | 60 | 73 |
| 51415 | 75 | 160 | 65 | 78 |

注：圆括号中的尺寸系列代号在轴承型号中省略。

# 十、标准公差数值

附表 13　　　　标准公差数值（摘自 GB/T 1800.3—1998）

| 基本尺寸 mm | | 标准公差等级 | | | | | | | | | | | | | | | | | |
|---|---|---|---|---|---|---|---|---|---|---|---|---|---|---|---|---|---|---|---|
| | | 1T1 | 1T2 | 1T3 | 1T4 | 1T5 | 1T6 | 1T7 | 1T8 | 1T9 | 1T10 | 1T11 | 1T12 | 1T13 | 1T14 | 1T15 | 1T16 | 1T17 | 1T18 |
| 大于 | 至 | μm | | | | | | | | | | | mm | | | | | | |
| — | 3 | 0.8 | 1.2 | 2 | 3 | 4 | 6 | 10 | 14 | 25 | 40 | 60 | 0.1 | 0.14 | 0.25 | 0.4 | 0.6 | 1 | 1.4 |
| 3 | 6 | 1 | 1.5 | 2.5 | 4 | 5 | 8 | 12 | 18 | 30 | 48 | 75 | 0.12 | 0.18 | 0.3 | 0.48 | 0.75 | 1.2 | 1.8 |
| 6 | 10 | 1 | 1.5 | 2.5 | 4 | 6 | 9 | 15 | 22 | 36 | 58 | 90 | 0.15 | 0.22 | 0.36 | 0.58 | 0.9 | 1.5 | 2.2 |
| 10 | 18 | 1.2 | 2 | 3 | 5 | 8 | 11 | 18 | 27 | 43 | 70 | 110 | 0.18 | 0.27 | 0.43 | 0.7 | 1.1 | 1.8 | 2.7 |
| 18 | 30 | 1.5 | 2.5 | 4 | 6 | 9 | 13 | 21 | 33 | 52 | 84 | 130 | 0.21 | 0.33 | 0.52 | 0.84 | 1.3 | 2.1 | 3.3 |
| 30 | 50 | 1.5 | 2.5 | 4 | 7 | 11 | 16 | 25 | 39 | 62 | 100 | 160 | 0.25 | 0.39 | 0.62 | 1 | 1.6 | 2.5 | 3.9 |
| 50 | 80 | 2 | 3 | 5 | 8 | 13 | 19 | 30 | 46 | 74 | 120 | 190 | 0.3 | 0.46 | 0.74 | 1.2 | 1.9 | 3 | 4.6 |
| 80 | 120 | 2.5 | 4 | 6 | 10 | 15 | 22 | 35 | 54 | 87 | 140 | 220 | 0.35 | 0.54 | 0.87 | 1.4 | 2.2 | 3.5 | 5.4 |
| 120 | 180 | 3.5 | 5 | 8 | 12 | 18 | 25 | 40 | 63 | 100 | 160 | 250 | 0.4 | 0.63 | 1 | 1.6 | 2.5 | 4 | 6.2 |
| 180 | 250 | 4.5 | 7 | 10 | 14 | 20 | 29 | 46 | 72 | 115 | 185 | 290 | 0.46 | 0.72 | 1.15 | 1.85 | 2.9 | 4.6 | 7.2 |
| 250 | 315 | 6 | 8 | 12 | 16 | 23 | 32 | 52 | 81 | 130 | 210 | 320 | 0.52 | 0.81 | 1.3 | 2.1 | 3.2 | 5.2 | 8.1 |
| 315 | 400 | 7 | 9 | 13 | 18 | 25 | 36 | 57 | 89 | 140 | 230 | 360 | 0.57 | 0.89 | 1.4 | 2.3 | 3.6 | 5.7 | 8.9 |
| 400 | 500 | 8 | 10 | 15 | 20 | 27 | 40 | 63 | 97 | 155 | 250 | 400 | 0.63 | 0.97 | 1.55 | 2.5 | 4 | 6.3 | 9.7 |

注：尺寸小于或等于 1mm 时，无 1T14 或 1T18

# 十一、轴的极限偏差表

附表 14　　　　轴的基本偏差

| 公称尺寸（mm） | | 基　本　偏 | | | | | | | | | | | | | | |
|---|---|---|---|---|---|---|---|---|---|---|---|---|---|---|---|---|
| | | 上　极　限　偏　差（es） | | | | | | | | | | | | | | |
| | | 所　有　标　准　公　差　等　级 | | | | | | | | | | | | IT5和IT6 | IT7 | IT8 |
| 大于 | 至 | a | b | c | cd | d | e | ef | f | fg | g | h | js | j | | |
| – | 3 | -270 | -140 | -60 | -34 | -20 | -14 | -10 | -6 | -4 | -2 | 0 | 极限偏差=±（IT*n*）/2，式中IT*n*是IT值数 | -2 | -4 | -6 |
| 3 | 6 | -270 | -140 | -70 | -46 | -30 | -20 | -14 | -10 | -6 | -4 | 0 | | -2 | -4 | – |
| 6 | 10 | -280 | -150 | -80 | -56 | -40 | -25 | -18 | -13 | -8 | -5 | 0 | | -2 | -5 | – |
| 10 | 14 | -290 | -150 | -95 | – | -50 | -32 | – | -16 | – | -6 | 0 | | -3 | -6 | – |
| 14 | 18 | | | | | | | | | | | | | | | |
| 18 | 24 | -300 | -160 | -110 | – | -65 | -40 | – | -20 | – | -7 | 0 | | -4 | -8 | – |
| 24 | 30 | | | | | | | | | | | | | | | |
| 30 | 40 | -310 | -170 | -120 | – | -80 | -50 | – | -25 | – | -9 | 0 | | -5 | -10 | – |
| 40 | 50 | -320 | -180 | -130 | | | | | | | | | | | | |
| 50 | 65 | -340 | -190 | -140 | – | -100 | -60 | – | -30 | – | -10 | 0 | | -7 | -12 | – |
| 65 | 80 | -360 | -200 | -150 | | | | | | | | | | | | |
| 80 | 100 | -380 | -220 | -170 | – | -120 | -72 | – | -36 | – | -12 | 0 | | -9 | -15 | – |
| 100 | 120 | -410 | -240 | -180 | | | | | | | | | | | | |
| 120 | 140 | -460 | -260 | -200 | – | -145 | -85 | – | -43 | – | -14 | 0 | | -11 | -18 | – |
| 140 | 160 | -520 | -280 | -210 | | | | | | | | | | | | |
| 160 | 180 | -580 | -310 | -230 | | | | | | | | | | | | |
| 180 | 200 | -660 | -340 | -240 | – | -170 | -100 | – | -50 | – | -15 | 0 | | -13 | -21 | – |
| 200 | 225 | -740 | -380 | -260 | | | | | | | | | | | | |
| 225 | 250 | -820 | -420 | -280 | | | | | | | | | | | | |
| 250 | 280 | -920 | -480 | -300 | – | -190 | -110 | – | -56 | – | -17 | 0 | | -16 | -26 | – |
| 280 | 315 | -1050 | -540 | -330 | | | | | | | | | | | | |
| 315 | 355 | -1200 | -600 | -360 | – | -210 | -125 | – | -62 | – | -18 | 0 | | -18 | -28 | – |
| 355 | 400 | -1350 | -680 | -400 | | | | | | | | | | | | |
| 400 | 450 | -1500 | -760 | -440 | – | -230 | -135 | – | -68 | – | -20 | 0 | | -20 | -32 | – |
| 450 | 500 | -1650 | -840 | -480 | | | | | | | | | | | | |

注：1. 公称尺寸小于或等于 1 时，基本偏差 a 和 b 均不采用。

2. 公差带 js7 至 js11，若 IT*n* 值是奇数，则取极限偏差=±（IT*n*-1）/2。

**数值**（摘自 GB/T 1800.1—2009）　　单位：μm

差　数　值

下 极 限 偏 差（ei）

| IT4至IT7 | ≤IT3 >IT7 | 所有标准公差等级 | | | | | | | | | | | | | |
|---|---|---|---|---|---|---|---|---|---|---|---|---|---|---|---|
| k | | m | n | p | r | s | t | u | v | x | y | z | za | zb | zc |
| 0 | 0 | +2 | +4 | +6 | +10 | +14 | – | +18 | – | +20 | – | +26 | +32 | +40 | +60 |
| +1 | 0 | +4 | +8 | +12 | +15 | +19 | – | +23 | – | +28 | – | +35 | +42 | +50 | +80 |
| +1 | 0 | +6 | +10 | +15 | +19 | +23 | – | +28 | – | +34 | – | +42 | +52 | +67 | +97 |
| +1 | 0 | +7 | +12 | +18 | +23 | +28 | – | +33 | – | +40 | – | +50 | +64 | +90 | +130 |
| | | | | | | | | | +39 | +45 | – | +60 | +77 | +108 | +150 |
| +2 | 0 | +8 | +15 | +22 | +28 | +35 | – | +41 | +47 | +54 | +63 | +73 | +98 | +136 | +188 |
| | | | | | | | +41 | +48 | +55 | +64 | +75 | +88 | +118 | +160 | +218 |
| +2 | 0 | +9 | +17 | +26 | +34 | +43 | +48 | +60 | +68 | +80 | +94 | +112 | +148 | +200 | +274 |
| | | | | | | | +54 | +70 | +81 | +97 | +114 | +136 | +180 | +242 | +325 |
| +2 | 0 | +11 | +20 | +32 | +41 | +53 | +66 | +87 | +102 | +122 | +144 | +172 | +226 | +300 | +405 |
| | | | | | +43 | +59 | +75 | +102 | +120 | +146 | +174 | +210 | +274 | +360 | +480 |
| +3 | 0 | +13 | +23 | +37 | +51 | +71 | +91 | +124 | +146 | +178 | +214 | +258 | +335 | +445 | +585 |
| | | | | | +54 | +79 | +104 | +144 | +172 | +210 | +254 | +310 | +400 | +525 | +690 |
| +3 | 0 | +15 | +27 | +43 | +63 | +92 | +122 | +170 | +202 | +248 | +300 | +365 | +470 | +620 | +800 |
| | | | | | +65 | +100 | +134 | +190 | +228 | +280 | +340 | +415 | +535 | +700 | +900 |
| | | | | | +68 | +108 | +146 | +210 | +252 | +310 | +380 | +465 | +600 | +780 | +1000 |
| +4 | 0 | +17 | +31 | +50 | +77 | +122 | +166 | +236 | +284 | +350 | +425 | +520 | +670 | +880 | +1150 |
| | | | | | +80 | +130 | +180 | +258 | +310 | +385 | +470 | +575 | +740 | +960 | +1250 |
| | | | | | +84 | +140 | +196 | +284 | +340 | +425 | +520 | +640 | +820 | +1050 | +1350 |
| +4 | 0 | +20 | +34 | +56 | +94 | +158 | +218 | +315 | +385 | +475 | +580 | +710 | +920 | +1200 | +1550 |
| | | | | | +98 | +170 | +240 | +350 | +425 | +525 | +650 | +790 | +1000 | +1300 | +1700 |
| +4 | 0 | +21 | +37 | +62 | +108 | +190 | +268 | +390 | +475 | +590 | +730 | +900 | +1150 | +1500 | +1900 |
| | | | | | +114 | +208 | +294 | +435 | +530 | +660 | +820 | +1000 | +1300 | +1650 | +2100 |
| +5 | 0 | +23 | +40 | +68 | +126 | +232 | +330 | +490 | +595 | +740 | +920 | +1100 | +1450 | +1850 | +2400 |
| | | | | | +132 | +252 | +360 | +540 | +660 | +820 | +1000 | +1250 | +1600 | +2100 | +2600 |

# 十二、孔的极限编差表

附表15 孔的基本偏差

| 公称尺寸（mm） | | 基 本 偏 | | | | | | | | | | | | | | | | | | |
|---|---|---|---|---|---|---|---|---|---|---|---|---|---|---|---|---|---|---|---|---|
| | | 下极限偏差（EI） | | | | | | | | | | | | | | | | | | |
| | | 所有标准公差等级 | | | | | | | | | | | | IT6 | IT7 | IT8 | ≤IT8 | >IT8 | ≤IT8 | >IT8 |
| 大于 | 至 | A | B | C | CD | D | E | EF | F | FG | G | H | JS | J | | | K | | M | |
| – | 3 | +270 | +140 | +60 | +34 | +20 | +14 | +10 | +6 | +4 | +2 | 0 | 极限偏差=±（IT$n$）/2，式中IT$n$是IT值数 | +2 | +4 | +6 | 0 | 0 | −2 | −2 |
| 3 | 6 | +270 | +140 | +70 | +46 | +30 | +20 | +14 | +10 | +6 | +4 | 0 | | +5 | +6 | +10 | −1+Δ | – | −4+Δ | −4 |
| 6 | 10 | +280 | +150 | +80 | +56 | +40 | +25 | +18 | +13 | +8 | +5 | 0 | | +5 | +8 | +12 | −1+Δ | – | −6+Δ | −6 |
| 10 | 14 | +290 | +150 | +95 | – | +50 | +32 | – | +16 | – | +6 | 0 | | +6 | +10 | +15 | −1+Δ | – | −7+Δ | −7 |
| 14 | 18 | | | | | | | | | | | | | | | | | | | |
| 18 | 24 | +300 | +160 | +110 | – | +65 | +40 | – | +20 | – | +7 | 0 | | +8 | +12 | +20 | −2+Δ | – | −8+Δ | −8 |
| 24 | 30 | | | | | | | | | | | | | | | | | | | |
| 30 | 40 | +310 | +170 | +120 | – | +80 | +50 | – | +25 | – | +9 | 0 | | +10 | +14 | +24 | −2+Δ | – | −9+Δ | −9 |
| 40 | 50 | +320 | +180 | +130 | | | | | | | | | | | | | | | | |
| 50 | 65 | +340 | +190 | +140 | – | +100 | +60 | – | +30 | – | +10 | 0 | | +13 | +18 | +28 | −2+Δ | – | −11+Δ | −11 |
| 65 | 80 | +360 | +200 | +150 | | | | | | | | | | | | | | | | |
| 80 | 100 | +380 | +220 | +170 | – | +120 | +72 | – | +36 | – | +12 | 0 | | +16 | +22 | +34 | −3+Δ | – | −13+Δ | −13 |
| 100 | 120 | +410 | +240 | +180 | | | | | | | | | | | | | | | | |
| 120 | 140 | +460 | +260 | +200 | – | +145 | +85 | – | +43 | – | +14 | 0 | | +18 | +26 | +41 | −3+Δ | – | −15+Δ | −15 |
| 140 | 160 | +520 | +280 | +210 | | | | | | | | | | | | | | | | |
| 160 | 180 | +580 | +310 | +230 | | | | | | | | | | | | | | | | |
| 180 | 200 | +660 | +340 | +240 | – | +170 | +100 | – | +50 | – | +15 | 0 | | +22 | +30 | +47 | −4+Δ | – | −17+Δ | −17 |
| 200 | 225 | +740 | +380 | +260 | | | | | | | | | | | | | | | | |
| 225 | 250 | +820 | +420 | +280 | | | | | | | | | | | | | | | | |
| 250 | 280 | +920 | +480 | +300 | – | +190 | +110 | – | +56 | – | +17 | 0 | | +25 | +36 | +55 | −4+Δ | – | −20+Δ | −20 |
| 280 | 315 | +105 | +540 | +330 | | | | | | | | | | | | | | | | |
| 315 | 355 | +120 | +600 | +360 | – | +210 | +125 | – | +62 | – | +18 | 0 | | +29 | +39 | +60 | −4+Δ | – | −21+Δ | −21 |
| 355 | 400 | +135 | +680 | +400 | | | | | | | | | | | | | | | | |
| 400 | 450 | +150 | +760 | +440 | – | +230 | +135 | – | +68 | – | +20 | 0 | | +33 | +43 | +66 | −5+Δ | – | −23+Δ | −23 |
| 450 | 500 | +165 | +840 | +480 | | | | | | | | | | | | | | | | |

注：1. 公称尺寸小于或等于1时，基本偏差A和B及大于IT8的N均不采用。

2. 公差带JS7至JS11，若IT$n$值数是奇数，则取极限偏差=±（IT$n$−1）/2。

3. 对小于或等于IT8的K、M、N和小于或等于IT7的P至ZC，所需Δ值从表内右侧选取。例如：18～30段的K7：

4. 特殊情况：250～315段的M6，ES=−9μm（代替−11μm）。

的孔的极限偏差表（摘自 GB/T 1800.4—1999）

| 差数值 | | | | | | | | | | | | | | | Δ值 | | | | | |
|---|---|---|---|---|---|---|---|---|---|---|---|---|---|---|---|---|---|---|---|---|
| 上极限偏差（ES） | | | | | | | | | | | | | | | | | | | | |
| ≤IT8 | >IT8 | ≤IT7 | 标准公差等级大于 IT7 | | | | | | | | | | | | 标准公差等级 | | | | | |
| N | | P至ZC | P | R | S | T | U | V | X | Y | Z | ZA | ZB | ZC | IT3 | IT4 | IT5 | IT6 | IT7 | IT8 |
| −4 | −4 | 在大于 IT7 的相应数值上增加一个Δ值 | −6 | −10 | −14 | – | −18 | – | −20 | – | −26 | −32 | −40 | −60 | 0 | 0 | 0 | 0 | 0 | 0 |
| −8+Δ | 0 | | −12 | −15 | −19 | – | −23 | – | −28 | – | −35 | −42 | −50 | −80 | 1 | 1.5 | 1 | 3 | 4 | 6 |
| −10+Δ | 0 | | −15 | −19 | −23 | – | −28 | – | −34 | – | −42 | −52 | −67 | −97 | 1 | 1.5 | 2 | 3 | 6 | 7 |
| −12+Δ | 0 | | −18 | −23 | −28 | – | −33 | – | −40 | – | −50 | −64 | −90 | −130 | 1 | 2 | 3 | 3 | 7 | 9 |
| | | | | | | | | −39 | −45 | – | −60 | −77 | −108 | −150 | | | | | | |
| −15+Δ | 0 | | −22 | −28 | −35 | – | −41 | −47 | −54 | −63 | −73 | −98 | −136 | −188 | 1.5 | 2 | 3 | 4 | 8 | 12 |
| | | | | | | −41 | −48 | −55 | −64 | −75 | −88 | −118 | −160 | −218 | | | | | | |
| −17+Δ | 0 | | −26 | −34 | −43 | −48 | −60 | −68 | −80 | −94 | −112 | −148 | −200 | −274 | 1.5 | 3 | 4 | 5 | 9 | 14 |
| | | | | | | −54 | −70 | −81 | −97 | −114 | −136 | −180 | −242 | −325 | | | | | | |
| −20+Δ | 0 | | −32 | −41 | −53 | −66 | −87 | −102 | −122 | −144 | −172 | −226 | −300 | −405 | 2 | 3 | 5 | 6 | 11 | 16 |
| | | | | −43 | −59 | −75 | −102 | −120 | −146 | −174 | −210 | −274 | −360 | −480 | | | | | | |
| −23+Δ | 0 | | −37 | −51 | −71 | −91 | −124 | −146 | −178 | −214 | −258 | −335 | −445 | −585 | 2 | 4 | 5 | 7 | 13 | 19 |
| | | | | −54 | −79 | −104 | −144 | −172 | −210 | −254 | −310 | −400 | −525 | −690 | | | | | | |
| −27+Δ | 0 | | −43 | −63 | −92 | −122 | −170 | −202 | −248 | −300 | −365 | −470 | −620 | −800 | 3 | 4 | 6 | 7 | 15 | 23 |
| | | | | −65 | −100 | −134 | −190 | −228 | −280 | −340 | −415 | −535 | −700 | −900 | | | | | | |
| | | | | −68 | −108 | −146 | −210 | −252 | −310 | −380 | −465 | −600 | −780 | −1000 | | | | | | |
| −31+Δ | 0 | | −50 | −77 | −122 | −166 | −236 | −284 | −350 | −425 | −520 | −670 | −880 | −1150 | 3 | 4 | 6 | 9 | 17 | 26 |
| | | | | −80 | −130 | −180 | −258 | −310 | −385 | −470 | −575 | −740 | −960 | −1250 | | | | | | |
| | | | | −84 | −140 | −196 | −284 | −340 | −425 | −520 | −640 | −820 | −1050 | −1350 | | | | | | |
| −34+Δ | 0 | | −56 | −94 | −158 | −218 | −315 | −385 | −475 | −580 | −710 | −920 | −1200 | −1550 | 4 | 4 | 7 | 9 | 20 | 29 |
| | | | | −98 | −170 | −240 | −350 | −425 | −525 | −650 | −790 | −1000 | −1300 | −1700 | | | | | | |
| −37+Δ | 0 | | −62 | −108 | −190 | −268 | −390 | −475 | −590 | −730 | −900 | −1150 | −1500 | −1900 | 4 | 5 | 7 | 11 | 21 | 32 |
| | | | | −114 | −208 | −294 | −435 | −530 | −660 | −820 | −1000 | −1300 | −1650 | −2100 | | | | | | |
| −40+Δ | 0 | | −68 | −126 | −232 | −330 | −490 | −595 | −740 | −920 | −1100 | −1450 | −1850 | −2400 | 5 | 5 | 7 | 13 | 23 | 34 |
| | | | | −132 | −252 | −360 | −540 | −660 | −820 | −1000 | −1250 | −1600 | −2100 | −2600 | | | | | | |

Δ=8μm，所以 ES=（−2+8）μm=+6μm；18～30 段的 S6：Δ=4μm，所以 ES=（−35+4）μm=−31μm。

# 十三、基孔制优先、常用配合

附表 16　　　　基孔制优先、常用配合（摘自 GB/T 1801—2009）

| 基准孔 | 轴 | | | | | | | | | | | | | | | | | | | | |
|---|---|---|---|---|---|---|---|---|---|---|---|---|---|---|---|---|---|---|---|---|---|
| | a | b | c | d | e | f | g | h | js | k | m | n | p | r | s | t | u | v | x | y | z |
| | 间隙配合 | | | | | | | | 过渡配合 | | | | 过盈配合 | | | | | | | | |
| H6 | | | | | | H6/f5 | H6/g5 | H6/h5 | H6/js5 | H6/k5 | H6/m5 | H6/n5 | H6/p5 | H6/r5 | H6/s5 | H6/t5 | | | | | |
| H7 | | | | | | H7/f6 | ◤H7/g6 | ◤H7/h6 | H7/js6 | ◤H7/k6 | H7/m6 | ◤H7/n6 | ◤H7/p6 | H7/r6 | ◤H7/s6 | H7/t6 | ◤H7/u6 | H7/v6 | H7/x6 | H7/y6 | H7/z6 |
| H8 | | | | | H8/e7 | ◤H8/f7 | H8/g7 | ◤H8/h7 | H8/js7 | H8/k7 | H8/m7 | H8/n7 | H8/p7 | H8/r7 | H8/s7 | H8/t7 | H8/u7 | | | | |
| | | | | H8/d8 | H8/e8 | H8/f8 | | H8/h8 | | | | | | | | | | | | | |
| H9 | | | H9/c9 | ◤H9/d9 | H9/e9 | H9/f9 | | ◤H9/h9 | | | | | | | | | | | | | |
| H10 | | | H10/c10 | H10/d10 | | | | H10/h10 | | | | | | | | | | | | | |
| H11 | H11/a11 | H11/b11 | ◤H11/c11 | H11/d11 | | | | ◤H11/h11 | | | | | | | | | | | | | |
| H12 | | H12/b12 | | | | | | H12/h12 | | | | | | | | | | | | | |

注：标注◤的配合为优先配合。

# 十四、基轴制优先、常用配合

表 7-17　　　　基轴制优先、常用配合（摘自 GB/T 1801—2009）

| 基准轴 | 孔 | | | | | | | | | | | | | | | | | | | | |
|---|---|---|---|---|---|---|---|---|---|---|---|---|---|---|---|---|---|---|---|---|---|
| | A | B | C | D | E | F | G | H | JS | K | M | N | P | R | S | T | U | V | X | Y | Z |
| | 间隙配合 | | | | | | | | 过渡配合 | | | | 过盈配合 | | | | | | | | |
| h5 | | | | | | F6/h5 | G6/h5 | H6/h5 | JS6/h5 | K6/h5 | M6/h5 | N6/h5 | P6/h5 | R6/h5 | S6/h5 | T6/h5 | | | | | |
| h6 | | | | | | F7/h6 | ◤G7/h6 | ◤H7/h6 | JS7/h6 | ◤K7/h6 | M7/h6 | ◤N7/h6 | ◤P7/h6 | R7/h6 | ◤S7/h6 | T7/h6 | ◤U7/h6 | | | | |
| h7 | | | | | E8/h7 | ◤F8/h7 | | ◤H8/h7 | JS8/h7 | K8/h7 | M8/h7 | N8/h7 | | | | | | | | | |
| h8 | | | | D8/h8 | E8/h8 | F8/h8 | | H8/h8 | | | | | | | | | | | | | |
| h9 | | | | ◤D9/h9 | E9/h9 | F9/h9 | | ◤H9/h9 | | | | | | | | | | | | | |
| h10 | | | | D10/h10 | | | | H10/h10 | | | | | | | | | | | | | |
| h11 | A11/h11 | B11/h11 | ◤C11/h11 | D11/h11 | | | | ◤H11/h11 | | | | | | | | | | | | | |
| h12 | | B12/h12 | | | | | | H12/h12 | | | | | | | | | | | | | |

注：标注◤的配合为优先配合。

达式

# 附录二

## CAD 常用命令及功能

| 绘图命令 | | 修改命令 | | 标注命令 | |
|---|---|---|---|---|---|
| L | 直线 | E | 删除 | LE | 快速引出标注 |
| XL | 构造线 | CO | 复制 | D | 标注样式 |
| PL | 多段线 | MI | 镜像 | DLI | 线性标注 |
| POL | 正多边形 | O | 偏移 | DAL | 对齐标注 |
| REC | 矩形 | AR | 阵列 | DRA | 半径标注 |
| A | 圆弧 | M | 移动 | DDI | 直径标注 |
| C | 圆 | RO | 旋转 | DAN | 角度标注 |
| SPL | 样条曲线 | SC | 缩放 | DBA | 基线标注 |
| EL | 椭圆 | S | 拉伸 | DCO | 连续标注 |
| I | 插入块 | TR | 修剪 | TOL | 公差 |
| B | 创建块 | EX | 延伸 | DCE | 圆心标记 |
| PO | 点 | BR | 打断 | DED | 编辑标注 |
| H | 图案填充 | J | 合并 | | |
| MT | 多行文字 | CHA | 倒角 | | |
| T | 单行文字 | F | 圆角 | | |
| RAY | 射线 | X | 分解 | | |
| DO | 圆环 | LEN | 拉长 | | |
| | | ST | 文字样式 | | |
| | | LA | 图层操作 | | |
| | | MA | 特性匹配 | | |
| | | AL | 对齐 | | |
| | | RE | 重生成 | | |
| | | LTS | 比例因子 | | |

续表

| 绘图命令 | | 修改命令 | 标注命令 |
| --- | --- | --- | --- |
| 组合键 | | | |
| CTRL+0 | 切换“全屏显示” | CTRL+G | 切换栅格 |
| CTRL+1 | 切换“特性”选项板 | CTRL+I | 切换坐标显示 |
| CTRL+2 | 切换设计中心 | CTRL+J | 重复上一个命令 |
| CTRL+3 | 切换“工具选项板”窗口 | CTRL+L | 切换正交模式 |
| CTRL+4 | 切换“图纸集管理器” | CTRL+M | 重复上一个命令 |
| CTRL+6 | 切换“数据库连接管理器” | CTRL+N | 创建新图形 |
| CTRL+7 | 切换“标记集管理器” | CTRL+O | 打开现有图形 |
| CTRL+8 | 切换“快速计算器”选项板 | CTRL+Q | 退出 AutoCAD |
| CTRL+9 | 切换“命令行”窗口 | CTRL+S | 保存当前图形 |
| CTRL+A | 选择图形中未锁定或冻结的所有对象 | CTRL+SHIFT+S | 显示“另存为”对话框 |
| CTRL+B | 切换捕捉 | CTRL+V | 粘贴 Windows 剪贴板中的数据 |
| CTRL+C | 将对象复制到 Windows 剪贴板 | CTRL+X | 将对象从当前图形剪切到 Windows 剪贴板中 |
| CTRL+D | 切换“动态 UCS” | CTRL+Y | 取消前面的“放弃”动作 |
| CTRL+E | 在等轴测平面之间循环 | CTRL+Z | 恢复上一个动作 |
| CTRL+F | 切换执行对象捕捉 | CTRL+[ | 取消当前命令 |
| 功能键 | | | |
| F1 | 显示帮助 | F7 | 切换 GRIDMODE |
| F2 | 切换文本窗口 | F8 | 切换 ORTHOMODE |
| F3 | 切换 OSNAP | F9 | 切换 SNAPMODE |
| F4 | 切换 TABMODE | F10 | 切换“极轴追踪” |
| F5 | 切换 ISOPLANE | F11 | 切换“对象捕捉追踪” |
| F6 | 切换 UCSDETECT | F12 | 切换“动态输入” |

# 附录三

## 项目评价表

项目评价表一

| 序号 | 评分项目 | 配分 | 评分标准 | 评定 | | |
|---|---|---|---|---|---|---|
| | | | | 自评 | 组评 | 师评 |
| 1 | 项目学习 | 15 | 掌握知识要领 | | | |
| 2 | 任务完成 | 70 | 完成项目任务，正确无误 | | | |
| 3 | 职业素养 | 15 | 遵章守纪，团结协作，细致严谨 | | | |
| 意见与反馈 | | | | | | |

项目评价表二

| 序号 | 评分项目 | 配分 | 评分标准 | 评定 | | |
|---|---|---|---|---|---|---|
| | | | | 自评 | 组评 | 师评 |
| 1 | 项目学习 | 10 | 掌握知识要领 | | | |
| 2 | 任务完成 | 60 | 完成项目任务，正确无误 | | | |
| 3 | 软件应用 | 20 | 方法步骤正确，操作熟练 | | | |
| 4 | 职业素养 | 10 | 遵章守纪，团结协作，细致严谨 | | | |
| 意见与反馈 | | | | | | |

说明：项目评价表二仅适用于有软件操作要求的项目，其他项目均用项目评价表一。